Figma UI

设计技法与实践

王欣 编著

清华大学出版社
北京

内容简介

Figma 作为一款强大的 UI 设计工具，正在为移动 UI 设计带来革命性的变革。其强大的功能和直观的界面，使得设计师们能够更加高效、专业地完成设计工作，为用户带来更加优质、流畅的移动应用体验。

本书主要讲解对 UI 设计的基础知识，并针对 iOS 系统、Android 系统和 HarmonyOS 系统 UI 设计规范进行讲解。本书将基础知识讲解与项目案例制作相结合，将枯燥的知识点融入丰富有趣的案例制作中，全面解析移动端 App UI 设计的流程及设计技巧。

全书共分为 5 章，包括 Figma 基础操作、移动 UI 设计基础、使用 Figma 设计 iOS 系统 UI、使用 Figma 设计 Android 系统 UI 和使用 Figma 设计 HarmonyOS 系统 UI。书中案例均使用最新的 UI 设计工具 Figma 进行设计制作。

本书配套资源中不但提供了书中所有实例的源文件和素材，还提供了所有实例的多媒体教学视频，以帮助读者轻松掌握 Figma 移动 UI 设计，同时还配有本书 PPT 课件，让新手从零起飞。

本书适合 UI 设计爱好者和移动 UI 设计从业者阅读，也适合作为各院校相关设计专业的参考教材。

图书在版编目（CIP）数据

Figma UI设计技法与实践 / 王欣编著. -- 北京 : 清华大学出版社, 2024. 10. -- ISBN 978-7-302-67586-0

Ⅰ. TP311.1

中国国家版本馆CIP数据核字第2024BE2286号

责任编辑： 张 敏
封面设计： 郭二鹏
责任校对： 胡伟民
责任印制： 刘海龙

出版发行： 清华大学出版社
网　址：https://www.tup.com.cn，https://www.wqxuetang.com
地　址：北京清华大学学研大厦A座　　邮　编：100084
社 总 机：010-83470000　　邮　购：010-62786544
投稿与读者服务：010-62776969，c-service@tup.tsinghua.edu.cn
质 量 反 馈：010-62772015，zhiliang@tup.tsinghua.edu.cn

印 装 者： 北京联兴盛业印刷股份有限公司
经　销： 全国新华书店
开　本： 185mm×260mm　　**印　张：** 13　　**字　数：** 340千字
版　次： 2024年12月第1版　　**印　次：** 2024年12月第1次印刷
定　价： 99.00元

产品编号：106787-01

前言

Preface

Figma 作为一款前沿的 UI 设计工具，正在引领移动 UI 设计的新潮流。其强大的功能和直观的界面，为设计师们提供了一个全新的创作平台，帮助他们更高效、更专业地完成移动应用的界面设计。

本书紧跟移动 UI 设计的发展趋势，向读者详细介绍了 Figma 的基本功能和操作方法，并且依据 iOS、Android 和 HarmonyOS 三种系统分别进行了 UI 设计规范的讲解，此外，还通过在 Figma 中进行 App 项目实例的开发制作，详细介绍了制作的步骤和软件的应用技巧，使读者能够轻松地学习并掌握，真正做到学以致用。

本书内容安排

本书共分为 5 章，由浅入深地对 Figma 移动 UI 设计知识进行讲解，帮助读者在理解不同系统 UI 设计规范的同时，能够在 Figma 中完成 App 项目的设计制作，完成从基本概念的理解到操作方法与技巧的掌握。

第 1 章　Figma 基础操作。本章介绍 Figma 软件的安装与基本使用方法，使读者能够掌握 Figma 软件的基本操作和各种工具的使用。

第 2 章　移动 UI 设计基础。本章阐述移动 UI 设计的基础要素，带领读者探索移动 UI 设计的各类平台与职位，从而全面理解并掌握移动 UI 设计的精髓。

第 3 章　使用 Figma 设计 iOS 系统 UI。本章详细介绍 iOS 系统 UI 设计的相关规范，并通过一个影视 App 项目的设计制作，使读者能够理解 iOS 系统 UI 设计规范，并掌握影视 App 项目的设计制作。

第 4 章　使用 Figma 设计 Android 系统 UI。本章详细介绍 Android 系统 UI 设计的相关规范，并通过一个旅游 App 项目的设计制作，使读者能够理解 Android 系统 UI 设计规范，并掌握旅游 App 项目的设计制作。

第 5 章　使用 Figma 设计 HarmonyOS 系统 UI。本章详细介绍 HarmonyOS 系统 UI 设计的相关规范，并通过一个珠宝电商 App 项目的设计制作，使读者能够理解 HarmonyOS 系统 UI 设计规范，并掌握珠宝电商 App 项目的设计制作。

本书特点

本书语言通俗易懂、内容丰富、版式新颖、实用性强，几乎涵盖了 UI 设计的各方面知识，读者可以通过学习 UI 设计的理论基础，理解不同移动操作系统的 UI 设计规范，掌握基于不同操作系统的 UI 设计。本书对 Figma 设计软件进行了全面的讲解，使读者掌握并学会如何应用最新的 UI 设计工具。

本书适合学习 UI 设计的初、中级读者阅读。本书充分考虑初学者可能遇到的困难，讲解全面、深入，结构安排循序渐进，使读者在掌握知识要点后能够有效总结，并通过实例分析巩固所学知识，提高学习效率。

本书作者

本书的知识结构清晰、内容有针对性、案例精美实用，随书附赠了书中所有案例的教学视频、素材、源文件和 PPT 课件，用于补充书中部分细节内容，读者扫描下方二维码即可获取方便读者学习和参考。

由于编者水平和经验有限，书中难免有欠妥和不足之处，敬请读者批评指正。

教学视频

素材 + 源文件

PPT 课件

编　者

目录

Contents

第 1 章 Figma 基础操作

Figma 是一款功能强大、易于使用、支持实时协作的在线 UI 设计软件，它可以帮助设计师更加高效地完成设计工作，并与团队成员进行更加顺畅的沟通和协作。在本章中将向读者介绍 Figma 软件的安装与基本使用方法，使读者能够掌握 Figma 软件的基本操作和各种工具的使用。

学习目标

1. 知识目标

- 了解 Figma。
- 掌握如何使用在线 Figma。
- 认识 Figma 项目管理界面。
- 认识 Figma 工作界面。
- 了解 Figma 插件。

2. 能力目标

- 掌握如何使用本地 Figma 客户端。
- 理解并掌握 Figma 中各种工具的使用方法。
- 掌握 Figma 中对象的编组操作。
- 理解并掌握 Figma 中画框的使用方法。
- 掌握 Figma 中对象属性的设置。
- 掌握 Figma 插件的查找与使用。

3. 素质目标

- 具备较强的理解和自我学习能力，以应对不断变化的行业需求和技术革新。
- 具备较强的动手操作能力，能够掌握 Figma 中各种工具的操作方法。

1.1 认识 Figma

Figma 是基于浏览器的协作式 UI 设计工具，不仅有 Sketch 一样的操作和功能，同时，可以在 Figma 中完成原型设计，无缝衔接从设计到原型演示的切换。更强大的是，Figma 可以同前端工程师协作，工程师可以在设计图上量取位置，并且可以导出所需的任何资源（包括 CSS、iOS、Android 样式）。

1.1.1 Figma 概述

Figma 是一款矢量图形设计软件，广泛应用于 UI/UX 设计、平面设计等领域。它具有强大的设计和协作功能，支持多人同时在线编辑，并且具有云端存储和版本控制功能。Figma 拥有丰富的设计工具和插件，可以满足设计师和开发人员的需求，帮助他们在同一平台上高效地进行设计和协作。图 1-1 所示为 Figma 在线管理界面和在线工作界面。

图 1-1　Figma 在线管理界面和在线工作界面

Figma 软件具有以下几个特点，使得 Figma 成为 UI/UX 设计和平面设计领域的首选工具之一。

① 界面与工具：Figma 的界面简洁直观，提供了丰富的工具和面板，包括画布、图层面板、属性面板等。用户可以使用各种工具进行绘制、选择、调整和编辑等操作。

② 多平台支持：Figma 支持在 Windows 和 macOS 操作系统上运行，可以同时打开多个文件，方便用户在不同的平台之间进行切换。

③ 实时协作：Figma 支持多人在线编辑，允许多个设计师同时在一个文件中工作，实时同步更新。此外，Figma 还提供了丰富的协作工具和插件，如评论、标注、原型等，方便团队成员之间的沟通与合作。

④ 原型设计：Figma 内置了原型设计功能，用户可以将设计稿件链接在一起，创建交互式原型。这有助于在早期阶段发现和解决潜在问题，提高设计效率和用户体验。

⑤ 丰富的资源库：Figma 提供了丰富的矢量图形库和组件库，包括各种形状、线条、图标、排版样式等。用户可以方便地调用这些资源进行设计和创作。

⑥ 自定义插件开发：Figma 支持自定义插件开发，用户可以根据自己的需求编写插件，扩展软件功能。这使得 Figma 成为一个高度可定制化的设计工具。

⑦ 文件导入与导出：Figma 支持导入多种格式的文件，如 Sketch、Adobe XD 等，方便用户进行迁移和协作。同时，Figma 也支持导出多种格式的文件，如 PNG、JPEG、PDF 等，满足用户的不同需求。

⑧ 社区支持：Figma 拥有庞大的用户社区，提供了丰富的设计资源和教程。用户可以在社区中分享自己的作品和经验，与其他设计师互动交流。

总之，Figma 是一款功能强大、易于使用和高度可定制化的矢量图形设计软件。它不仅提供了丰富的工具和资源库，还支持实时协作和自定义插件开发。

1.1.2 Figma 在移动 UI 设计中的优势

Figma 作为一款异军突起的 UI 设计软件，其在移动 UI 设计中具有以下几个优势。

① 实时协作与版本控制：Figma 支持多人在线实时协作，团队成员可以在同一设计文件中共同编辑、评论和验证设计方案，大大提高了团队协作效率，使得不同角色的人员（如产品经理、设计师、开发人员等）能够实时沟通和反馈。同时，Figma 的版本控制功能可以确保设计文件的安全性和一致性，避免设计过程中的混乱和冲突。

② 强大的设计功能：Figma 提供了丰富的设计工具和功能，如矢量绘图、图层管理、文本编辑、自动布局等，可以满足设计师在移动 UI 设计中的各种需求。设计师可以轻松地创建高质量的移动应用界面，并进行精细的调整和优化。

③ 跨平台支持：Figma 可以在 Windows、macOS、Linux 等操作系统上运行，同时也支持移动设备的查看和编辑。这意味着设计师可以在任何设备上随时随地进行设计，无须担心设备兼容性问题。

④ 导出和分享：Figma 可以将设计文件导出为多种格式，如 PNG、JPEG、SVG 等，方便与其他团队成员或客户进行沟通。此外，Figma 还支持将设计文件分享给其他人查看和编辑，进一步促进了团队协作和沟通。

⑤ 高效的工作流程：Figma 的设计和协作功能可以极大地提高移动 UI 设计的工作效率。设计师可以快速地创建和修改设计稿，团队成员可以实时反馈和验证设计方案，从而减少沟通成本和时间成本。

Figma 在移动 UI 设计中具有实时协作、强大的设计功能、跨平台支持、导出和分享，以及高效的工作流程等优势。这些优势使得 Figma 成为移动 UI 设计领域的一款主流工具，受到广大设计师的青睐。

1.2　Figma 的安装与汉化

Figma 软件有两种使用方式，一种是使用浏览器在线使用 Figma 软件，另一种是将 Figma 客户端下载到计算机中使用，并且 Figma 软件还提供了移动端的应用程序，方便用户在 Figma 中编辑制作时，同步查看所制作的 UI 在移动端的显示效果。

1.2.1　使用在线 Figma

在浏览器窗口中打开 Figma 官方网站 www.figma.com，如图 1-2 所示。单击界面中的“Get started”按钮，弹出新用户注册窗口，如图 1-3 所示。

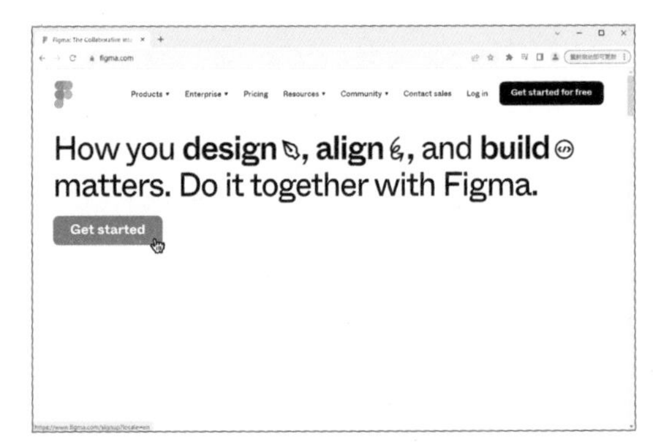

图 1-2　打开 Figma 官方网站

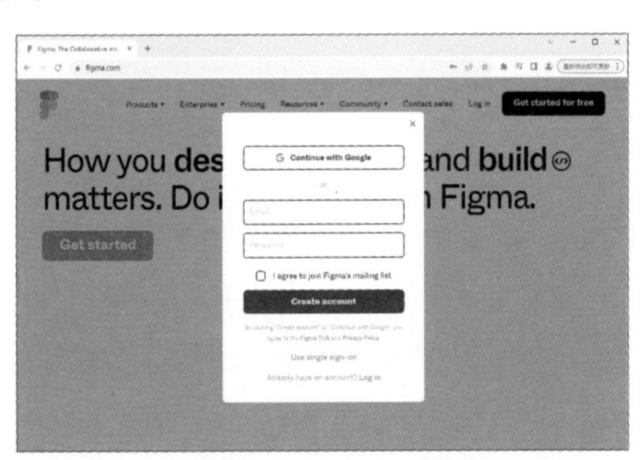

图 1-3　新用户注册窗口

提示

如果已经拥有 Figma 账号，可以选择顶部导航菜单中的 Log in 选项，或者选择新用户注册窗口底部的 Log in 选项，使用 Figma 账号登录，登录成功后即可进入网页版 Figma 工作界面。

如果还没有 Figma 的账号，可以在新用户注册窗口中的表单文本框中输入注册信息，单击"Create account"按钮，如图 1-4 所示，注册 Figma 账号。Figma 网站会自动向注册邮箱发送验证邮件，如图 1-5 所示。

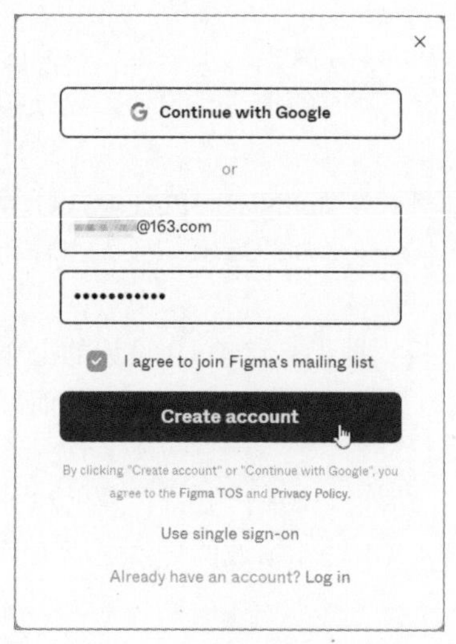

图 1-4 填写注册信息

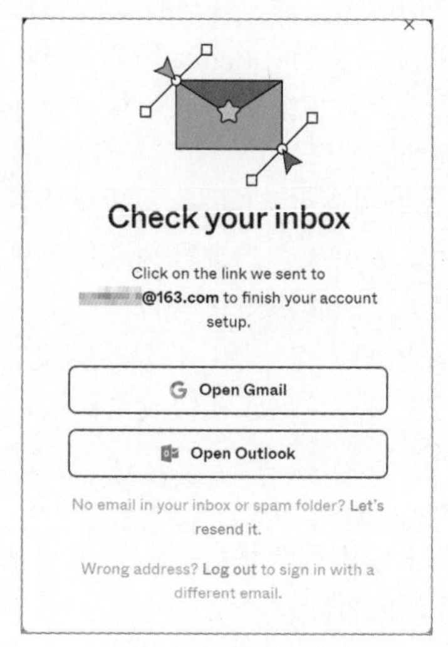

图 1-5 发送验证邮件

单击所收到的验证邮件中的验证按钮，可以跳转到 Figma 网站并显示账号信息设置选项，如图 1-6 所示，这里只需要根据提示按步骤进行设置即可。设置过程中会询问用户使用哪个版本的 Figma，目前提供收费版和免费版，在界面中列出了收费版和免费版的功能区别，如图 1-7 所示。

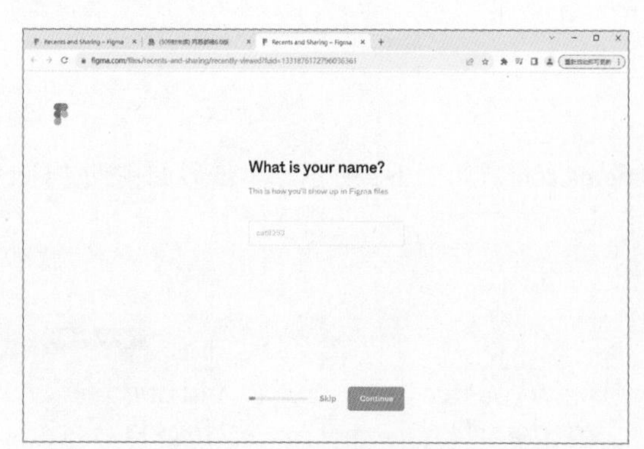

图 1-6 设置账号名称

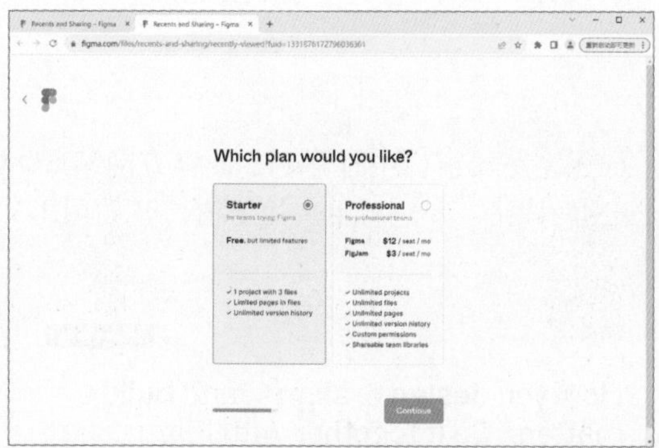

图 1-7 询问使用免费版还是收费版的 Figma

单击"Continue"按钮，询问用户现在要进入 Figma 的哪个界面，分别是设计界面和白板界面，如图 1-8 所示。完成账号信息的设置后，单击"Finish"按钮，自动进入网页版 Figma 设计工作界面中，如图 1-9 所示。

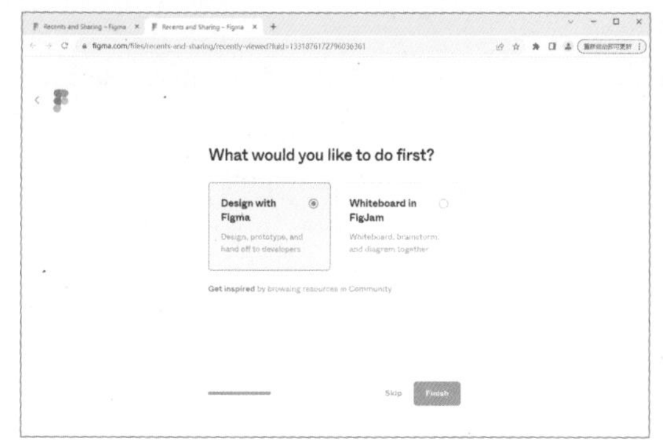

图 1-8　询问要进入 Figma 的设计界面还是白板界面

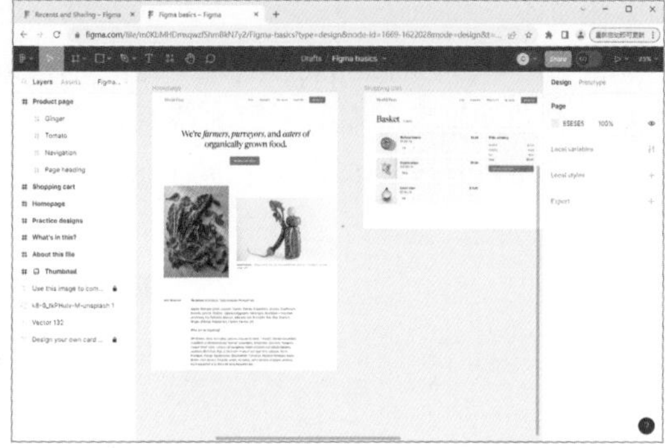

图 1-9　进入网页版 Figma 设计工作界面

提示

在项目的设计制作过程中，可能会用到多种字体，特别是中文字体，当使用网页端的 Figma 软件时，还需要下载并安装 Figma 的字体扩展插件 Font installers，通过该插件就可以在网页端的 Figma 软件中使用本地计算机中安装的字体。在 Figma 官网中提供了 Font installers 字体扩展插件的下载链接。

1.2.2　使用 Figma 客户端

除了可以使用网页版的 Figma，Figma 还提供了针对 Windows 和 macOS 操作系统的客户端，并且使用本地 Figma 客户端时，并不需要下载 Font installers 字体扩展插件，即可使用本地计算机中安装的字体。

在浏览器窗口中打开 Figma 官方网站 www.figma.com，在首页的最底部选择 Downloads 选项，如图 1-10 所示。进入 Figma 下载页面，在该页面中为用户提供了不同的下载选项，如图 1-11 所示。

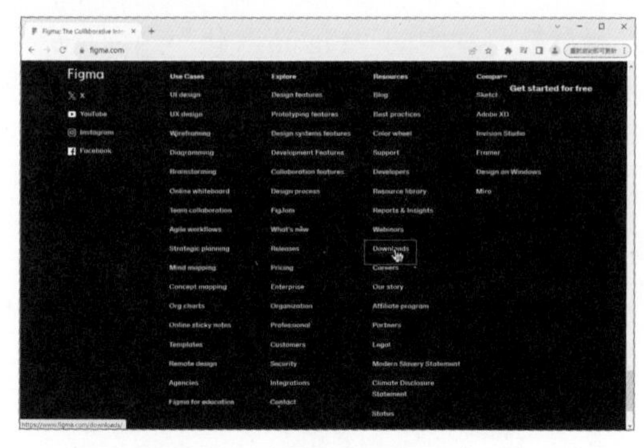

图 1-10　选择 Downloads 选项

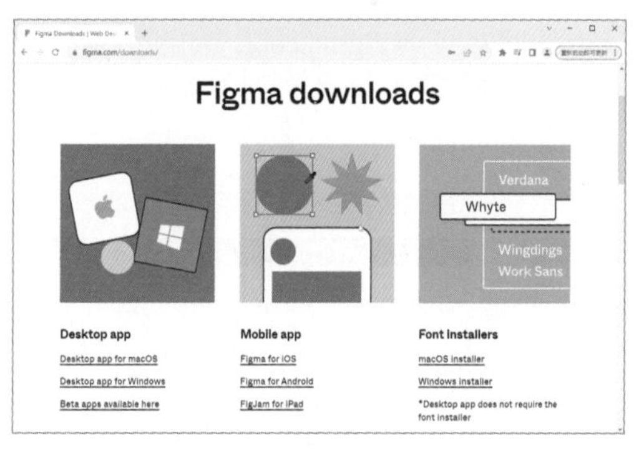

图 1-11　Figma 下载页面

Desktop app：该选项为用户提供了针对 Windows 和 macOS 操作系统的官方英文客户端进行下载，用户可以根据自己的操作系统选择下载相应版本的 Figma 客户端。

Mobile app：该选项为用户提供了针对不同移动设备的实时预览应用程序，可以在自己的移动设备中安装相应的 Figma App，这样在 Figma 中进行项目的设计制作时，就可以在移动设备中实时查看该项目在移动设备中的显示效果。

Font installers：如果需要在网页版的 Figma 中使用本地计算机中安装的字体，就需要选择相应操作系统的字体插件进行下载安装，同样为用户提供了针对 Windows 和 macOS 操作系统的字体插件。

例如，单击 Desktop app 选项下方的 Desktop app for Windows 链接，下载针对 Windows 操作系统的 Figma 客户端。下载完成后，得到 FigmaSetup.exe，如图 1-12 所示。双击该 Figma 客户端应用程序图标，即可打开 Figma 客户端软件，其界面与网页版 Figma 完全一致，如图 1-13 所示。

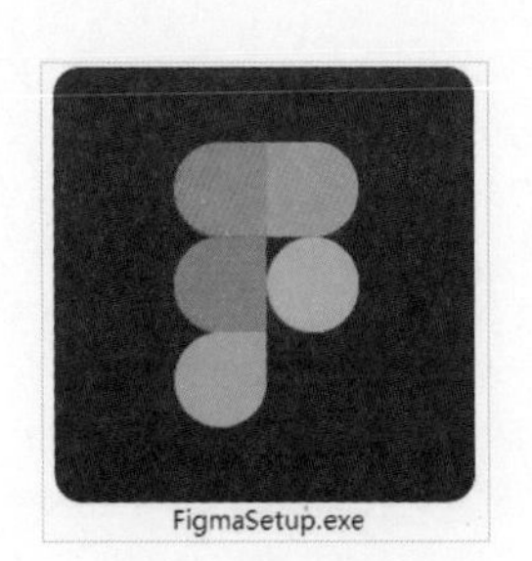

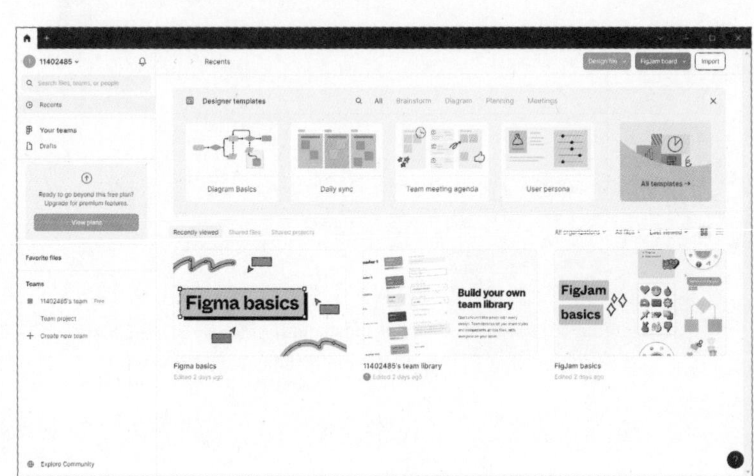

图 1-12　Figma 客户端文件　　图 1-13　打开 Figma 客户端软件管理界面

1.2.3　使用本地汉化版 Figma

目前，Figma 软件提供的在线网页版和客户端版本都还没有官方简体中文版，如果想使用中文版本的 Figma，还可以选择汉化版 Figma。

汉化版 Figma 推荐使用 Figma 中文社区提供的汉化版 Figma。在浏览器窗口中打开 Figma 中文社区网站 www.figma.cool，如图 1-14 所示。选择导航菜单中的“Figma 汉化”选项，进入 Figma 汉化页面中，在该页面中提供了 Windows 和 macOS 操作系统的 Figma 汉化客户端下载链接，如图 1-15 所示。

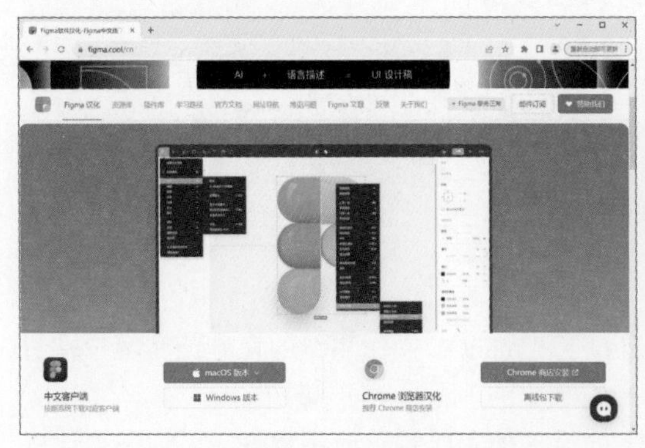

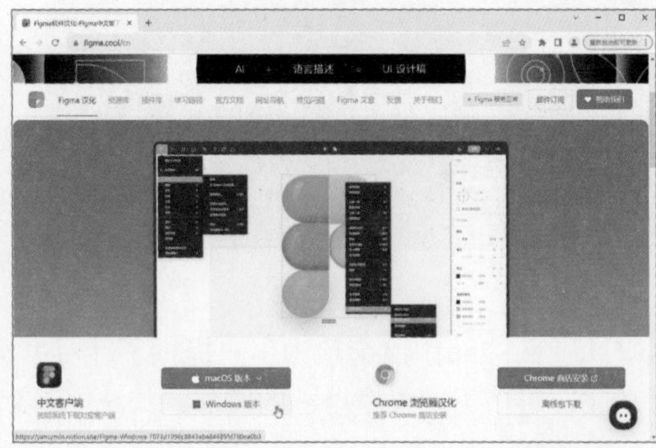

图 1-14　打开 Figma 中文社区网站　　图 1-15　进入 Figma 汉化客端下载页面

根据计算机所使用的操作系统单击相应的按钮，即可下载相应的 Figma 汉化客户端软件。例如单击“Windows 版本”按钮，进入 Windows 版本汉化 Figma 软件下载界面，如图 1-16 所示。单击“Figma 中文版 Windows.zip”链接，下载文件。下载完成后，对压缩包进行解压，得到汉化版本的 Figma 软件，如图 1-17 所示。

图 1-16 下载 Windows 版本汉化 Figma

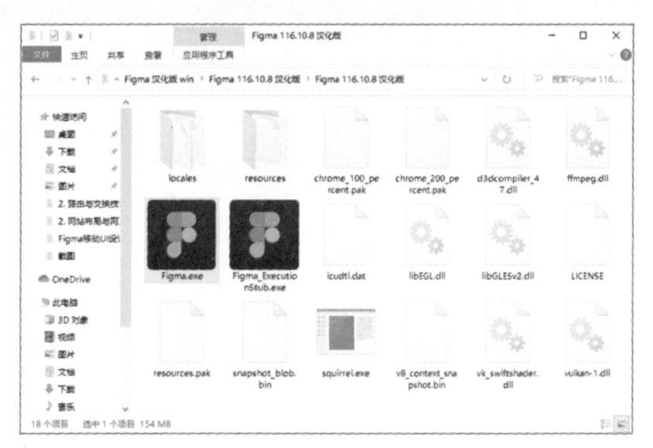

图 1-17 汉化版 Figma 软件

双击 Figma.exe 应用程序图标，提示用户需要登录，如图 1-18 所示。单击“使用浏览器登录”按钮，在打开的浏览器窗口使用注册的 Figma 账号进行登录，登录成功后桌面客户端自动进入 Figma 软件管理界面中，如图 1-19 所示。

图 1-18 提示用户需要登录

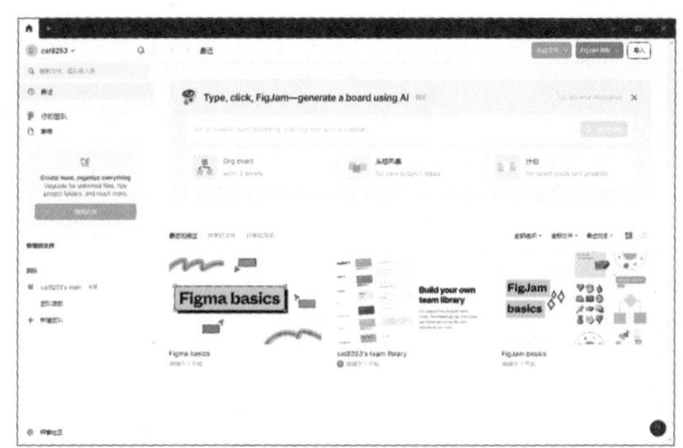

图 1-19 进入汉化版 Figma 管理界面

1.3 认识 Figma 的工作界面

Figma 的界面设计简洁明了，工具栏和基础操作都非常直观，用户即使没有使用过类似的设计软件，也能快速上手。Figma 工作界面的设计充分考虑了用户体验和协作效率，提供了强大的设计工具和高效的工作流程，使得设计师可以更加专注于设计工作本身，提高工作效率。

1.3.1 Figma 项目管理界面

双击 Figma 程序图标，即可启动 Figma 软件。启动 Figma 软件后，首先进入的是 Figma 的项目管理界面，如图 1-20 所示。

主页：Figma 项目管理主界面，是进入 Figma 的默认界面，在该界面中可以对 Figma 项目文件进行删除、分享等管理操作。

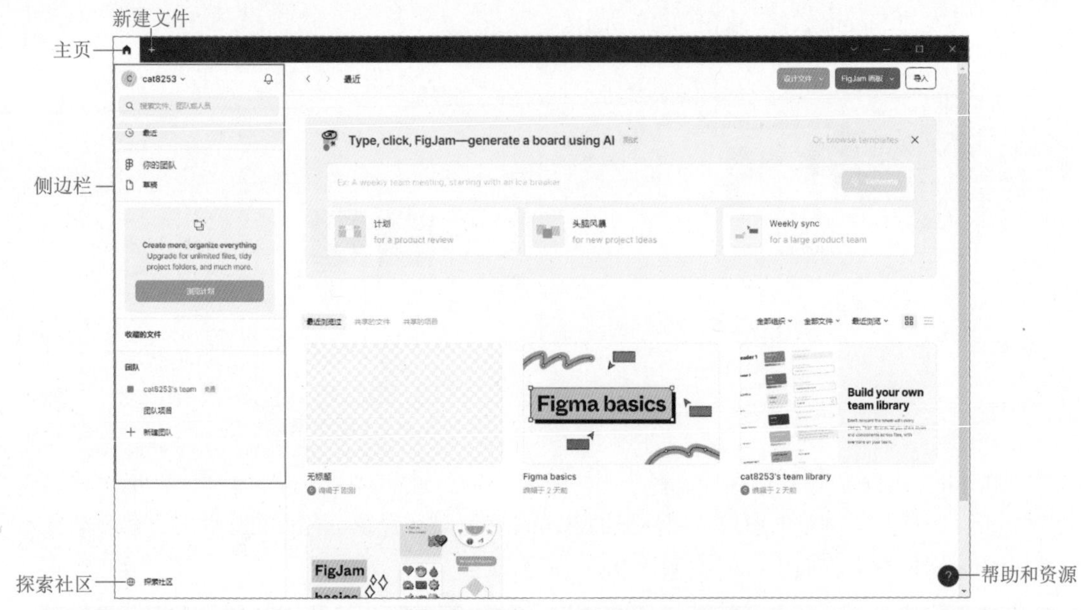

图 1-20　Figma 项目管理界面

用户名称：单击侧边栏顶部的用户名称，在打开的下拉菜单中可以对 Figma 软件的主题和账号进行设置，如图 1-21 所示。

“通知”图标：单击侧边栏顶部右侧的“通知”图标，可以在打开的选项卡中查看最新的通知信息。

最近：选择侧边栏中的“最近”选项，可以在 Figma 项目管理界面中显示最近编辑的项目文件，选择相应的项目文件，可以快速进入项目文件的编辑状态。

你的团队：该功能只有付费版可用，选择侧边栏中的“你的团队”选项，显示付费团队中的项目文件，免费版 Figma 不可用。

草稿：选择侧边栏中的“草稿”选项，可以进入 Figma 草稿文件管理界面，如图 1-22 所示。草稿可以理解为个人文件管理中心。

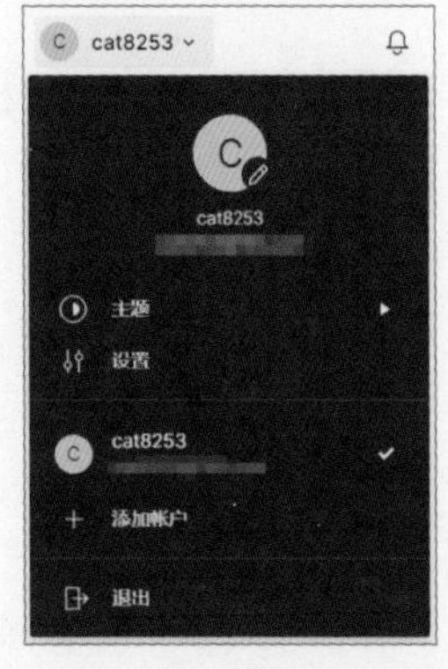

图 1-21　主题和账号设置选项

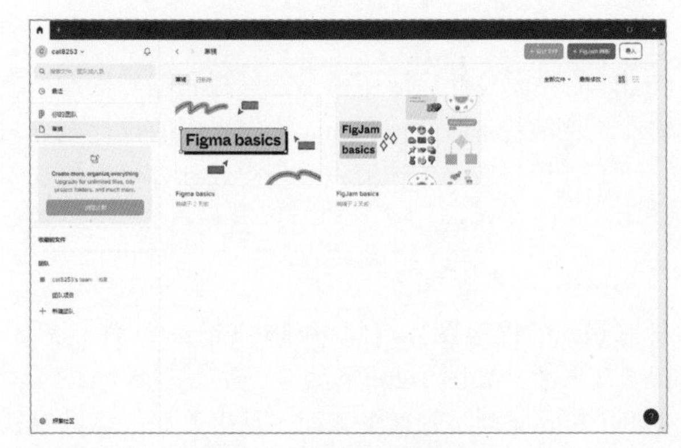

图 1-22　草稿文件管理界面

收藏的文件：在侧边栏中展开“收藏的文件”选项，可以在该选项下方显示用户收藏的项目文件名称，单击项目文件名称，可以快速进入该项目的编辑状态。

团队：在“团队”选项区中可以对免费的团队项目进行管理，也可以创建多个免费团队。

探索社区：选择侧边栏底部的“探索社区”选项，可以打开 Figma 社区页面，在 Figma 社区中为用户提供了众多不同类型的 Figma 资源，如图 1-23 所示。在社区页面中浏览并找到需要的资源，如图 1-24 所示。

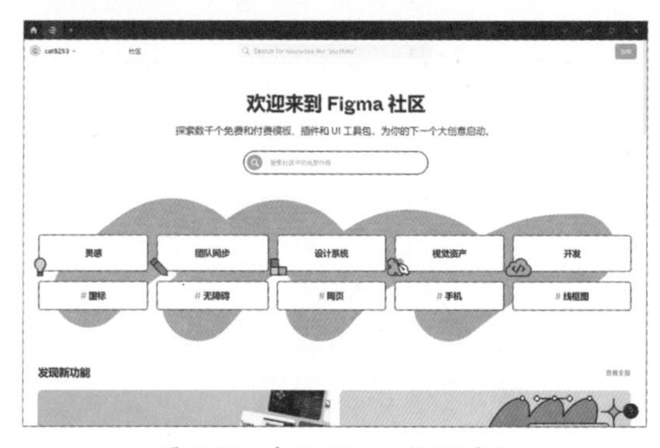

图 1-23　打开 Figma 社区页面

图 1-24　浏览 Figma 社区中的资源

单击相应的资源缩览图，可以进入该资源的详情介绍页面中，如图 1-25 所示。如果需要使用该资源，可以单击该资源详情页面中的“在 Figma 中打开”按钮，即可在 Figma 中打开该资源，即可对该资源进行编辑，如图 1-26 所示。

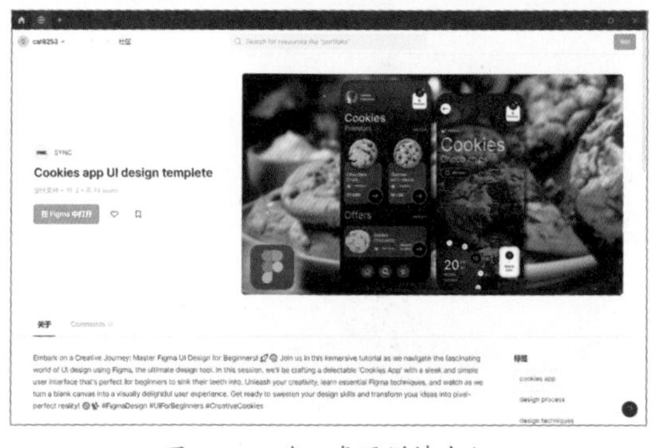

图 1-25　进入资源详情介绍

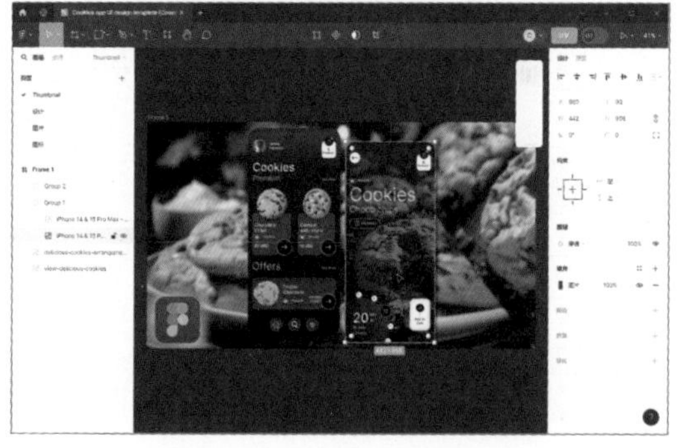

图 1-26　在 Figma 中打开资源文件

新建文件：单击 Figma 项目管理主界面左上角的“新建文件”图标，显示“新建文件”界面，在该界面中用户可以新建设计文件和 FigJam 文件，如图 1-27 所示。选择“新建设计文件”选项，即可新建一个空白的 Figma 项目设计文件，并进入该文件的编辑工作界面，如图 1-28 所示。

图 1-27 “新建文件”界面

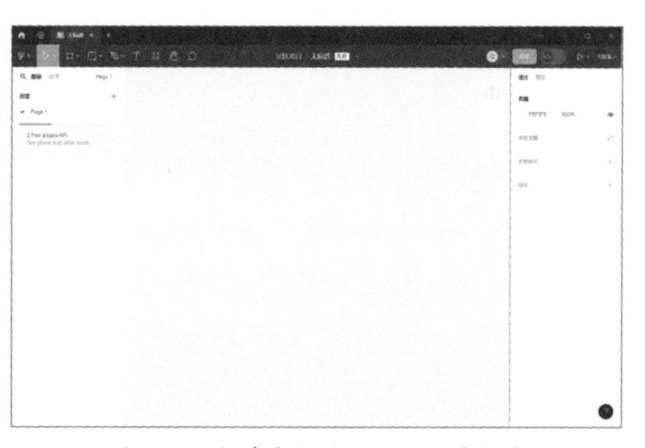

图 1-28　新建空白的 Figma 设计文件

提示

FigJam 文件是 Figma 中一种特殊类型的文件，可以用于在线白板协作。FigJam 文件可以用于头脑风暴、组织想法、创建图表和思维导图、进行设计评审、收集反馈，以及进行线上会议等活动。任何人都可以参与 FigJam 文件，进行协作和讨论，使得团队协作更加高效和便捷。

设计文件：单击 Figma 项目管理主界面右上角的“设计文件”按钮，在打开的下拉菜单中可以选择创建一个团队项目文件，或者创建一个草稿文件，如图 1-29 所示，选择相应的命令，可以创建相应的设计文档并进入文档的编辑状态。

FigJam 画板：单击 Figma 项目管理主界面右上角的“FigJam 画板”按钮，在打开的下拉菜单中可以选择创建一个团队项目画板，或者创建一个草稿画板，如图 1-30 所示，选择相应的命令，可以创建相应的空白画板并进入画板的编辑状态。

图 1-29 “设计文件”下拉菜单

图 1-30 “FigJam 画板”下拉菜单

导入：单击项目管理主界面右上角的“导入”按钮，弹出“导入”对话框，提供了两种导入方式，一种是导入本地计算机中的文件，另一种是导入 Jamboard 文件，如图 1-31 所示。

提示

Figma 支持导入的文件类型非常多，如 Adobe XD 文件、Sketch 文件等。Jamboard 是谷歌推出的专门面向企业会议、团队协作的智能白板产品。

帮助和资源：单击 Figma 项目管理主界面右下角的“帮助和资源”图标，在打开的下拉菜单中为用户提供了相关的帮助选项，如图 1-32 所示。

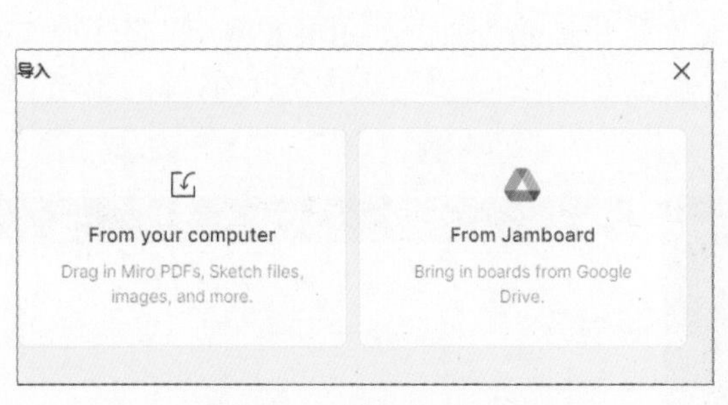

图 1-31 “导入”对话框

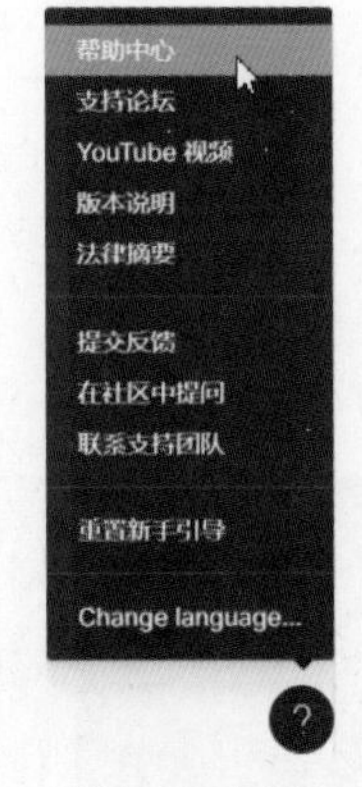

图 1-32 “帮助和资源”下拉菜单

1.3.2 Figma 工作界面详解

在 Figma 项目管理主界面中单击右上角的“设计文件”按钮，在打开的下拉菜单中选择“草稿”命令，创建空白的项目文件，即可进入 Figma 项目编辑工作界面。除此之外，也可以在 Figma 项目管理主界面中的“草稿”选项中选择任意一个项目文件，同样可以进入 Figma 项目编辑工作界面，如图 1-33 所示。

图 1-33 Figma 项目编辑工作界面

工具栏：工作界面的顶部为 Figma 的工具栏，为用户提供了 UI 设计制作的相关工具，与 Sketch 的工具非常相似，从左至右分别为移动、画框、矩形、钢笔、文本、资源、抓手工具和添加评论，如图 1-34 所示。在工具栏的右侧为用户提供了项目文件导出协作相关的工具，包括观看我演示、分享、开发模式、演示和缩放比例，如图 1-35 所示。

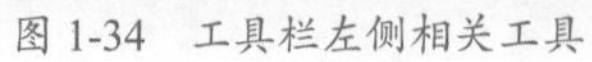

图 1-34 工具栏左侧相关工具

图 1-35 工具栏右侧相关工具

主菜单：单击“主菜单”图标，可以打开 Figma 的主菜单，如图 1-36 所示，执行主菜单中相应的命令，可以实现相应的操作功能。

“图层”面板：在工作界面的左侧为“图层”面板，在该面板中包含了当前设计文档中的所有页面、图层、文字和组件等资源，如图 1-37 所示，可以对当前设计文档中的资源进行管理。在顶部单击“资源”文字，切换到“资源”面板中，可以对当前设计文档中的组件资源进行管理，如图 1-38 所示。

设计区域：Figma 工作区域的中间部分为作品设计区域，所有效果图的设计制作都是在该区域中完成的。

如果需要移动设计区域中的画布，可以单击工具栏中的“抓手工具”，在画布上单击并拖动鼠标。也可以在使用任意工具时，按住键盘上的空格键，光标将变为抓手工具图标，在画布上单击并拖动鼠标，即可移动画布，如图 1-39 所示。

如果需要放大或缩小设计画布，可以按住【Ctrl】键不放，滚动鼠标滚轮，即可对设计画布进行放大或缩小操作。还可以通过快捷键对设计画布进行放大或缩小操作，按【Ctrl++】组合键，可以放大画布，按【Ctrl+−】组合键，可以缩小画布，如图 1-40 所示。

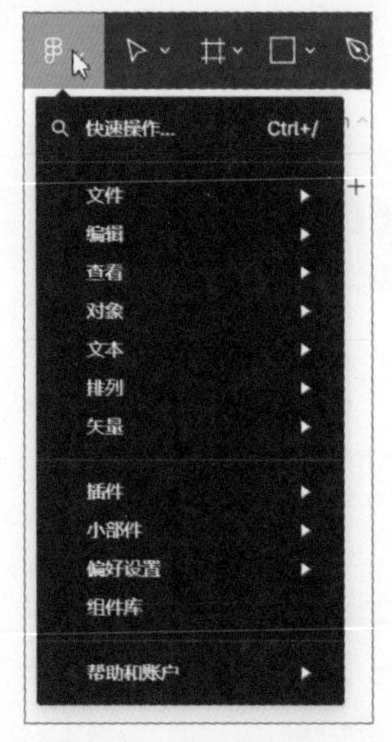

图 1-36　Figma 主菜单

图 1-37 “图层”面板

图 1-38 “资源”面板

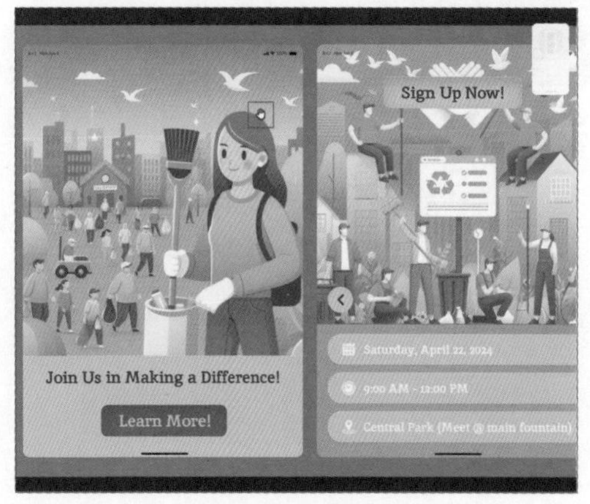

图 1-39　移动画布

图 1-40　缩小画布

提示

按【Shift+0】组合键，可以将画布快速切换到 100% 显示；按【Shift+1】组合键，可以显示画布中所有的设计画板。

“设计”面板：在 Figma 工作区的右侧为“设计”面板，在该面板中可以显示当前设计文档中所选中的元素的相关设置选项，选择不同的设计元素，其可设置的选项也不同，如图 1-41 所示。在顶部单击“原型”文字，切换到“原型”面板中，可以对当前设计文档进行原型设计，如图 1-42 所示。

插件工具栏：Figma 的插件工具栏是一个用于管理和调用插件的面板。将光标移至插件工具栏图标上方时，可以展开该插件工具栏，如图 1-43 所示，它提供了快速访问和调用 Figma 中安装的插件的便捷方式。

“帮助和资源”图标：单击 Figma 工作界面右下角的“帮助和资源”图标，可以打开相应的菜单，为用户提供了官方的帮助和资源选项，如图 1-44 所示。选择“键盘快捷键”命令，在 Figma 工作界面的底部会显示出 Figma 软件中常用的快捷键，如图 1-45 所示，方便用户进行学习和记忆。

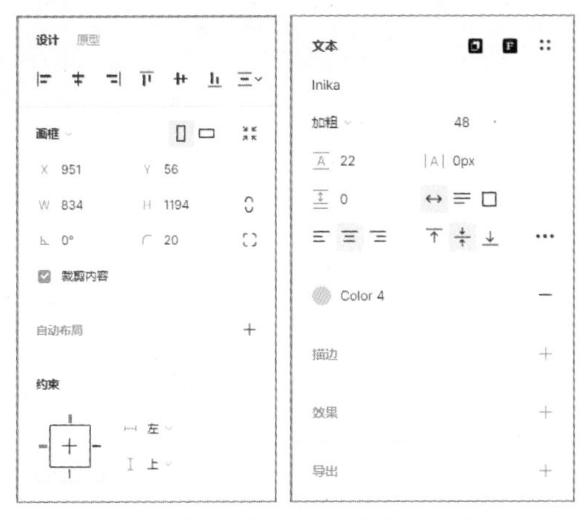

图 1-41　“设计”面板中的属性设置选项

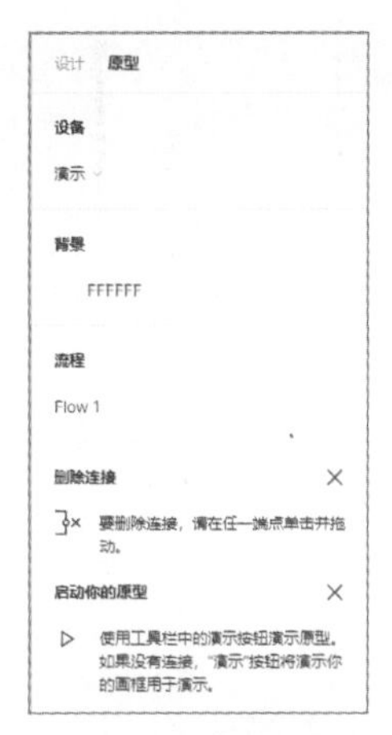

图 1-42　“原型”面板

图 1-43　展开插件工具栏

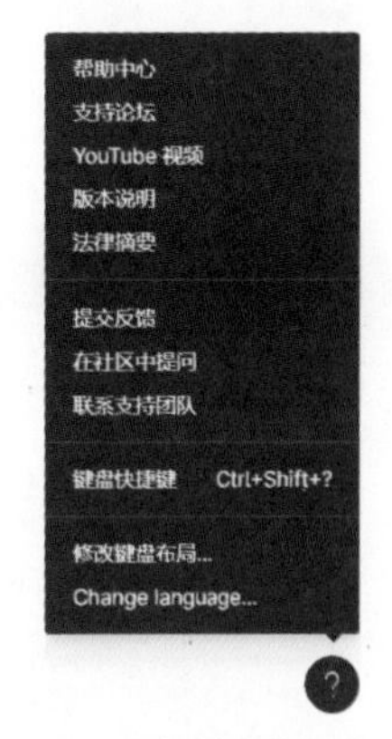

图 1-44　“帮助和资源”菜单

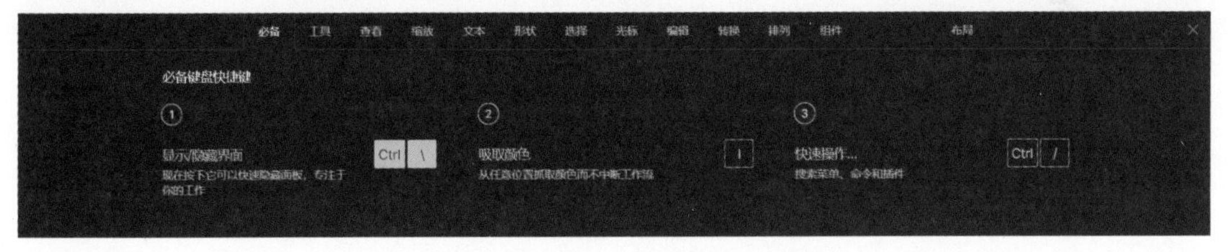

图 1-45　显示 Figma 软件常用的快捷键

提示

按【Ctrl+\】组合键，可以将 Figma 工作界面中的工具栏和左右两侧的“图层”面板及“设计”面板隐藏，从而使 Figma 的工作区域更大，便于用户进行操作和观察。再次按【Ctrl+\】组合键，可以再次显示出 Figma 工作界面中的工具栏和左右两侧的面板。

1.4　使用 Figma 工具

Figma 是一款功能强大的在线 UI 设计工具，它提供了丰富的设计工具和功能，本节将向读者介绍 Figma 工具栏中常用工具的使用方法和使用技巧，使读者掌握 Figma 中工具的使用。

1.4.1 移动工具和缩放工具

Figma 中的“移动”工具用于移动选定的元素。单击工具栏中的“移动”工具图标▷，或按快捷键【V】，在画布中单击并拖动需要移动的元素，即可移动元素的位置。

1. 复制和调整元素

如果需要对元素进行复制操作，可以按住【Alt】键不放，使用“移动”工具拖动需要复制的元素，即可对该元素进行复制，如图 1-46 所示。同时按住【Alt+Shift】组合键不放，使用“移动”工具拖动需要复制的元素，可以将所复制的元素保持在水平或垂直方向上，如图 1-47 所示。

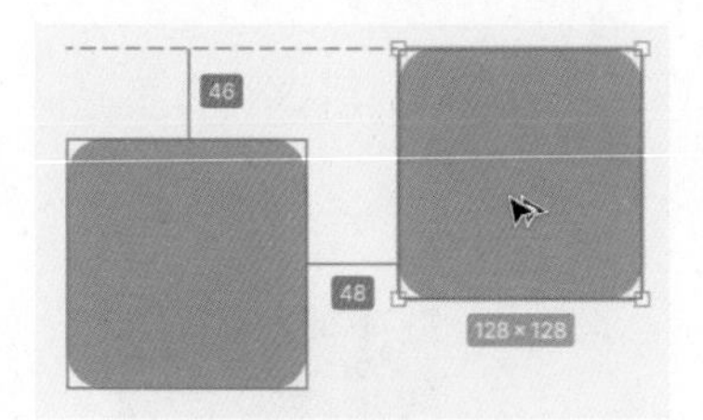

图 1-46 复制元素

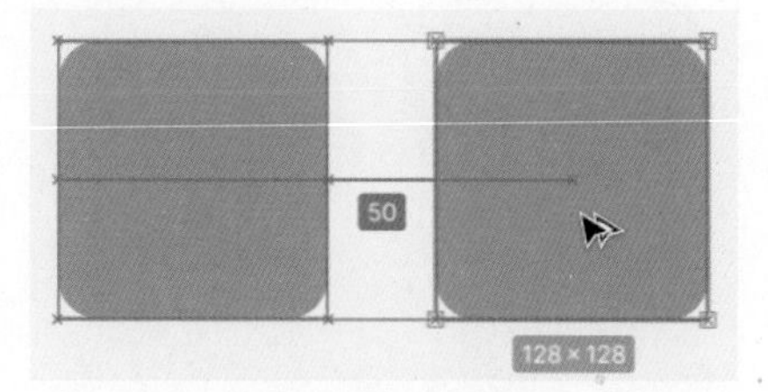

图 1-47 复制元素并保持在水平方向

在 Figma 中还可以进行重复操作，方便用户快速制作相同的具有规律的元素。完成对象的一次复制操作之后，按【Ctrl+D】组合键，可以快速执行上一次的复制对象操作，如图 1-48 所示。

图 1-48 重复上一次的复制操作

使用“移动”工具在画布中单击矩形元素，可以看到在矩形的 4 个角上分别有一个空心圆点，如图 1-49 所示。使用“移动工具”拖动空心圆点，可以修改矩形的圆角半径大小，如图 1-50 所示。如果只需要修改其中一个圆角半径大小，可以按住【Alt】键不放，再使用“移动”工具拖动空心圆点，即可只修改该圆角半径的大小，其他的圆角半径不受影响，如图 1-51 所示。

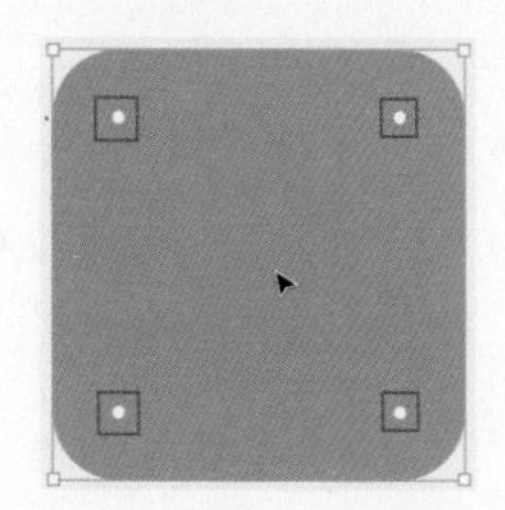

图 1-49 圆角半径控制圆点

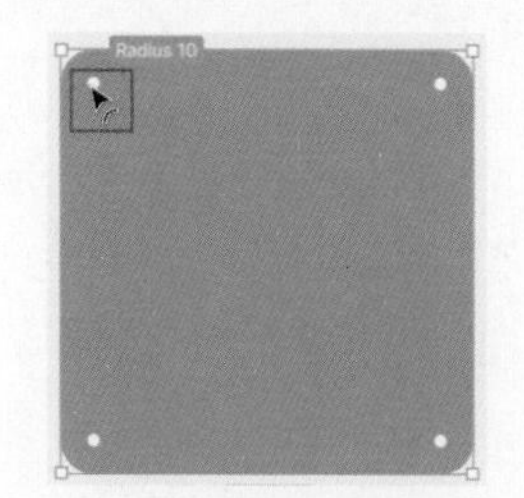

图 1-50 同时调整圆角半径大小

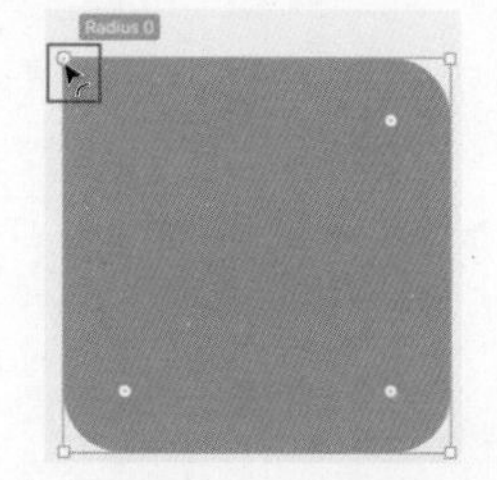

图 1-51 单独调整一个圆角半径大小

提示

使用“移动”工具在画布中选择相应的元素后，同样可以在“设计”面板中对所选中元素的相关属性进行设置。例如，如果选中一个矩形，在“设计”面板中同样可以对该矩形的大小、位置、圆角半径等进行设置。

2. 使用“整理”功能

如果在项目制作过程中，出现多个元素间距不统一的情况，框选多个需要统一间距的元素，在选框的右下角出现“整理”图标，如图 1-52 所示。单击该图标，可以迅速将所选中元素的间距调整为统一的间距大小，如图 1-53 所示。

图 1-52　显示“整理”图标

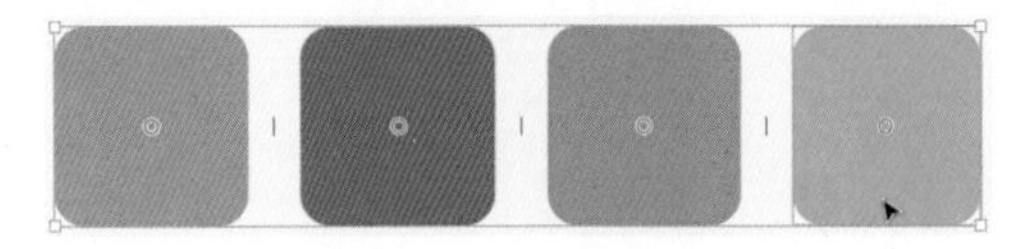

图 1-53　将多个元素间距调整为统一大小

单击“整理”图标后，在元素与元素之间会显示红色的短竖线，单击并按住此处进行拖动，可以同时调整所选中元素之间的间距，如图 1-54 所示。如果需要调整对象的排列顺序，只需要在元素的红色圆圈处单击并拖动鼠标，即可快速调整元素的排列位置，如图 1-55 所示。

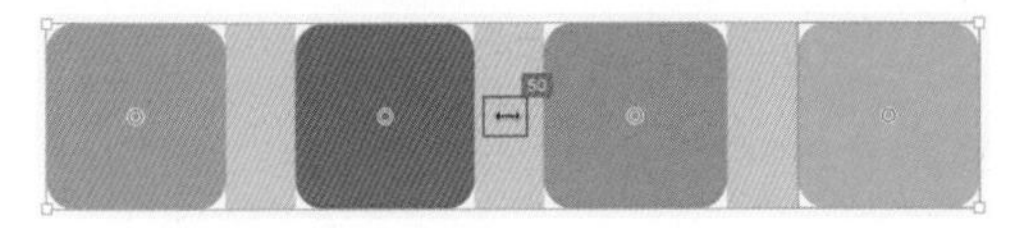

图 1-54　同时调整元素之间的间距

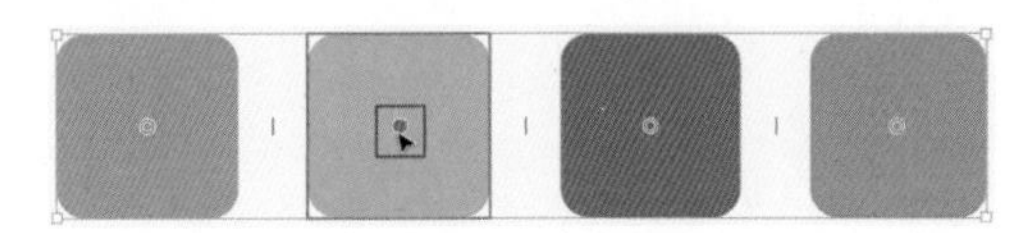

图 1-55　调整元素的排列顺序

3. 缩放元素

使用“移动”工具还可以对元素进行缩放操作，选中需要进行缩放操作的对象，将光标移至 4 个角的调整锚点上拖动鼠标，如图 1-56 所示，即可对元素进行缩放处理。在拖动鼠标的过程中，按住【Shift】键，即可进行等比例缩放处理。

但是如果缩放的元素是一个具有圆角半径值的对象时，使用“移动工具”对其进行缩放的过程中其圆角半径值会保持不变，这就导致如果元素缩小后会改变其形状，如图 1-57 所示。

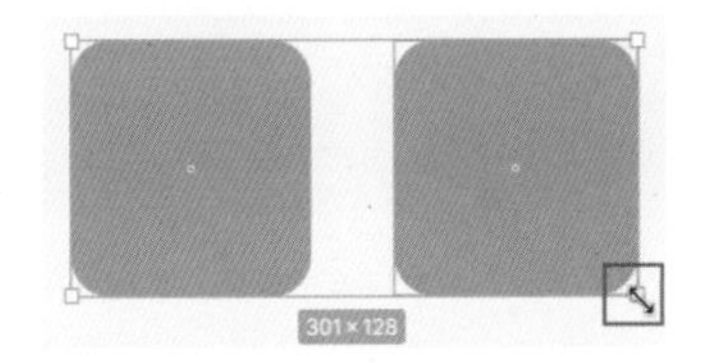

图 1-56　将光标移至调整锚点上并拖动

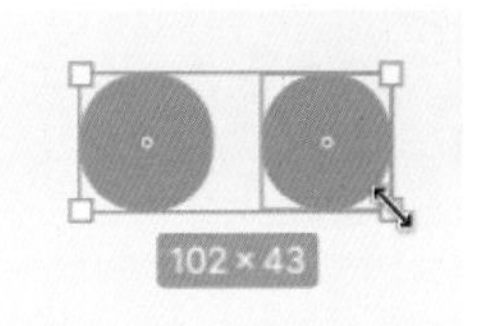

图 1-57　缩小后会改变其形状

针对这种情况，可以使用“缩放”工具来对元素进行缩放操作。单击工具栏中的“移动”工具右侧的向下箭头，在隐藏工具中选择“缩放”工具，如图 1-58 所示。将光标移至画布中所选中元素的任意一个调整锚点上并拖动鼠标，如图 1-59 所示，即可对元素进行等比例缩放。如果缩放的元素具有圆角半径值，则在缩放操作过程中，其圆角值的大小也会同时进行调整，如图 1-60 所示。

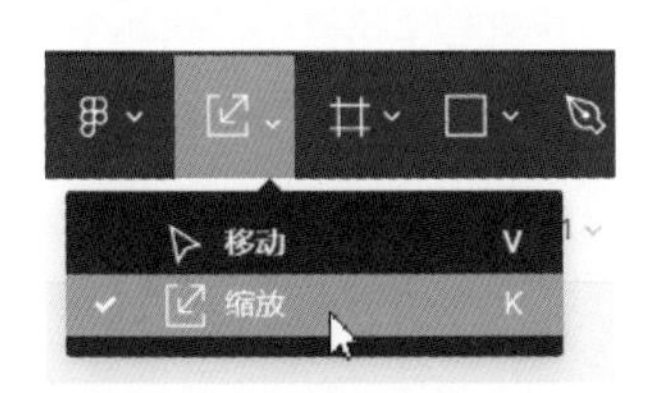

图 1-58　选择“缩放”工具

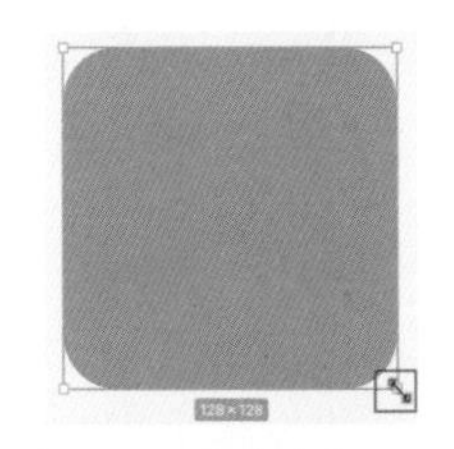

图 1-59　缩放光标形状

图 1-60　将元素缩小

使用“缩放”工具，将光标移至所选择元素 4 个角的调整锚点外侧，当光标变为如图 1-61 所示的形状时，拖动鼠标可以对元素进行旋转操作，如图 1-62 所示。

图 1-61　旋转光标形状

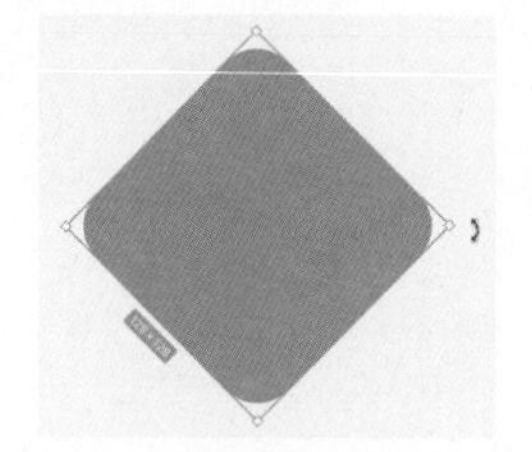

图 1-62　对元素进行旋转操作

提示

使用“缩放”工具对选中的元素进行旋转操作时，按住【Shift】键并拖动鼠标，将以 15° 角为增量对元素进行旋转。

1.4.2　形状工具

在 Figma 中为用户提供了绘制常见形状的多种形状工具，包括“矩形”“直线”“箭头”“椭圆”“多边形”“星形”等，如图 1-63 所示。

1. 矩形工具

使用“矩形”工具，在设计区域中拖动光标即可绘制一个矩形，如图 1-64 所示。在拖动光标绘制矩形的过程中按住【Shift】键不放，可以绘制出一个正方形，如图 1-65 所示。

图 1-63　Figma 中的形状工具

图 1-64　绘制矩形

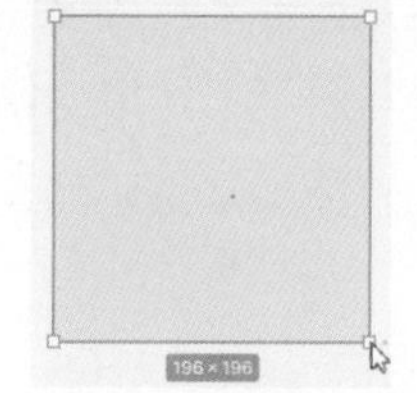

图 1-65　绘制正方形

完成矩形的绘制后，使用“移动”工具移至刚绘制的矩形上方，可以看到矩形 4 个角的圆角控制点，如图 1-66 所示。单击并拖动任意一个圆角控制点，即可对该矩形 4 个角的圆角半径同时进行调整，如图 1-67 所示。按住【Alt】键不放并拖动某一个圆角控制点，即可对该圆角进行单独调整，如图 1-68 所示。

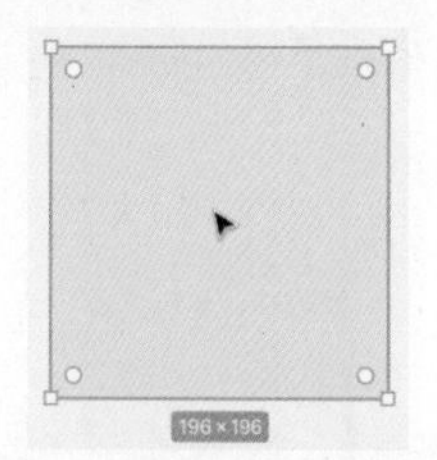

图 1-66　显示圆角控制点

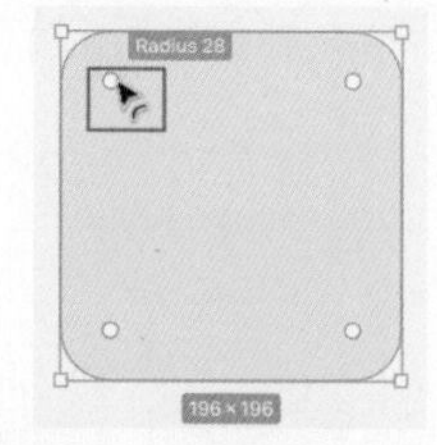

图 1-67　同时调整圆角半径

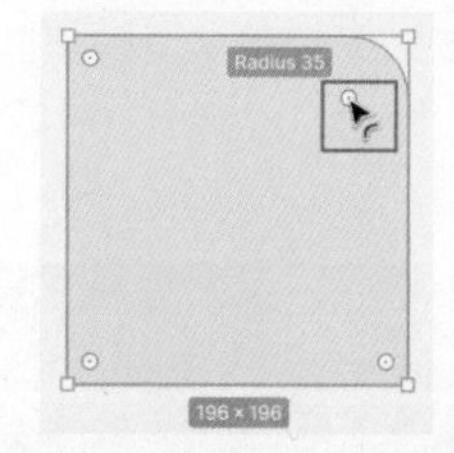

图 1-68　调整指定角的圆角半径

如果需要进入形状图形的编辑模式，可以在选中形状图形后，单击工具栏中间的“编辑对象”图标，或者双击需要编辑的形状图形，即可进入该形状图形的编辑模式，如图 1-69 所示。进入编辑模式后，可以选择图形的任意锚点进行调整，如图 1-70 所示。双击设计区域的空白位置，即可退出编辑模式。

2. 直线工具

使用“直线”工具，在设计区域中拖动光标即可绘制一条直线，如图 1-71 所示。

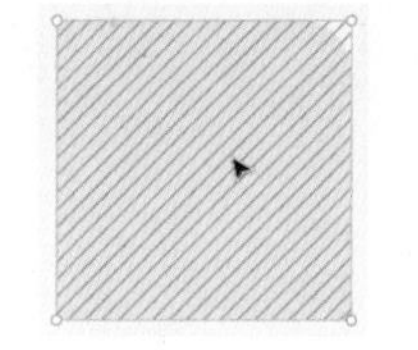

图 1-69　进入编辑模式

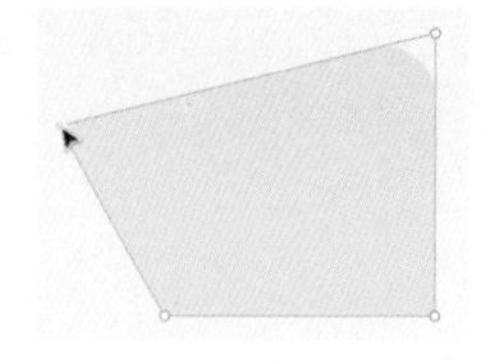

图 1-70　调整图形形状

完成直线的绘制后，在“设计”面板的“描边”选项区中可以对直线的相关选项进行设置。例如，修改“描边粗细”选项，可以看到直线的效果，如图 1-72 所示。

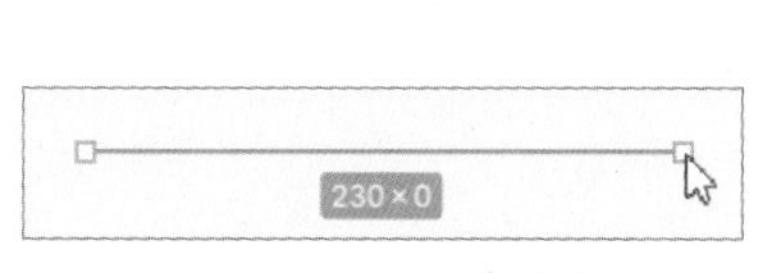

图 1-71　绘制一条直线

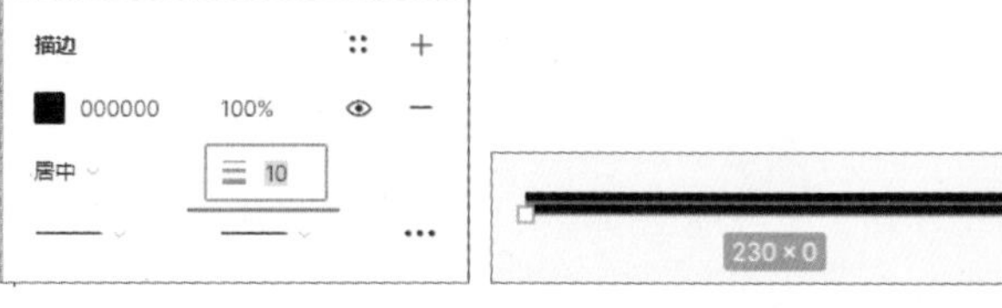

图 1-72　修改直线的描边粗细

在“起始点”和“结束点”下拉列表框中可以选择直线起始点和结束点的样式效果，如图 1-73 所示。完成“起始点”和“结束点”样式设置，效果如图 1-74 所示。

图 1-73　“起始点”下拉列表框

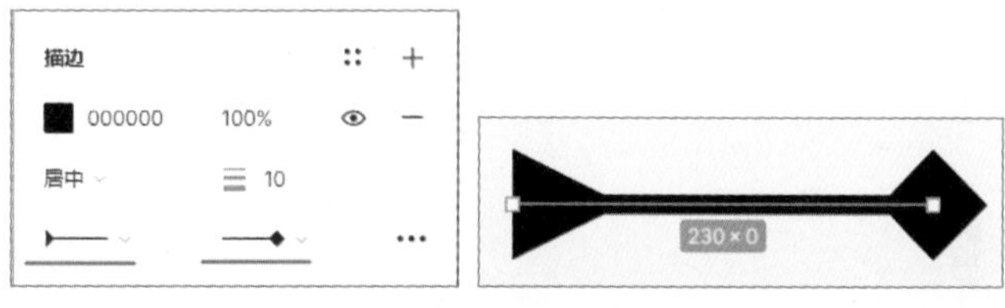

图 1-74　修改起始点和结束点样式效果

单击“高级描边设置”图标 ⋯，打开“高级描边”设置选项，如图 1-75 所示。在“描边样式”下拉列表框中选择“虚线”选项，可以将所绘制的直线设置为虚线，并且可以对虚线的效果进行设置，如图 1-76 所示。

图 1-75　“高级描边”选项

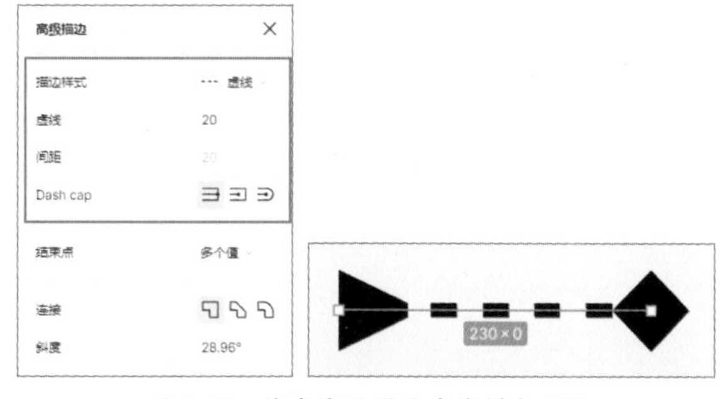

图 1-76　将直线设置为虚线样式效果

3. 箭头工具

使用“箭头”工具，在设计区域中拖动光标即可绘制一条在结束点有箭头形状的直线，如

图 1-77 所示。在“设计”面板的“描边”选项区中的相关设置选项与“直线”工具相同，如图 1-78 所示。

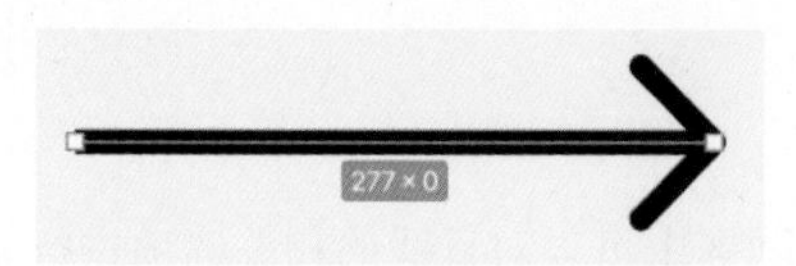

图 1-77　绘制一条带箭头的直线

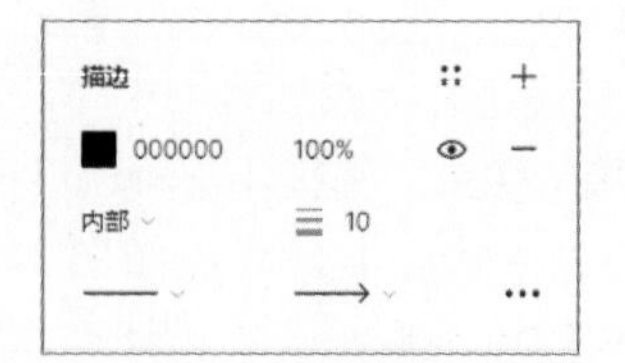

图 1-78　“描边”选项区中的设置选项

4. 椭圆工具

使用“椭圆”工具，在设计区域中拖动光标即可绘制一个椭圆形，如图 1-79 所示。在拖动光标绘制椭圆形的过程中按住【Shift】键不放，可以绘制出一个正圆形，如图 1-80 所示。使用“移动”工具移至刚绘制的正圆形上方，可以看到一个控制点，拖动该控制点，可以将正圆形处理为饼状图形，如图 1-81 所示。

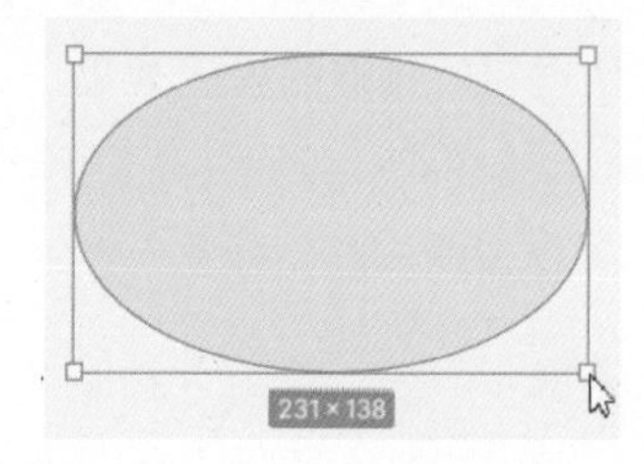

图 1-79　绘制椭圆形

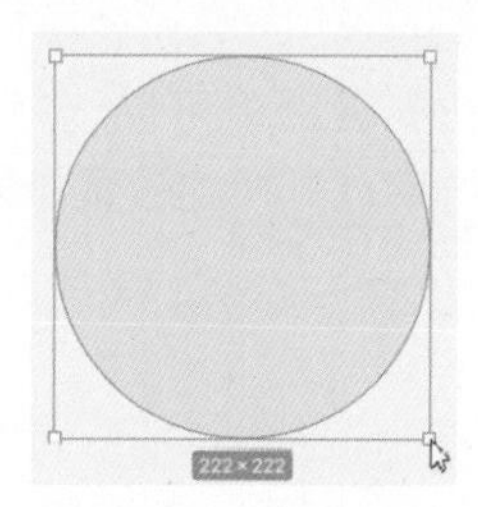

图 1-80　绘制正圆形

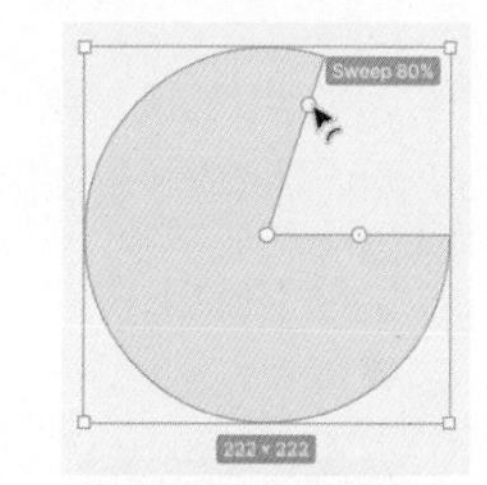

图 1-81　将正圆形处理为饼状图形

提示

将正圆形处理为饼状图形后，会出现其他两个控制点，拖动中心的控制点，可以将圆形处理为圆环形状，拖动右侧水平方向的控制点，可以调整饼状图形开口的起始位置。

5. 多边形工具

使用“多边形”工具，在设计区域中拖动光标即可绘制一个三角形，如图 1-82 所示。在拖动光标绘制三角形的过程中按住【Shift】键不放，可以绘制出一个等边三角形，如图 1-83 所示。

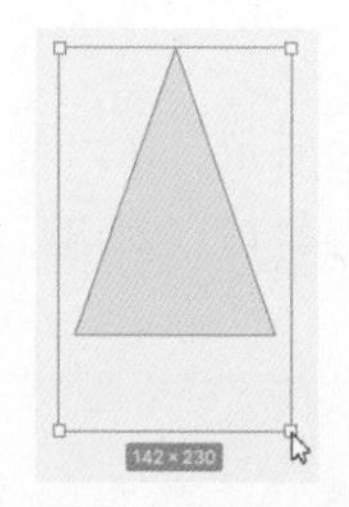

图 1-82　绘制三角形

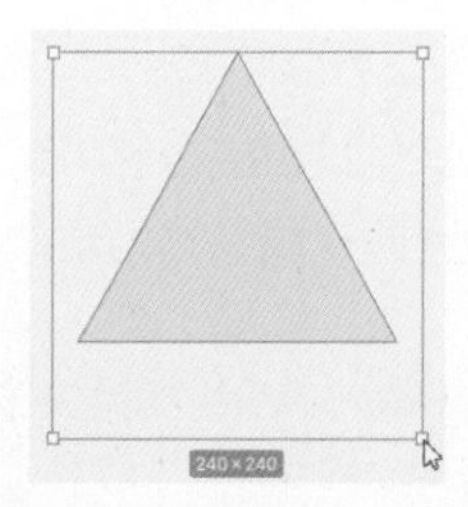

图 1-83　绘制等边三角形

使用“移动”工具移至刚绘制的三角形上方，可以看到两个控制点，如图 1-84 所示。拖动顶部控制点，可以调整三角形的圆角半径大小，如图 1-85 所示。拖动右下角控制点，可以增加多边形的边数，如图 1-86 所示。

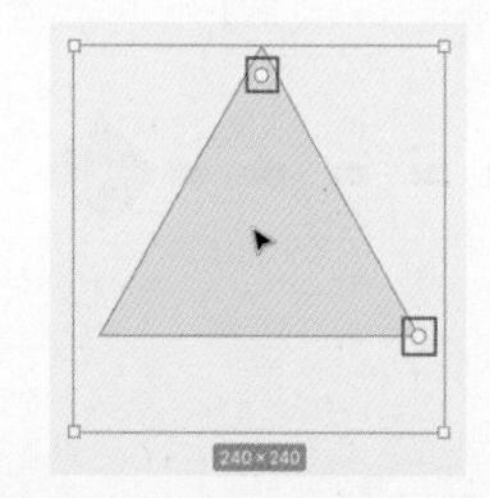

图 1-84　三角形的两个控制点

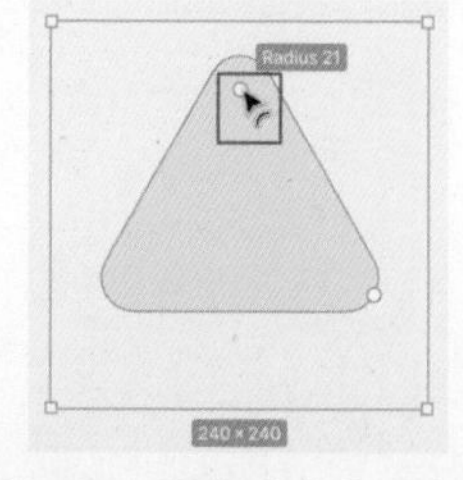

图 1-85　调整圆角半径大小

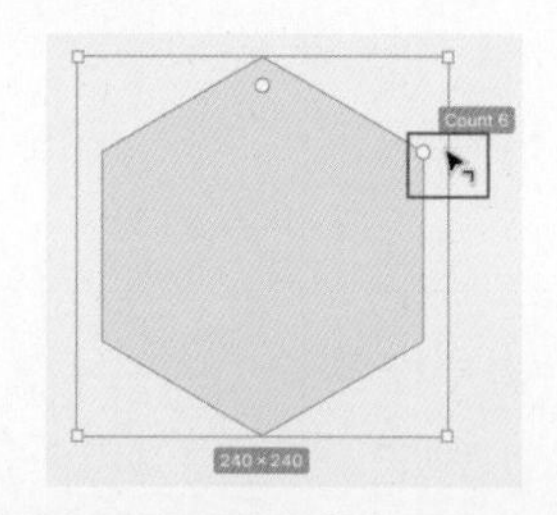

图 1-86　增加多边形边数

6. 星形工具

使用“星形”工具，按住【Shift】键不放，在设计区域中拖动光标即可绘制一个正五角星形，如图 1-87 所示。使用“移动”工具移至刚绘制的五角星形上方，可以看到 3 个控制点，如图 1-88 所示。

图 1-87　绘制五角星形

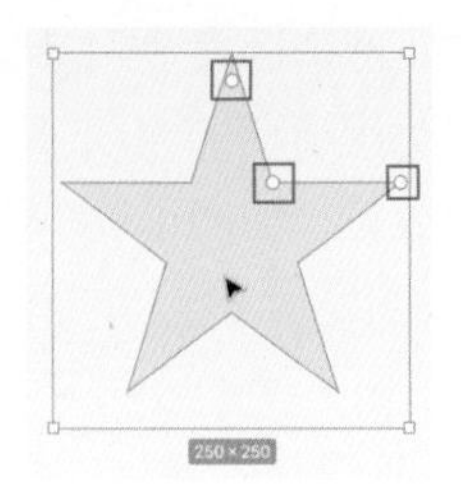

图 1-88　五角星形的 3 个控制点

拖动顶部控制点，可以调整五角星形的圆角半径大小，如图 1-89 所示。拖动中间的控制点，可以调整五角星形的内陷角度大小，如图 1-90 所示。拖动右侧的控制点，可以增加星形的角数量，如图 1-91 所示。

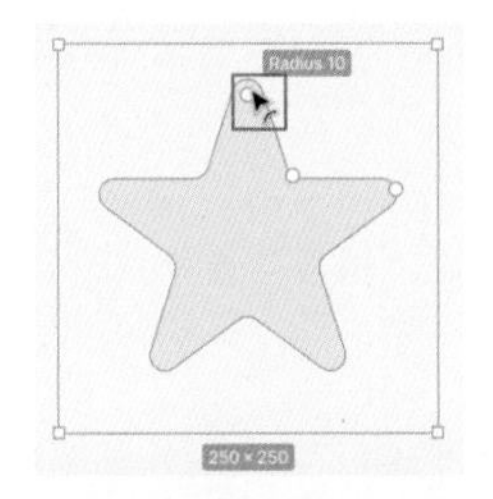

图 1-89　调整圆角半径大小

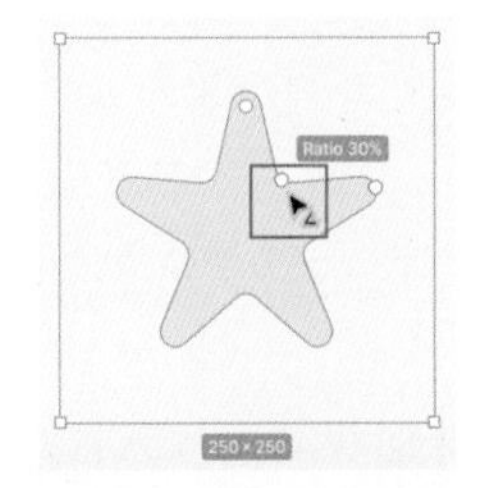

图 1-90　调整星形内陷角度大小

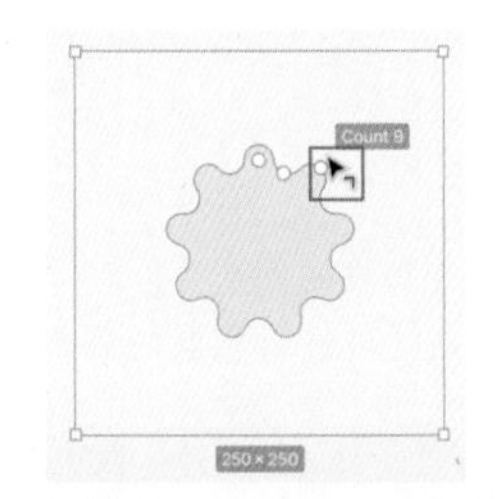

图 1-91　增加星形角数量

7. 导入图片/视频

在形状工具组的下方有一个“导入图片/视频”选项，使用该选项可以在设计文档中导入图片或视频素材，并且可以将图片或视频素材放置到所绘制的形状图形中，从而使图片或视频素材表现出不同的形状效果。

选择形状工具组中的“导入图片/视频”选项，弹出“打开”对话框，选择需要导入的图片或视频素材，如图 1-92 所示，单击“打开”按钮，在 Figma 设计区域的空白处单击，即可导入所选择的图片或视频素材，如图 1-93 所示。

图 1-92　选择需要导入的图片或视频素材

图 1-93　导入图片或视频素材

导入到 Figma 中的图片或视频素材默认显示为矩形，如果需要素材显示为特殊的形状效果，可以使用蒙版的方式来实现。

绘制一个形状图形，例如这里绘制一个正圆形，如图 1-94 所示。在“图层”面板中拖动调整正圆形的叠放顺序，将其放置在图片或视频素材的下方，同时选中正圆形和素材对象，如图 1-95 所示。单击工具栏中间的“设为蒙版”按钮，即可创建蒙版，素材对象将显示为正圆形效果，如图 1-96 所示。

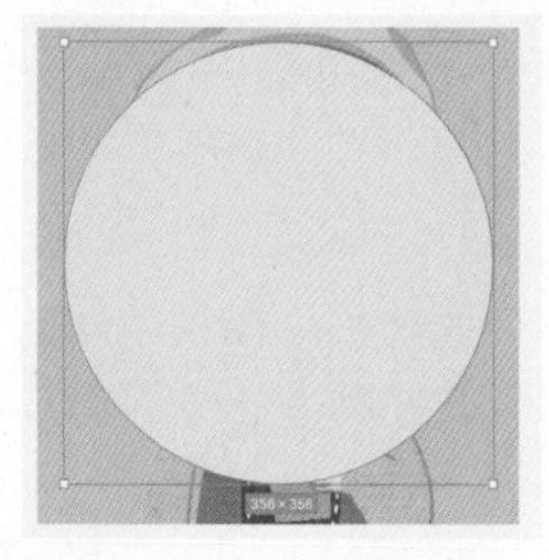

图 1-94　绘制正圆形

图 1-95　同时选中正圆形和素材对象

图 1-96　创建蒙版后的效果

提示

完成蒙版的创建后，如果需要调整蒙版形状或素材对象的大小和位置，可以在“图层”面板中选择需要调整的对象，再进行相应的调整。

除了可以使用蒙版的方式得到特殊形状的图片或视频素材，还可以在导入图片或视频素材时直接将其导入到已经绘制好的图形中，从而表现出特殊的素材效果。

选择形状工具组中的“导入图片/视频”选项，弹出“打开”对话框，选择需要导入的图片或视频素材，如图 1-97 所示，单击“打开”按钮，将光标移至需要放置该素材对象的图形上并单击，即可将所选择的图片或视频素材直接放置到相应的形状中，如图 1-98 所示。

图 1-97　选择需要导入的图片或视频素材

图 1-98　将素材直接导入到形状中

提示

在 UI 设计中，常常需要制作不同形状的图片，导入素材直接放置到形状图形中更加方便，但调整时无法对形状或素材进行单独调整，只能同时进行调整。如果后期需要对图形或素材对象进行单独调整，可以使用蒙版的方式来制作特殊形状的图片或视频素材效果。

1.4.3　钢笔工具

Figma 中的“钢笔”工具与 Adobe XD、Sketch 中的“钢笔”工具非常相似，使用“钢笔”工具可以绘制出不同形状的图形和路径。

单击工具栏中的“钢笔”工具按钮，在设计区域中单击即可创建一个锚点，将光标移至下一处位置并单击，两个锚点会连接成一条直线路径，如图 1-99 所示。在其他位置单击可以继续绘制直线，如图 1-100 所示。

如果需要完成直线路径的绘制，可以按【Esc】键，即可完成当前路径的绘制。

使用“钢笔”工具不仅能够方便绘制直线路径，还可以绘制出曲线路径。

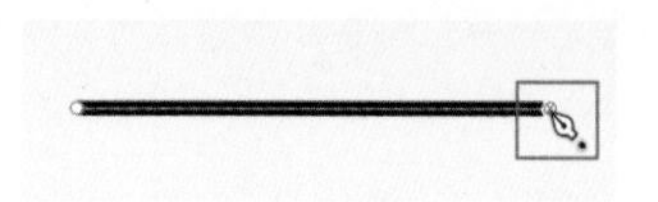

图 1-99 绘制一条直线路径

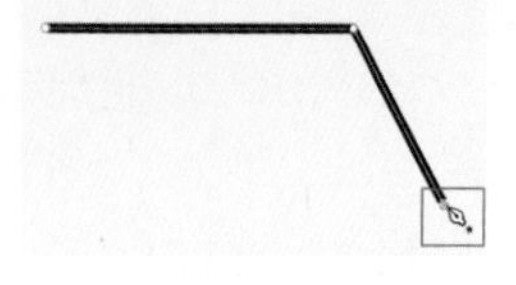

图 1-100 继续绘制直线

使用“钢笔”工具在设计区域中单击创建一个锚点，将光标移至下一个需要创建锚点的位置，如图 1-101 所示。单击并拖动鼠标创建一个平滑锚点，两个锚点之间即可创建出曲线路径，如图 1-102 所示。使用相同的方法，可以继续创建平滑锚点，绘制出曲线路径，如图 1-103 所示。如果需要完成曲线路径的绘制，可以按【Esc】键。

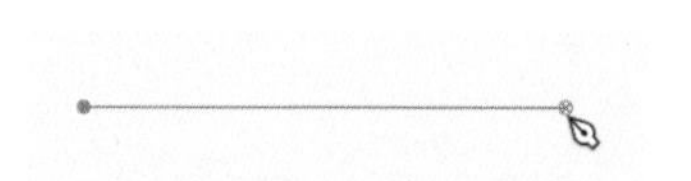

图 1-101 将光标移至创建锚点的位置

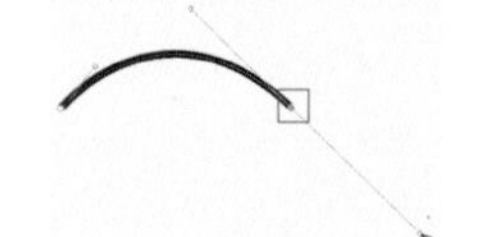

图 1-102 创建平滑锚点

图 1-103 绘制曲线路径

提示

使用“钢笔”工具单击并拖动鼠标添加平滑锚点时，在拖动的过程中可以调整方向线的长度和方向，从而影响下一个锚点生成的路径的走向。按住【Shift】键并拖动鼠标可以将方向线的方向控制在水平、垂直或以 45° 角为增量的角度上。

提示

使用“钢笔”工具绘制的曲线称为贝塞尔曲线，其原理是在锚点上加上两条方向线，不论调整哪一条方向线，另外一条始终与它保持成一条直线并与曲线相切。

直线路径上的锚点称为转角锚点，曲线路径上的锚点称为平滑锚点，这两种锚点类型是可以相互转换的。使用“钢笔”工具，将光标移至转角锚点上，如图 1-104 所示，按住【Ctrl】键并单击该转角锚点，即可将其转换为平滑锚点，如图 1-105 所示。按住【Ctrl】键并单击平滑锚点，同样可以将其转换为转角锚点。

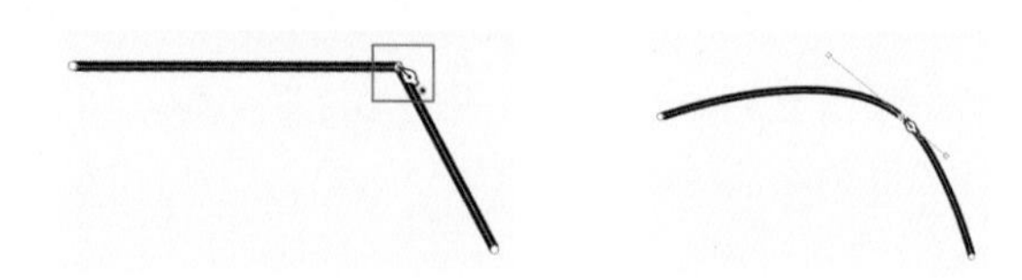

图 1-104 将光标移至转角锚点上 图 1-105 转换为平滑锚点

提示

使用“移动”工具可以拖动调整平滑锚点上的方向线，从而控制曲线的角度。默认情况下，拖动调整方向线时，锚点两侧的方向线会同时进行调整，如果只需要调整一侧的方向线，则可以按住【Alt】键不放，对一侧的方向线进行拖动，另一侧方向线保持不变。

根据绘制图形的需要，可以在路径上添加或者删除锚点，使绘制的路径更加平滑美观。使用“钢笔”工具，将光标移至路径上需要添加锚点的位置，如图 1-106 所示，单击即可在当前位置添加一个锚点，如图 1-107 所示。

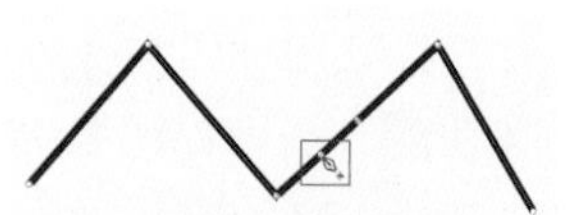

图 1-106 将光标移至需要添加锚点的位置

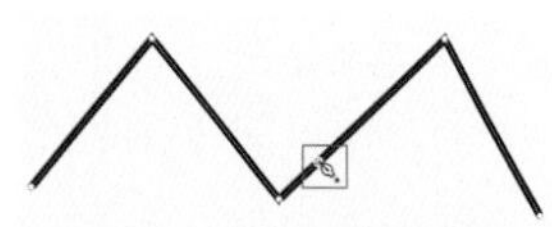

图 1-107 单击添加一个锚点

提示

在进行添加锚点操作时，当光标移至需要添加锚点的路径上时，Figma 会自动提示该段路径的中心点位置，方便用户进行操作。

如果需要调整锚点的位置，可以使用“移动”工具单击选中需要调整的锚点，如图 1-108 所示。拖动锚点即可调整该锚点的位置，如图 1-109 所示，从而改变路径的形状。

如果需要删除某个锚点，可以使用“钢笔”工具，将光标移至需要删除的锚点上方，如图 1-110 所示，按住【Alt】键并单击锚点，即可将该锚点删除，如图 1-111 所示。

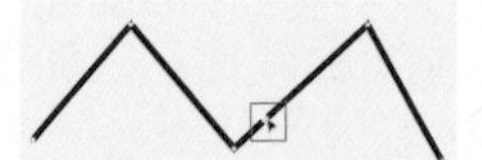

图 1-108 选中需要调整的锚点

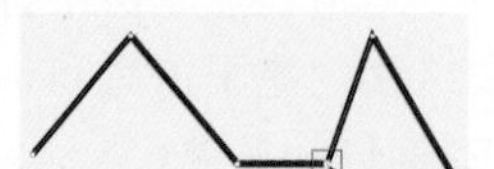

图 1-109 拖动调整锚点位置

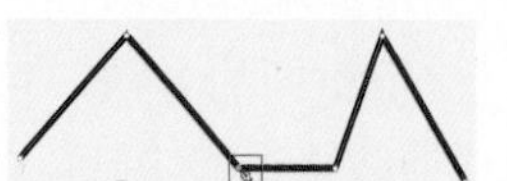

图 1-110 将光标移至需要删除的锚点位置

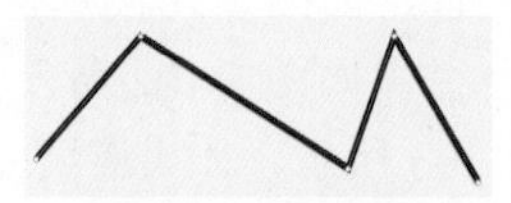

图 1-111 单击即可删除锚点

提示

如果需要将断开的锚点进行连接，只需要使用“钢笔”工具分别单击需要连接的两个锚点即可。

使用“钢笔”工具绘制的是一个闭合路径，默认情况下，闭合路径只有锚边没有填充，如图 1-112 所示。如果需要为其填充颜色，可以使用“颜料桶”工具，将光标移至需要填充颜色的区域，如图 1-113 所示。单击即可在闭合的路径区域中填充颜色，可以在“设计”面板中修改填充颜色的值，效果如图 1-114 所示。

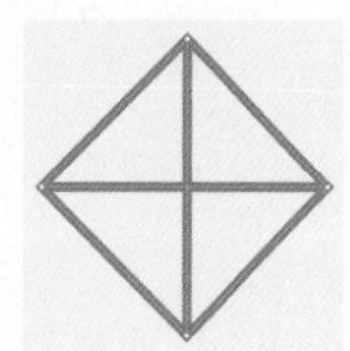

图 1-112 绘制闭合路径

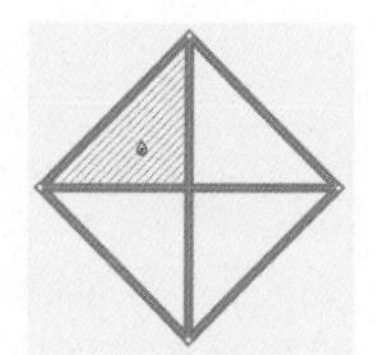

图 1-113 将光标移至需要填充的区域

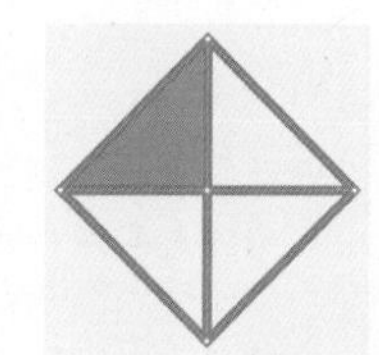

图 1-114 填充颜色

如果需要删除封闭区域中的填充颜色，可以使用“颜料桶”工具在封闭区域的填充区域单击，即可删除该封闭区域的填充颜色。

提示

在 Figma 的钢笔工具组中还包含了“铅笔”工具，使用“铅笔”工具可以绘制出手绘线条。

1.4.4 文本工具

在 Figma 中输入文字与在其他设计软件中输入文字相同，输入的文字分为两种类型，分别是点文字和段落文字。

1. 输入文字

点文字是一个水平文本行，在处理标题等字数较少的文字时，可以通过点文字来完成。单击工具栏中的“文本”工具按钮，在设计区域中单击设置插入点，输入文字，如图 1-115 所示。单击其他任意工具，可以完成文字的输入，在“图层”面板中会自动生成一个文字图层，如图 1-116 所示。

当需要输入大量的文字内容时，可将文字以段落的形式进行输入。输入段落文字时，文字会基于文本框的大小自动换行。用户可以根据需要自由调整文本框的大小，使文字在调整后的文本框中重新排列。

单击工具栏中的“文本”工具按钮T，在设计区域中单击并拖动鼠标绘制一个文本框，如图 1-117 所示。在文本框中输入相应的文字，如图 1-118 所示。单击其他任意工具，可以完成文字的输入，在“图层”面板中会自动生成一个文字图层。

Figma移动UI设计

图 1-115　输入点文字　　图 1-116　生成文字图层　　图 1-117　绘制文本框　　图 1-118　输入文字内容

2. 设置文字属性

无论是点文字还是段落文字，完成文本的输入后，都可以在“设计”面板的“文本”选项区中对文字的字体、样式、字体大小、行高、字距、对齐方式等属性进行设置，如图 1-119 所示。单击“文本”选项区右下角的“文本设置”图标⋯，可以显示出更多的文本设置选项，如图 1-120 所示。

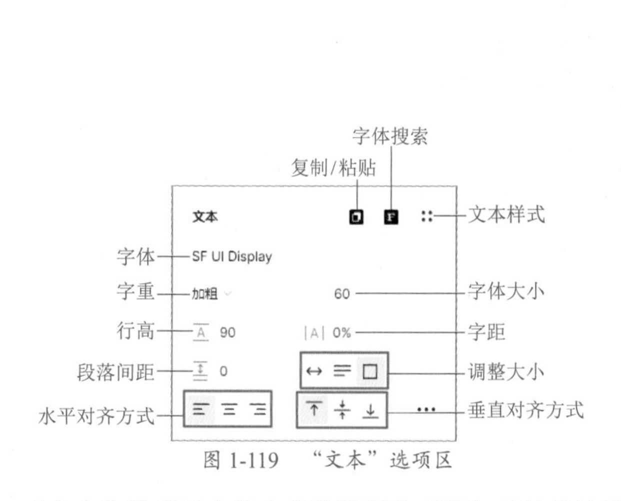

图 1-119　“文本”选项区

图 1-120　更多文本设置选项

“文本”选项区中的大多数设置选项都与其他设计软件中的文字设置选项相同，下面对一些特殊的文字设置选项进行介绍。

复制/粘贴：选择文字，单击“复制/粘贴”图标，在打开的下拉菜单中可以选择需要执行的命令，如图 1-121 所示。选择“复制字体属性”命令，可以复制所选择文字的字体属性；选择“复制字体名”命令，可以复制所选择文字的字体名称。复制了相应文字的字体属性之后，选择“粘贴字体”命令，可以将所复制文字的字体属性应用到当前所选择的文字上；选择“粘贴字体、字重”命令，可以将所复制文字的字体和字重属性应用到当前所选择的文字上；选择“粘贴字体、字重、大小”命令，可以将所复制文字的字体、字重和字体大小属性应用到当前所选择的文字上。

除了可以使用“复制/粘贴”下拉菜单中的命令来实现文字属性的复制和选择性粘贴，还可以在需要复制的文字上单击鼠标右键，在弹出的快捷菜单中的“复制/粘贴为”子菜单中，同样提供了相应的文字复制命令，如图 1-122 所示。

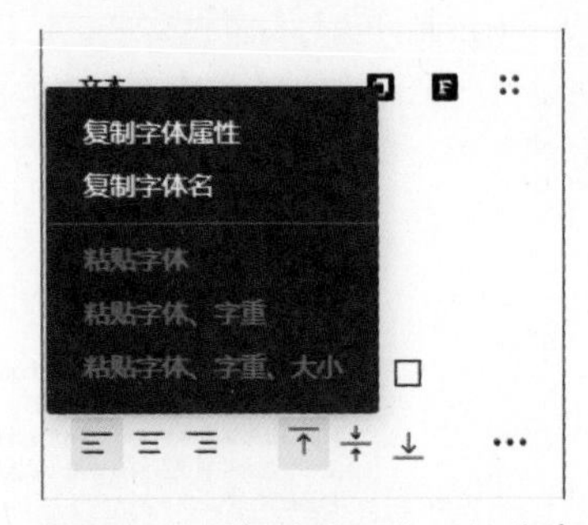

图 1-121 “复制/粘贴”下拉菜单

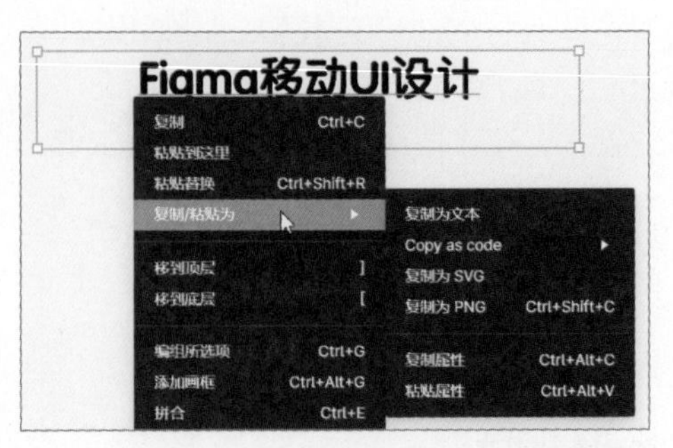

图 1-122 “复制/粘贴为”子菜单命令

字体搜索：单击“字体搜索”图标，打开“字体搜索”下拉列表框，如图 1-123 所示。输入字体名称，即可快速找到需要使用的字体，单击即可为所选择的文字应用该字体，如图 1-124 所示。

图 1-123 “字体搜索”选项区

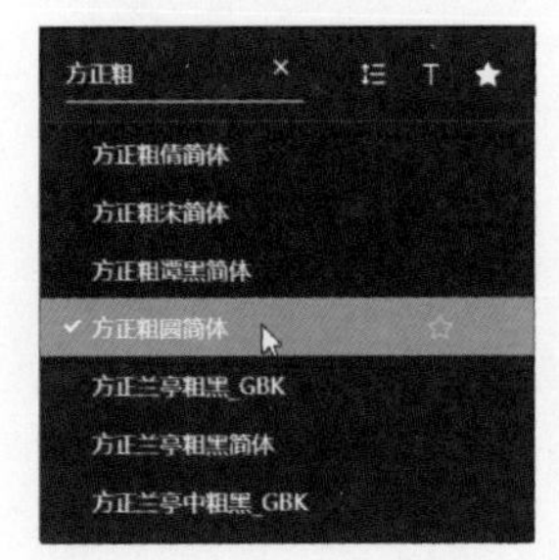

图 1-124 搜索字体并应用

提示

在“文本”选项区的“字体”下拉列表框中可以为所选择的文字设置字体，但是在该下拉列表框中，无论是中文字体还是英文字体都显示为英文名称，不方便查找。

文本样式：单击“文本样式”图标，弹出“文本样式”对话框，在该对话框中显示了已经创建的文本样式列表，如图 1-125 所示。如果需要将当前所选择的文字属性创建为文本样式，可以单击该对话框中的“创建样式”图标，弹出“创建新的文本样式”对话框，输入样式名称和描述，如图 1-126 所示，单击“创建样式”按钮，即可创建文本样式。

图 1-125 “文本样式”对话框

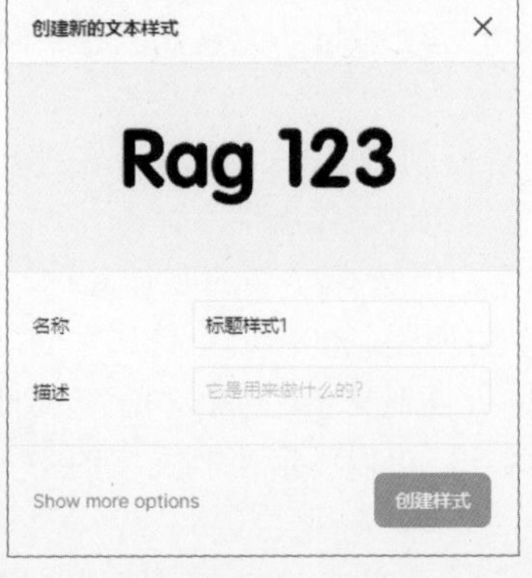

图 1-126 “创建新的文本样式”对话框

如果需要为文字应用文本样式，可以选择文字，如图 1-127 所示，单击“文本样式”图标 ，在弹出的“文本样式”对话框中选择需要应用的文本样式名称即可，如图 1-128 所示。如果需要取消文本样式的应用，可以单击“设计”面板中文本样式名称右侧的“分离样式”图标 ，如图 1-129 所示。

图 1-127　选择文字　　图 1-128　应用样式　　图 1-129　单击“分离样式”图标

提示

为文字应用文本样式时，当光标移至某个文字样式名称上时，该文字样式名称的右侧会出现“编辑样式”图标 ，单击该图标可以对该文本样式的属性设置进行修改。

提示

使用文本样式的好处是，当修改该文本样式设置时，文档中所有应用了该文本样式的文字效果都会自动更新，提升工作效率。

段落间距：该选项用于设置文字段落之间的间距，可以直接单击输入相应的数值，也可以按住【Alt】键在数值上左右拖动来调整段落间距，如图 1-130 所示。

调整大小：在 Figma 中无论是点文字还是段落文字，都是包含在文本框中的，“调整大小”选项中的 3 种控制图标主要是对文本框进行设置的。单击“自动宽度”图标 ，所选择文本框的宽度会自动适应文本框中所包含文本的宽度；单击“自动高度”图标 ，所选择文本框的高度会自动适应文本框中所包含文本的高度；单击“固定大小”图标 ，所选择文本框将设置为固定大小，当调整文本框的宽度时，文本框中所包含的文本会自动进行换行。

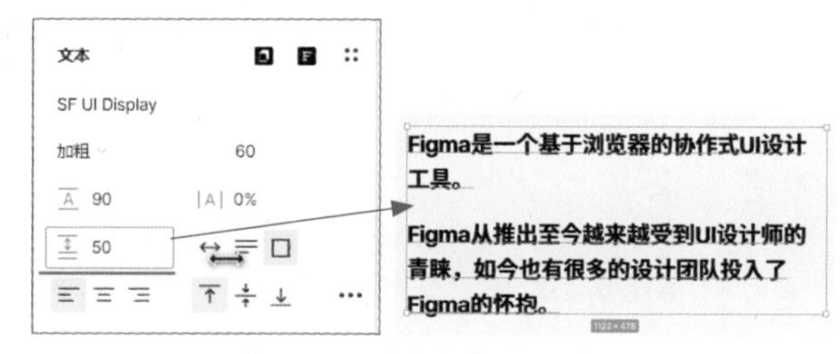

图 1-130　设置段落间距的效果

水平对齐方式：当文本框的宽度大于所包含文字内容的宽度时，可以通过“水平对齐方式”选项中的控制图标来控制文字内容在文本框中的水平位置。单击“左对齐”图标 ，文字内容在文本框中居左对齐，如图 1-131 所示；单击“居中对齐”图标 ，文字内容在文本框中居中对齐，如图 1-132 所示；单击“右对齐”图标 ，文字内容在文本框中居右对齐，如图 1-133 所示。

图 1-131　左对齐效果　　图 1-132　居中对齐效果　　图 1-133　右对齐效果

垂直对齐方式：当文本框的高度大于所包含文字内容的高度时，可以通过“垂直对齐方式”选项中的控制图标来控制文字内容在文本框中的垂直位置。单击“上对齐”图标 ，文字内容在文本框中垂直居顶对齐，如图 1-134 所示；单击“垂直居中”图标 ，文字内容在文本框中垂直居中对齐，如图 1-135 所示；单击“下对齐”图标，文字内容在文本框中垂直居底对齐，如图 1-136 所示。

图 1-134　垂直居顶效果　　图 1-135　垂直居中效果　　图 1-136　垂直居底效果

3. 设置文字链接

在 Figma 中除了可以对文字的相关属性进行设置，还可以为文字设置链接地址。选择需要设置链接地址的文字，单击工具栏中间的“创建链接”按钮，在文字上方显示链接地址文本框，如图 1-137 所示。在文本框中输入完整的 URL 链接地址，如图 1-138 所示，即可完成文字链接地址的设置。

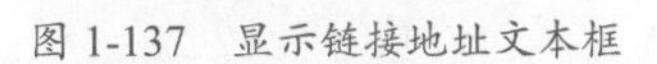
图 1-137　显示链接地址文本框　　图 1-138　输入完整的链接地址

如果需要修改为文字所设置的链接地址，可以将光标移至文字上方，单击文字链接地址右侧的“编辑”文字，如图 1-139 所示，即可对链接地址进行修改。如果单击链接地址右侧的“断开链接”图标，如图 1-140 所示，即可删除文字的链接地址。

图 1-139　显示文字链接编辑选项　　图 1-140　单击“断开链接”图标

提示

还有一种更快捷的为文字设置链接的方法，直接复制链接地址，选择文字，按【Ctrl+V】组合键，即可将所复制的链接地址设置为所选择文字的链接地址。

1.4.5　对象的编组操作

在许多设计软件中都有编组这个概念，主要作用是对多个元素同时进行调整。在 Figma 中同样具有编组功能，本节将对 Figma 中的编组功能进行介绍。

在 Figma 中打开素材文件“源文件 / 第 1 章 / 素材 /14501.fig”，效果如图 1-141 所示。使用“选择”工具框选多个需要编组的对象，如图 1-142 所示。单击鼠标右键，在弹出的快捷菜单中选择“编组所选项”命令或按【Ctrl+G】组合键，如图 1-143 所示，即可将所选中的多个对象编组。

将多个对象编组后，在“图层”面板中可以看到编组的对象，如图 1-144 所示。可以对编组中的对象同时进行调整和设置，如图 1-145 所示。如果需要对编组中的某个对象进行单独调整，可以双击该对象进入其编辑状态，即可对该对象进行单独调整。

提示

将对象进行编组可以方便对文档中的元素进行管理，在“图层”面板中的编组名称上单击鼠标右键，在弹出的快捷菜单中选择“重命名”命令，可以对编组名称进行重命令操作。如果需要取消编组，可以在编组对象上单击鼠标右键，在弹出的快捷菜单中选择“取消编组”命令，或按【Ctrl+Backspace】组合键。

图 1-141　打开素材文件

图 1-142　选择需要编组的对象

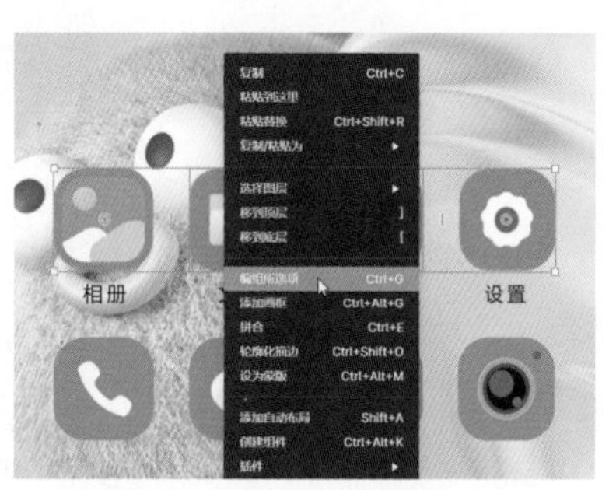

图 1-143　选择“编组所选项”命令

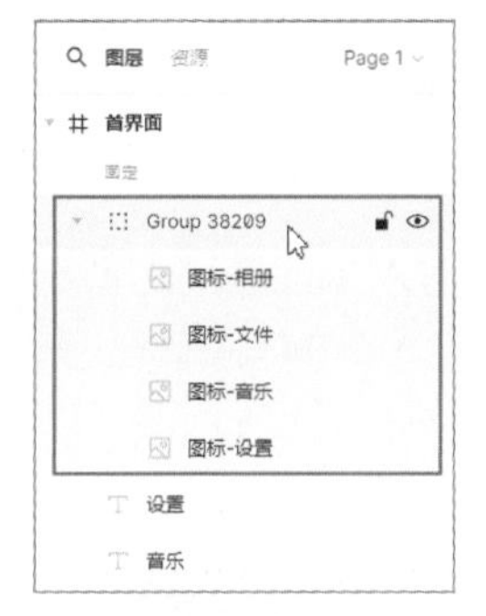

图 1-144　“图层”面板中的编组对象

图 1-145　对编组进行同时调整

1.4.6　使用画框

Figma 中的画框（Frame）是一个非常重要的概念，它相当于一个容器，用于组织和管理设计元素。用户可以将画框看作是一个个独立的画布或页面，用于承载和展示设计内容。

单击工具栏中的“画框”工具按钮，在设计区域中单击，可以创建一个尺寸大小为 100×100、填充颜色为白色的画框，如图 1-146 所示。也可以使用“画框”工具在设计区域中单击并拖动鼠标，即可创建一个任意尺寸大小的画框，如图 1-147 所示。完成画框的绘制后，在“图层”面板中会自动创建一个画框对象，如图 1-148 所示。

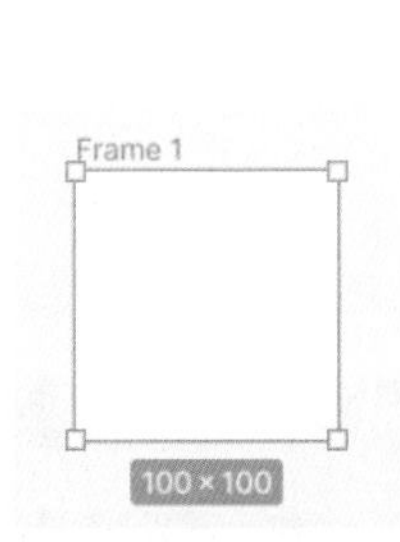

图 1-146　创建固定尺寸的画框

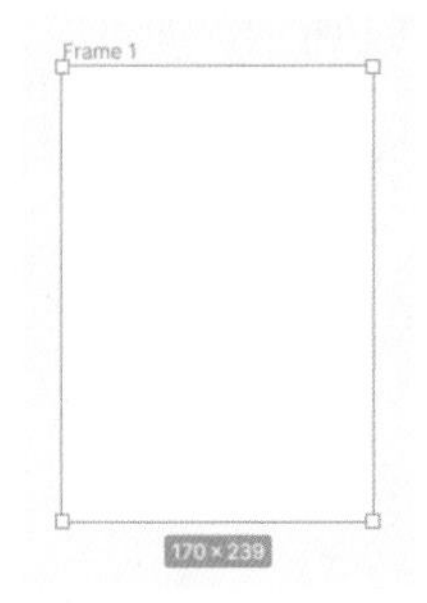

图 1-147　绘制任意尺寸的画框

图 1-148　自动创建画框对象

选择所绘制的画框对象，在“设计”面板的“类型”下拉列表框中为用户提供了多种预设的设计尺寸，如图 1-149 所示，方便用户快捷创建指定尺寸大小的画框，如图 1-150 所示。

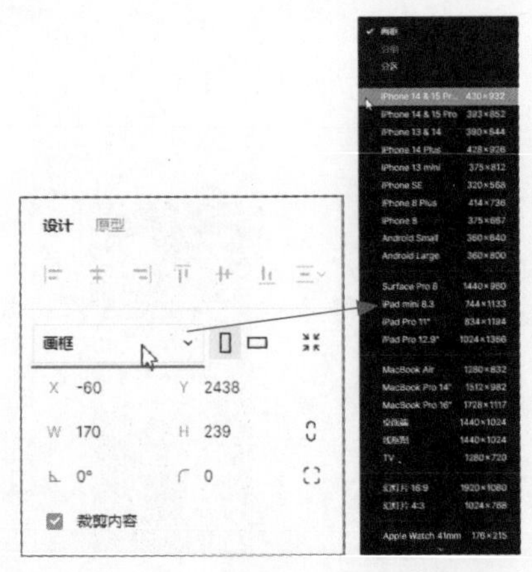

图 1-149 “类型”下拉列表框

图 1-150 选择一种预设画框尺寸

提示

选中画框后，使用其他工具进行绘制等操作时，所创建的对象都会位于画框之中，当使用“移动”工具移动画框位置时，画框中包含的对象都会随之一起移动。在画框左上角的名称位置双击，可以对画框名称进行重命名。

除了可以使用“画框”工具创建空白的画框，还可以在已有对象的基础上创建画框。使用“选择”工具框选多个需要创建画框的对象，如图 1-151 所示。单击鼠标右键，在弹出的快捷菜单中选择“添加画框”命令或按【Ctrl+Alt+G】组合键，如图 1-152 所示，可以为所选中的多个对象创建画框。

图 1-151 选中需要创建画框的多个对象

图 1-152 选择“添加画框”命令

将多个对象创建画框后，在“图层”面板中可以看到画框的对象，如图 1-153 所示。在 Figma 中，画框与组是可以相互转换的，选中相应的画框，在“设计”面板的“类型”下拉列表框中可以选择“分组”选项，如图 1-154 所示，即可将画框对象转换为分组对象。

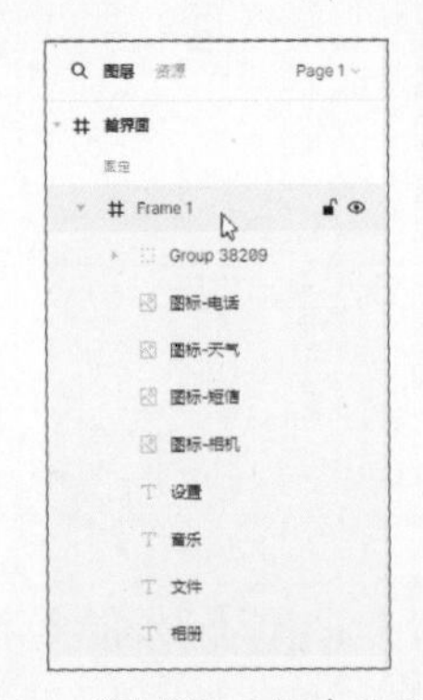

图 1-153 “图层”面板中的画框对象

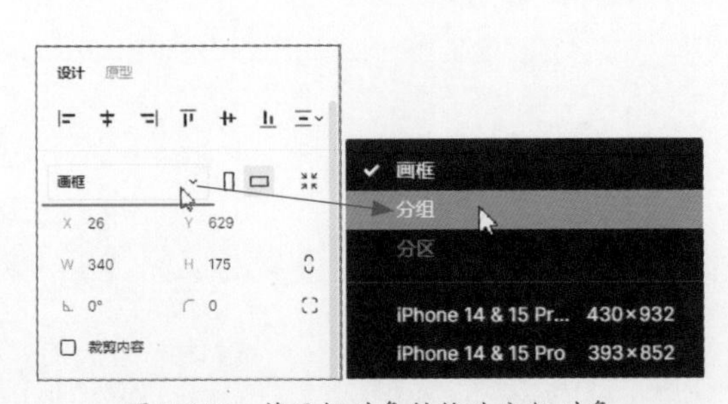

图 1-154 将画框对象转换为分组对象

当用户对画框的大小进行调整时，如图 1-155 所示，在“设计”面板中选择“裁剪内容”复选框，如图 1-156 所示，则可以对超出画框范围的内容进行裁剪隐藏，如图 1-157 所示。

图 1-155　调整画框大小

图 1-156　选择“裁剪内容”复选框

图 1-157　超出画框范围的内容将被隐藏

提示

画框具有组的功能，组只单纯地代表对一些元素的打包与整合，与其他设计软件中的群组的概念无异，但画框则更强调导出与自动布局、组件化等方面。

1.5　Figma 的“设计”面板

Figma 工作界面右侧的“设计”面板是一个非常重要的面板，它提供了丰富的选项来调整对象或组件的样式效果、布局和行为，在该面板中允许设计师查看和设置所选择对象的各种属性。

提示

“设计”面板中的设置选项会根据用户所选择对象或组件的类型不同而有所不同。通过“设计”面板，用户可以方便地对设计元素进行精细的调整和编辑，从而满足设计需求。

1. “对齐”选项区

在 Figma 中打开素材文件“源文件 / 第 1 章 / 素材 /15101.fig”，拖动鼠标同时选中多个图标元素，如图 1-158 所示。在右侧的“设计”面板顶部可以看到“对齐”选项区中的相关操作图标，如图 1-159 所示。

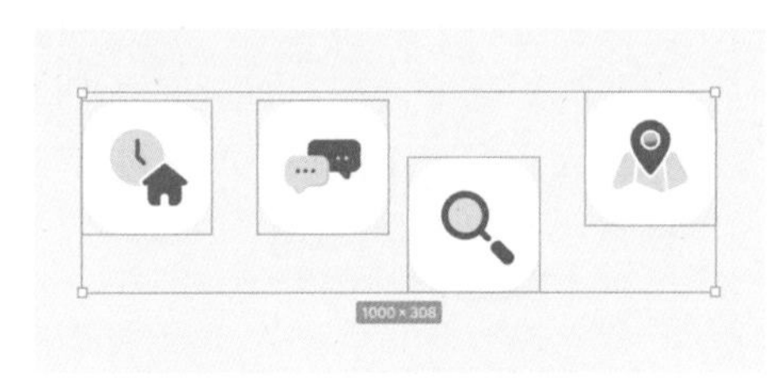

图 1-158　选择多个图标元素

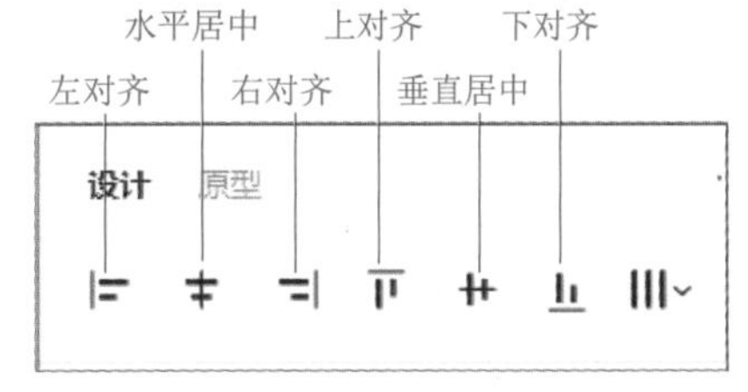

图 1-159　“对齐”选项区

单击“对齐”选项区右侧的向下箭头图标，将显示隐藏的对齐功能操作图标，如图 1-160 所示。单击“上对齐”图标，可以将所选中的多个元素进行顶对齐，如图 1-161 所示。

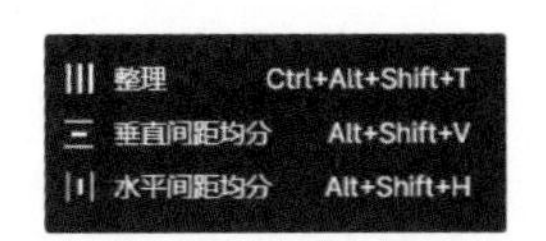

图 1-160　显示隐藏的对齐功能图标

图 1-161　将多个元素进行顶对齐

在操作过程中，“整理”功能非常实用，单击“整理”图标，会自动对所选中的多个元素之间的间距进行均分，如图 1-162 所示。单击并拖动元素之间的红色短竖线，可以同时调整所选中元素之间的间距，如图 1-163 所示。

图 1-162　平均分布元素之间的间距

图 1-163　同时调整元素之间的间距

2. “基础”选项区

在设计区域中选择一个图形元素，如图 1-164 所示。在“设计”面板的“基础”选项区中可以对该元素的位置、尺寸、角度、圆角等相关属性进行设置，如图 1-165 所示。

图 1-164　选择图形元素

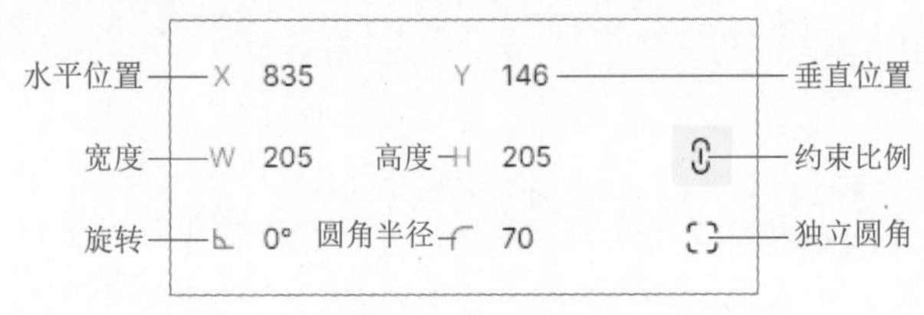

图 1-165　“基础”选项区

每个属性的设置都可以直接在属性值上单击并输入需要设置的值，或者按住【Alt】键不放，拖动数值即可对属性值进行调整。

如果开启“宽度”和“高度”属性右侧的“约束比例”功能，则调整“宽度”和“高度”属性中的任意一个属性值，另一个属性值都会自动进行调整，从而保证比例缩放。单击“约束比例”图标，关闭“约束比例”功能，如图 1-166 所示，则可以分别调整“宽度”和“高度”的属性值，两个属性值互不影响。

单击“圆角半径”属性右侧的“独立圆角”图标，弹出“圆角半径”对话框，在该对话框中可以分别对元素不同角的圆角半径进行单独设置，如图 1-167 所示。

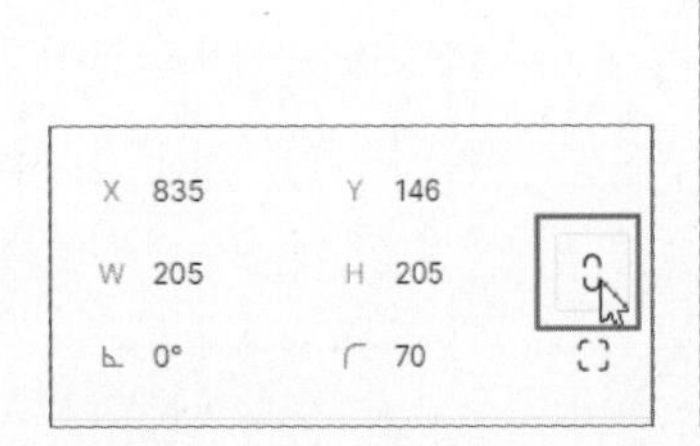

图 1-166　关闭“约束比例”功能

图 1-167　“圆角半径”窗口

提示

iOS 系统中的圆角效果比较特殊，Figma 专门为 iOS 系统中的圆角效果设置了“平滑圆角”选项。如果是基于 iOS 系统的 UI 设计，可以将“圆角半径”对话框中的“平滑圆角”选项拖动到 IOS 位置，这样元素的圆角效果就是符合 iOS 系统规范的。

3. 元素翻转操作

在 Figma 中并没有为用户提供元素翻转的操作选项，在实际的项目设计过程中，如果需要对元素进行翻转操作，可以通过快捷键的方式来实现。

选中需要进行翻转操作的元素，如图 1-168 所示。单击鼠标右键，在弹出的快捷菜单中选择“水平翻转”命令，或按【Shift+H】组合键，可以实现元素的水平翻转，如图 1-169 所示。单击鼠标右键，在弹出的快捷菜单中选择“垂直翻转”命令，或按【Shift+V】组合键，可以实现元素的垂直翻转，如图 1-170 所示。

图 1-168　选中元素

图 1-169　水平翻转

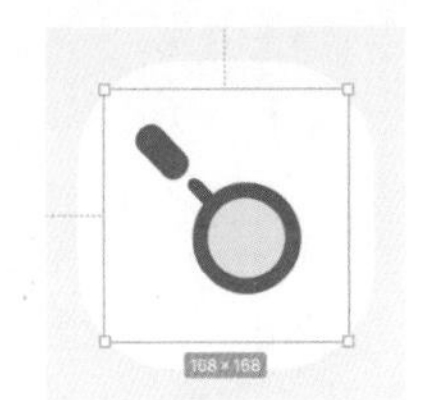

图 1-170　垂直翻转

4. “图层”选项区

Figma 与 Photoshop 相似，都是通过图层来管理元素的。在“设计”面板的“图层”选项区中可以对图层的“混合模式”和“不透明度”选项进行设置。

执行“文件 > 导入图片”命令，弹出“打开”对话框，选择需要导入的图片素材，如图 1-171 所示。单击“打开”按钮，在设计区域的空白位置单击导入图片，调整图片到合适的大小和位置，如图 1-172 所示。在“图层”面板中自动为导入的图片创建一个图层，如图 1-173 所示。

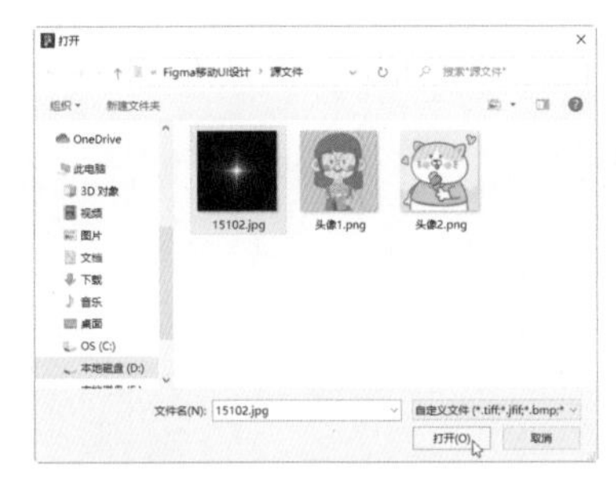

图 1-171　选择图片素材

图 1-172　导入图片并调整

图 1-173　自动创建图层

选择刚导入的图片，在“设计”面板的“图层”选项区中可以对图层的相关选项进行设置，如图 1-174 所示。在“混合模式”下拉列表框中可以设置当前图层与下方图层的混合模式，如图 1-175 所示，例如，这里设置“混合模式”选项为“滤色”，效果如图 1-176 所示。

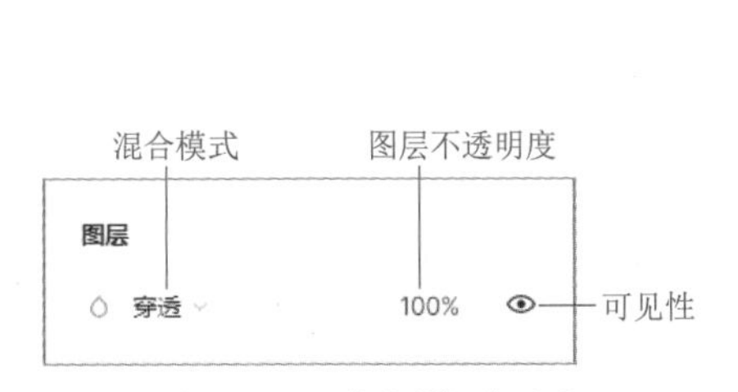

图 1-174　“图层”选项区

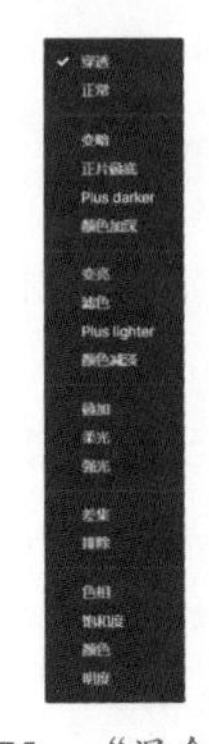

图 1-175　“混合模式”下拉列表框

图 1-176　“滤色”混合模式效果

“混合模式”下拉列表框中的选项与 Photoshop 中图层混合模式的选项基本相似；“图层不透明度”选项用于控制当前图层的不透明度；“可见性”选项用于控制当前图层内容是否可见。

5. “填充”选项区

在 Figma 中打开素材文件“源文件 / 第 1 章 / 素材 /15102.fig”，选中多边形，如图 1-177 所示。在“设计”面板的“填充”选项区中可以看到该图层的填充设置选项，如图 1-178 所示。

图 1-177　选中图形元素

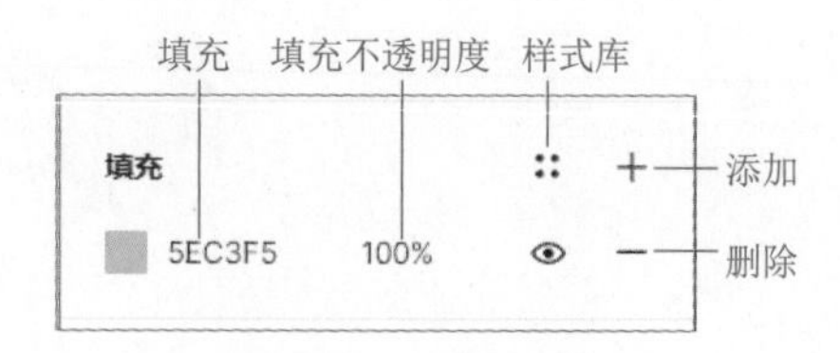

图 1-178　“填充”选项区

（1）纯色填充

选择“填充”选项区中的“填充”选项，弹出“填充”对话框，默认选中“纯色”图标，可以为元素设置纯色，如图 1-179 所示。

（2）渐变填充

单击“渐变”图标，显示渐变设置选项，默认为线性渐变，对渐变颜色进行设置，如图 1-180 所示。在图形上可以看到默认的线性渐变填充效果，如图 1-181 所示。

图 1-179　纯色设置选项

图 1-180　设置线性渐变颜色

图 1-181　线性渐变默认填充效果

拖动渐变颜色起始点和终止点的白色小圆点，可以调整渐变颜色的填充角度和位置，如图 1-182 所示。拖动渐变颜色起始点和终止点的色标，可以调整渐变颜色的起始和终止位置，如图 1-183 所示。将光标移至渐变填充线上合适的位置并单击，即可在单击位置添加一个色标，如图 1-184 所示，用于添加渐变过渡颜色。

图 1-182　调整渐变填充角度

图 1-183　调整渐变颜色位置

图 1-184　添加渐变色标

在弹出的“填充”对话框的“渐变类型”下拉列表框中选择“径向渐变”选项，设置渐变为径向渐变类型，设置渐变颜色，如图 1-185 所示。在图形上可以看到默认的径向渐变填充效果，如图 1-186 所示。拖动各控制点，可以调整径向渐变填充的效果，如图 1-187 所示。

在弹出的“填充”对话框的“渐变类型”下拉列表框中选择“角度渐变”选项，设置渐变为角度渐变类型，设置渐变颜色，如图 1-188 所示。在图形上可以看到默认的角度渐变填充效果，如图 1-189 所示。拖动各控制点，可以调整角度渐变填充的效果，如图 1-190 所示。

图 1-185　设置径向渐变

图 1-186　径向渐变填充效果

图 1-187　调整径向渐变填充

图 1-188　设置角度渐变

在弹出的“填充”对话框的“渐变类型”下拉列表框中选择“菱形”选项，设置渐变为菱形渐变类型，设置渐变颜色，如图 1-191 所示。在图形上可以看到默认的菱形渐变填充效果，如图 1-192 所示。拖动各控制点，可以调整菱形渐变填充的效果，如图 1-193 所示。

图 1-189　角度渐变填充效果

图 1-190　调整角度渐变填充

图 1-191　设置菱形渐变

图 1-192　菱形渐变填充效果

图 1-193　调整菱形渐变填充

（3）图片填充

单击“填充”对话框中的“图片”图标，显示图片填充设置选项，如图 1-194 所示。单击图片预览区域，在弹出的“打开”对话框中选择需要使用的图片，如图 1-195 所示。单击“打开”按钮，即可使用所选择的图片进行填充，如图 1-196 所示。

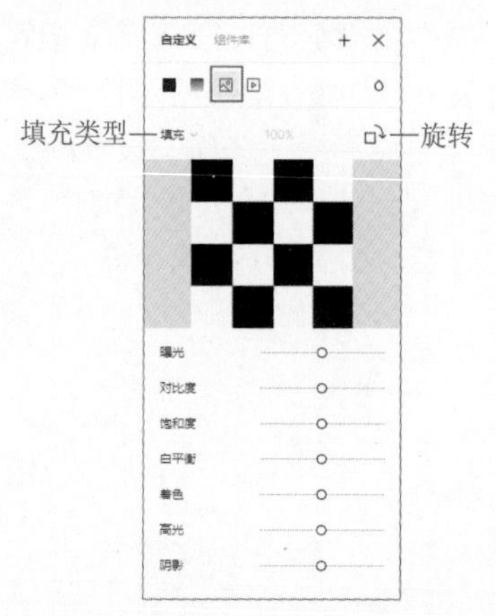

图 1-194　显示图片填充设置选项　　图 1-195　选择需要使用的图片　　图 1-196　图片填充效果

提示

完成填充图片的选择后，在“填充”对话框中可以设置图片的填充类型，对图片进行旋转等操作，除此之外，还可以通过提供的图片调整选项对图片进行简单的调色处理。

提示

单击“填充”对话框中的“视频”图标，将显示视频填充设置选项，其设置选项与图片填充设置选项相同。免费版 Figma 目前无法使用视频填充功能，必须是专业版 Figma 才可以使用该功能。

（4）其他填充设置选项

完成“填充”对话框中渐变选项的设置后，关闭该窗口。单击“填充”选项区中的“添加”图标 +，可以添加一个填充，同样可以对该填充进行设置，如图 1-197 所示。如果需要删除某个填充效果，可以单击该填充效果右侧的“删除”图标 -，即可删除该填充效果。

如果希望把当前元素的填充设置创建为样式，可以单击“样式库”图标 ::，弹出“组件库”对话框，如图 1-198 所示。单击“组件库”对话框中的“新建”图标 +，在弹出的对话框中输入填充样式名称和描述，如图 1-199 所示。

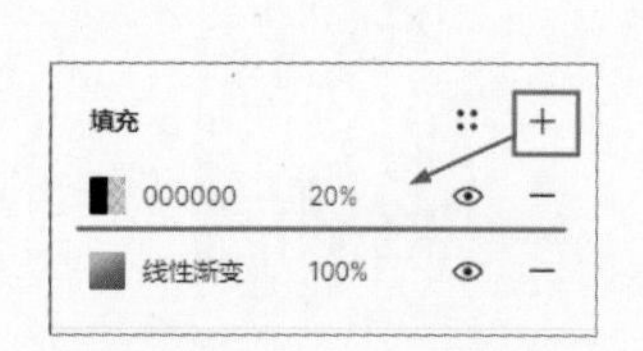

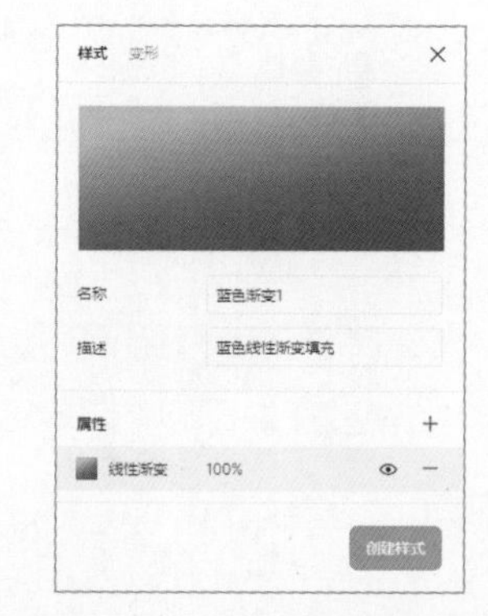

图 1-197　添加填充选项　　图 1-198　“组件库”对话框　　图 1-199　设置样式名称和描述

单击“创建样式”按钮，即可将当前元素的填充效果创建为填充样式，该填充样式会出现在“组件库”对话框中，如图 1-200 所示。如果需要为其他图形元素应用相同的填充效果，可以打开“组件库”对话框，选择相应的填充样式，即可为其应用相同的填充效果，如图 1-201 所示。

如果需要对填充样式进行修改，可以打开“组件库”对话框，单击填充样式名称右侧的“编辑样式”图标，弹出“编辑颜色样式”对话框，如图 1-202 所示。单击填充颜色，弹出“填充”对话框，可以对颜色进行重新设置，如图 1-203 所示。对填充样式进行修改后，应用该填充样式的元素都会统一进行填充效果的更新，如图 1-204 所示。

图 1-200　“组件库”窗口

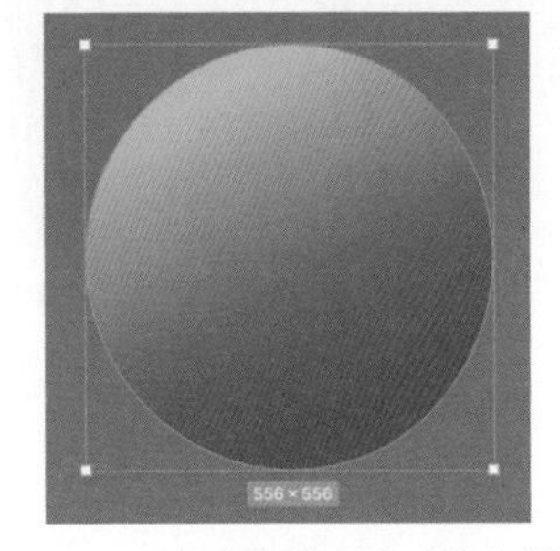

图 1-201　为其他图形应用填充样式

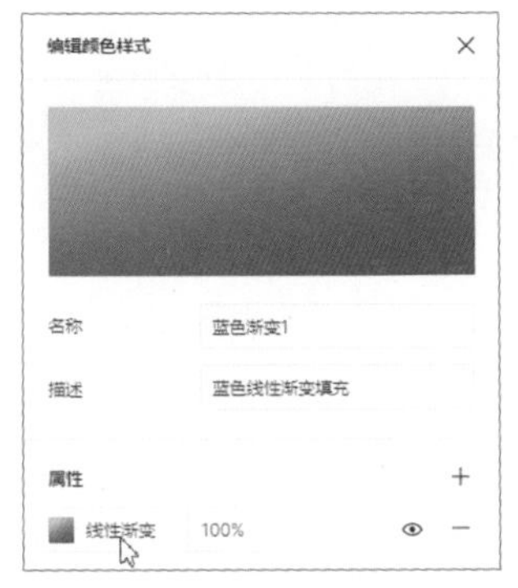

图 1-202　“编辑颜色样式”对话框

图 1-203　修改颜色设置

图 1-204　统一更新应用该填充样式的元素

提示

如果不需要某个元素所应用的填充样式随着样式的修改而更新，则可以将该元素与填充样式分离。选中元素，在“设计”面板的“填充”选项区中单击填充样式名称右侧的“分离样式”图标，分离后可以对该元素的填充效果进行单独修改，不受样式的控制。

6.“描边”选项区

在设计区域中选择需要添加描边的元素，单击“设计”面板的“描边”选项区中的“添加”图标，即可为该元素添加默认的描边效果，如图 1-205 所示。在“设计”面板的“描边”选项区中显示相应的描边设置选项，如图 1-206 所示。

选择“描边”选项区中的“描边”选项，弹出“描边”对话框，默认选中“纯色”图标，可以为元素设置纯色描边，如图 1-207 所示。Figma 中的元素描边设置与填充设置相同，支持纯色、渐变、图片和视频形式，设置选项也是相同的。

“描边位置”下拉列表框中包含内部、居中和外部 3 个选项，用于表示描边在元素边缘的位置。对“描边”选项区中的相关选项进行设置后，可以看到元素描边位置的效果，如图 1-208 所示。

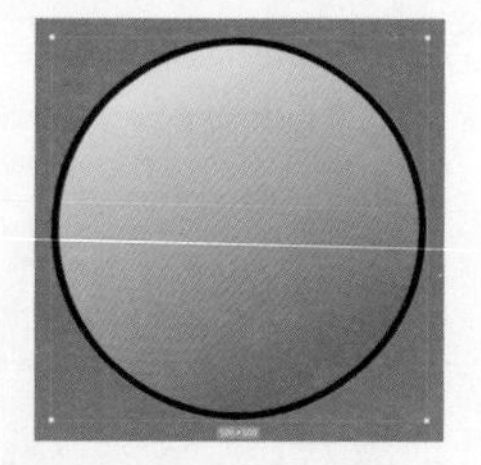

图 1-205　为元素添加描边效果

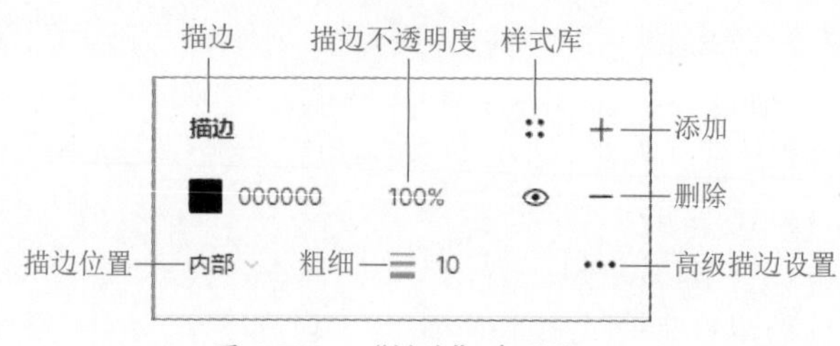

图 1-206　“描边”选项区

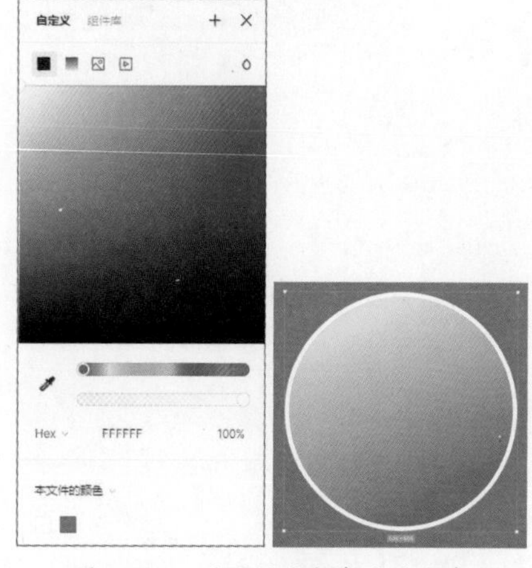

图 1-207　设置描边颜色为纯白色

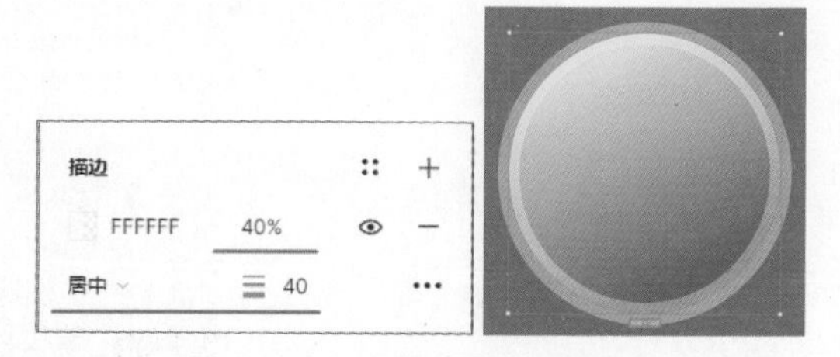

图 1-208　设置描边位置的效果

单击“描边”选项区中的“高级描边设置”图标 ⋯，弹出“高级描边”对话框，其中提供了高级描边设置选项，如图 1-209 所示。在“描边样式”下拉列表框中选择“虚线”选项，可以将描边设置为默认的虚线效果，如图 1-210 所示。在“高级描边”对话框中会显示虚线的相关设置选项，如图 1-211 所示。

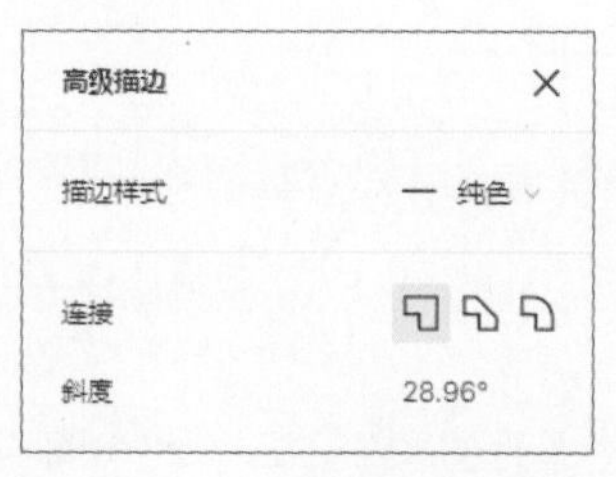

图 1-209　“高级描边”对话框

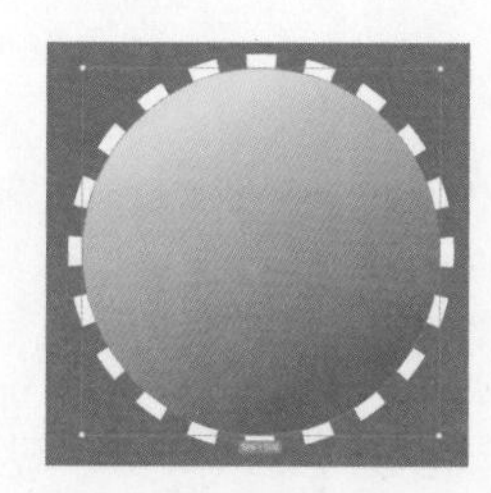

图 1-210　虚线描边效果

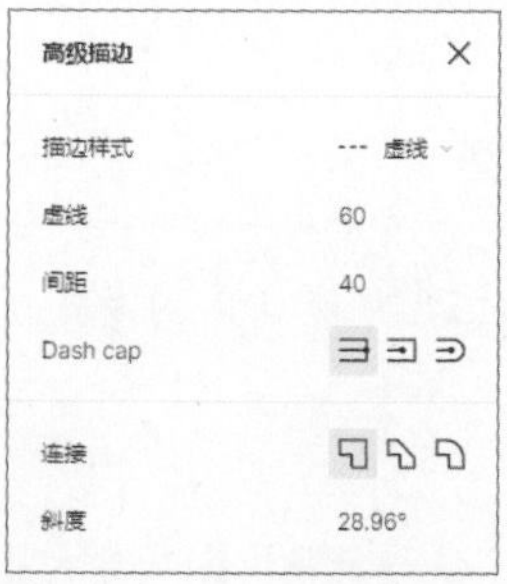

图 1-211　显示虚线设置选项

提示

元素的描边设置同样可以创建样式，其操作方法与填充样式的创建和使用方法相同。

7. “效果”选项区

在“设计”面板的“效果”选项区中，可以为所选中的元素添加阴影、模糊等各种效果，使元素的视觉表现效果更加美观。

选择需要添加效果的元素，如图 1-212 所示。单击“设计”面板的“效果”选项区中的“添加”图标 +，即可为该元素添加默认的投影效果，如图 1-213 所示。“设计”面板的“效果”选项区中显示相应的设置选项，如图 1-214 所示。

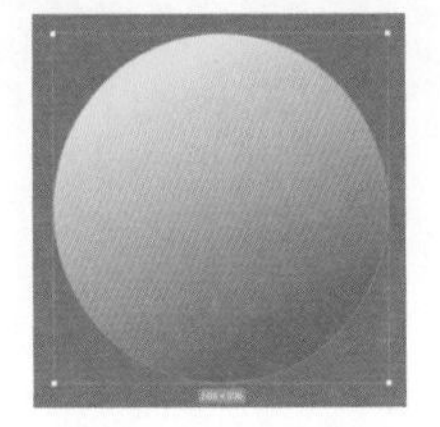

图 1-212　选择图形元素

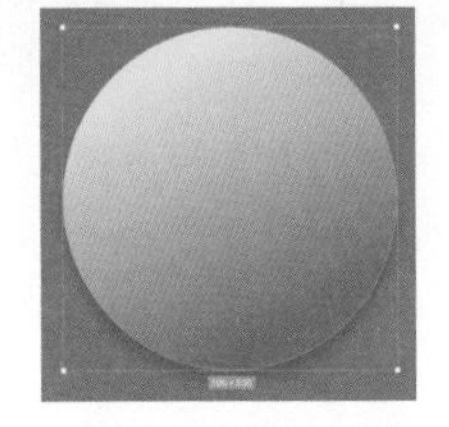

图 1-213　添加默认投影效果

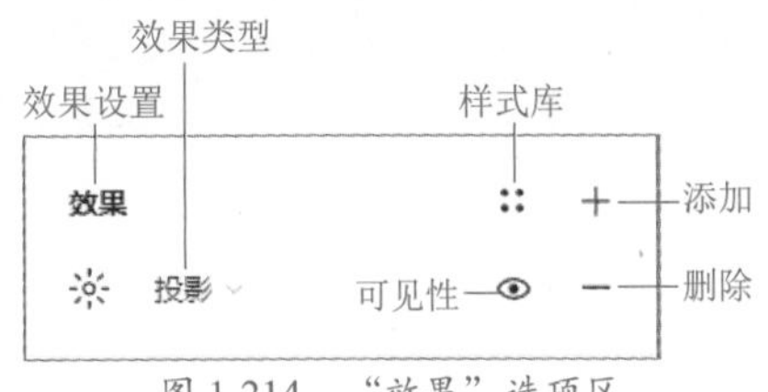

图 1-214　“效果”选项区

如果需要对所添加的效果进行设置，可以单击“效果设置”图标，弹出“效果设置”对话框，针对当前所添加的效果为用户提供相应的设置选项，如图 1-215 所示。例如，对投影效果的相关选项进行设置，可以看到元素投影的效果，如图 1-216 所示。

图 1-215　“效果设置”对话框

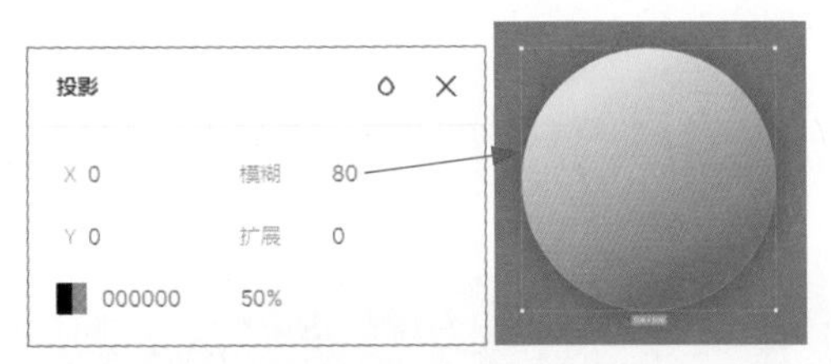

图 1-216　对投影选项进行设置后的效果

在“效果类型”下拉列表框中可以选择需要应用的效果，包括“内阴影”“投影”“图层模糊”和“背景模糊”，如图 1-217 所示。选择“内阴影”选项，可以从元素边缘向内实现阴影效果，如图 1-218 所示。选择“图层模糊”选项，可以使元素产生模糊的效果，如图 1-219 所示。

图 1-217　“效果类型”列表

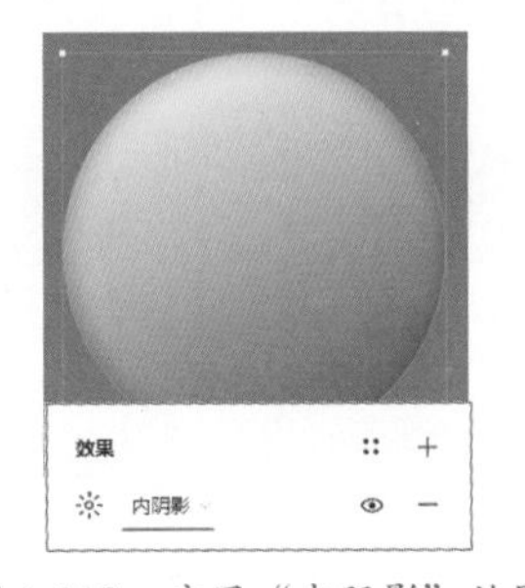

图 1-218　应用“内阴影”效果

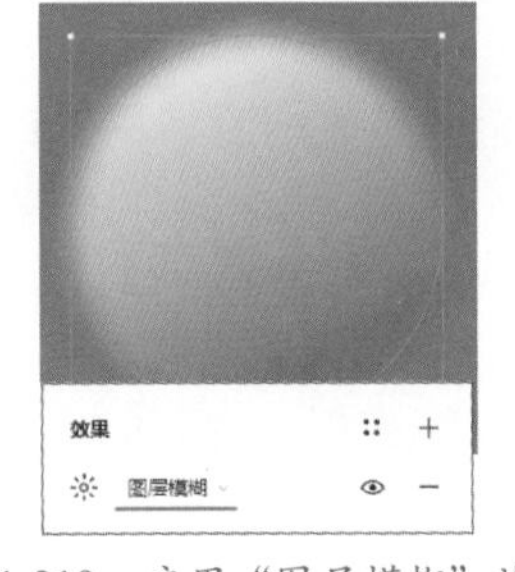

图 1-219　应用“图层模糊”效果

使用“背景模糊”效果能够轻松制作出类似磨玻璃的效果。使用“椭圆工具”在设计区域中绘制一个正圆形，设置正圆形的“填充”为 30% 的白色，如图 1-220 所示。选择刚绘制的半透明白色正圆形，在“效果”选项区中添加效果，在“效果类型”下拉列表框中选择“背景模糊”选项，可以看到白色半透明圆形下方背景模糊的效果，如图 1-221 所示。

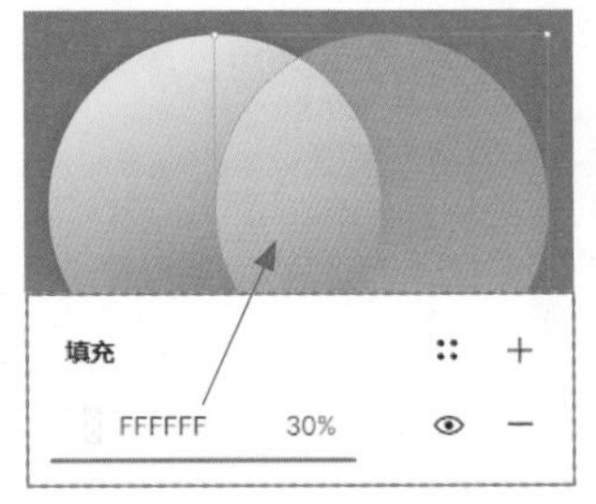

图 1-220　绘制白色半透明正圆形

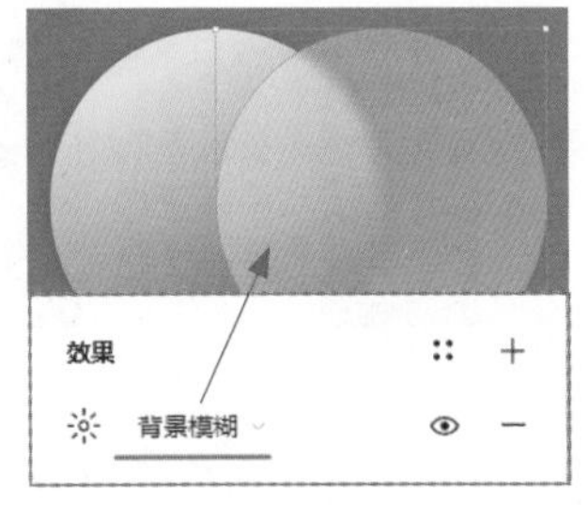

图 1-221　应用“背景模糊”效果

提示

同样可以通过单击“效果”选项区中的“添加”图标，为元素同时添加多个效果，也可以通过单击效果选项右侧的“删除”图标，删除某个效果。元素的效果设置同样可以创建样式，其操作方法与填充样式的创建和使用方法相同。

8. “导出”选项区

通过“设计”面板中的“导出”选项区，可以轻松地将 Figma 设计区域中的任意元素进行导出设置。

在设计区域中选择需要导出的元素，如图 1-222 所示，单击“导出”选项区中的“添加”图标 +，显示相应的导出选项，如图 1-223 所示。

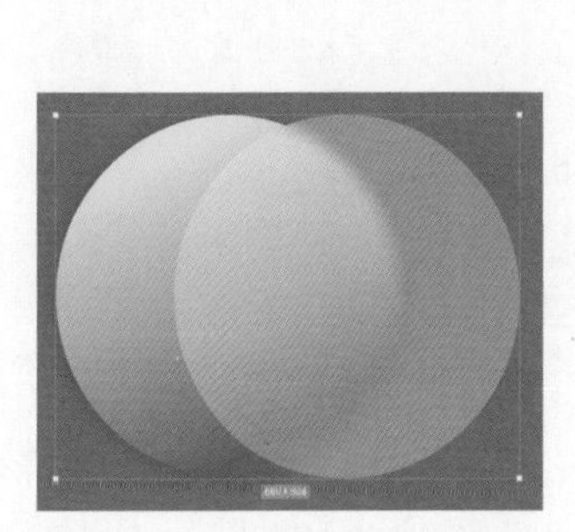

图 1-222　选择需要导出的元素

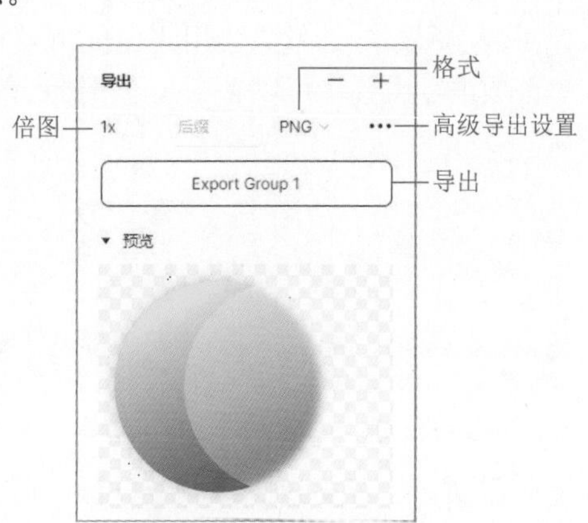

图 1-223　“导出”选项区

在“格式”下拉列表框中可以选择元素导出的图片格式，如图 1-224 所示。在“倍图”下拉列表框中可以根据该素材所适用的移动设备选择相应的倍图，如图 1-225 所示。在“后缀”文本框中可以输入该素材的后缀名称。

如果希望同时导出 1 倍图、2 倍图和 3 倍图，则可以单击“导出”选项区右上角的“添加”图标，即可同时导出不同倍图的素材，如图 1-226 所示。

单击“导出”选项区右侧的“高级导出设置”图标 ···，弹出“导出”对话框，可以选择导出选项的色彩配置文件，如图 1-227 所示。

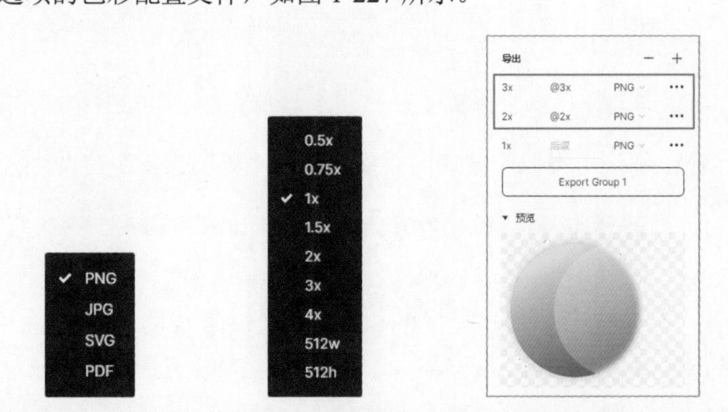

图 1-224　格式选项　图 1-225　倍图选项　图 1-226　同时导出多种倍图　图 1-227　“导出”对话框

在“导出”选项区中完成导出设置后，单击“导出”按钮，弹出“选择文件夹”对话框，选择导出文件的保存位置，如图 1-228 所示。单击“保存”按钮，即可完成素材的导出，如图 1-229 所示。

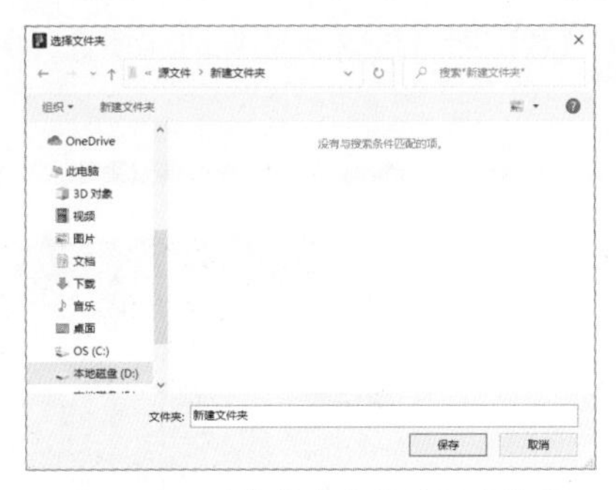

图 1-228　选择导出文件的保存位置

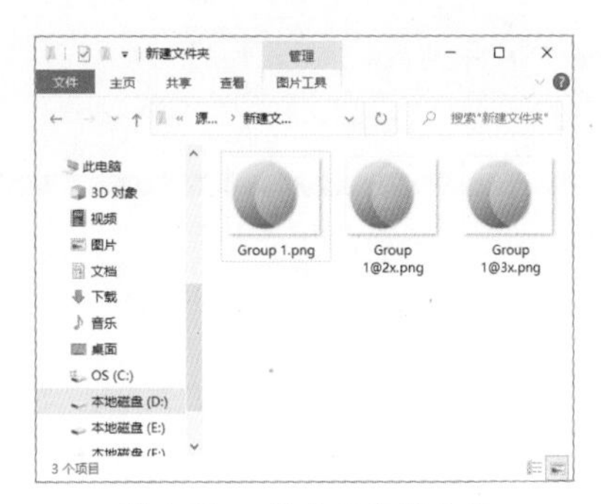

图 1-229　导出的素材文件

1.6　使用 Figma 插件

插件是一种扩展工具，可以为设计师提供更多的功能和选项，以增强软件的功能和效率。在 Figma 中为用户提供了非常丰富的插件，它通常由第三方开发者创建，可以在 Figma 的插件市场中找到并保存。

1.6.1　查找并保存 Figma 插件

在 Figma 中查找插件的方法非常简单，单击工具栏中的“资源”按钮，弹出“资源”对话框并自动切换到“插件”选项卡中，如图 1-230 所示。在插件列表中选择某个插件选项，可以显示该插件的详情介绍，如图 1-231 所示。单击“运行”按钮，可以直接运行该插件，打开该插件窗口，如图 1-232 所示。

图 1-230　“插件”选项卡

图 1-231　某个插件的详情介绍

图 1-232　打开插件窗口

提示

如果用户知道插件的名称，可以直接在“插件”选项卡的搜索文本框中输入插件名称，即可快速找到需要使用的插件。

在“插件”选项卡的插件列表中显示的插件数量有限，如果需要查看更多的 Figma 插件，可以单击“插件”选项卡的插件列表右上角的“跳转到社区”图标，将自动跳转到 Figma 社区并显示插件列表，如图 1-233 所示。单击某个插件的名称即可进入该插件的详情介绍界面，如图 1-234 所示。

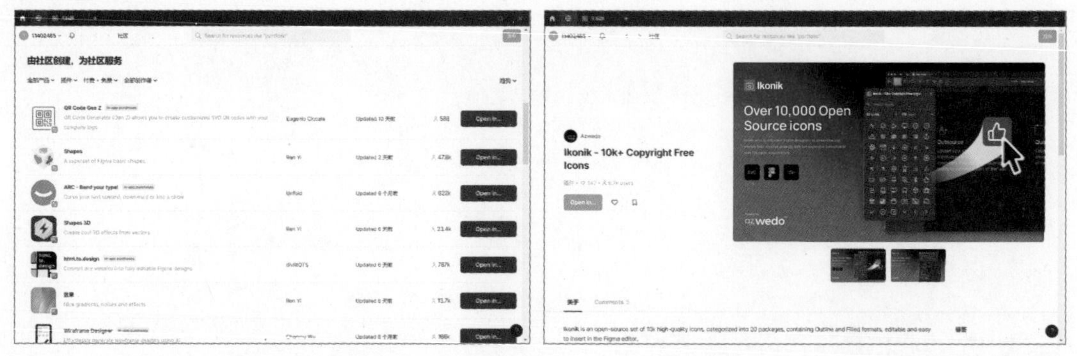

图 1-233　Figma 社区中的插件列表　　　　图 1-234　某个插件的详情介绍

提示

在社区界面中可以单击 Open in 按钮，在打开的下拉菜单中选择需要在哪个项目文件中打开该插件，即可在指定的项目文件中打开当前插件。

如果认为某款插件比较好，在以后的设计过程中可能会经常用到，可以在该插件的详情介绍界面中单击“保存”图标，或者在“最近使用的插件”列表框的插件名称右侧单击“保存”图标，如图 1-235 所示。保存的插件会出现在“已保存”列表框中，如图 1-236 所示。

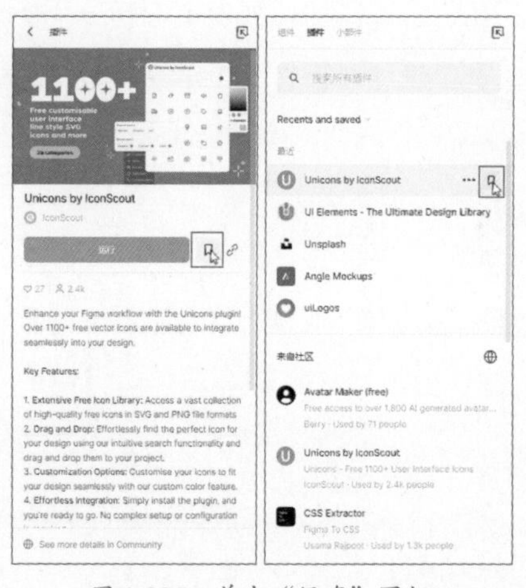

图 1-235　单击“保存”图标

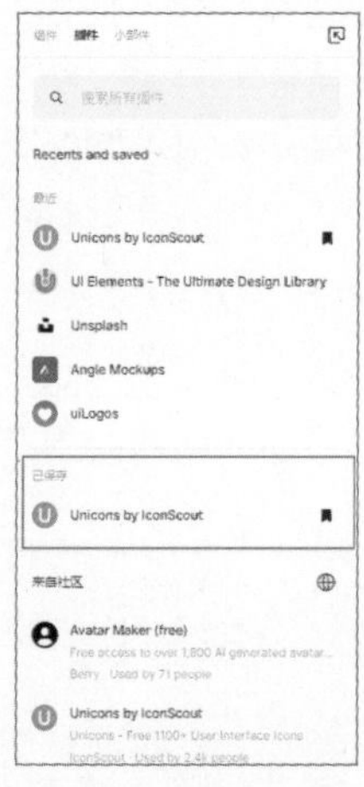

图 1-236　保存插件

提示

如果需要取消某个插件的保存，可以在“插件”选项卡的“已保存”列表框中单击插件名称右侧的“保存”图标，即可取消该插件的保存。

1.6.2　Figma 插件的使用方法

Figma 中不同的插件可能有不同的使用方法，本节将介绍两种插件的基本使用方法。

将光标移至 Figma 设计区域中的插件工具栏图标上方时，可以展开该插件工具栏，如图 1-237 所示。“已保存”选项卡中为已经保存的 Figma 插件，“最近使用”选项卡中为最新使用的插件，“实用插件”选项卡中为 Figma 向用户推荐的插件。

单击要使用的插件名称，即可打开该插件，例如单击 Unicons by IconScout 插件，打开该插件，如图 1-238 所示。该插件是一款图标插件，在插件窗口右上角可以设置图标的颜色，将需要使用的图标直接拖入到设计区域中，即可得到该图标元素，如图 1-239 所示。

图 1-237 展开该插件工具栏

图 1-238 图标插件窗口

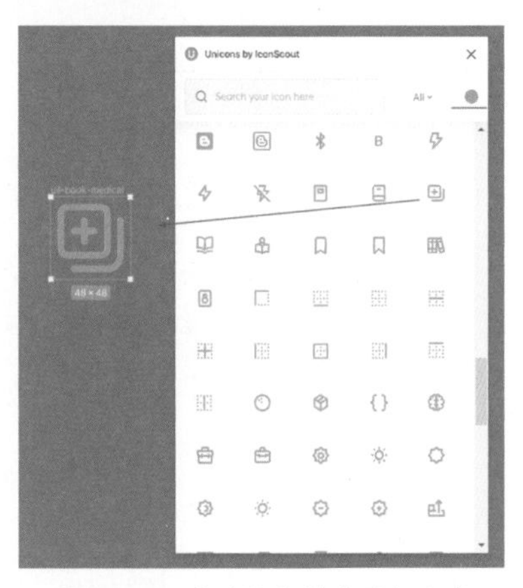

图 1-239 使用插件创建图标元素

在插件工具栏中单击 Unsplash 插件名称，打开该插件，如图 1-240 所示。该插件是一款免费的商用图库插件，在插件窗口中找到喜欢的图片素材并单击，即可将该素材图片添加到设计区域中，如图 1-241 所示。如果希望将图片素材放置在某个图形容器中，可以选中图形，再从插件窗口中单击图片素材，即可将该图片素材直接放置在图形容器中，如图 1-242 所示。

图 1-240 图库插件窗口

图 1-241 直接使用图片素材

图 1-242 将图片素材添加到图形容器中

提示

除了可以在插件工具栏中打开相应的插件并进行使用，还可以单击工具栏中的“资源”图标，在打开的“插件”选项卡中打开相应的插件进行使用。

1.7 本章小结

Figma 是一款功能强大的在线 UI 设计工具，凭借其直观易用的界面、强大的协作功能、丰富的设计工具及高效的工作流程，成为了 UI 设计领域的热门选择。本章主要向读者介绍了 Figma 的安装与基础操作，帮助初次接触 Figma 的用户快速掌握 Figma 的基础操作，为在 Figma 中进行 UI 设计打下基础。

1.8 课后练习

完成本章内容的学习后，接下来通过练习题，检测一下读者对 Figma 基础操作相关内容的学习效果，同时加深读者对所学知识的理解。

1.8.1 选择题

1. 如果需要放大或缩小设计画布，可以按住（　　）键不放，滚动鼠标中键滚轮，即可对设计画布进行放大或缩小操作，对数据帧进行操作。

A. Alt　　B. Ctrl　　C. Shift　　D. 空格

2. 按快捷键（　　），可以将画布快速切换到 100% 显示。

A. Ctrl+0　　B. Ctrl+1　　C. Shift+0　　D. Shift+1

3. 需要将所选中的多个元素的间距调整为相同间距时，可以使用（　　）功能。

A. 对齐　　B. 分布　　C. 整理　　D. 移动

4. 工具栏中的“移动”工具的快捷键是（　　）。

A. V　　B. R　　C. P　　D. T

5. 在“设计”面板中设置属性值时，可以按住（　　）键不放，拖动数值即可对属性值进行调整。

A. Alt　　B. Ctrl　　C. Shift　　D. 空格

1.8.2 判断题

1. Figma 是基于浏览器的协作式 UI 设计工具，只能在浏览器端使用 Figma。（　　）

2. Figma 支持导入 Adobe XD 文件和 Sketch 文件等多种不同格式的文件。（　　）

3. 复制链接地址，选择文字，按【Ctrl+V】组合键，即可将所复制的链接地址设置为所选择文字的链接地址。（　　）

4. 单击工具栏中的“画框”工具按钮，在设计区域中单击并拖动鼠标，即可创建一个组。（　　）

5. 画框具有组的功能，组单纯地代表对一些元素的打包与整合，与其他设计软件中的群组的概念无异，但画框则更强调导出与自动布局、组件化等方面。（　　）

1.8.3 操作题

根据从本章所学习和了解到的知识，掌握 Figma 中各种工具的使用和属性设置，具体要求和规范如下。

- 内容

在 Figma 中绘制各种图形，并进行文字的输入。

- 要求

掌握 Figma 软件的安装，熟练使用 Figma 中的各种绘图工具绘制图形，并且能够理解各种属性的设置。

第2章 移动UI设计基础

想要设计出好的移动UI作品，首先需要了解移动UI设计的内容。通过学习移动UI设计的基础知识，可以帮助读者从本质上理解移动UI设计的内容和原理，并在设计移动UI作品时，充分展现个人的设计理念，设计出更多既符合行业需求，又满足用户需求的作品。在本章中将向读者阐述移动UI设计的基础要素，带领读者探索移动UI设计的各类平台与职位，从而全面理解并掌握移动UI设计的精髓。

学习目标

1. 知识目标
- 理解什么是UI设计。
- 了解UI设计的常用术语。
- 理解UI设计的特点。
- 了解不同移动UI设计平台的特点。
- 了解移动UI项目开发中的不同职位。
- 理解移动UI设计原则。

2. 能力目标
- 掌握Figma的基础操作。
- 掌握简约功能图标的设计制作。
- 掌握App启动图标的设计制作。
- 掌握微质感图标的设计制作。

3. 素质目标
- 具备职业生涯规划能力，明确个人职业目标和发展方向。
- 掌握所学的专业基础知识和核心技能，能够熟练地应用Figma中的相关工具和技术。

2.1 UI设计概述

随着智能手机和平板电脑等移动设备的普及，移动设备成为与用户交互最直接的体现。移动设备已经成为人们日常生活中不可缺少的一部分，各种类型的移动App软件层出不穷，极大地丰富了移动设备的应用。

移动设备用户不仅期望移动设备的软、硬件拥有强大的功能，更注重操作界面的直观性、便捷性，以及是否能够提供轻松愉快的操作体验。

2.1.1 什么是 UI 设计

UI 即 User Interface（用户界面）的简称，UI 设计则是指对软件的人机交互、操作逻辑、界面美观 3 个方面的整体设计。好的 UI 设计不仅可以让软件变得有个性、有品位，还可以使用户的操作变得更加舒服、简单、自由，充分体现产品的定位和特点。UI 设计包含的范畴比较广泛，包括软件 UI 设计、网站 UI 设计、游戏 UI 设计、移动 UI 设计等。图 2-1 所示为精美的移动 UI 设计。

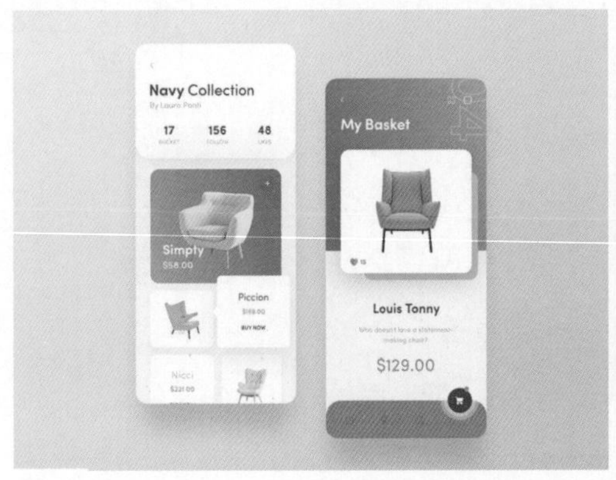

图 2-1 精美的移动 UI 设计

UI 设计不仅仅是单纯的美术设计，它需要定位使用者、使用环境、使用方式、最终用户而设计，是纯粹的、科学性的艺术设计。一个友好美观的界面会给用户带来舒适的视觉享受，拉近人机之间的距离，所以 UI 设计需要和用户研究紧密结合，是一个不断为最终用户设计满意的视觉效果的过程。

提示

UI 设计不仅需要客观的设计思想，还需要更加科学、人性化的设计理念。要想在本质上提升产品用户界面的设计品质，不仅需要考虑到界面的视觉设计，还需要考虑人、产品和环境三者之间的关系。

2.1.2 UI 设计的常用术语

了解用户体验设计领域的相关专业术语，如 GUI、UI、ID 和 UE 等，可以帮助读者进一步加深对该领域的认识。

1. UI（User Interface）

UI 是指用户界面，包含用户在整个产品使用过程中相关界面的软硬件设计，囊括了 GUI、UE 及 ID，是一种相对广义的概念。

2. GUI（Graphic User Interface）

GUI 是指图形用户界面，可以简单地理解为界面美工，主要完成产品软硬件的视觉界面部分，比 UI 的范畴要窄。目前国内大部分的 UI 设计其实做的都是 GUI。

3. ID（Interaction Design）

ID 是指交互设计，简单地讲就是指人与计算机等智能设备之间的互动过程的流畅性设计，一般是由软件工程师来实施。

4. UE（User Experience）

UE 是指用户体验，更多关注的是用户的行为习惯和心理感受，即研究用户怎样使用产品才能够更加得心应手。

5. UED（User Experience Designer）

UED 是指用户体验设计师，也被称为 UXD，在国外企业产品设计开发中，十分重视用户体验设计师这个工作岗位，这与国际上比较注重人们的生活质量密切相关。目前，国内相关行业特别是互联网企业在产品开发过程中，越来越多地认识到这一点，很多著名的互联网企业都已经拥有了自己的 UED 团队。

2.1.3　UI 设计的特点

随着移动设备的不断普及，对移动设备软件的需求越来越多，移动操作系统厂商都不约而同地建立移动设备应用程序市场，如苹果公司的 App Store、谷歌公司的 Android Market 等，给移动设备用户带来巨量的应用软件。

这些应用软件界面各异，移动设备用户在众多的应用软件使用过程中，最终会选择界面视觉效果良好，并且具有良好的用户体验的应用软件。那么什么样的移动应用 UI 设计才能够给用户带来良好的视觉效果和用户体验呢？接下来向读者介绍移动 UI 设计的一些特点。

1. 第一眼体验

当用户首次启动移动应用程序时，在脑海中首先想到的问题是：我在哪里？我可以在这里做什么？接下来还可以做什么？要尽力做到应用程序在刚打开时就能够回答出用户的这些问题。如果一个应用程序能够在前几秒的时间里告诉用户这是一款适合他的产品，那么他一定会更加深层次地进行发掘。

色块是移动端界面设计中常用的一种内容表现方式，通过色块用户可以在移动端屏幕中更容易区分不同的内容。图 2-2 所示的 App 界面设计中，使用不同颜色来表现不同的功能操作图标和界面中不同的信息内容，使信息和功能的表现更加突出，并且大色块更容易用手进行触摸操作。

图 2-3 所示为一款耳机产品的 App 界面设计，重点突出耳机产品图片的表现效果，从而给用户留下深刻的印象。界面首页采用了独特的瀑布流布局方式，富有现代感与个性化。整个界面采用无彩色的配色，有效突出了产品的表现效果，并且使产品的购买流程更加流畅、清晰，方便用户的购买操作。

图 2-2　使用色块表现不同的内容和功能

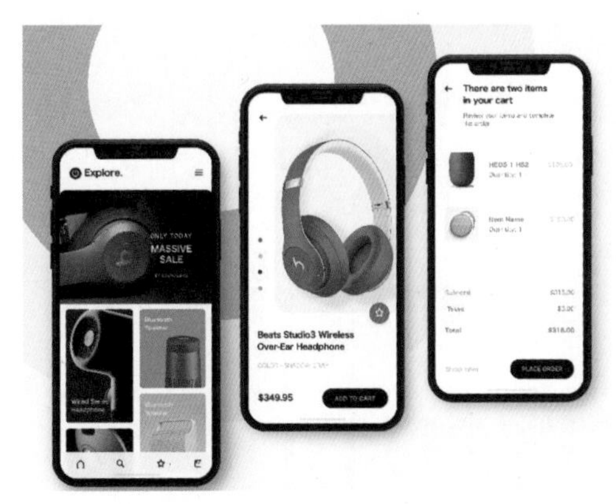

图 2-3　耳机产品 App 界面设计

2. 便捷的输入方式

在多数时间中，人们只使用一个手指来操作移动应用程序，在设计时不要执拗于多点触摸及复杂精密的流程，只需让用户可以迅速地完成屏幕和信息间的切换和导航，让用户能够快速地获得所需要的信息即可，要珍惜用户每次的输入操作。

在很多 App 应用的搜索界面中，会自动在搜索框下方列出用户最近的历史搜索记录及推荐的热门搜索关键词，方便用户快速搜索。当用户在搜索文本框中输入内容时，系统会根据用户所输入的内容在搜索文本框下方列出相应的联想关键词，如图 2-4 所示，这些细节都能够使用户操作起来非常方便。

图 2-5 所示为一款 App 的聊天界面设计，为用户提供了多种聊天方式，用户不仅可以输入传统的文字，还可以发送语音、视频、图片、定位等多种类型的信息，从而使用户之间交流的方式更加全面，并且将这些方式的选择权交给用户，让用户自己选择使用哪种方式进行交流，使用户的操作和使用更加方便。

图 2-4　为用户提供搜索历史和关键词联想

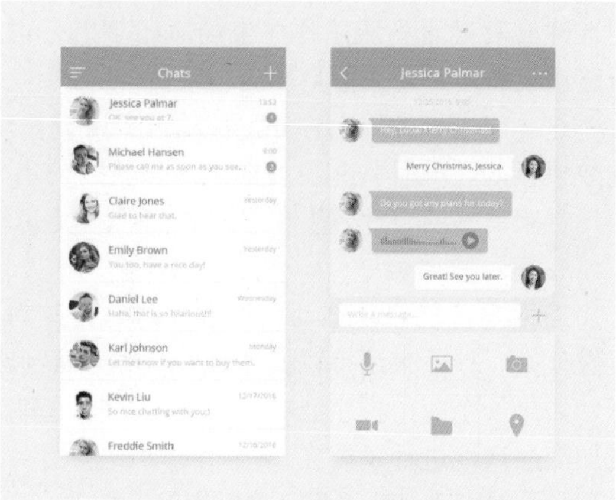

图 2-5　聊天界面提供多种聊天方式

3. 呈现用户所需

用户通常会利用一些时间间隙来做一些小事情，将更多的时间留下来做一些自己喜欢的事情。因此，不要让用户等到应用程序来做某件事情，尽可能地提升应用表现，改变 UI，让用户所需结果的呈现变得更快。

例如，天气 App 界面最核心的信息内容就是天气信息，所以需要重点向用户突出表现当前的天气信息内容。图 2-6 所示的天气 App 界面设计中，使用纯白色作为背景颜色，突出界面中天气信息内容的表现，并且在界面顶部用高纯度的色彩突出当前天气信息的表现，使天气信息内容的表现更加直观、清晰。餐饮美食类的 App 需要突出美食的表现，通过高清晰的精美食物图片来诱惑用户。图 2-7 所示的餐饮美食 App 界面设计中，通过美食图片搭配少量的说明文字，吸引用户的关注。精美的图片比大段的文字内容更吸引人。

图 2-6　天气类 App 界面设计

图 2-7　美食类 App 界面设计

4. 适当的横向呈现方式

对于用户来说，横向呈现带来的体验是完全不同的，利用横向这种更宽的布局，能够以完全不同的方式呈现新的信息。

图 2-8 所示为同一款 App 界面分别在手机与平板电脑中采用不同的呈现方式。平板电脑提供了更大的屏幕空间，可以合理地安排更多的信息内容，而手机屏幕的空间相对较小，适合展示最重要的信息内容。通过横竖屏不同的展示方式，可以为用户带来不同的体验。

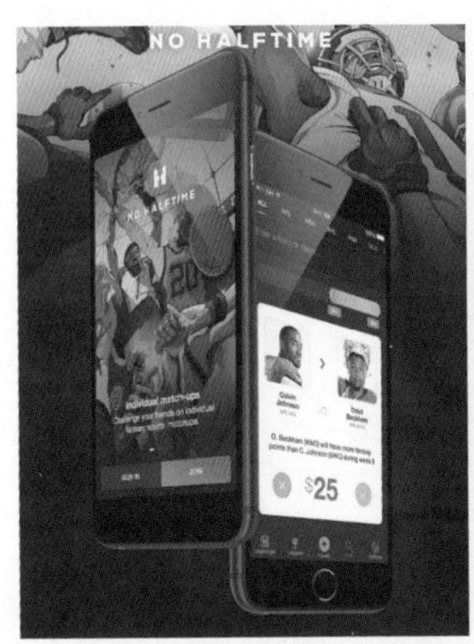

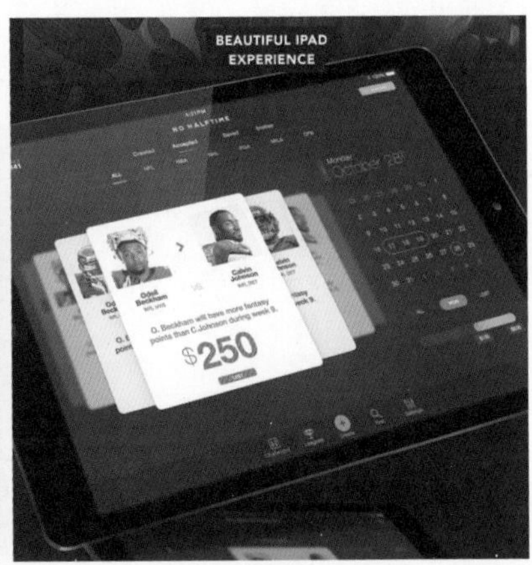

图 2-8　同一款 App 在不同设备中采用不同呈现方式

5. 制作个性应用

UI 设计向用户展示一个个性的、与众不同的风格。因为每个人的性格不同，喜欢的应用风格也各不相同，制作一款与众不同的应用，总会有喜欢上它的用户。

图 2-9 所示的运动鞋电商 App 界面设计中，打破了传统电商 App 界面的布局和表现方式，采用极简的布局方式，以运动鞋产品图片的展示为主，几乎没有其他文字信息内容，产品详情界面同样是以产品图片的展示为主，搭配少量产品的关键信息，整个 App 界面的表现非常个性，给人带来独特的视觉体验。

图 2-10 所示的机票预订 App 界面设计中，使用大号的粗体文字来表现机票的相关信息内容，使其在界面中的表现效果非常突出，而座位的选择则使用了非常直观的方式，在座位选择界面中使用机舱内部的实景图片作为背景，在图片上直接标注相应的座位，使用户在选择座位时更加直观、便捷。

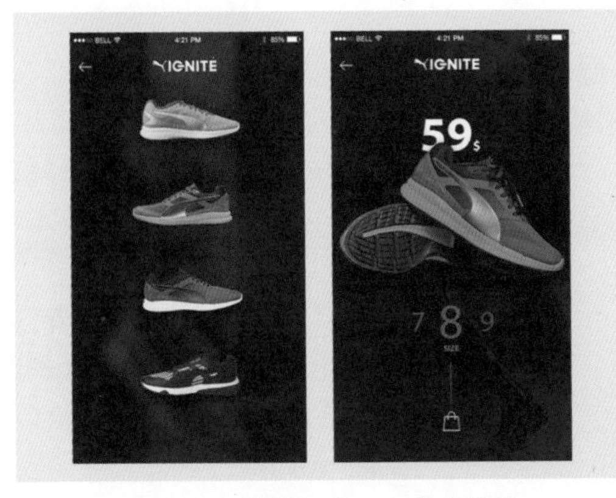

图 2-9　运动鞋电商 App 界面设计

图 2-10　机票预订 App 界面设计

6. 不忽视任何细节

不要低估一个应用组成中的任何一项。精心撰写的介绍和清晰且设计精美的图标会让所设计的应用显得出类拔萃，用户会察觉到设计师额外投入的这些精力。

App 界面更重要的是实用，所以通用性一定要强，并且需要注意界面的设计细节，做到操作界面的统一，使用户能够快速了解并熟悉操作界面，促进用户得心应手地运用。图 2-11 所示的影视票务类 App 界面设计中，多个界面保持了统一的设计风格，使用白色背景来突出重要信息的表现，使界面表现出视觉层次感，界面中并没有过多复杂的设计，从而使用户的操作能够更加便捷。

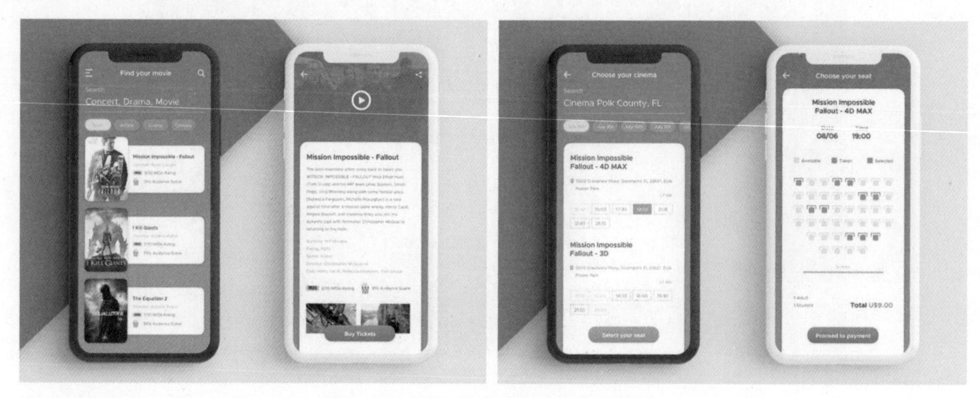

图 2-11　影视票务类 App 界面设计

2.2　移动 UI 设计平台

在为移动设备设计 UI 时，移动设备使用的系统会影响 UI 设计的步骤和规范。目前，移动设备主流系统平台包括 Android 系统、HarmonyOS 系统和 iOS 系统，智能手表的系统平台包括 Wear OS 系统和 Watch OS 系统。

2.2.1　Android 系统

Android 是一种以 Linux 为基础的开放源码操作系统，主要应用于移动设备。Android 公司于 2003 年在美国加州成立，2005 年被 Google 公司收购。由于 Android 系统免费供用户使用，因此它已成为全球最受欢迎的智能手机操作系统之一。

从 Android 1.5 开始到 Android 9.0，Android 系统使用甜点名称为系统的各个版本命名。命名版本的甜点依次为纸杯蛋糕、甜甜圈、松饼、冻酸奶、姜饼、蜂巢、果冻豆、奇巧巧克力、棒棒糖、棉花糖、牛轧糖、奥利奥和派。图 2-12 所示为“奥利奥”版本和“派”版本的图标。

图 2-12　Android“奥利奥”版本和“派”版本的图标

自 2019 年 9 月 Android 10.0 版本开始，直接使用数字表示 Android 的版本，不再使用甜点名称命名。2023 年 10 月，发布了 Android 14.0。

相对于 iOS 系统来说，Android 系统具有系统开源、跨平台和应用丰富等特点。

1. 系统开源

Android 系统的底层使用 Linux 内核、GPL 许可证，也就意味着相关代码是必须开源的。

开源带来的是快速流行的能力和较低的学习成本，使各个手机厂商不再自行开发手机操作系统，选择直接使用 Android 系统。为了能够凸显手机品牌的独特性，各手机厂商都会对 Android 系统进行深度定制，形成独特品牌特色的深度定制系统。例如小米的 MIUI 系统，如图 2-13 所示，OPPO 的 ColorOS 系统，如图 2-14 所示，都是在 Android 系统的基础上改进而成的。

图 2-13　MIUI 系统

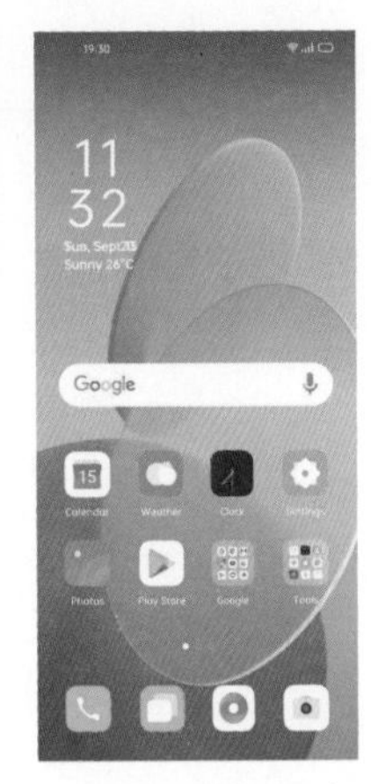

图 2-14　ColorOS 系统

开源带来的另一个极大好处就是降低了手机厂商的成本，省去了开发操作系统的高成本。Android 系统厂商的手机价格可以控制在较低的水平，或者在同样价位中相对 iOS 系统拥有更高端的硬件配置。因此在中低端市场，Android 系统有着绝对的统治地位，在高端市场也与 iOS 系统有一较之力。可以说是 Android 系统实现了普通消费者也能使用智能手机的梦想。

2. 跨平台

由于使用 Java 进行开发，因此 Android 系统继承了 Java 跨平台的优点。任何 Android 应用几乎无须任何修改就能运行在所有的 Android 设备之上。不仅仅局限于手机、平板和智能手表，智能电视和各种智能家居也都在使用 Android 系统。跨平台也极大地方便了庞大的应用开发者群体。对同样的应用来说，不同的设备需要编写不同的程序，这是一件极其浪费劳动力的事情，而 Android 系统的出现很好地改善了这一情况。

3. 应用丰富

操作系统代表着一个完整的生态圈，一个孤零零的系统，即使设计得再好，没有丰富的应用支持，也是很难大规模流行的。Android 系统由于其本身的特点和 Google 公司的大力推广，很快就吸引了开发者的注意。时至今日，Android 系统已经积累了相当多的应用，这些应用使得 Android 系统更加流行，从而也吸引更多开发者开发出更多更好的应用，形成良性循环。

2.2.2　iOS 系统和 iPadOS 系统

iOS 系统是由苹果公司开发的操作系统，最初被命名为 iPhone OS，直到在 2010 年 6 月的苹果全球开发者大会上被宣布改名为 iOS。随着移动设备的发展，iPad 的尺寸越来越大且多样性，为了获得更好的用户体验，苹果公司在 iOS 的基础上研发了 iPad 专用的 iPadOS 系统。

1. iOS 系统

从 2010 年开始，苹果公司逐步完善并发布 iOS 系统。至 2024 年，最新的 iOS 系统版本为 iOS 17，图 2-15 所示为 iOS 6 和 iOS 17 的界面效果。

图 2-15　iOS 6 和 iOS 17 的界面效果

相对于 Android 系统来说，iOS 系统具有稳定性较高、安全性高、整合度高和应用质量高的特点。

（1）稳定性较高

iOS 系统是一个完全封闭的系统，不开源，但是这个系统有着严格的管理体系和评审规则。由于 iOS 系统闭源，更多的系统进程都在苹果公司的掌控之中，因此系统运行较为流畅、稳定，不会出现 Android 系统那样后台程序繁多并影响系统响应速度的现象。

（2）安全性高

对于用户来说，移动设备的信息安全具有十分重要的意义。例如企业和客户信息、个人照片、银行信息或者地址等，都必须保证其安全。苹果公司对 iOS 系统采取了封闭的措施，并建立了完整的开发者认证和应用审核机制，因而恶意程序基本上没有“登台亮相”的机会。

iOS 设备使用严格的安全技术和功能，并且使用起来十分方便。iOS 设备上的许多安全功能都是默认的，无须对其进行大量的设置。某些关键性功能，比如设备加密功能，则是不允许配置的，这样就避免出现用户意外关闭这项安全功能的情况。

（3）整合度高

iOS 系统的软件与硬件的整合度相当高，这使其分化大大降低，在这方面要远胜于碎片化严重的 Android 系统。这样也增加了整个系统的稳定性，经常使用 iPhone 的用户也会发现，手机很少出现死机、无响应的情况。

（4）应用质量高

作为目前最为流行的手机操作系统之一，iOS 系统与 Android 系统一样，也拥有大量的用户及开发人员。但由于 iOS 系统的封闭性和严格的审查制度，iOS 系统中的应用相对于 Android 系统来说，无论是从 UI 设计还是操作流畅度来说，质量都会高一些。

提示

由于 iOS 系统的封闭性及其对 iTunes 的过度依赖，系统的可玩性较弱。用户大部分数据的导入和导出都相对烦琐。在现在这个硬件层出不穷、知识共享的时代，苹果公司如果不对此做出及时应对，或许会严重影响 iOS 系统的发展。

2. iPadOS

iPadOS 是苹果公司基于 iOS 研发的移动端操作系统系列，于 2019 年 6 月推出。iPadOS 主要运用于 iPad 等设备，聚焦了 Apple Pencil、分屏和多任务互动功能，并可与 Mac 进行任务分享。

2019 年 6 月，在 2019 苹果全球开发者大会上，苹果首次发布 iPadOS，并在会后向用户推送了 iPadOS 13 首个开发者预览版。2019 年 9 月，苹果公司推送首个 iPadOS 13 正式版。至 2024 年，最新的 iPadOS 系统版本为 2023 年 6 月推出的 iPadOS 17。图 2-16 所示为应用了 iPadOS 13 和 iPadOS 17 的 iPad 界面。

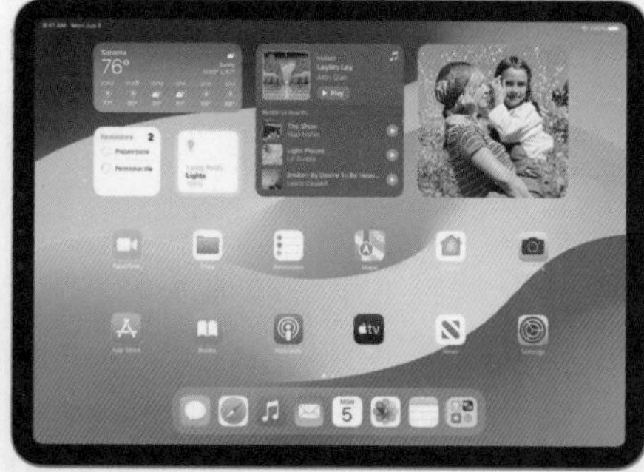

图 2-16　iPadOS 13 和 iPadOS 17 的 iPad 界面

iPadOS 的推出标志着苹果公司开始为其移动操作系统进行细分，也标志着苹果 iPad 自此以后有了自己的操作系统，可以充分发挥 iPad 的性能和优势。iPadOS 为用户提供了经典的友好 iOS 体验，同时让高端硬件对于专业用户来说更有价值、更有意义。

2.2.3　HarmonyOS 系统

2019 年 8 月，华为在东莞举行华为开发者大会，正式发布操作系统 HarmonyOS（鸿蒙 OS）。2021 年 6 月，华为发布了 HarmonyOS 2 及多款搭载 HarmonyOS 2 的新产品。至 2024 年，最新的 HarmonyOS 系统版本为 2023 年 8 月推出的 HarmonyOS 4。

HarmonyOS 是一款面向未来、面向全场景的分布式操作系统，采用一套开发系统驱动不同终端设备的理念，即开发一次，万物互联，手机、平板、智能穿戴、智能家居和车机等，统一可以实现应用的功能。图 2-17 所示为 HarmonyOS 系统应用到智能手机和智能电视的 UI 效果。

图 2-17　HarmonyOS 系统应用到智能手机和智能电视的 UI 效果

HarmonyOS 系统采用跨终端开发的方式，一次开发，可以部署到多端，而且不仅局限于自家产品，更有利于开发人员将开发时间更多地聚焦到业务逻辑层面。同时兼容安卓端，方便用户使用，无学习成本。比 Android 系统拥有更快的性能，更高的安全性。

对于用户而言，可以体验智能互联，资源共享，提供流畅的全景式体验。例如笔记本电脑和平板之间的互联，可以作为一块新屏幕，也可以同步笔记本电脑的视图，大大提升了生产力。还有手机与烤箱、油烟机等智能家居的互联，靠近设备就可以使用手机来进行控制。

对于开发者而言，一套开发可以在不同设备进行运行，大大节省了开发时效，提升了便捷的开发体验。

华为的 HarmonyOS 操作系统宣告问世，在全球引起了强烈反响。人们普遍相信，这款中国电信巨头打造的操作系统在技术上是先进的，并且具有逐渐建立起自己生态的成长力。它的诞生拉开永久性改变操作系统全球格局的序幕。

2.2.4　Wear OS 和 Watch OS 系统

Google 公司与苹果公司在智能手机市场中一直是分庭抗礼的。随着智能穿戴设备的兴起，分别由两家公司开发的 Wear OS 系统和 Watch OS 系统也走进了大众的视野。

1. Wear OS 系统

Wear OS 系统是 Android 系统的一个分支版本，专为智能手表等可穿戴智能设备而设计，首个预览版公布于 2014 年 3 月。至 2024 年，Wear OS 系统的最新版本是 2023 年 5 月发布的 Wear OS 4。图 2-18 所示为 Google 智能手表和 Wear OS 4 界面。

Wear OS 系统支持数字助理、传感器等功能，现有众多芯片和设备合作伙伴，包括华硕、华为、三星、Intel、索尼、LG、摩托罗拉、HTC、联发科、博通、高通和 MIPS 等，其手表产品超过 50 款。

2. Watch OS 系统

Watch OS 系统是苹果公司基于 iOS 系统开发的一套使用于 Apple Watch 的手表操作系统。在 2014 年 9 月的 iPhone 6 发布会上，苹果公司带来了其全新产品 Apple Watch，Apple Watch 运行基于 iOS 的 Watch OS 操作系统。图 2-19 所示为苹果智能手表和 Watch OS 10 界面。

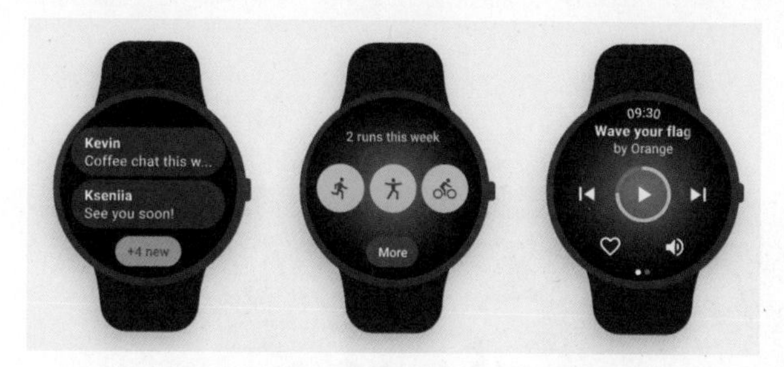

图 2-18　Google 智能手表和 Wear OS 4 界面

图 2-19　苹果智能手表和 Watch OS 10 界面

至 2024 年，Watch OS 系统的最新版本是于 2023 年 9 月发布的 Watch OS 10。Watch OS 10 给用户带来了更丰富的健康、健身功能，以及更强大的 Siri 和更广泛的第三方 App 支持功能。

2.3　移动 UI 项目开发职业划分

移动 App 团队是指围绕一个产品打造的，并以设计开发完成该产品为计划的团队。团队按照其工作职能可以分为高管、用户调研、产品经理、交互设计、视觉设计、前端开发、后端开发、测试和运营。图 2-20 所示为移动 App 项目开发过程中不同职位的参与顺序。

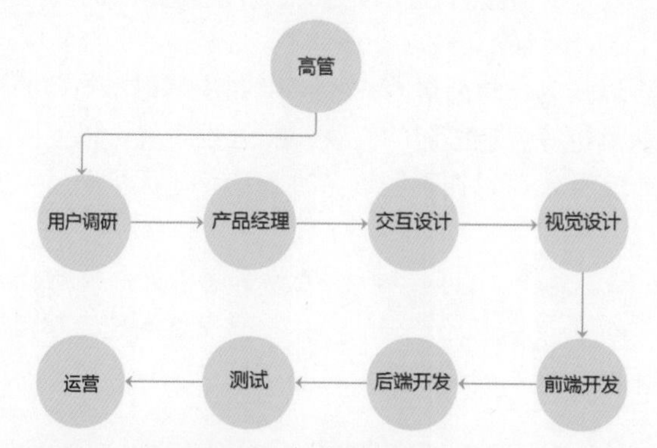

图 2-20　移动 App 项目开发过程中不同职位的参与顺序

在这些职位中，产品经理、项目经理、页面设计师和开发人员与 UI 设计人员会有直接接触，下面详细介绍各个职位的工作职能和工作技能。

2.3.1　产品经理

产品经理主要负责细化产品逻辑和制作产品原型图。原型图用于向老板或客户汇报工作，并交付设计师和开发人员。

产品经理的首要职责是在产品策划阶段向管理层提出产品文档建议。产品文档通常包括产品的规划、市场分析、竞品分析、迭代规划等。在立项之后，产品经理负责进度的把控、质量的把控和各个部门的协调工作。在产品管理中，产品经理是领头人、协调员和鼓动者，但并不是老板。

产品经理针对产品开发本身有很大的权力，可以对产品生命周期中的各阶段工作进行干预。从行政角度上讲，他并不像一般的经理那样会有自己的下属，但在实际工作中又需要调动很多资源来做事，因此如何做好这个角色是非常需要技巧的。

主要输出：产品需求文档、市场需求文档、原型图等。

使用软件：文档书写软件（Office）、原型图软件（Axure、Figma、Adobe XD 等）。

2.3.2　项目经理

从职业角度来讲，项目经理是企业以项目经理责任制为核心，对项目实行质量、安全、进度、成本管理的责任保证体系和为全面提高项目管理水平而设立的重要管理岗位。

项目经理是为项目的成功策划和执行负总责的人。在很多公司里，这个职位由产品经理兼顾。项目经理负责进度的把控和项目问题的及时解决。

主要输出：项目进度表。

使用软件：文档书写软件（Office）。

2.3.3　UI 设计师

UI 设计师不仅仅要给产品原型上色，还要根据实际的具象内容和具体交互修改产品版式，甚至重新定义产品交互等。同时还要为页面制作人员提供切图、说明文档、标注文件和设计稿。人们常常提到的美工、全链路设计师、全栈设计师、视觉设计师等，都可以理解为 UI 设计师。

UI 设计师接到原型图后，会根据原型图的内容来进行交互优化、排版、视觉设计。最终确认后交付开发人员。如果对接的项目是移动端项目的话，则需要交付给开发人员切图、标注文件和规范文件。

主要输出：设计稿、设计规范、切图文件和标注文件等。

使用软件：设计软件（Photoshop、Sketch、Figma 等）和切图标注软件（PxCook、Assistor PS 等）。

2.3.4　开发人员

按照工作分工，开发人员可以分为数据库端开发人员和用户端开发人员两种。页面设计师通常接触的是用户端开发人员，前端开发人员负责还原设计。做 PC 端的用户端开发工作的工程师称为前端工程师，做 Android 设备开发工作的工程师称为 Android 工程师，做苹果移动设备开发工作的工程师称为 iOS 工程师。他们所做的是用户端的开发，用户端就是人们看到的一切界面。

移动端开发主要包括 Android 系统和 iOS 系统两种主流设备的开发，由于其开发使用的代码不一样，所以对有些特殊效果如动效、阴影等的支持有所不同。

Android 系统开发使用的软件：Android Studio、Xamarin 和 Unreal Engine 等。

iOS 系统开发使用的软件：CodeRunner、AppCode、Chocolat 和 Alcatraz 等。

2.4 移动 UI 设计原则

移动 UI 设计的人性化不仅仅局限于硬件的外观，对 UI 设计的要求也在日益增长，并且越来越高，因此移动端 UI 设计的规范显得尤其重要。

1. 实用性

实用性是移动 UI 设计的基础。在设计移动 UI 时，应该结合产品的应用范畴，合理地安排版式，以达到简洁、美观、实用的目的。界面构架的功能操作区、内容显示区和导航控制区都应该统一范畴，不同功能模块的相同操作区域中的元素的风格应该一致，以使用户能迅速掌握对不同模块的操作，从而使整个界面统一在一个特有的整体之中。

图 2-21 所示为一个订餐 App 界面设计，采用了极简的设计风格，界面中并没有设计任何的修饰图形，由美食图片、简约的功能操作图标和说明文字构成，给人以干净、简约、一目了然的感觉，突出界面的实用性，使用户能够更加便捷地进行操作，并且这种简约的设计能够体现出高档感。

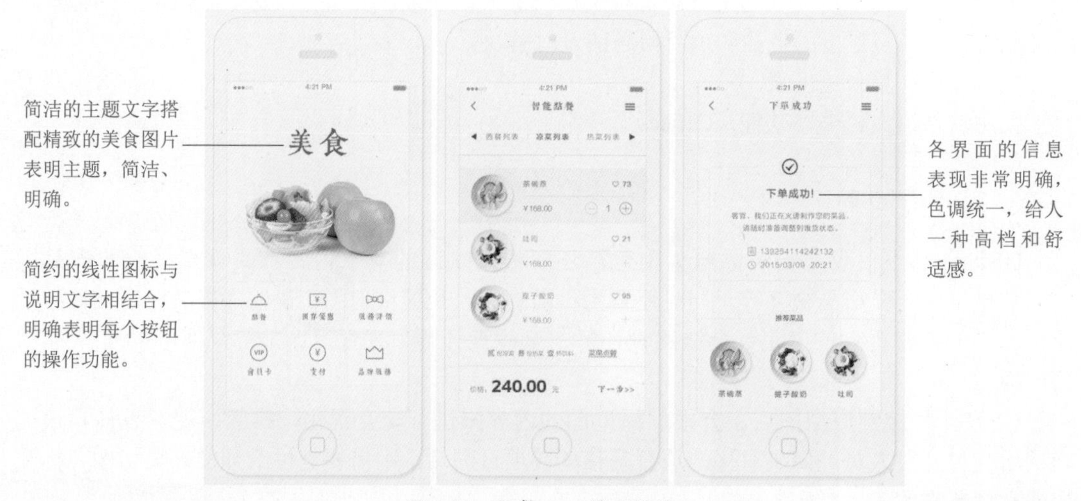

图 2-21　订餐 App 界面设计

2. 统一的色彩与风格

移动 UI 的色彩及风格应该是统一的，一款界面风格和色彩不统一的移动 UI 设计会给用户带来不适感。

图 2-22 所示为一款收音机 App 界面设计，通过色彩将界面分割成上下两部分，上半部分使用图形与文字相结合的方式展示当前所播放的信息，下半部分则显示当前同时在收听的相关用户。在界面设计中通过各种基本图形的设计表现出很强的操作感，使用户很容易上手操作。使用灰暗的红色作为界面的背景主色调，给人一种高贵、典雅、柔和的印象，底部使用纯白色的背景色，很好地区分不同的功能区域，在界面中搭配白色简约的图形和文字，具有很好的表现效果和辨识性。多个界面保持了统一的配色与设计风格，这样能够带给用户整体统一的视觉印象。

图 2-22　收音机 App 界面设计

3. 合理的配色

色彩会影响一个人的情绪，不同的色彩会让人产生不同的心理效应；反之，每个人的心理状态所能接受的色彩也是不同的。只有不断变化的事物才能引起人们的注意，将 UI 设计的色彩个性化，目的是通过色彩的变换协调用户的心理，让用户对软件产品保持一种新鲜感。

图 2-23 所示为一个垃圾清理 App 界面设计，使用蓝色作为界面的背景主色调，蓝色可以给人很强的科技感，在界面中搭配半透明白色和蓝色的图形，使整个界面的色调非常统一，给人非常整洁、清晰的视觉效果，具有很好的辨识度。

图 2-23　垃圾清理 App 界面设计

4. 规范的操作流程

手机用户的操作习惯是基于系统的，所以在移动 UI 设计的操作流程上也要遵循系统的规范性，使得用户会使用手机就会使用该应用，从而简化用户的操作流程。

图 2-24 所示为一个音乐 App 界面设计，无论是界面元素设计、功能布局和操作方式都遵循了常规的方式。采用简约线性风格设计各个功能图标，界面中各个功能图标的放置位置及操作方法与系统相统一，从而能够使用户快速上手。

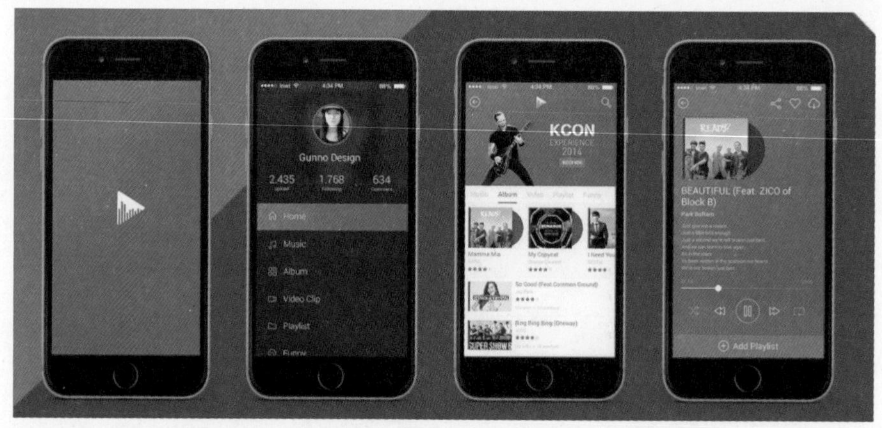

图 2-24　音乐 App 界面设计

5. 视觉元素规范

在移动 UI 设计中，尽量使用较少的颜色表现色彩丰富的图形图像，以确保数据量小且图形图像的效果完好，从而提高程序的工作效率。

界面中的线条与色块后期都会使用程序来实现，这就需要考虑让程序部分和图像部分相结合。只有自然结合才能协调界面效果的整体感，所以需要程序开发人员与界面设计人员密切沟通，达到一致。

图 2-25 所示为一个电商 App 界面设计，充分应用简约设计风格，以纯白色为背景，在界面中规则排列相关的商品图片和简单的文字内容，除此之外，并没有其他任何装饰性元素，使得界面中的产品表现非常突出，给人一种非常简洁、大方的印象。

图 2-25　电商 App 界面设计

2.5　在 Figma 中进行图标设计

移动 App 中的图标设计是用户体验中至关重要的一环，它关乎到用户对 App 的第一印象、使用便捷性及品牌形象的建立。一个精心设计的图标不仅可以提升 App 的整体视觉效果，更能引导用户轻松识别并使用各种功能。

Figma 作为一款功能强大的设计工具，为用户提供了多样化的形状绘制工具，使得图标的基础形状设计变得轻而易举。同时，Figma 还提供了丰富的效果设置选项，让用户能够轻松为图标添加各种视觉特效，如渐变、阴影和模糊等，从而打造出更具立体感和质感的图标作品。

2.5.1　使用 Figma 基本绘图工具设计简约功能图标

简约的纯色和线框图标因为其符合现代审美趋势、具有良好的可读性和识别性、适应性强，以及设计和开发成本低等优点，已经成为移动 App 界面中使用最多的图标样式。本节将设计一款简约、大方的移动 App 功能图标，在该系列功能图标的设计制作过程中，主要通过图形的相加或相减操作来构成图标图形，并且需要制作出线框和纯色两种效果，以便应用于 App 界面中的不同状态。在功能图标的设计中，需要注意通过简约的图形来准确表现该图标的功能。

实战　绘制简约功能图标

源文件：源文件\第 2 章\2-5-1.fig　视频：视频\第 2 章\绘制简约线框图标 .mp4

01 打开 Figma，单击项目管理主界面右上角的“设计文件”按钮，在打开的下拉菜单中选择“草稿”命令，如图 2-26 所示，创建一个空白的项目文件。单击工具栏中的“画框”工具按钮，在设计区域中创建一个尺寸大小为 500×250 的画框，如图 2-27 所示。

图 2-26　选择“草稿”命令

图 2-27　创建一个画框

02 在“设计”面板中设置画框的“填充”为 42476A，效果如图 2-28 所示。使用“多边形”工具，在设计区域中拖动光标，绘制一个大小为 24×12 的三角形，如图 2-29 所示。

图 2-28　画框效果

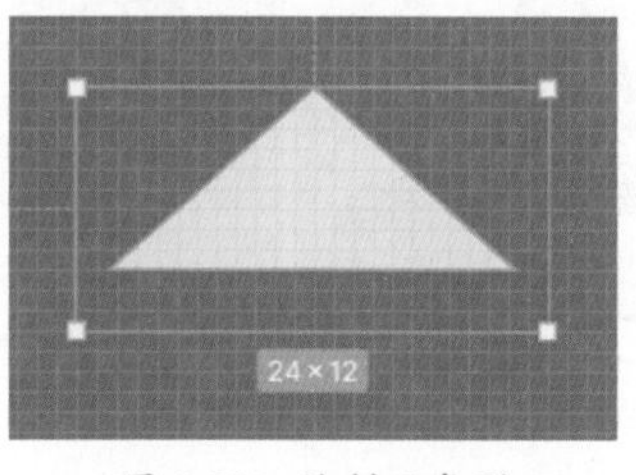

图 2-29　绘制三角形

03 使用“矩形”工具，在设计区域中拖动光标绘制一个大小为 22×13 的矩形，调整矩形到合适的位置，如图 2-30 所示。使用“矩形”工具在设计区域中绘制一个大小为 6×7 的矩形，将其“填充”设置为任意一种颜色，调整矩形到合适的位置，如图 2-31 所示。

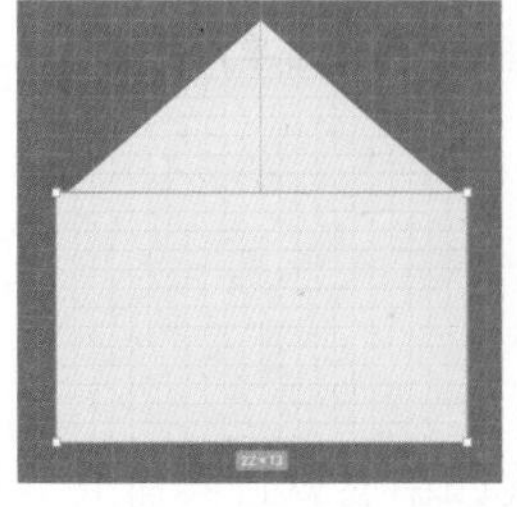

图 2-30　绘制矩形

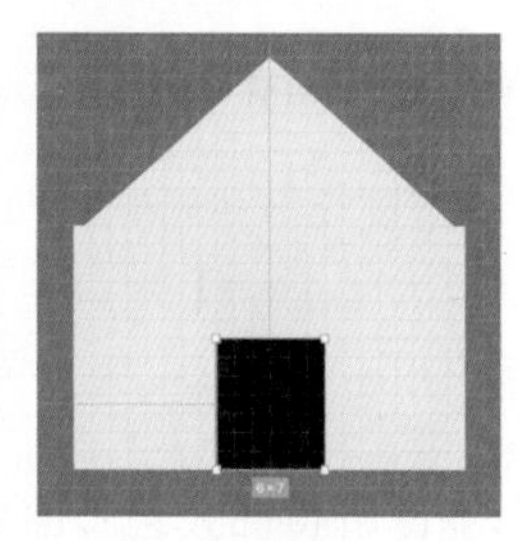

图 2-31　绘制矩形

04 同时选中刚绘制的两个矩形，在工具栏中间的“路径操作”下拉列表框中选择“减去顶层所选项”选项，如图 2-32 所示，在底部大矩形上减去上面的小矩形，得到需要的图形，如图 2-33 所示。

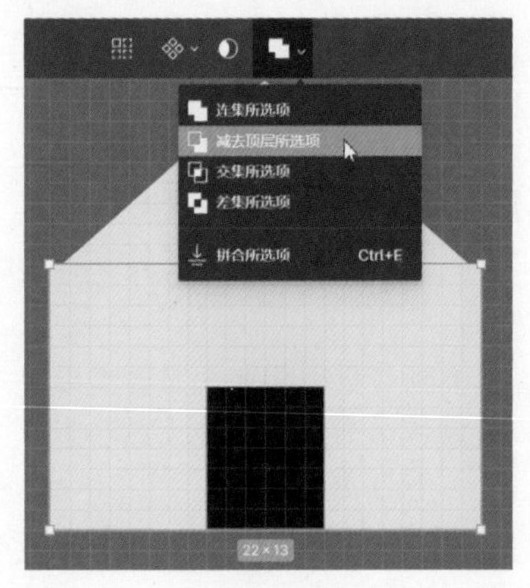

图 2-32 选择“减去顶层所选项”选项

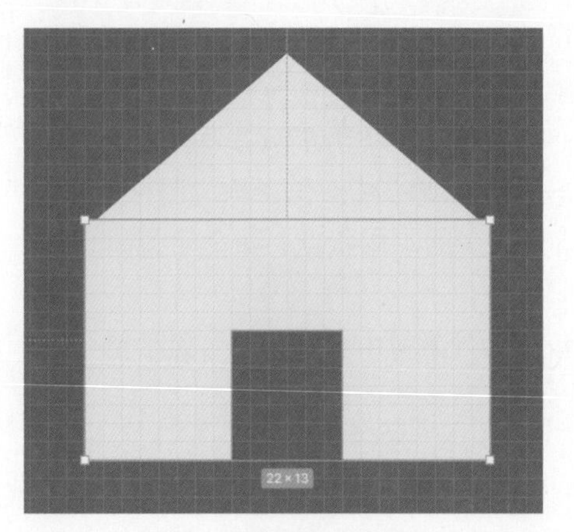

图 2-33 得到需要的图形

05 同时选中组成房子图标的两个图形，在工具栏中间的“路径操作”下拉列表框中选择“连集所选项”选项，如图 2-34 所示。选择连集后的图形，在工具栏中间的“路径操作”下拉列表框中选择“拼合所选项”选项，如图 2-35 所示，将图形拼合为一个图形。

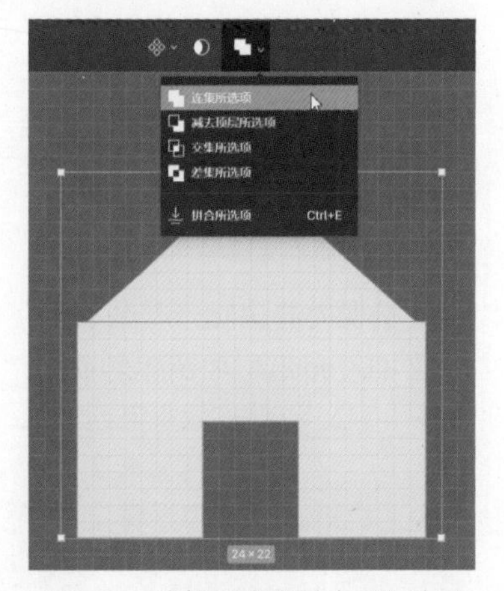

图 2-34 选择“连集所选项”选项

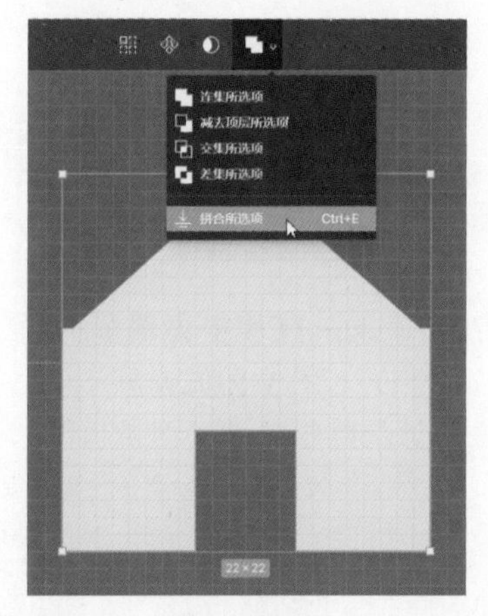

图 2-35 选择“拼合所选项”选项

提示

对多个图形进行连集处理后，可以将所选中的多个图形连集成为一个整体，但是并没有对图形的路径进行拼合处理，双击连集后的图形，依然可以对连集的多个图形路径分别进行调整。对图形进行连集处理后再进行路径拼合处理，可以将连集后的图形路径进行拼合，从而形成一个单独路径。

06 双击拼合后的图形，进入该图形的路径编辑状态，如图 2-36 所示。使用“钢笔”工具，按住【Alt】键将光标移至需要删除的锚点上，单击删除不需要的锚点，如图 2-37 所示。使用相同的方法，将右侧另一个不需要的锚点删除，如图 2-38 所示。

07 在“设计”面板中设置“圆角半径”为 3，效果如图 2-39 所示。拖动鼠标同时选中该图标路径上的多个锚点，在“设计”面板中修改“圆角半径”为 2，效果如图 2-40 所示。在该图标以外的位置双击，退出路径编辑状态，设置该图标的“填充”为白色，如图 2-41 所示。

图 2-36　进入路径编辑状态

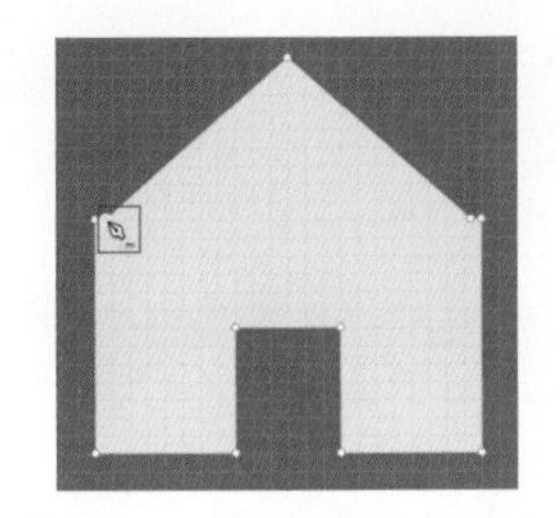
图 2-37　删除不需要的锚点

图 2-38　删除另一个锚点

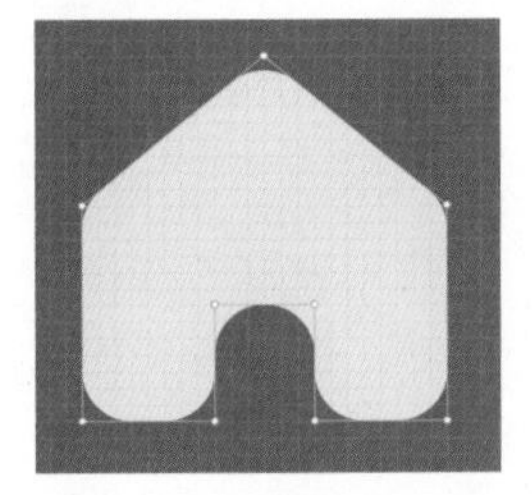
图 2-39　设置圆角半径效果

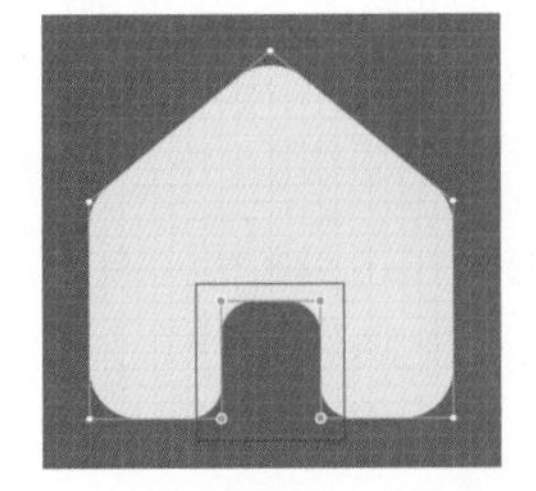
图 2-40　修改选中锚点的圆角半径

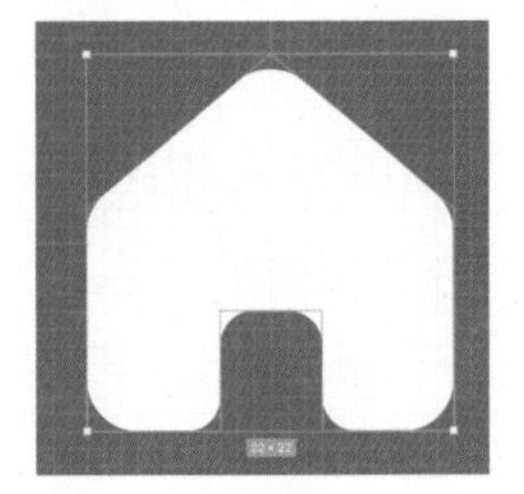
图 2-41　图标效果

08 使用“选择”工具，按住【Alt】键拖动复制刚绘制的图标，如图 2-42 所示。在“设计”面板中删除填充，添加锚边效果并进行设置，效果如图 2-43 所示。

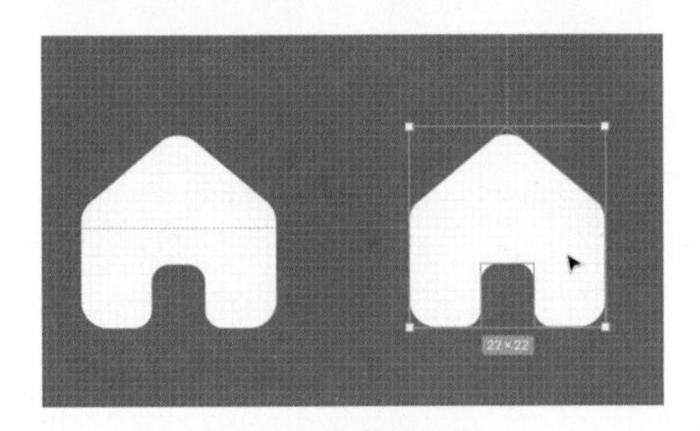
图 2-42　复制图标

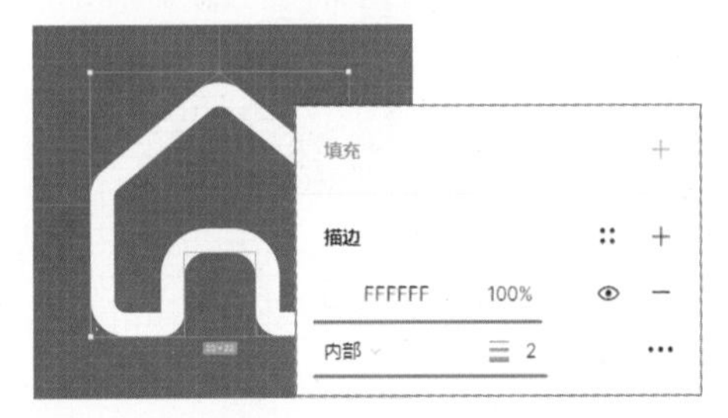

图 2-43　设置图标锚边效果

09 双击图形，进入该图形的路径编辑状态，同时选中相应的两个锚点，在“设计”面板中设置这两个锚点的“圆角半径”为 1，效果如图 2-44 所示。至此，完成“首页”图标的设计制作，效果如图 2-45 所示。

图 2-44　修改选中锚点的圆角半径

图 2-45　“首页”图标设计制作效果

提示

本案例设计制作的简约图标主要应用于移动 App 界面中的顶部导航栏或底部工具栏中，通常需要为图标设置两种状态效果。此处，线框图标为默认状态下的效果，而实底图标则为当前选中状态下的效果。

10 绘制“钱包”图标。使用“矩形”工具在设计区域中绘制一个大小为 20×17 的矩形，如图 2-46 所示。在“设计”面板中设置“圆角半径”为 5，效果如图 2-47 所示。使用“矩形”工具在设计区域中绘制一个矩形，设置“圆角半径”为 4，设置任意一种填充颜色，如图 2-48 所示。

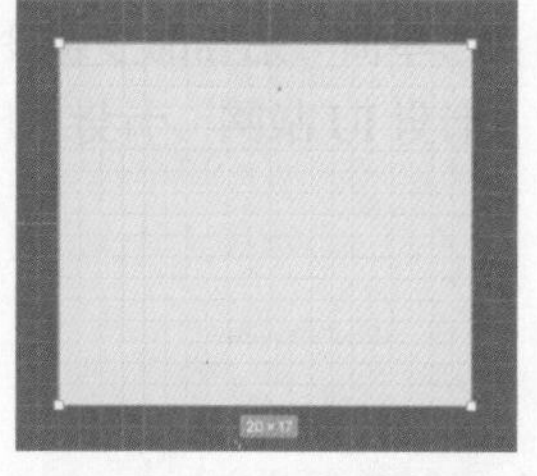
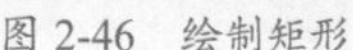
图 2-46 绘制矩形

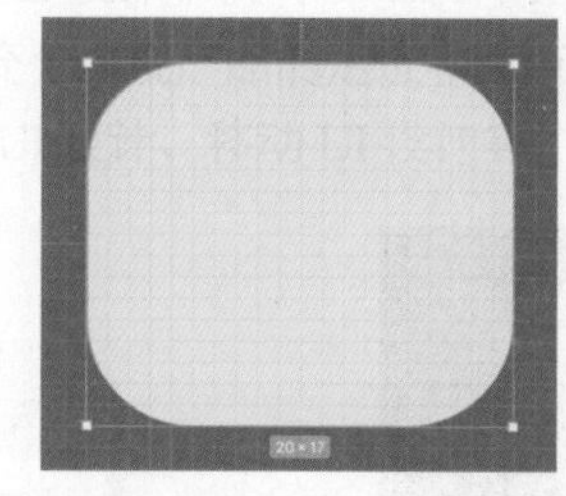
图 2-47 设置“圆角半径”效果

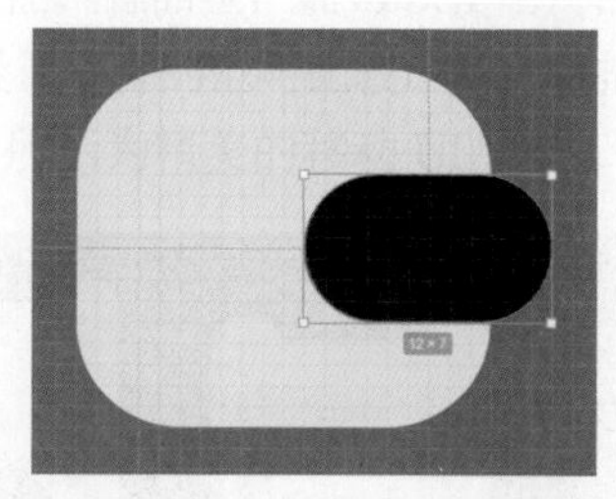
图 2-48 绘制矩形并设置圆角半径

11 同时选中刚绘制的两个矩形，在工具栏中间的“路径操作”下拉列表框中选择“减去顶层所选项”选项，如图 2-49 所示，在底部大矩形上减去上面的小矩形，得到需要的图形，如图 2-50 所示。

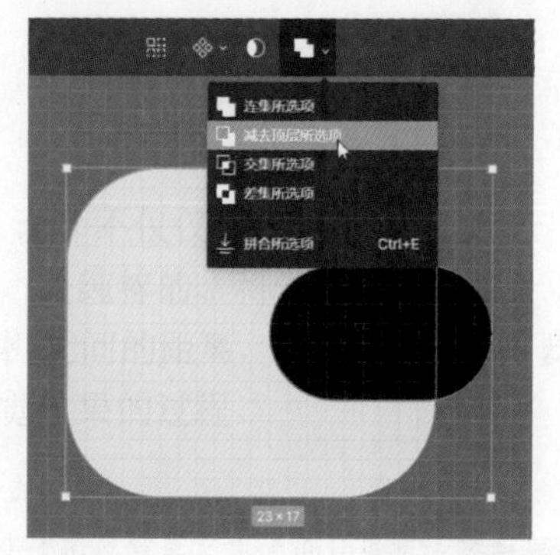
图 2-49 选择“减去顶层所选项”选项

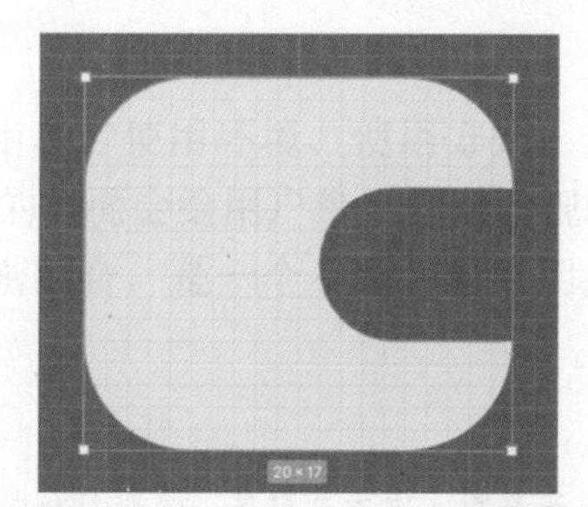
图 2-50 得到需要的图形

12 使用“矩形”工具绘制一个矩形，在“设计”面板中展开“圆角半径”选项，为每个角分别设置圆角半径值，如图 2-51 所示。调整该矩形到合适的位置，如图 2-52 所示。

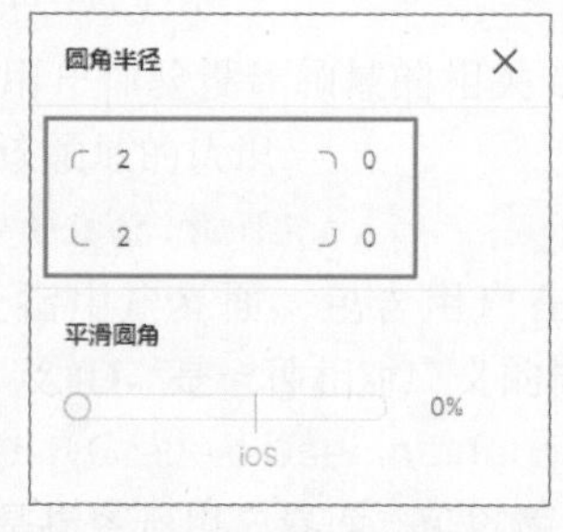

图 2-51 设置圆角半径选项

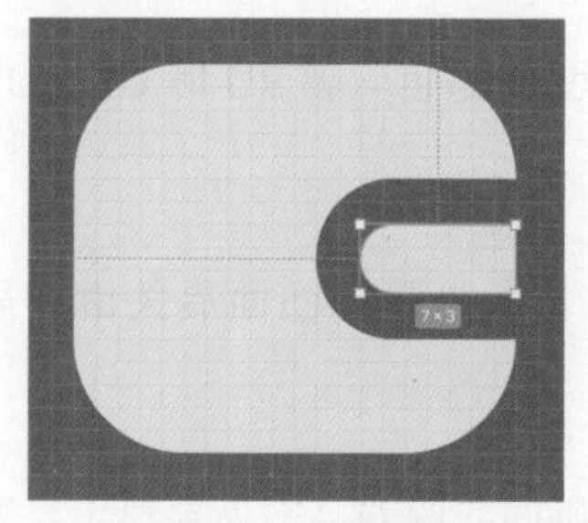
图 2-52 图形效果

13 使用“椭圆”工具，按住【Shift】键在设计区域中拖动光标，绘制一个正圆形，如图 2-53 所示。同时选中正圆形和矩形，在工具栏中间的“路径操作”下拉列表框中选择“减去顶层所选项”选项，得到需要的图形，如图 2-54 所示。同时选中组成钱包图标的两个图形，设置“填充”为白色，如图 2-55 所示。

14 按住【Alt】键拖动复制刚绘制的图标，在“设计”面板中删除填充，添加锚边效果并进行设置，如图 2-56 所示。至此，完成“钱包”图标的设计制作，效果如图 2-57 所示。

图 2-53　绘制正圆形

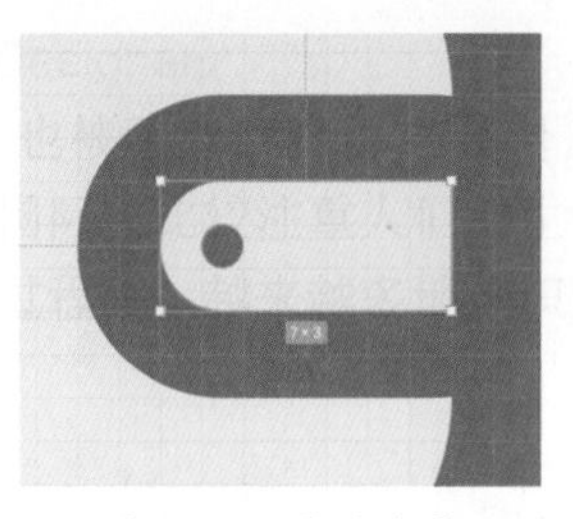
图 2-54　图形效果

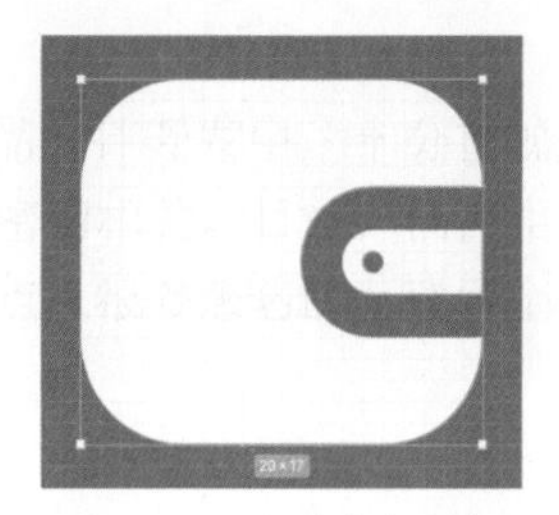
图 2-55　设置填充颜色

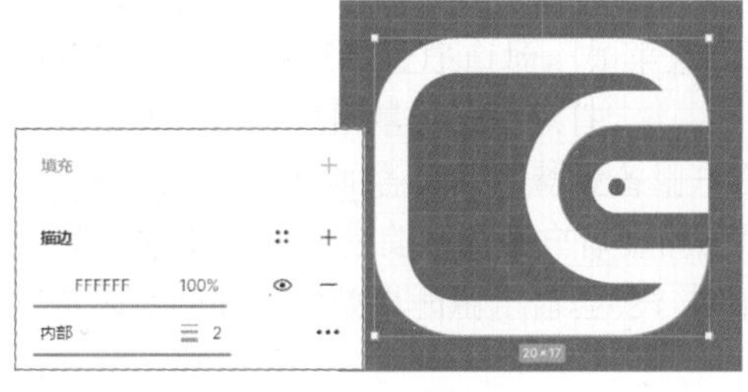

图 2-56　设置“描边”效果

图 2-57　完成“钱包”图标绘制

15 使用相同的制作方法，可以完成一系列相同风格简约线框图标的设计制作，效果如图 2-58 所示。将所绘制的简约图标应用到 App 界面的底部标签栏中，可以看到效果如图 2-59 所示。

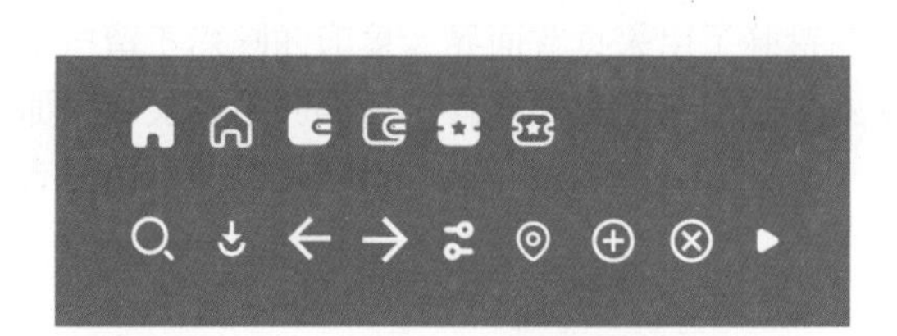
图 2-58　完成一系列相同风格图标的绘制

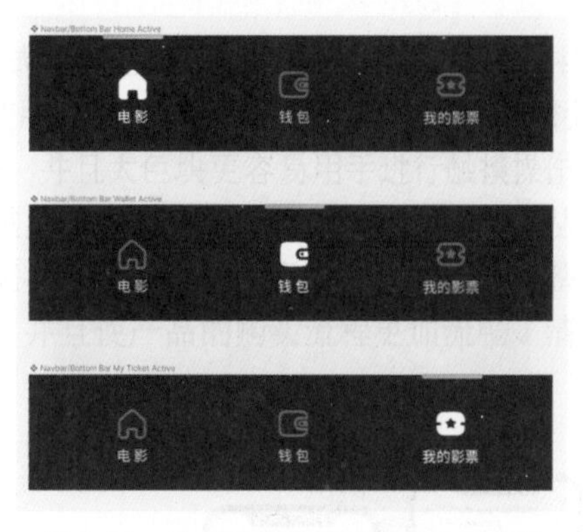

图 2-59　将图标应用到标签栏中的效果

16 单击工具栏中的“主菜单”图标，选择“文件 > 保存本地副本”命令，在弹出的对话框中选择保存到本地计算机的位置并输入文件名称，单击“保存”按钮，保存本地副本文件。

提示

在 Figma 中所创建的文件默认都是存储在云端的，用户在任意地点，使用任意计算机登录自己的 Figma 账号，即可使用自己在 Figma 中创建的文件。如果需要将所制作的 Figma 文件保存到本地计算机中，需要选择“文件 > 保存本地副本”命令，将文件保存为本地副本文件。

2.5.2　使用 Figma 插件设计 App 启动图标

App 启动图标是用户在手机或平板电脑上看到 App 时的第一印象，它不仅是 App 的标识，还承载着品牌形象和用户认知的重任。App 启动图标需要在保持简洁明了的同时，体现出品牌的独特性和价值。通过精心设计和不断优化，启动图标可以成为吸引用户、提升品牌形象的有力工具。本节将设计制作一个电影票在线预订 App 启动图标，在蓝色微渐变的背景上搭配白色的简约电影胶片图形，直观地表现出该 App 的功能与特点，给人很好的视觉表现效果。

绘制 App 启动图标

源文件：源文件 \ 第 2 章 \2-5-2.fig　视频：视频 \ 第 2 章 \ 绘制 App 启动图标 .mp4

01 打开 Figma，单击项目管理主界面右上角的“设计文件”按钮，在打开的下拉菜单中选择“草稿”命令，如图 2-60 所示，创建一个空白的项目文件。单击工具栏中的“画框”工具按钮，在设计区域中创建一个尺寸大小为 600×400 的画框，如图 2-61 所示。

图 2-60　选择“草稿”命令

图 2-61　创建一个画框

02 在“设计”面板中设置画框的“填充”为 #10153D，效果如图 2-62 所示。使用“矩形”工具，按住【Shift】键在设计区域中拖动光标，绘制一个大小为 144×144 的正方形，如图 2-63 所示。

图 2-62　画框效果

图 2-63　创建正方形

03 在“设计”面板中设置该正方形的“圆角半径”为 32，效果如图 2-64 所示。打开“填充”对话框，单击“渐变”图标，对渐变选项和渐变颜色进行设置，如图 2-65 所示。

图 2-64　圆角矩形效果

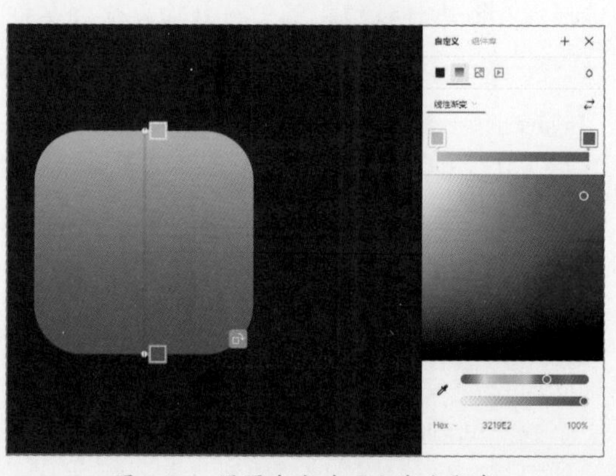

图 2-65　设置渐变选项和渐变颜色

04 在圆角矩形上调整渐变填充效果，如图 2-66 所示。单击“设计”面板的“描边”选项区中的“添加”图标 +，添加描边效果并对相关选项进行设置，描边效果如图 2-67 所示。

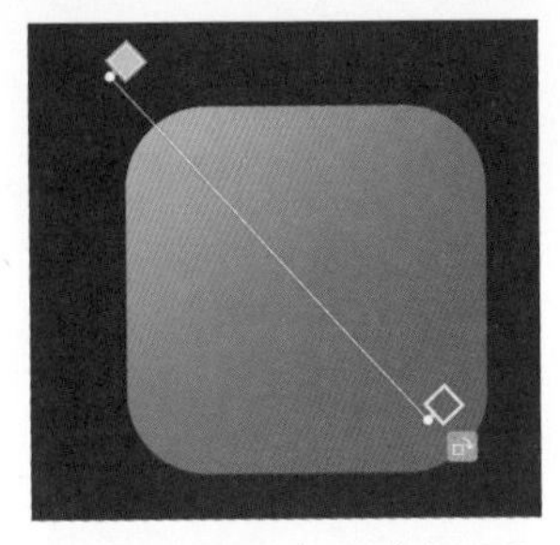

图 2-66　调整渐变填充效果

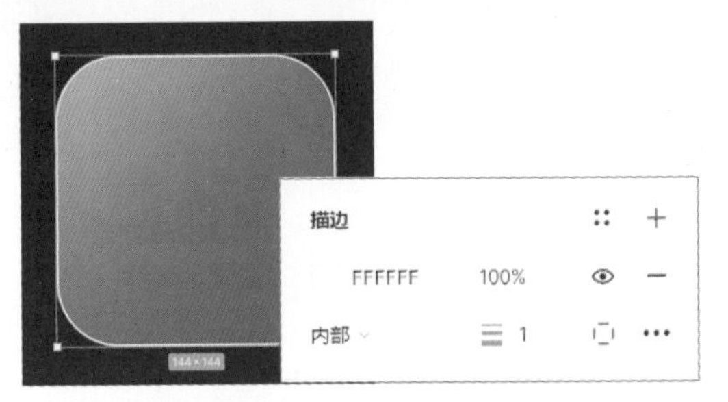

图 2-67　元素描边效果

05 打开“描边”对话框，单击“渐变”图标，设置从白色到白色透明的渐变颜色，如图 2-68 所示。单击“描边”对话框右上角的“混合模式”图标，设置“混合模式”为“叠加”，在圆角矩形上调整图形描边的渐变效果，如图 2-69 所示。

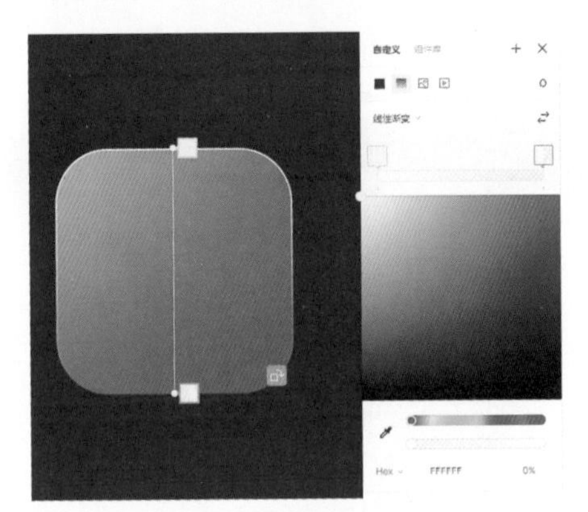

图 2-68　设置渐变颜色

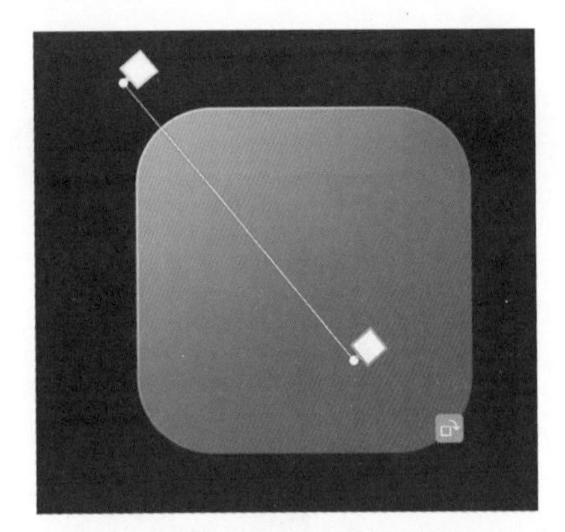

图 2-69　调整描边的渐变效果

提示

在 Figma 中如果需要将某个元素锁定或解除锁定，可以在该元素上单击鼠标右键，在弹出的快捷菜单中选择“锁定/解锁”命令，或按【Ctrl+Shift+L】组合键。锁定后的元素在设计区域中将无法被选中，如果需要对锁定的元素进行设置和调整，需要先解锁该元素。

06 使用“椭圆”工具，按住【Shift】键在设计区域中拖动光标，绘制一个大小为 67×67 的正圆形，如图 2-70 所示。使用“椭圆”工具，按住【Shift】键在设计区域中拖动光标，绘制一个大小为 17×17 的正圆形，如图 2-71 所示。

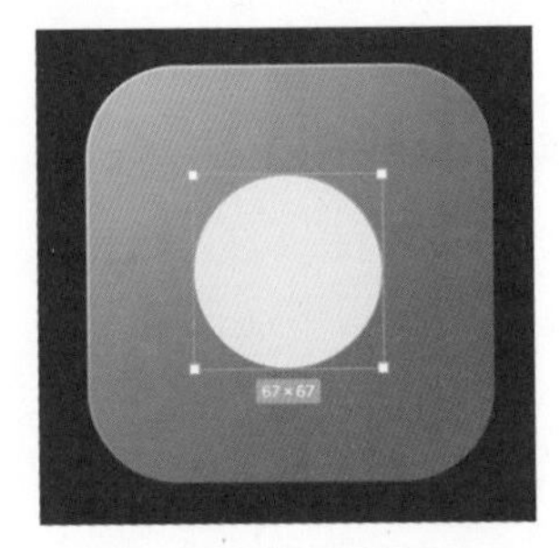

图 2-70　绘制正圆形 1

图 2-71　绘制正圆形 2

07 在插件工具栏的搜索文本框中输入插件名称 Copy & Rotate，找到该插件，如图 2-72 所示。单击该插件名称，即可在 Figma 中打开该插件，如图 2-73 所示。

图 2-72　搜索 Copy & Rotate 插件

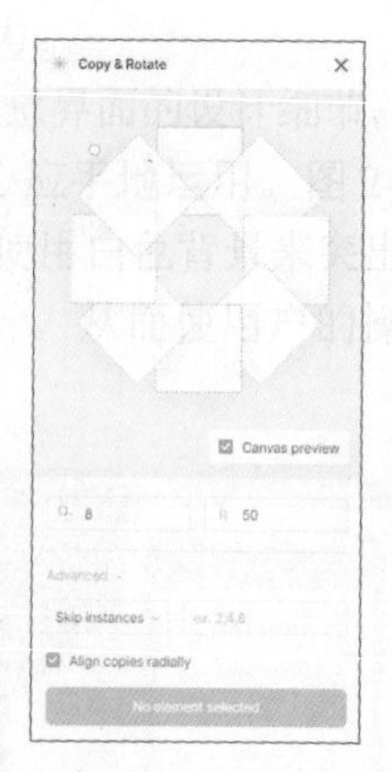

图 2-73　打开 Copy & Rotate 插件

08 选择刚绘制的小正圆形，在 Copy & Rotate 窗口中设置需要复制的个数及旋转中心点的位置，可以预览该正圆形旋转复制的效果，如图 2-74 所示。单击 Copy & Rotate 窗口中的 Apply rotation 按钮，旋转复制的正圆形，如图 2-75 所示。

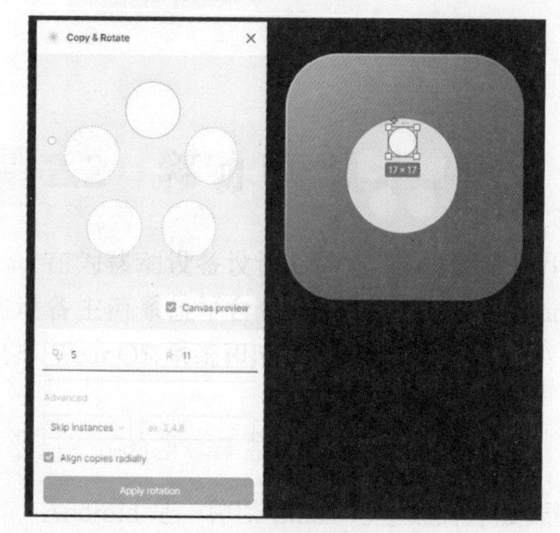

图 2-74　设置旋转复制的个数和中心点

图 2-75　旋转复制多个正圆形

09 使用“椭圆”工具，按住【Shift】键在设计区域中拖动光标，绘制一个大小为 5×5 的正圆形，如图 2-76 所示。同时选中绘制的所有正圆形，如图 2-77 所示。

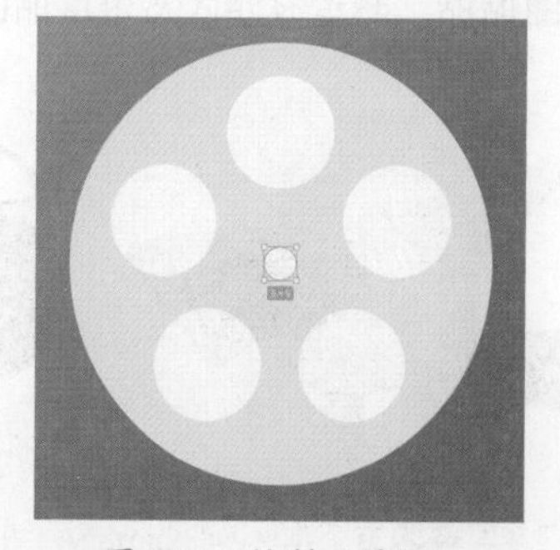

图 2-76　绘制正圆形 3

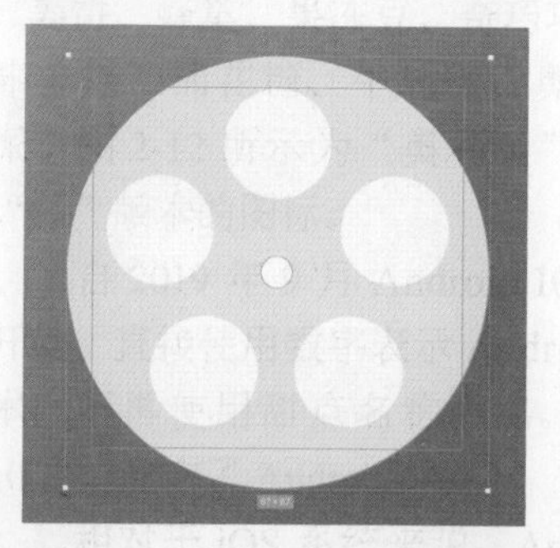

图 2-77　同时选中多个正圆形

10 在工具栏中间的“路径操作”下拉列表框中选择“减去顶层所选项”选项，如图 2-78 所示，在底部大正圆形上减去上面的多个小正圆形，得到需要的图形，如图 2-79 所示。

图 2-78　选择“减去顶层所选项”选项

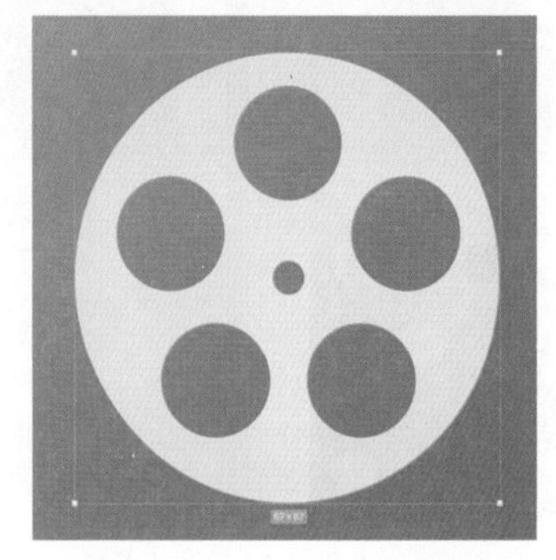

图 2-79　得到需要的图形

11 使用“矩形”工具在设计区域中绘制一个大小为 36×5 的矩形，并调整到合适的位置，如图 2-80 所示。同时选中下方的图形和刚绘制的矩形，在工具栏中间的“路径操作”下拉列表框中选择“连集所选项”选项，如图 2-81 所示，将两个图形结合为一个图形。

图 2-80　绘制矩形

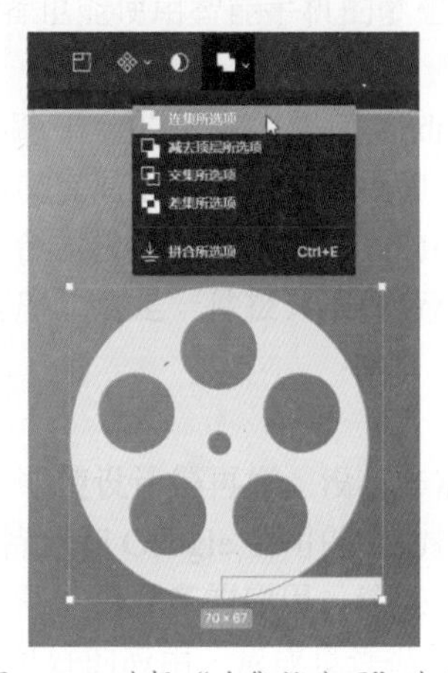

图 2-81　选择“连集所选项”选项

12 在“设计”面板中设置图形的“填充”为白色，单击“效果”选项区中的“添加”图标 +，可为该图形添加投影效果，对投影效果的相关选项进行设置，如图 2-82 所示，图形效果如图 2-83 所示。

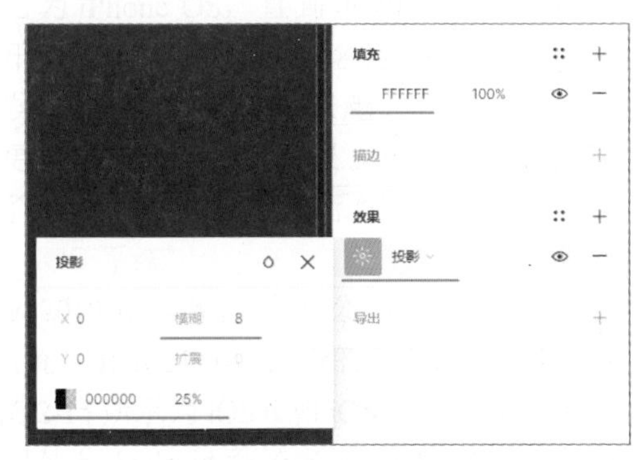

图 2-82　设置投影效果

图 2-83　图形效果

13 使用“椭圆工具”，按住【Shift】键在设计区域中拖动光标绘制一个正圆形，如图 2-84 所示。在“设计”面板的“填充”选项区中设置其“填充”为 6% 的白色，效果如图 2-85 所示。

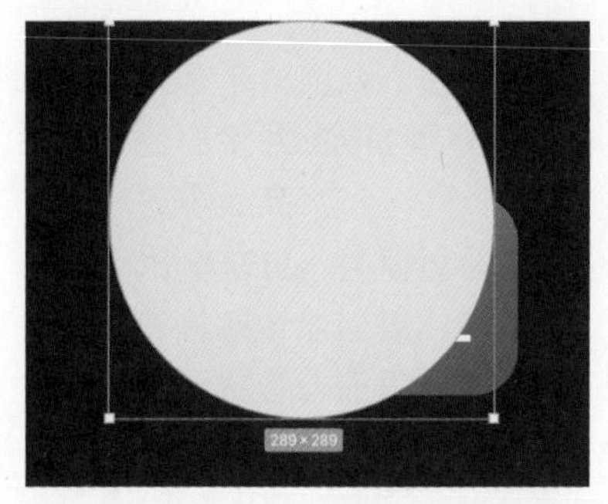

图 2-84 绘制正圆形

图 2-85 设置填充颜色

14 选择该图标背景的圆角矩形，按【Ctrl+D】组合键，原位复制该圆角矩形，如图 2-86 所示。在“图层”面板中将复制得到的 Rectangle 2 移至 Ellipse 4 下方，单击工具栏中间的“设为蒙版”图标，如图 2-87 所示，将该圆角矩形设为蒙版。

图 2-86 复制圆角矩形

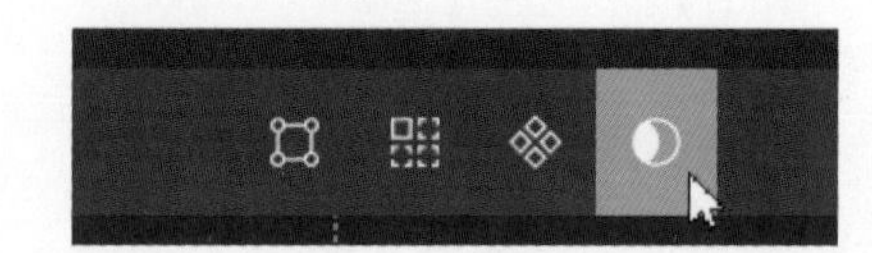

图 2-87 单击“设为蒙版”图标

15 在“图层”面板中可以看到将圆角矩形设为蒙版后的图层效果，如图 2-88 所示。在设计区域中可以看到设为蒙版后的效果，如图 2-89 所示。

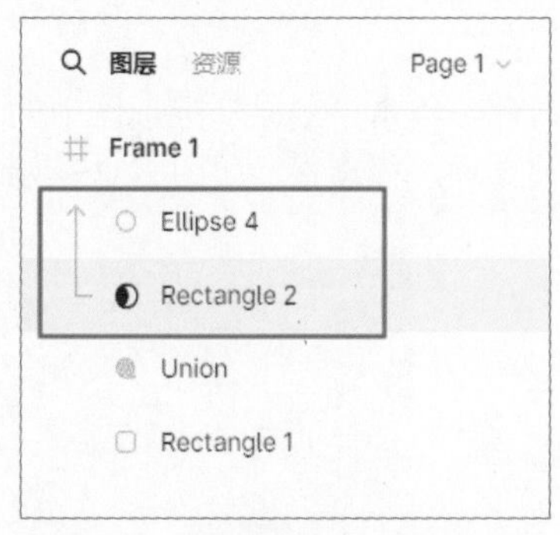

图 2-88 设为蒙版后的图层效果

图 2-89 设为蒙版后的图形效果

提示

蒙版图层用于控制蒙版的形状，而其上方的图层称为被蒙版图层，该图层中内容的显示受到其下方蒙版图层形状的影响，只有蒙版形状内的图形才会显示，蒙版形状之外的图形都会被隐藏。此处是通过蒙版图层将图标以外的半透明圆形部分隐藏。

16 至此，完成该影视 App 启动图标的设计制作，最终效果如图 2-90 所示。单击工具栏中的“主菜单”图标，选择“文件 > 保存本地副本”命令，在弹出的对话框中选择保存到本地计算机的位置并输入文件名称，如图 2-91 所示，单击“保存”按钮，保存本地副本文件。

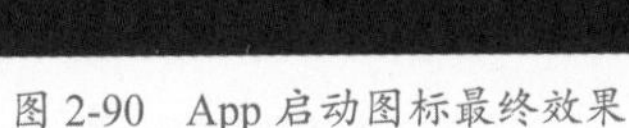

图 2-90　App 启动图标最终效果

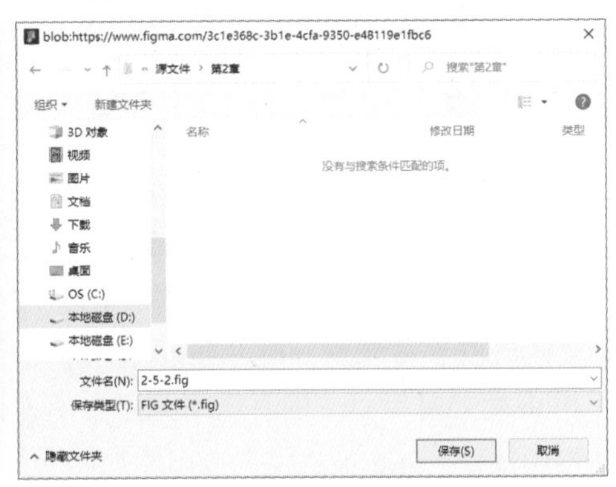

图 2-91　保存本地副本文件

2.5.3　使用 Figma 效果功能设计微质感图标

在 App 界面中，微质感图标的应用十分广泛。它们通常用作物品分类、功能标识等设计，相比其他类型的图标（如线性图标），微质感图标在视觉效果上更为突出，能够更好地吸引用户的注意力。同时，微质感图标的设计也符合现代设计的简约、精致趋势，能够提升 App 的整体视觉效果和用户体验。本节将制作一组微质感图标，在设计制作过程中，通过为图形添加阴影等效果，使图标的表现更加视觉层次感，吸引用户的注意。

实战　绘制微质感图标

源文件：源文件 \ 第 2 章 \2-5-3.fig　视频：视频 \ 第 2 章 \ 绘制微质感图标 .mp4

01 打开 Figma，创建一个空白的项目文件。使用“画框”工具，在设计区域中创建一个尺寸大小为 600×400 的画框，并设置其“填充”为 #272727，效果如图 2-92 所示。使用“矩形”工具在设计区域绘制一个大小为 144×144 的正方形，如图 2-93 所示。

图 2-92　绘制画框并修改填充颜色

图 2-93　绘制正方形

02 在“设计”面板中设置该矩形的“圆角半径”为 42，“填充”为 #60D39B，效果如图 2-94 所示。使用“椭圆”工具，按住【Shift】键在设计区域中绘制一个大小为 80×80 的正圆形，如图 2-95 所示。

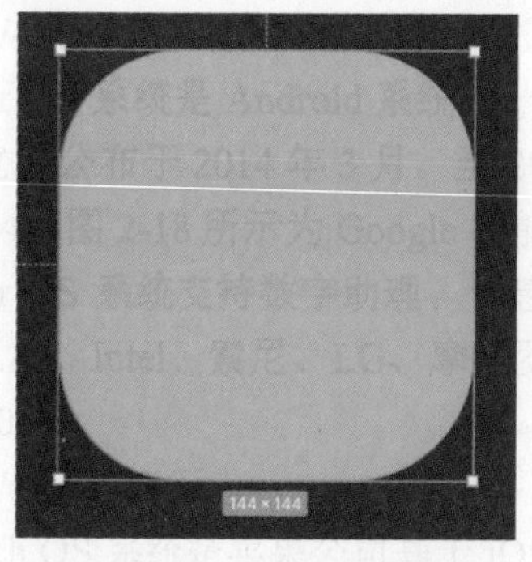

图 2-94　圆角矩形效果

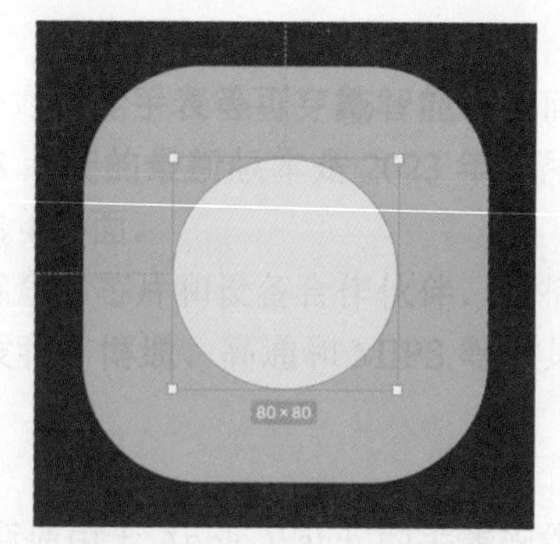

图 2-95　绘制正圆形

03 使用“矩形”工具在设计区域绘制一个矩形，调整矩形到合适的大小、位置和圆角半径，如图 2-96 所示。同时选中刚绘制的矩形和正圆形，在工具栏中间的“路径操作”下拉列表框中选择“连集所选项”选项，如图 2-97 所示。

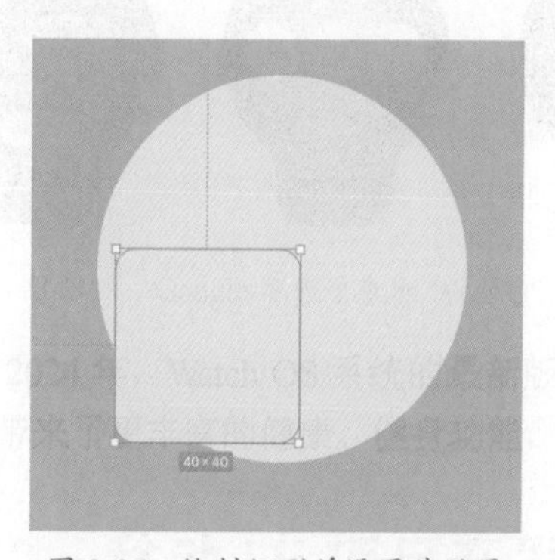

图 2-96　绘制矩形并设置其效果

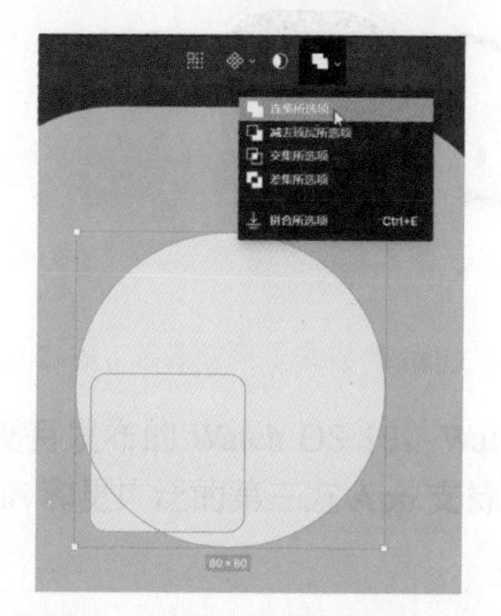

图 2-97　选择“连集所选项”选项

04 选择连集后的图形，在工具栏中间的“路径操作”下拉列表框中选择“拼合所选项”选项，如图 2-98 所示，将图形拼合为一个图形。双击拼合后的图形，进入该形状图形的编辑状态，同时选中相应的两个锚点，如图 2-99 所示。

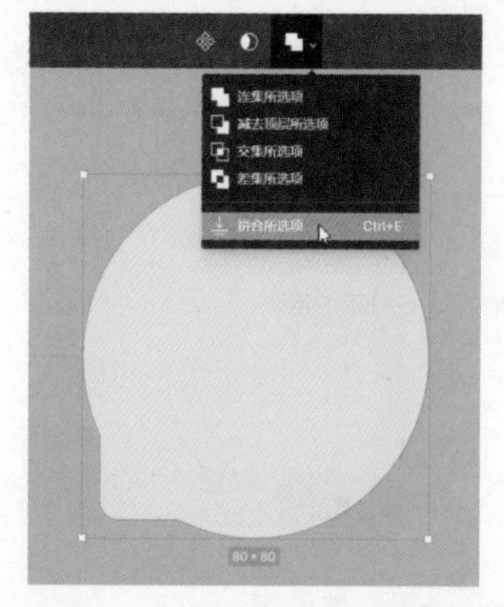

图 2-98　选择“拼合所选项”选项

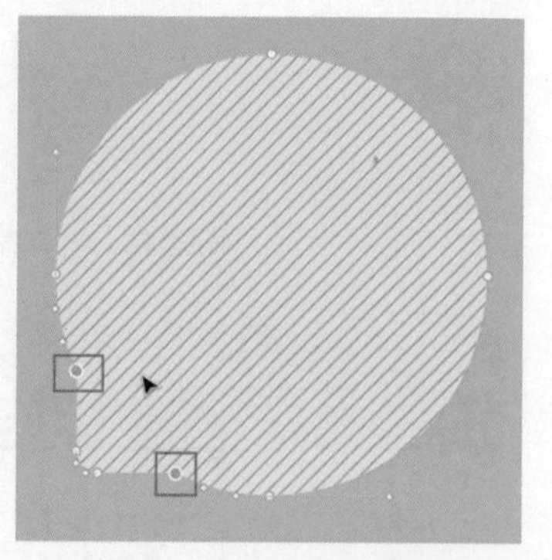

图 2-99　选中相应的锚点

05 在“设计”面板的“圆角半径”数值上拖动鼠标，调整这两个锚点处的转折更加平滑，如图 2-100 所示。退出形状路径的编辑状态，设置该图形的“填充”为白色，效果如图 2-101 所示。

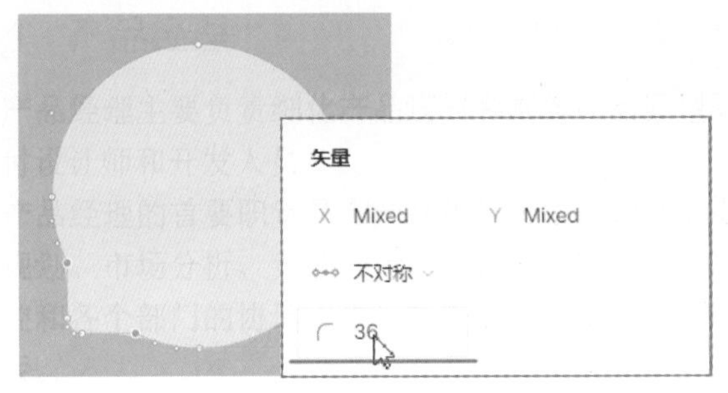

图 2-100　调整锚点的圆角半径

图 2-101　图形效果

06 单击“设计”面板的“效果”选项区中的“添加”图标 +，为该图形添加投影效果，对投影效果的相关选项进行设置，如图 2-102 所示，图形效果如图 2-103 所示。

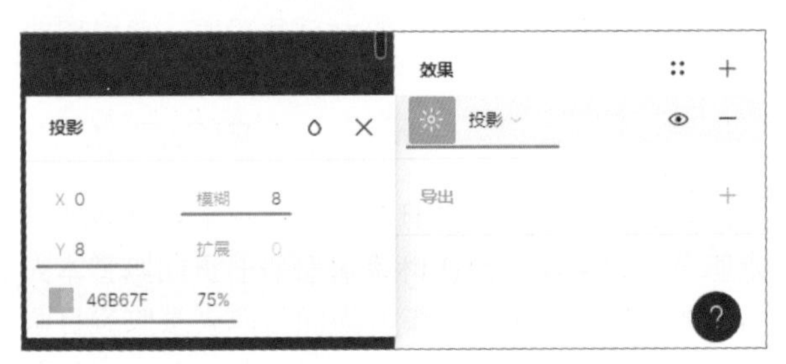

图 2-102　添加“投影”效果并进行设置

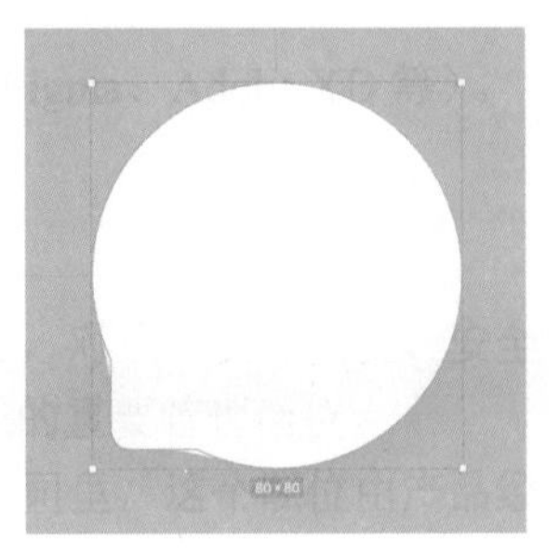

图 2-103　图形效果

07 单击“效果”选项区中的“添加”图标 +，为该图形添加“内阴影”效果，对相关选项进行设置，如图 2-104 所示，图形效果如图 2-105 所示。

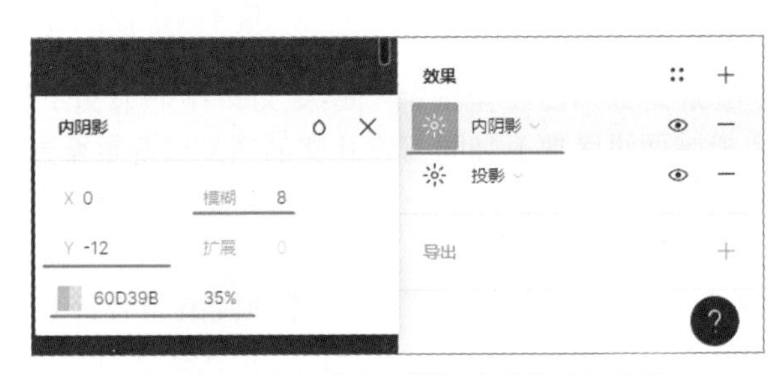

图 2-104　添加“内阴影”效果并进行设置

图 2-105　图形效果

08 再次单击“效果”选项区中的“添加”图标 +，为该图形添加“内阴影”效果，对相关选项进行设置，如图 2-106 所示，图形效果如图 2-107 所示。

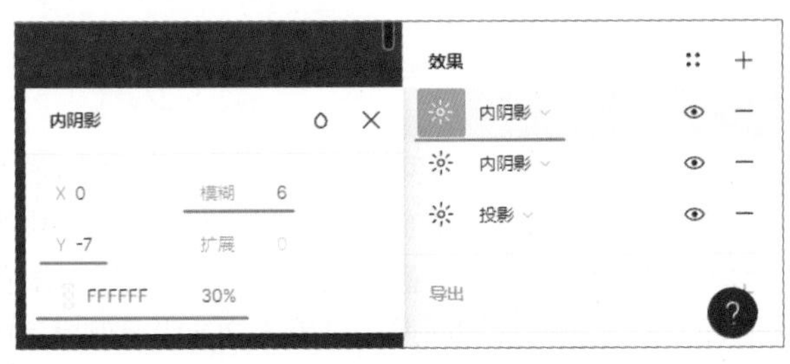

图 2-106　添加“内阴影”效果并进行设置

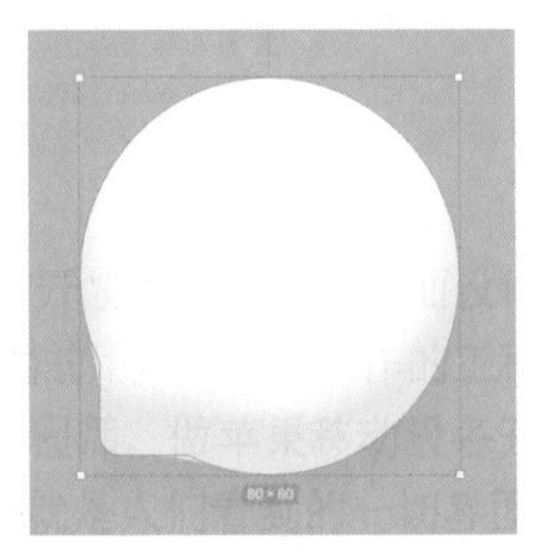

图 2-107　图形效果

09使用“椭圆”工具在设计区域中绘制一个大小为10×10的正圆形，如图2-108所示。设置该正圆形的“填充”为#60D39B，将该正圆形复制两次，调整到合适的位置，如图2-109所示。

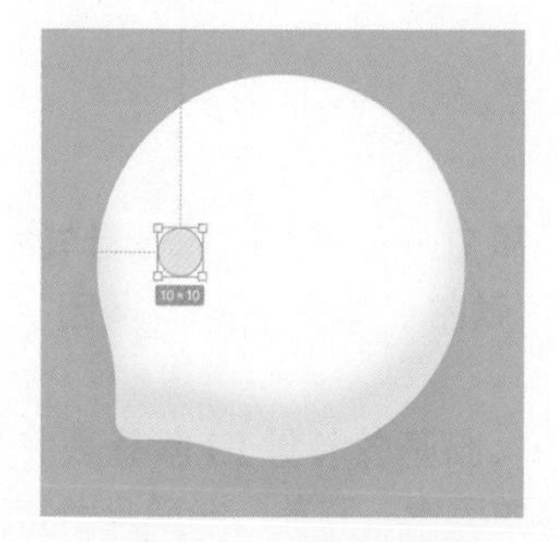

图2-108 绘制正圆形

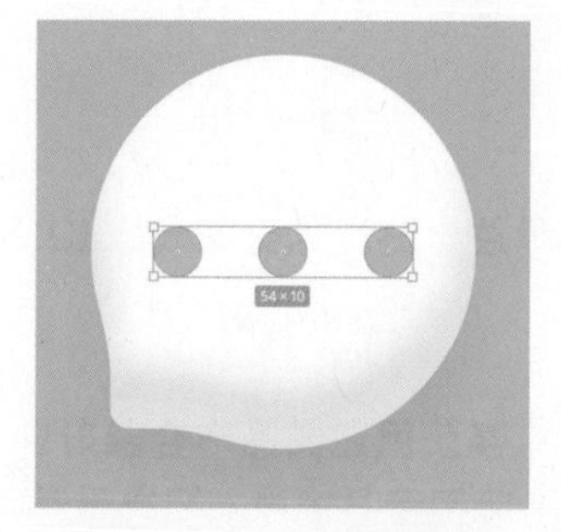

图2-109 复制正圆形

10同时选中3个小正圆形，按【Ctrl+G】组合键，进行编组。单击“效果”选项区中的“添加”图标+，为该图形添加“投影”效果，对相关选项进行设置，如图2-110所示，效果如图2-111所示。

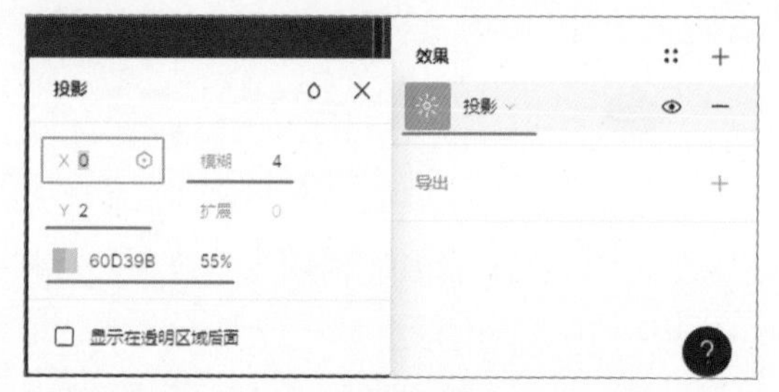

图2-110 添加“投影”效果并进行设置

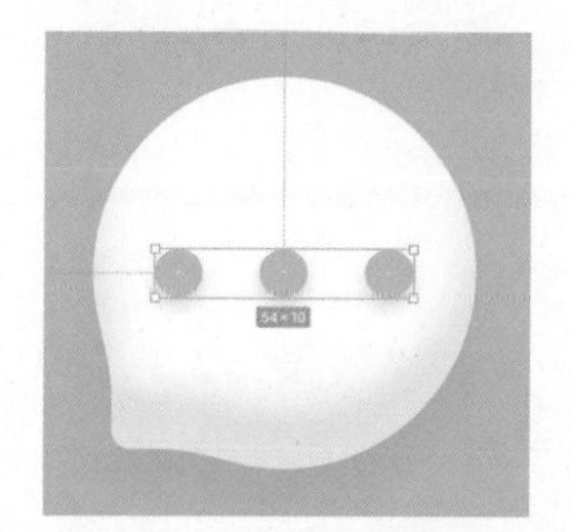

图2-111 图形效果

11再次单击“效果”选项区中的“添加”图标+，为该图形添加“内阴影”效果，对相关选项进行设置，如图2-112所示。再次单击“效果”选项区中的“添加”图标+，为该图形添加“内阴影”效果，对相关选项进行设置，如图2-113所示。

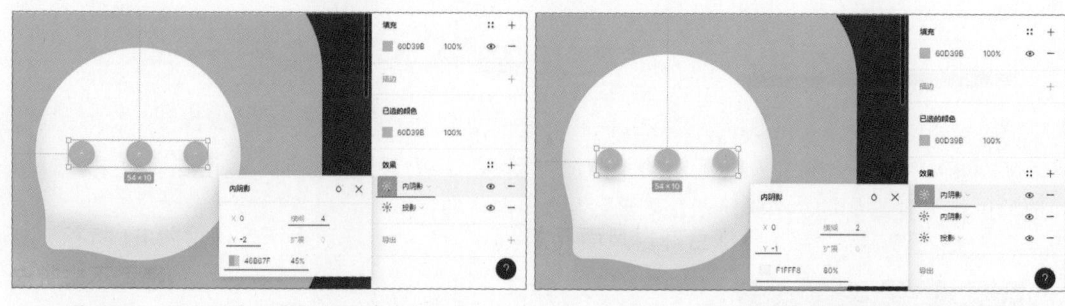

图2-112 添加“内阴影”效果并进行设置

图2-113 添加“内阴影”效果并进行设置

12至此，完成“消息”图标的绘制，效果如图2-114所示，选中组成该图标的所有元素，按【Ctrl+G】组合键，进行编组。接下来绘制“文件”图标，使用相同的制作方法，可以绘制出该图层的背景圆角矩形，如图2-115所示。

13使用“矩形”工具在设计区域绘制一个大小为80×96的矩形，设置其“圆角半径”为12，如图2-116所示。单独将该矩形右上角的圆角调整为直角，如图2-117所示。双击该矩形，进入其路径编辑状态，如图 2-118 所示。

图 2-114　完成“消息”图标的绘制

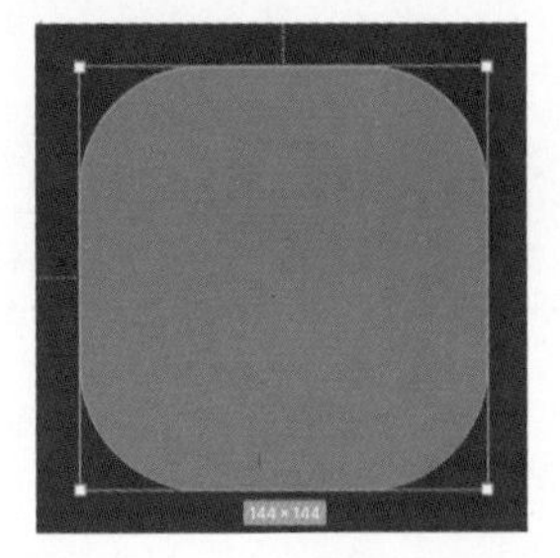

图 2-115　绘制“文件”图标背景

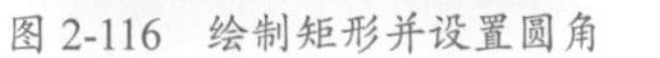

图 2-116　绘制矩形并设置圆角

图 2-117　将右上角的圆角调整为直角

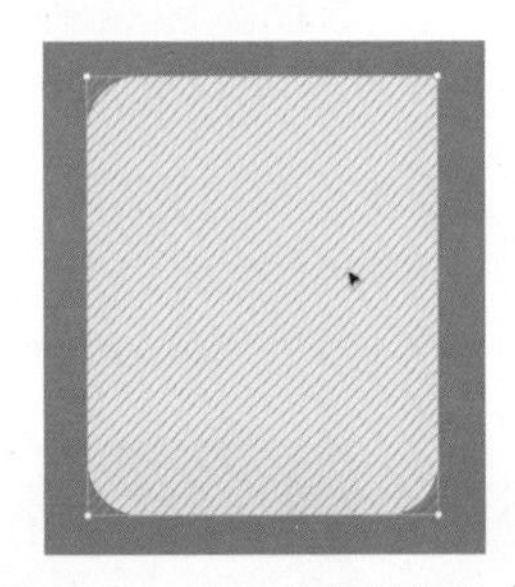

图 2-118　进入路径编辑状态

14 使用“钢笔”工具在矩形路径的右上角分别添加两个锚点，如图 2-119 所示。按住【Alt】键并在右上角的锚点上单击，将该锚点删除，如图 2-120 所示。退出路径的编辑状态，设置该图层的“填充”为 #6C9BFF，如图 2-121 所示。

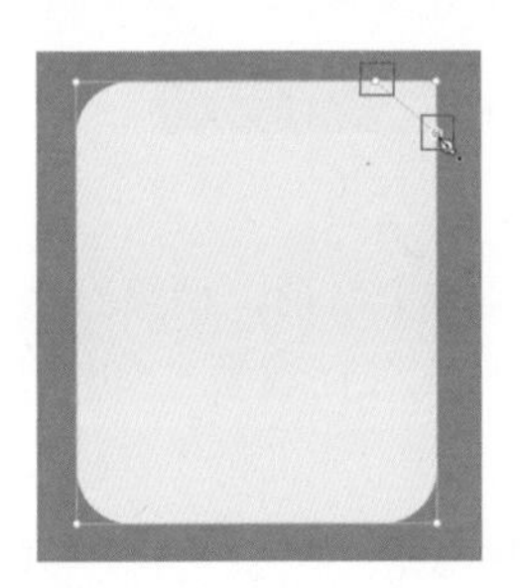

图 2-119　添加锚点

图 2-120　删除锚点

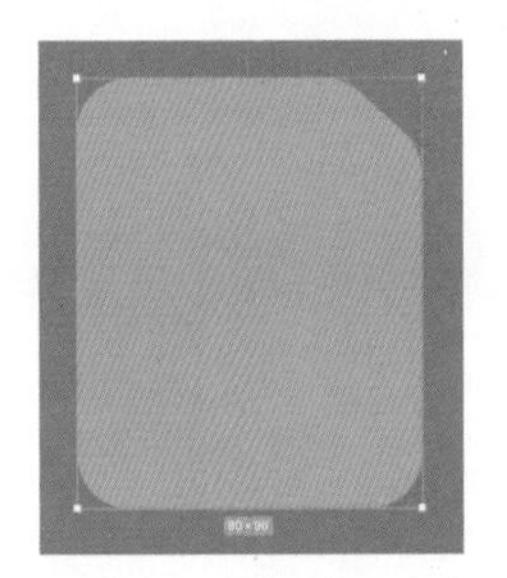

图 2-121　设置填充颜色

15 选中该图层，按【Ctrl+D】组合键，复制图形，单击工具栏中间的“设为蒙版”图标，如图 2-122 所示，将该图形设为蒙版。按【Ctrl+D】组合键，再次复制图形，单击工具栏中间的“设为蒙版”图标，取消该图层的蒙版状态，设置其“填充”为 #EDF0FF，如图 2-123 所示。

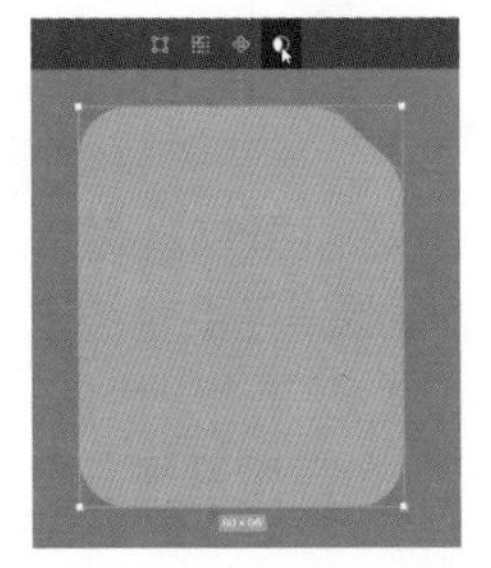

图 2-122　复制图形并设为蒙版

图 2-123　复制图形并修改填充颜色

16 将该图层向右上角位置移动，即可制作出折角的效果，如图 2-124 所示。在“图层”面板中可以看到蒙版与被蒙版图层，如图 2-125 所示。

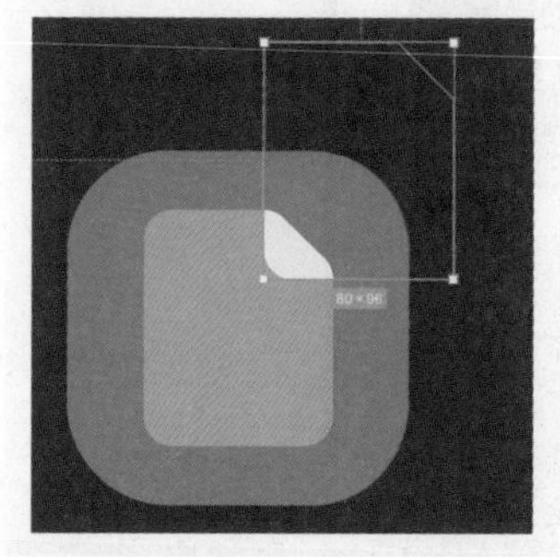
图 2-124 移动图形位置

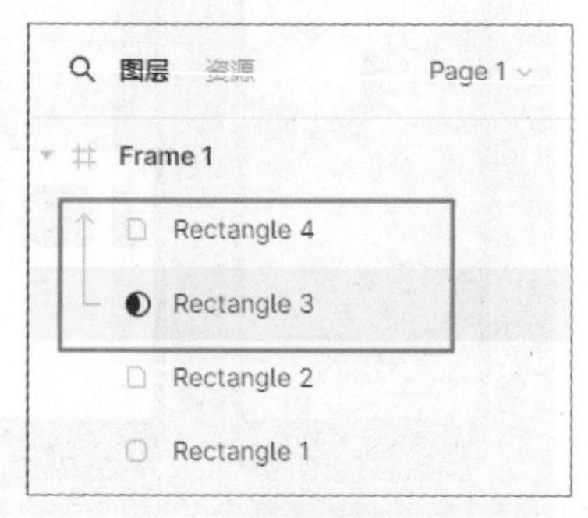

图 2-125 “图层”面板

17 使用相同的制作方法，可以绘制出组成该图标的其他图形，并分别为各部分图形添加“投影”和“内阴影”效果，最终完成“文件”图标的绘制，如图 2-126 所示。接下来绘制“设置”图标，使用相同的制作方法，可以绘制出该图层的背景圆角矩形，如图 2-127 所示。

图 2-126 完成“文件”图标的绘制

图 2-127 绘制出“设置”图标背景

18 使用“星形”工具，按住【Shift】键在设计区域拖动鼠标绘制一个星形，调整到合适的大小和位置，如图 2-128 所示。在“设计”面板中对该星形的相关属性进行设置，如图 2-129 所示，图形效果如图 2-130 所示。

图 2-128 绘制星形

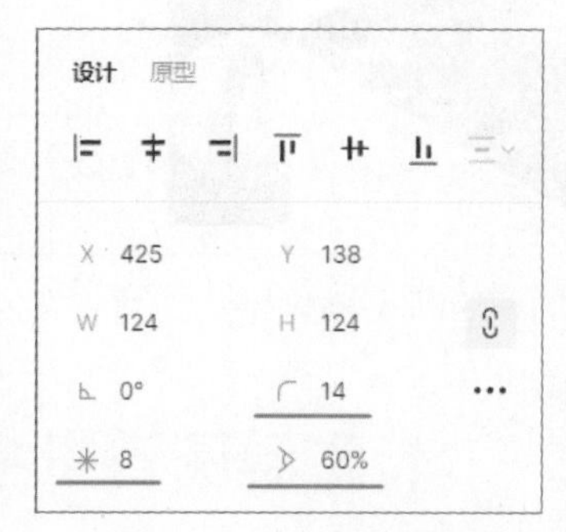

图 2-129 设置星形属性

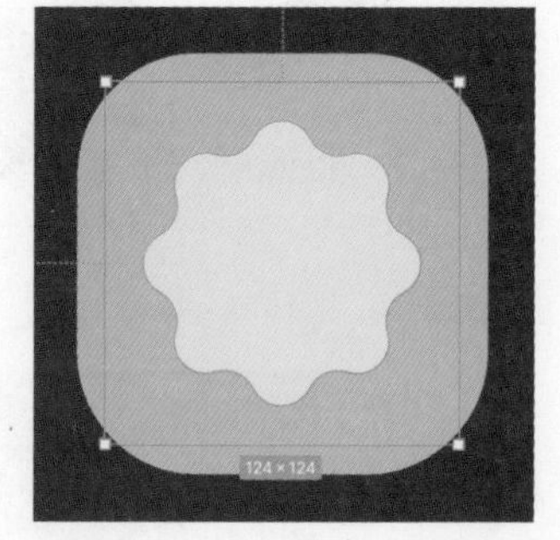

图 2-130 星形效果

19 使用“椭圆”工具在设计区域中绘制一个大小为 36×36 的正圆形，如图 2-131 所示。同时选中刚绘制的正圆形和星形，在工具栏中间的“路径操作”下拉列表框中选择“减去顶层所选项”选项，如图 2-132 所示，得到需要的图形，设置该图形的“填充”为 #FFFDFC，效果 2-133 所示。

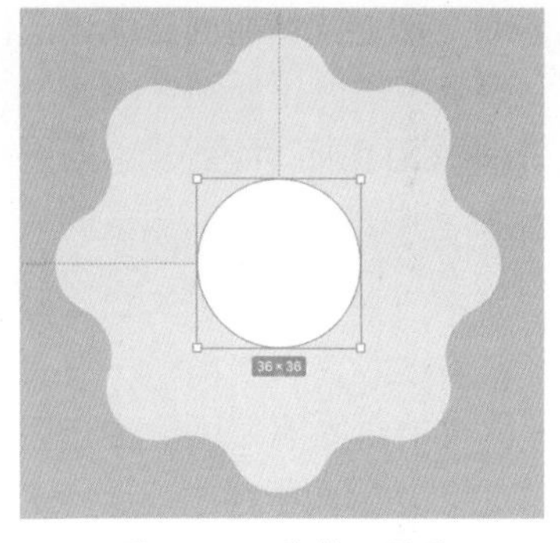

图 2-131　绘制正圆形

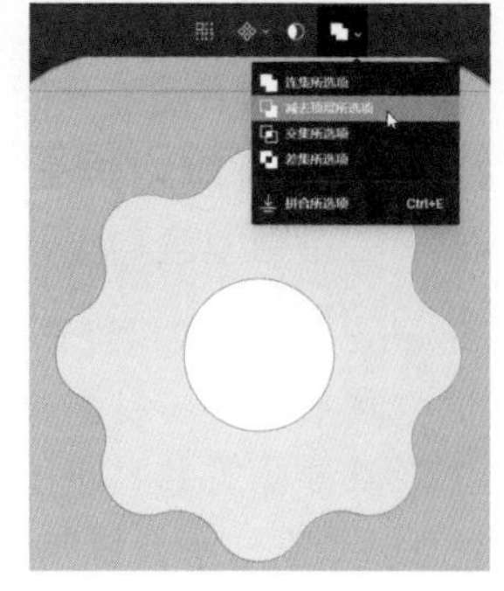

图 2-132　选择“减去顶层所选项”选项

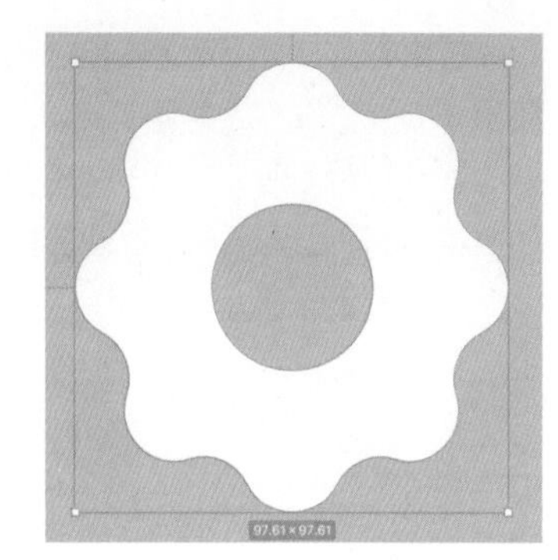

图 2-133　图形效果

20 使用相同的制作方法，为图形添加“投影”和“内阴影”效果，最终完成“设置”图标的绘制，如图 2-134 所示。至此，完成相同风格的 3 个微质感图标的设计制作，最终效果如图 2-135 所示。

图 2-134　完成“设置”图标的绘制

图 2-135　最终效果

2.6　本章小结

掌握移动 UI 设计基础知识是设计 App UI 的前提条件，将这些基础知识融入日常的 UI 设计工作中，才能帮助设计师设计出符合规范的作品。通过学习本章内容，读者需要能够理解移动 UI 设计的相关基础知识，并且能够在 Figma 软件中完成不同风格图标的设计制作，为完成后面的实战项目打下基础。

2.7　课后练习

完成本章内容的学习后，接下来通过练习题，检测一下读者对移动 UI 设计基础相关内容的学习效果，同时加深读者对所学知识的理解。

2.7.1　选择题

1.（　　）是指交互设计，简单地讲就是指人与计算机等智能设备之间的互动过程的流畅性设计，一般是由软件工程师来实施。

A. UI　　B. GUI　　C. ID　　D. UE

2. 以下哪项不属于目前移动设备主流系统平台？（　　）

A. Android 系统　　B. iOS 系统　　C. Windows 系统　　D. HarmonyOS 系统

3.（　　）不仅仅要给产品原型上色，还要根据实际具象内容和具体交互修改产品版式，甚至重新定义产品交互等。

A. 产品经理　　B. UI 设计师　　C. 开发人员　　D. 项目经理

4. 以下关于移动 UI 设计的相关说法，错误的是？（　　）

A. 在设计移动 UI 时，应该结合产品的应用范畴，合理地安排版式，以达到简洁、美观、实用的目的。

B. 移动 UI 的色彩及风格应该是统一的，一款界面风格和色彩不统一的移动 UI 设计会给用户带来不适感。

C. 移动 UI 设计的操作流程要遵循系统的规范性，使得用户会使用手机就会使用该应用，从而简化用户的操作流程。

D. 在移动 UI 设计中，尽量使用丰富的颜色表现图形图像，确保界面的视觉表现效果。

5. 在 Figma，同时选中多个图形，执行（　　）命令，可以将所选中的多个图形合并为一个图形。

A. 连集所选项　　B. 减去顶层所选项　　C. 交集所选项　　D. 差集所选项

2.7.2 判断题

1. UI 即 User Interface（用户界面）的简称，UI 设计则是指对软件的人机交互、操作逻辑、界面美观 3 个方面的整体设计。（　　）

2. UI 是指图形用户界面，可以简单地理解为界面美工，主要完成产品软硬件的视觉界面部分，比 GUI 的范畴要窄。（　　）

3. 目前，主流的智能手表的系统平台包括 Wear OS 系统和 Watch OS 系统。（　　）

4. 在移动 UI 项目开发中，产品经理主要负责细化产品逻辑和制作产品原型图。（　　）

5. 美观性是移动 UI 设计的基础。（　　）

2.7.3 操作题

根据从本章所学习和了解到的知识，掌握如何在 Figma 中设计各种图标，具体要求和规范如下。

- 内容

为某餐饮类 App 设计一套图标，包括 App 启动图标和功能图标。

- 要求

一系列功能图标具有统一的设计风格，App 启动图标能够表现出餐饮 App 的特点，简洁、美观、大方。

第3章 使用 Figma 设计 iOS 系统 UI

iOS 系统的 UI 设计是一项综合性强、细致入微的工作，它旨在为用户提供直观、简洁且高效的界面体验。iOS 系统有许多 UI 设计规范，这些规范都是人们在进行 UI 设计时必须遵守的。在本章中将向读者详细介绍 iOS 系统 UI 设计的相关规范，并通过一个影视 App 项目的设计制作，使读者能够理解 iOS 系统 UI 设计规范并掌握影视 App 项目的设计制作方法。

学习目标

1. 知识目标

- 理解网点密度与屏幕密度的关系。
- 了解 iOS 系统的屏幕分辨率。
- 理解逻辑点与倍图。
- 了解 iOS 系统 UI 设计尺寸。
- 理解 iOS 界面组件尺寸规范。

2. 能力目标

- 掌握 iOS 系统图标规范。
- 掌握 iOS 系统按钮规范。
- 掌握 iOS 系统图片规范。
- 掌握 iOS 系统内容布局规范。
- 掌握 Figma 组件的创建与使用方法。
- 掌握 Figma 变体组件的创建与使用方法。
- 掌握影视 App 项目的设计制作。

3. 素质目标

- 具有实际操作和解决问题的能力，可以通过职业实践等方式提升动手操作和解决问题的能力。
- 树立良好的职业道德意识，遵守职业规范，具备高度的责任感和敬业精神。

3.1 了解 iOS 系统

iOS 系统的操作界面精致美观、稳定可靠、简单易用，受到了全球用户的青睐。在开始学习移动 UI 设计之前，需要先了解与移动 UI 设计有关的基础知识。本节中将针对网点密度、屏幕密度、屏幕分辨率和 iOS 系统 UI 设计尺寸进行学习。

3.1.1 网点密度与屏幕密度

在纸质媒介时代，网点密度用来描述印刷品的打印精度，其单位是 DPI（Dot Per Inch）。例如，设置打印分辨率为 96 DPI，那么在打印过程中，每英寸的长度打印了 96 个点（Dot），打印机在每英寸内打印的墨点数越多，图片看起来越精细。

屏幕密度是指一英寸屏幕上包含像素点的个数，其单位是 PPI（Pixels Per Inch）。PPI 数值越高，代表屏幕能够以越高的密度显示图像，拟真度就越高，画面细节就越丰富。

在屏幕密度相同的手机屏幕上，元素（图片、文字或按钮）和间距的物理尺寸是相同的，而在屏幕密度不同的屏幕上，元素和间距的物理尺寸不同。元素显示的物理尺寸与手机屏幕尺寸没有必然联系，只和屏幕密度有关。

图 3-1 所示为在不同屏幕密度的屏幕上显示 1 英寸物理尺寸时，设计师需要绘制的图形尺寸。

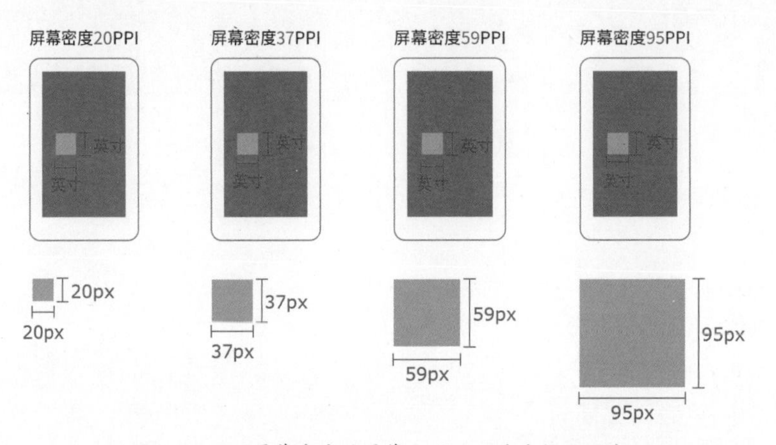

图 3-1　不同屏幕密度的屏幕上显示 1 英寸物理尺寸

3.1.2 iOS 系统的屏幕分辨率

日常生活中，人们常说屏幕的尺寸是 4.7 英寸、14 英寸……指的是屏幕对角线的长度，如图 3-2 所示。比如华为 P50 系列有 6.2 英寸、6.6 英寸和 6.8 英寸 3 种型号。

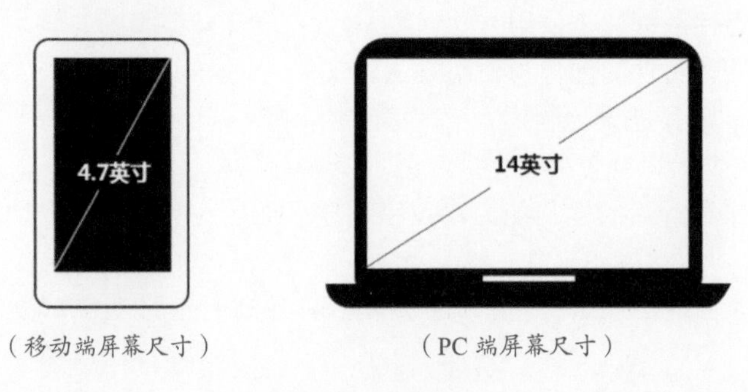

（移动端屏幕尺寸）　　（PC 端屏幕尺寸）

图 3-2　屏幕尺寸

屏幕面板上有很多肉眼无法分辨的发光点，可以发出不同颜色的光。屏幕上看到的图片文字都是由这些发光点组成的，一个发光点就是一个像素，屏幕上有多少个发光点就对应图片上有多少个像素点。

屏幕分辨率是指屏幕图像的精密度，也就是手机屏幕所能显示的像素的多少，即屏幕上像素点的总和。通俗来讲就是“屏幕宽度”×“屏幕高度”的总和，比如，480×800 分辨率的屏幕上就有 384000 个像素点。一般情况下，屏幕分辨率越高，显示效果就越精细和细腻。

提示

分辨率的高低会直接影响手机屏幕显示的细致度，分辨率越高，屏幕越细腻。不能只根据屏幕的大小来判断显示效果。合适的屏幕尺寸和合适的分辨率才能达到好的效果。

手机等硬件能支持的分辨率称为物理分辨率；软件 App 可以达到的分辨率称为逻辑分辨率。逻辑分辨率乘以一个倍率得到物理分辨率，这个倍率称为像素倍率。

以 iPhone 15 为例，逻辑分辨率为 393px×852px，像素倍率为 @3x，得到物理分辨率为 1179px×2556px。

在 iOS 系统中，同一张图片通常有 3 个尺寸，文件名通常带有 @2x 和 @3x 字样，有的不带。其中不带的用在普通屏幕上，带有 @2x 和 @3x 的分别用在二倍率和三倍率的 Retina 屏幕上。

提示

手机屏幕距离用户眼睛 10 ～ 12 英寸（约 25 ～ 30 厘米）时，它的分辨率只要达到 300PPI 以上，人眼就无法分辨出像素点了，这样的屏幕被称为 Retina 屏幕。

3.1.3　逻辑点与倍图

1. 逻辑点

不同型号的 iPhone 机型，其屏幕尺寸也有所不同。因此，制定了一个规则，以其中一个尺寸大小作为基准，其他尺寸按照这个基准尺寸比例来适配。iOS 系统的基准设计尺寸是 375×667（也就是俗称的一倍图），逻辑点单位为 pt。一倍图里的 1pt 是 1px，放到二倍图里，1pt 就是 2px，在三倍图里就是 3px。所以，提供给开发人员的一倍图，开发人员能够根据 pt 这个单位，知道其余倍率的图里面元素和组件的大小。

图 3-3 所示为同样是 88pt 大小的圆角矩形，在不同倍率的屏幕中的显示尺寸是不同的。

（一倍图，375px × 667px）（二倍图，750px × 1334px）（三倍图，1242px × 2208px）

图 3-3　同样大小的图形在不同倍率的屏幕中显示的尺寸不同

2. 什么是一倍图、二倍图、三倍图

iOS 系统的一倍图、二倍图和三倍图的设计尺寸介绍如下。

- 一倍图的设计尺寸是 375px×667px 或 375px×812px。

- 二倍图的设计尺寸是 750px × 1334px。
- 三倍图的设计尺寸是 1125px × 2436px 或 1242px × 2208px。

3. 一倍图、二倍图、三倍图的应用

既然可以实现一稿适配，开发人员根据一倍图的尺寸，按比例实现两倍图、三倍图就可以了，为什么还要分一倍图、两倍图、三倍图呢？其实这里的倍图主要是针对 UI 中元素的切图而言的（例如 UI 中的图标，它们要放在不同大小的屏幕上，就需要配合适当的倍数，也就是 @2x、@3x）。

虽然设计师只需要提供一套设计稿，开发人员只需要根据所提供的一套设计稿进行开发就可以了，但是切图则需要是提供几套的，否则在两倍图的界面中只使用一倍的切图进行放大，显示效果会模糊不清。所以，一倍的界面需要使用一倍切图素材，二倍的界面需要使用二倍切图素材，三倍的界面需要使用三倍切图素材，以此类推。

3.2 iOS 系统界面和组件尺寸

在对移动 UI 进行设计之前，首先需要清楚所设计的移动 UI 适用于哪种操作系统，不同的操作系统对 UI 设计有着不同的要求。本节将向读者介绍 iOS 系统对于 UI 界面设计的相关规范要求。

3.2.1 iOS 系统 UI 设计尺寸

目前主流的 iPhone 手机主要是 iPhone 11 以上的机型，它们都采用了 Retina 视网膜屏幕，大多数采用的是 3 倍率的分辨率。

iPhone 手机更新很快，几乎每一款手机的 UI 设计尺寸都不相同。表 3-1 所示为不同 iPhone 机型的 UI 设计尺寸和倍率。

表 3-1 不同 iPhone 机型的 UI 设计尺寸和倍率

设备名称	屏幕尺寸	PPI	UI 设计尺寸	倍率
iPhone4/4s	3.5in	326ppi	640px×960px	@2x
iPhone5/5c/5s/SE1	4.0in	326ppi	640px×1136px	@2x
iPhone6/6s/7/8/SE2-3	4.7in	326ppi	750px×1334px	@2x
iPhone6/6s/7/8 Plus	5.5in	401ppi	1080px×1920px	@3x
iPhoneX/iPhoneXS/11Pro	5.8in	458ppi	1125px×2436px	@3x
iPhoneXR/11	6.1in	326ppi	828px×1792px	@2x
iPhoneXSMax/11ProMax	6.5in	458ppi	1242px×2688px	@3x
iPhone12mini iPhone13mini	5.4in	476ppi	1080px×2340px	@3x
iPhone12/12Pro iPhone13/13Pro	6.1in	460ppi	1170px×2532px	@3x
iPhone12/13Pro Max	6.7in	458ppi	1284px×2778px	@3x
iPhone14	6.1in	460ppi	1170px×2532px	@3x
iPhone14 Plus	6.7in	458ppi	1284px×2778px	@3x
iPhone14 Pro	6.1in	460ppi	1179px×2556px	@3x
iPhone14 Pro Max	6.7in	460ppi	1290px×2796px	@3x
iPhone15	6.1in	460ppi	1179px×2556px	@3x
iPhone15 Plus	6.7in	460ppi	1290px×2796px	@3x

目前，使用 iOS 系统的移动设备中，1170px×2532px 物理像素分辨率的设备比例最高，其次是 1284px×2778px 物理像素分辨率的设备。

3.2.2　界面组件尺寸规范

基于 iOS 系统的界面元素主要包括状态栏、导航栏、标签栏和可设计区域，其中状态栏、导航栏和底部标签栏的尺寸是固定的，而可设计区域的尺寸是浮动的。

1. 状态栏

在设计针对 iOS 系统的界面时，状态栏的尺寸大小是固定的，因为状态栏是手机本身的显示，移动界面设计无法干涉也不需要干涉，只需要预留位置就可以了，状态栏中具体显示的控件可以直接在 UI Kit 里面调用。

如果使用 750px×1334px 的物理分辨率来设计移动 UI，其采用的是 @2x 倍率，状态栏高度固定为 40px，如图 3-4 所示。如果使用 1170px×2532px 的物理分辨率来设计移动 UI，其采用的是 @3x 倍率，状态栏高度固定为 132px，如图 3-5 所示。

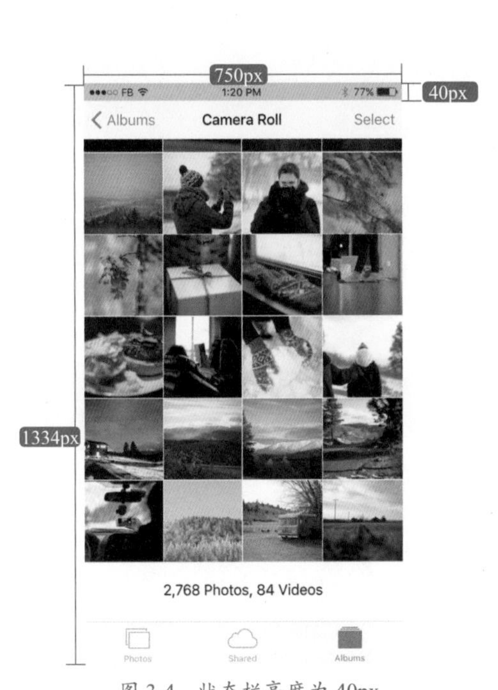

图 3-4　状态栏高度为 40px

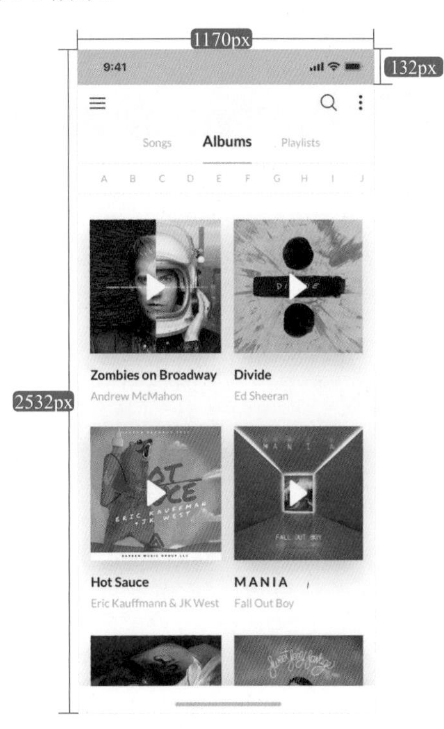

图 3-5　状态栏高度为 132px

2. 导航栏

在针对 iOS 系统的界面设计中，导航栏的尺寸也是固定的，如果使用 750px × 1334px 的物理分辨率来设计界面，其采用的是 @2x 倍率，导航栏高度固定为 88px，如图 3-6 所示。如果使用 1170px×2532px 的物理分辨率来设计界面，其采用的是 @3x 倍率，导航栏高度固定为 132px，如图 3-7 所示。

提示

在移动 UI 设计中，只需要保持导航栏的高度为固定尺寸，而导航栏中的内容可以根据不同的产品需求进行设计。

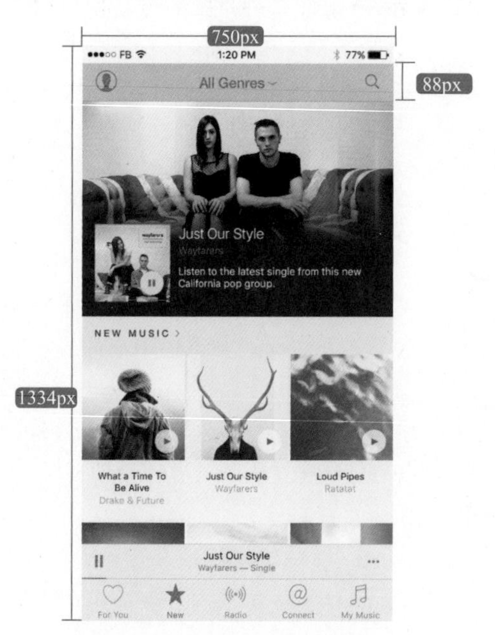

图 3-6　导航栏高度为 88px

图 3-7　导航栏高度为 132px

3. 标签栏

在针对 iOS 系统的界面设计中，界面底部标签栏的尺寸同样也是固定的，底部标签栏中的内容可以根据不同的产品需求进行设计。

如果使用 750px×1334px 的物理分辨率来设计界面，其采用的是 @2x 倍率，标签栏高度固定为 98px，如图 3-8 所示。如果使用 1170px×2532px 的物理分辨率来设计界面，其采用的是 @3x 倍率，标签栏高度固定为 147px，如图 3-9 所示。

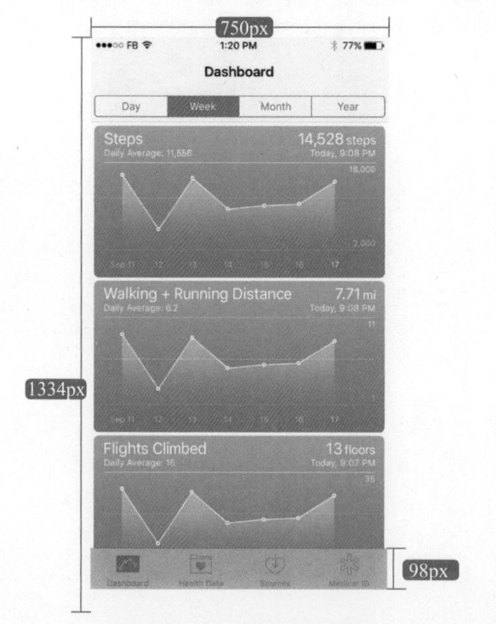

图 3-8　标签栏高度为 98px

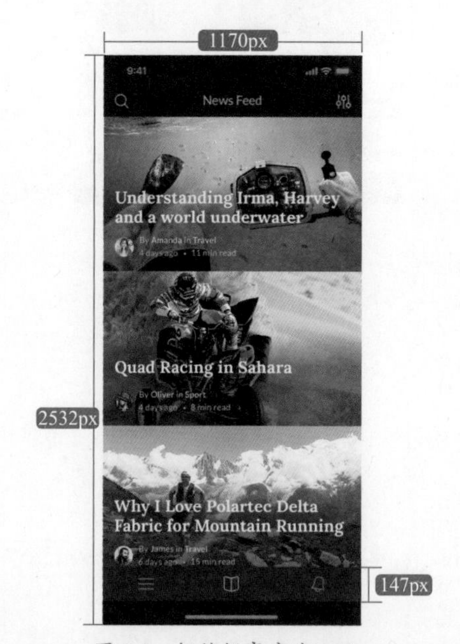

图 3-9　标签栏高度为 147px

图 3-10 所示为多个基于 iOS 系统的 App 界面设计，界面底部的标签栏高度都为 98px，但是实际在手机上，右侧两个 UI 界面底部的标签栏看起来会感觉高一些，舒适一些，因为图标大小的控制、字号的大小、间距等，都会影响视觉效果的呈现。

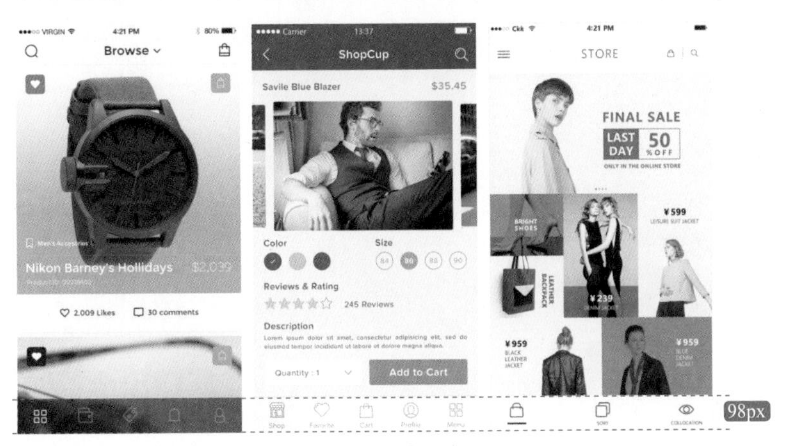

图 3-10　标签栏高度都是 98px

4．可设计区域

在基于 iOS 系统的界面设计中，除了界面中的状态栏、导航栏和底部的标签栏以外，界面中的其他区域都属于可设计区域。状态栏和导航栏固定显示在界面顶部，标签栏固定显示在界面底部，中间可设计区域可以往下延展，有些移动界面没有底部标签栏，可以忽略。

在移动 App 界面设计中，有些界面中的内容较少，一屏就能够显示所有的内容，如图 3-11 所示。而有些界面中的内容较多，就需要多屏来展示所有的内容，用户在浏览时需要向下滑动界面才能够完整地浏览该界面中的内容，如图 3-12 所示。

图 3-11　一屏显示所有内容

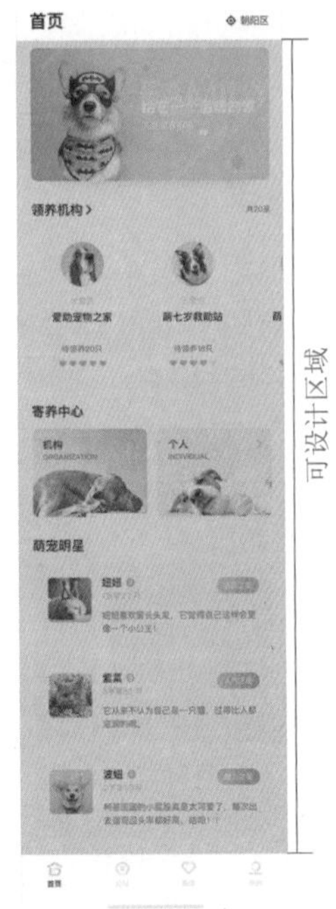

图 3-12　滑动浏览完整内容

3.3 iOS 系统字体规范

文字是UI设计中的核心元素之一，是产品传达给用户的主要内容，文字在UI设计中的作用非常重要。在iOS系统中，对于字体的使用有明确的规定，设计师要充分了解设计规范，确保产品能够正确显示在不同设备中。

3.3.1 字体

在iOS 9系统之前，在PC端使用的中文字体是“华文黑体”，在Mac端使用的中文字体是“黑体简体”和“冬青黑体简体”，如图3-13所示。英文在PC端和Mac端使用的都是Helvetica Neue系列字体，如图3-14所示。

图3-13 华文黑体显示效果

图3-14 Helvetica Neue 系列字体显示效果

从iOS 9系统开始，推出了全新的中文字体：苹方，其字形更加优美，在屏幕中的显示效果也更加清晰易读，苹方字体提供了6种字重可供选择，如图3-15所示，极大地满足了UI界面的设计和阅读需求。

在英文字体方面，从iOS 9系统开始，采用了全新的英文字体：San Francisco，其同样提供了6种字重可供选择，如图3-16所示，该字体包含两种类型，分别是San Francisco Text和San Francisco Display，San Francisco Text适用于移动UI中小于19pt的文字，而San Francisco Display适用于移动UI中大于20pt的文字。

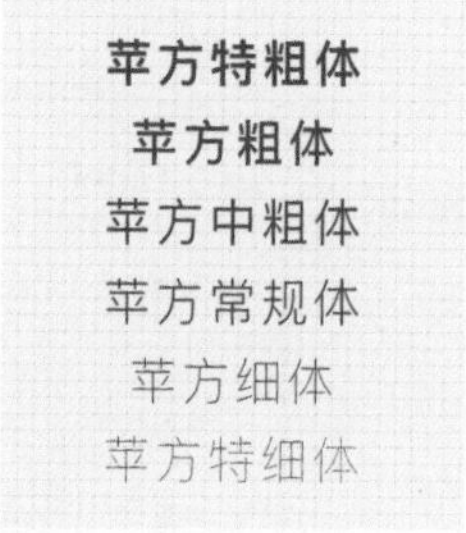

图3-15 苹方字体显示效果

图3-16 San Francisco 系列字体显示效果

3.3.2 字号

在iOS系统的移动UI设计中，以@2x倍率为例，界面中使用的字号一般为10pt～28pt。字号的选择主要是根据产品的属性有针对地加以设定。有一点需要注意，字号的设置必须为偶数，且上下级的字号差为2～4个字号。例如大标题为28pt，则二级标题应为26pt或24pt。

在 iOS 系统中，无论使用的是中文字体还是英文字体，都具有多种字重设置选项，界面中不同的文字选择不同的字重进行表现，可以用来区分界面中的重要信息和次要信息，进行信息层级的划分。iOS 系统中字号和字重的选择如表 3-2 所示。

表 3-2　iOS 系统不同元素字号和字重的选择

元素	字号	字重	字间距	行距
标题 1	28pt	Light	13pt	34pt
标题 2	22pt	Regular	16pt	28pt
标题 3	20pt	Regular	19pt	24pt
大标题	18pt	Semi-Bold	−24pt	22pt
正文	18pt	Regular	−24pt	22pt
标注	16pt	Regular	−20pt	21pt
副标题	16pt	Regular	−16pt	20pt
注脚	14pt	Regular	−6pt	18pt
说明 1	12pt	Regular	0pt	16pt
说明 2	10pt	Regular	6pt	13pt

图 3-17 所示为 iOS 系统 App 界面中不同位置的中文字号设置。图 3-18 所示为 iOS 系统 App 界面中不同位置的英文字号设置。

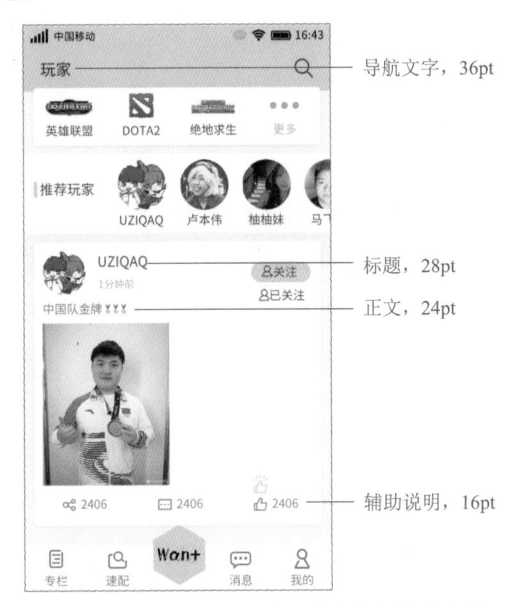

图 3-17　iOS 系统 App 界面中的中文字号设置

图 3-18　iOS 系统 App 界面中的英文字号设置

3.3.3　颜色和字重

为了避免造成界面效果过于正式和沉重，界面中的字体颜色一般不会使用纯黑色，而是使用深灰色或者浅灰色，如图 3-19 所示。这样既可以保证文字内容清晰易读，又可以保证界面效果和谐统一。

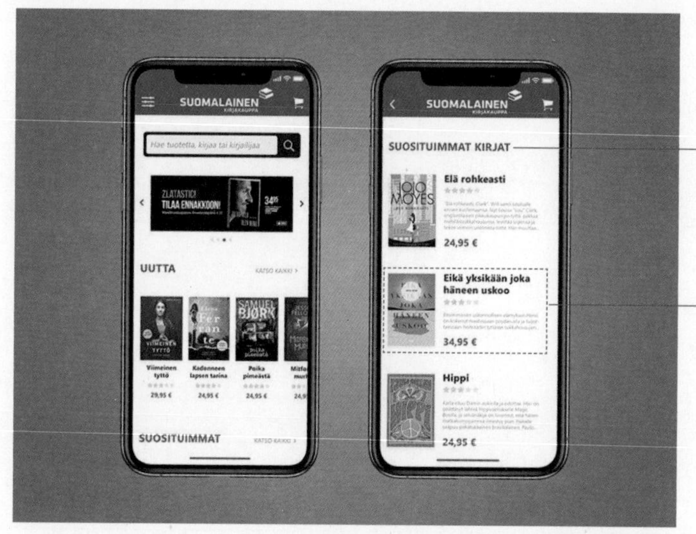

栏目标题文字，使用大号加粗字体，并且使用红色进行突出表现。

商品标题名称为深灰色加粗文字，正文使用浅灰色细体文字，价格则使用加粗红色文字，表现出明显的信息层次感。

图 3-19　界面中的文字颜色设置

在 UI 设计中，除了对字号有要求外，对字重、行距和字间距也有要求。iOS 中的苹方字体包含 ExtraLight（特细）、Light（细体）、Medium（中黑）、Regular（常规）、Bold（粗体）和 Heavy（特粗）等 6 种，如图 3-20 所示。

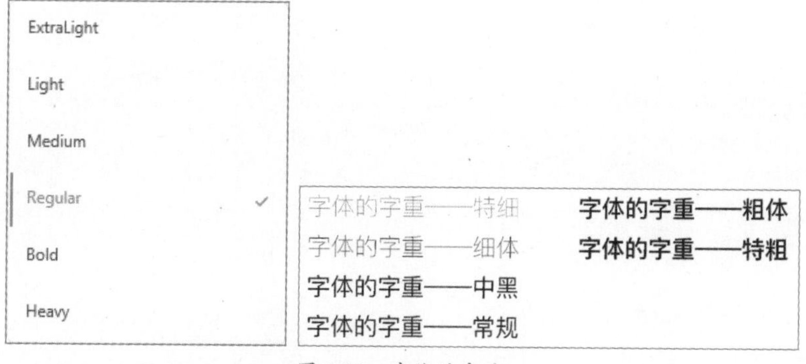

图 3-20　字体的字重

提示

用户可以根据不同的场景选择使用，用来区分重要信息和次要信息，进行信息层级的划分。有一点需要注意，不要使用设计软件中自带的加粗功能，如 Photoshop 的“字符”面板中的“加粗”。

3.4　iOS 系统图标规范

图标是 UI 设计中最常见的元素之一，iOS 系统中常用的图标包括 App Store 图标、App 图标、Spotlight 图标、设置图标等。图 3-21 所示为 App Store 图标，图 3-22 所示为 App 图标，图 3-23 所示为 Spotlight 图标，图 3-24 所示为设置图标。

在基于 iOS 系统的 UI 设计中，除了上述位置的图标外，在界面中的导航栏、工具栏和标签栏中同样会通过图标的设计来表现相应的功能，如图 3-25 所示，这些位置的图标也具有固定的尺寸要求。

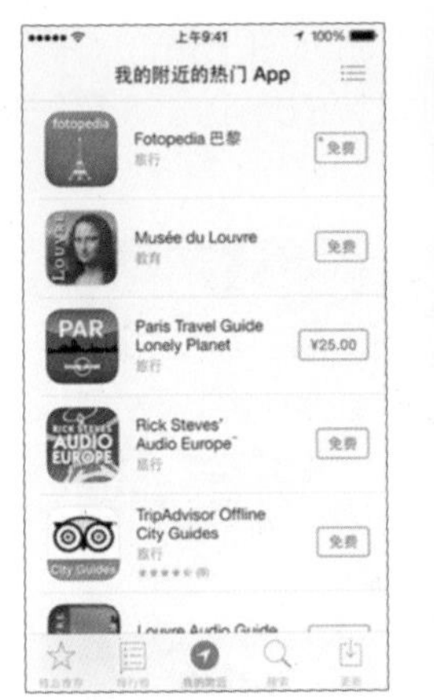

图 3-21　App Store 图标

图 3-22　App 图标

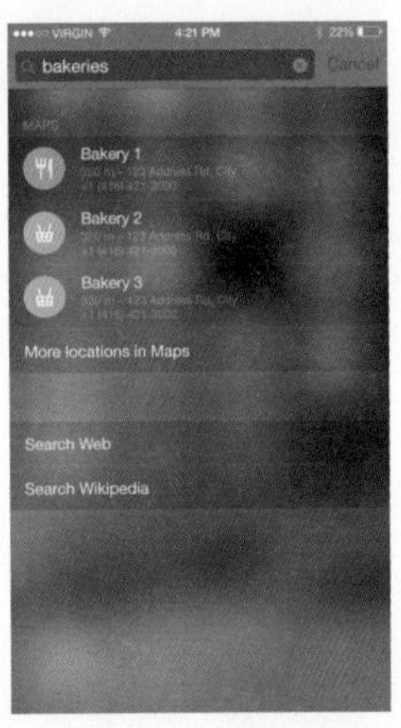

图 3-23　Spotlight 图标

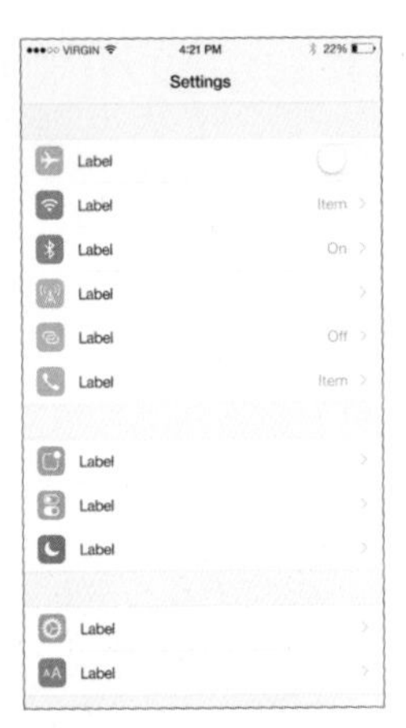

图 3-24　设置图标

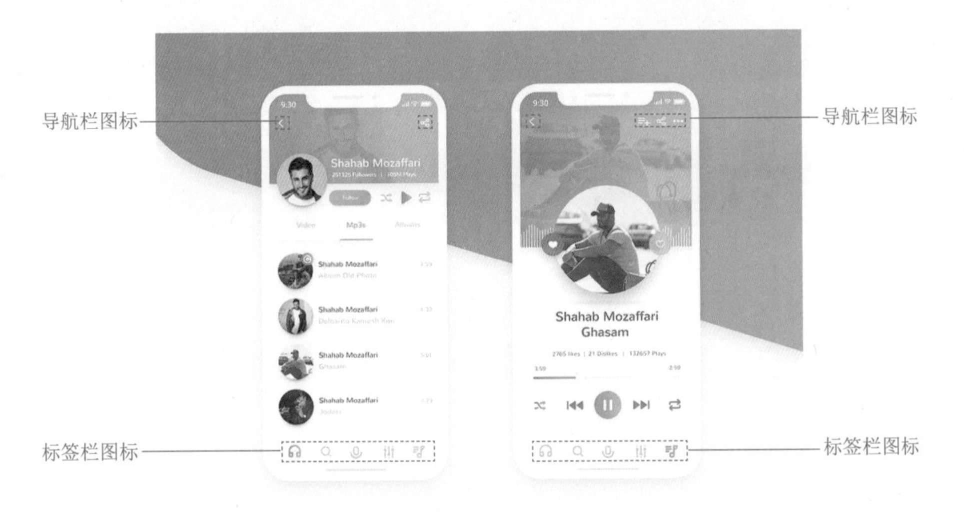

图 3-25　导航栏和标签栏图标

图标设计的好坏将直接影响浏览者对该款 App 的兴趣和功能的理解。iOS 系统对于图标的尺寸大小有着明确的规范要求，表 3-3 所示为 iOS 系统 UI 设计中不同图标的设计尺寸和说明。

表 3–3　iOS 系统中图标的设计尺寸和说明

图标分类	尺寸	说明
App Store 图标	1024px×1024px	上传至应用商店的应用图标，图标需要设计为圆角，圆角像素为 180px
App 图标	120px×120px	App 图标应用图标。由于 iOS 图标是统一切圆角的，所以在设计时直接出方形图标就可以了。在设计时可根据需要制作圆角以作为展示使用
标签栏图标	50px×50px	界面底部标签栏上显示的图标
导航栏图标	44px×44px	界面顶部导航栏上的功能图标
工具栏图标	44px×44px	界面底部工具栏上的功能图标
设置图标	58px×58px	列表式的表格视图中的左侧功能图标
Web Clip 图标	120px×120px	Web 小程序或者网站桌面上的图标，供用户单击访问

在 UI 设计中，图标不是单独的个体，通常是由许多不同的图标构成整个系列，它们贯穿

于整个产品应用的所有界面并向用户传递信息。一套 App 图标应该具有相同的风格，包括造型规则、圆角大小、线框粗细、图形样式和个性细节等元素都应该具有统一的规范，如图 3-26 所示。

简约的线性图标，不添加任何修饰，给人简约、大方的印象，具有很好的辨识性。该系列图标具有统一的线框粗细和统一的色彩，综合起来具有统一的网格，给用户带来高度统一的视觉体验。

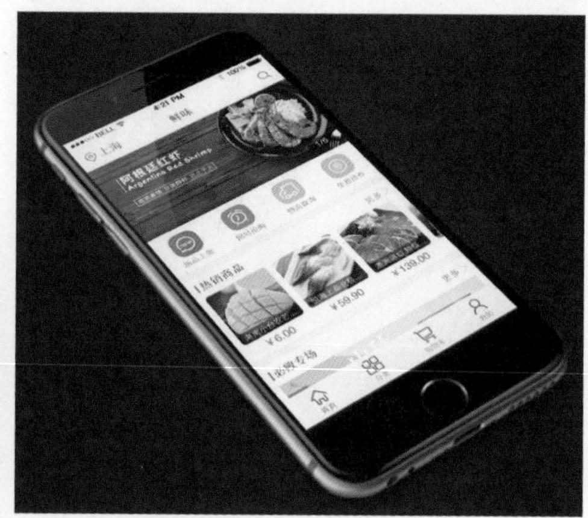

图 3-26　统一风格的一系列功能图标

3.5　iOS 系统按钮规范

用户每天都会接触各种按钮，从现实世界到虚拟界面，从桌面端到移动端，按钮如今已经是 UI 设计中常见的元素之一。

iOS 系统中的按钮设计需要考虑两个方面的规范，分别是按钮状态和按钮样式。

1. 按钮状态

iOS 系统中的按钮状态主要包含 4 种，分别是普通状态（Normal）、选中状态（Selected）、按下状态（Highlighted）和不可点击状态（Disabled），如图 3-27 所示。

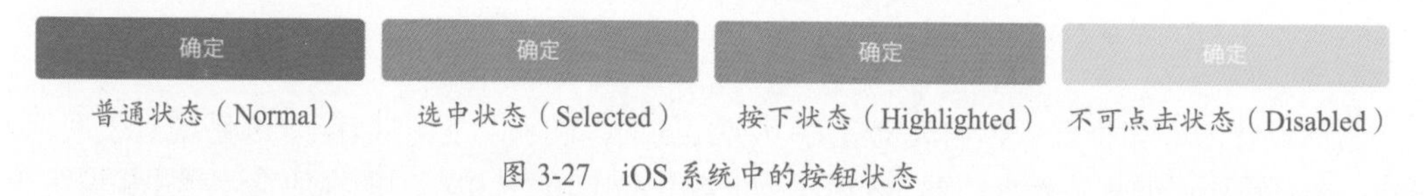

图 3-27　iOS 系统中的按钮状态

2. 按钮样式

iOS 系统中的按钮样式主要包含 3 种，分别是直角按钮、圆角按钮（圆角为 8px）和全圆角按钮，如图 3-28 所示。

图 3-28　iOS 系统中的按钮样式

图 3-29 所示为 iOS 系统 UI 设计中的按钮表现效果。

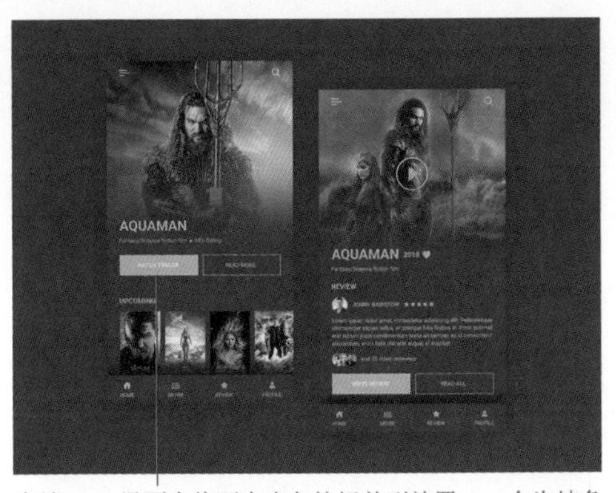

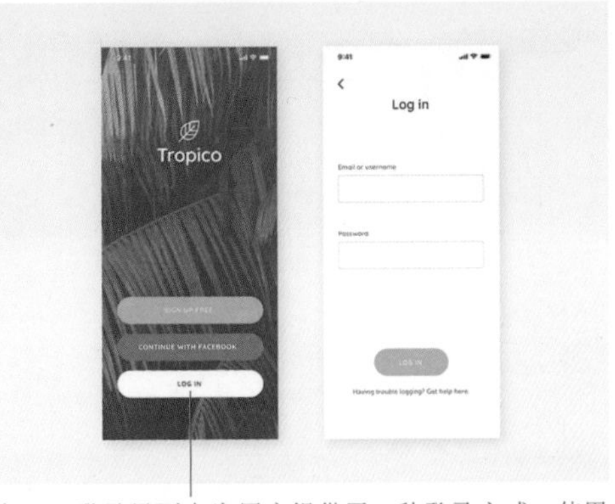

在该 App 界面中将两个直角按钮并列放置，一个为纯色实底按钮，另一个为线框按钮，很好地区别了两个按钮的功能。

该 App 登录界面中为用户提供了 3 种登录方式，使用不同颜色的 3 个全圆角按钮加以表现，样式效果统一，不同的颜色又能够起到很好的区分作用。

图 3-29　iOS 系统 UI 设计中的按钮表现效果

3.6　iOS 系统图片规范

在 iOS 系统中进行 UI 设计，对于图片的尺寸和比例并没有严格的规范，设计师往往可以凭借个人经验和感觉任意设置图片的尺寸。

3.6.1　图片比例

虽然 iOS 系统并没有对图片的尺寸有特别要求，但从艺术设计的角度而言，运用科学的手段设置图片的尺寸，可以获得最优的方案。常见的图片尺寸有 16∶9、4∶3 和 1∶1 等。

1. 1:1 的图片

1:1 是移动 UI 设计中比较常见的一种图片设计比例，这种相同的长宽比例使得构图表现简单，有效突出了主体的存在感，常用于产品、头像、特写等展示场景。图 3-30 所示为移动 UI 中 1:1 比例的图片。

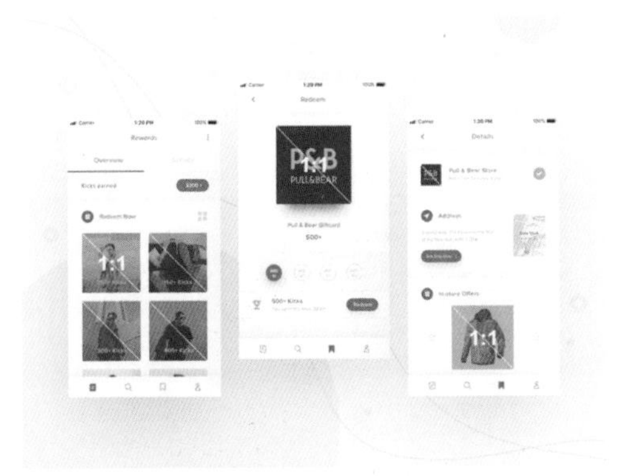

图 3-30　移动 UI 中 1∶1 比例的图片

2. 4:3 的图片

在移动 UI 设计中，使用 4:3 比例的图片表现效果更加紧凑，更容易构图，便于开展 UI 设计，也是在移动 UI 设计中比较常用的图片比例之一。图 3-31 所示为移动 UI 中 4:3 比例的图片。

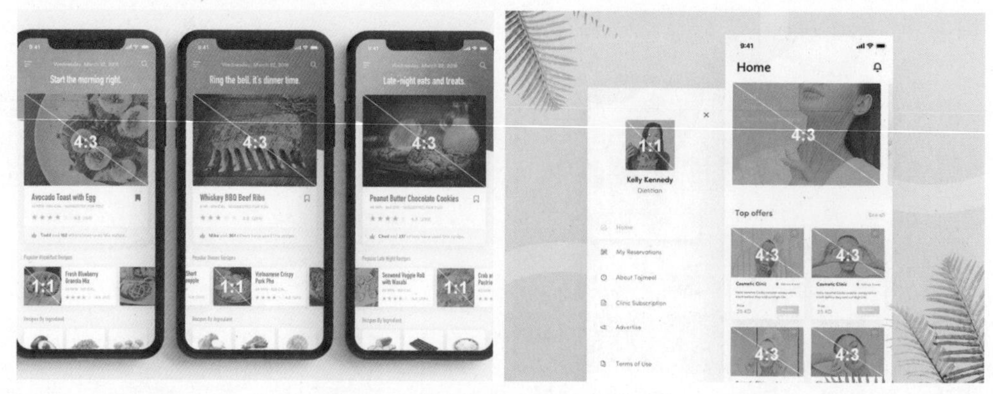

图 3-31 移动 UI 中 4∶3 比例的图片

3. 16:9 的图片

16:9 的图片比例可以呈现出电影观影般的视觉效果，是很多移动端视频播放 App 界面中常用的图片尺寸。16:9 的图片比例能够带给用户一种视野开阔的体验。图 3-32 所示为移动 UI 中 16:9 比例的图片。

图 3-32 移动 UI 中 16∶9 比例的图片

4. 16:10 的图片

16:10 的图片比例最接近黄金比例，而黄金分割具有严格的比例性、艺术性、和谐性，蕴藏着丰富的美学价值，被认为是艺术设计中最理想的比例。图 3-33 所示为移动 UI 中 16:10 比例的图片。

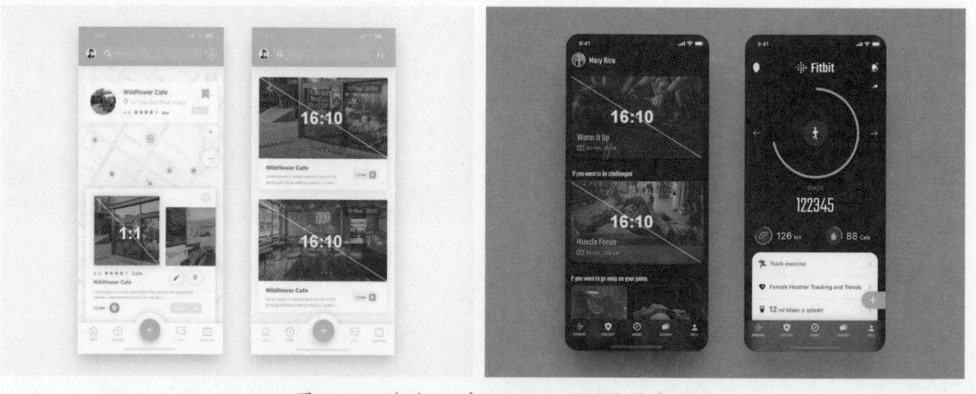

图 3-33 移动 UI 中 16∶10 比例的图片

3.6.2　图片格式

目前，在移动 UI 设计中图片的主流使用格式为 PNG 和 JPG 两种，这两种格式的图片压缩比都很好，且色彩还原度也很高。但是，PNG 相对于 JPG 而言，解压缩效率更高，对 CPU 消耗更小，而且是无损压缩。

苹果公司推荐使用的格式也是 PNG。而且 Asset Catalog 仅支持 PNG 格式，如果项目中有 JPG 格式的资源，则不能放入其中，需要再单独建立普通文件夹存放。

Asset Catalog 是苹果公司在 2014 年（也就是 iOS 7 系统上）引入的用于 App 内资源管理的辅助文件，设计师可以把之前放在 bundle 或者文件夹中的图片或其他资源放入 Asset Catalog 中，由它来帮管理资源。除了管理上的便利，它还能够减小用户下载包的大小，实现 App 的瘦身。

提示

WEBP 格式图片是 Google 最新推出的图片格式，相比 JPG 和 PNG 有着巨大的优势，同样质量的图片，WEBP 格式的图片占用空间更小，像电商这类图片比较多的 App，使用 WEBP 格式的图片会很有优势。早期的 iOS 系统并不支持 WEBP 格式，从 iOS 14 版本开始支持 WEBP 格式图片。

3.7　iOS 系统内容布局规范

版式布局即在有限的版面空间里，将版面的构成要素如文字、图片和控件等，根据特定的内容进行组合排列。在 App UI 设计中，内容的布局形式多种多样。

3.7.1　移动 UI 排版布局的基础原则

优秀的移动界面排版布局需要考虑到用户的阅读习惯和设计美感，在移动 UI 的设计过程中，需要注意下列 3 个基础原则，从而保证界面的整洁、美观。

1. 对齐

对齐是任何版式设计中最基础、最重要的原则之一，在移动界面的内容排版设计中遵循对齐原则，能够使界面表现出整齐统一的外观，给用户带来有序一致的浏览体验。图 3-34 所示为对齐原则在移动 UI 设计中的体现。

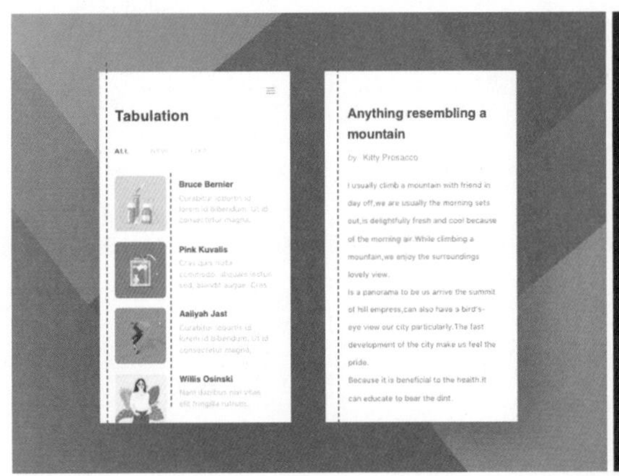

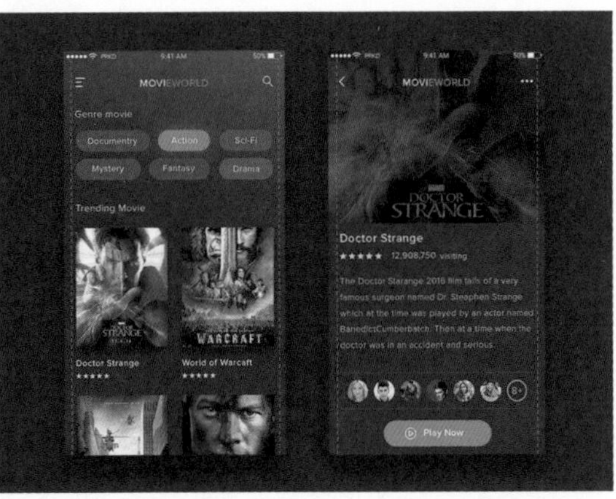

图 3-34　对齐原则在移动 UI 设计中的体现

2. 对称

对称是以一个视觉上可见或不可见的轴线为分界，在轴线两边以同形同量的样式存在的艺术形式。在移动界面设计中，引导界面、登录界面、注册界面等都常常会应用对称的形式进行设计，使界面呈现出一种和谐自然的美感。图 3-35 所示为对称原则在移动 UI 设计中的体现。

图 3-35　对称原则在移动 UI 设计中的体现

3. 分组

分组是指在移动 App 界面的排版设计中，将同类别的信息组合在一起，直观地呈现在用户面前，这样的排版设计能够减少用户的认知负担。在移动 App 界面设计中最常见的分组方式就是卡片，能够为用户选择提供专注而又明确的浏览体验。图 3-36 所示为分组原则在移动 UI 设计中的体现。

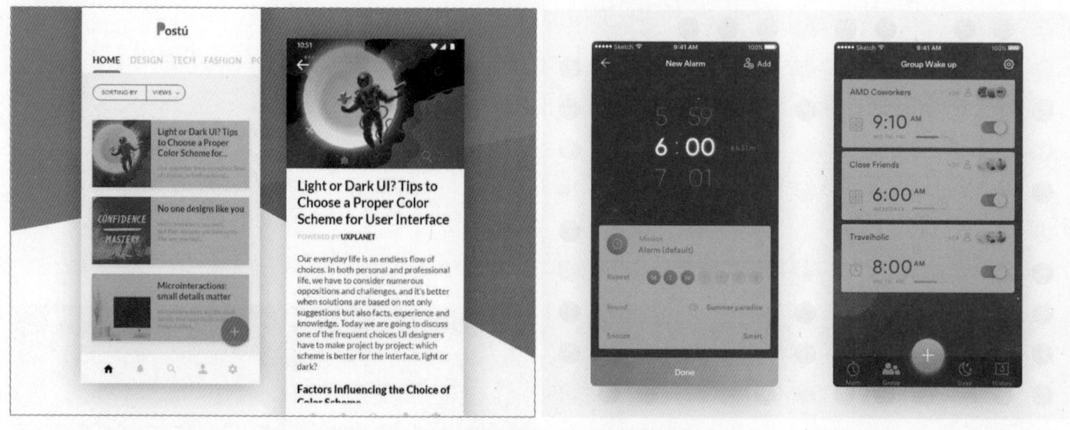

图 3-36　分组原则在移动 UI 设计中的体现

3.7.2　常见的布局形式

在移动 App 界面设计过程中，排版布局形式并没有固定的模式，可以根据产品的设计风格来决定版面内容的布局形式，其中最常见的布局形式是列表式布局和卡片式布局。

1. 列表式布局

列表是一种非常容易理解的表现形式，在移动 App 界面设计中，列式布局形式的应用非常广泛，大多数的 App 界面都会使用列表布局形式。列表式布局的特点在于能够在较小的屏幕中有条理地显示多条信息内容，用户通过在屏幕中上下滑动能够获得大量的信息反馈。图 3-37 所示为应用列表布局形式的界面设计。

图 3-37　应用列表布局形式的界面设计

提示

使用列表形式对移动 App 界面内容进行布局时需要注意，列表的舒适视觉体验的最小高度是 80px，最大高度可以视列表的内容而定，也就是说界面中的列表高度一定要大于 80px。

2. 卡片式布局

卡片式布局的表现形式非常灵活，其特点在于，每张卡片的内容和形式都可以相互独立，互不干扰，所以可以在同一个界面中出现不同的卡片承载不同的内容的情况。而由于每张卡片都是独立存在的，其信息量相对列表而言更加丰富。

在移动 App 界面设计中使用卡片式布局时，通常情况下卡片的背景颜色都是白色的，而卡片之间的间距颜色一般是浅灰色。当然，不同的界面设计风格颜色也会有所不同，重要的是卡片与卡片之间需要有明显的分隔，从而增强信息之间的层次感。图 3-38 所示为应用卡片布局形式的界面设计。

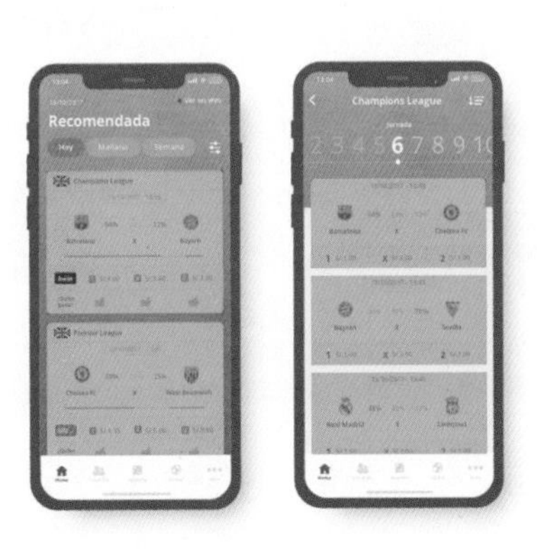

图 3-38　应用卡片布局形式的界面设计

在以图片信息为主的界面布局中，如电商 App 中的商品列表界面等，经常使用双栏卡片的布局形式，这种形式与卡片式布局类似，但是双栏卡片式布局能够在一屏里显示更多的内容，至少 4 张卡片。同时，由于左右两栏分开显示，用户可以更加方便地对比左右两栏卡片的内容。图 3-39 所示为应用双栏卡片布局形式的界面设计。

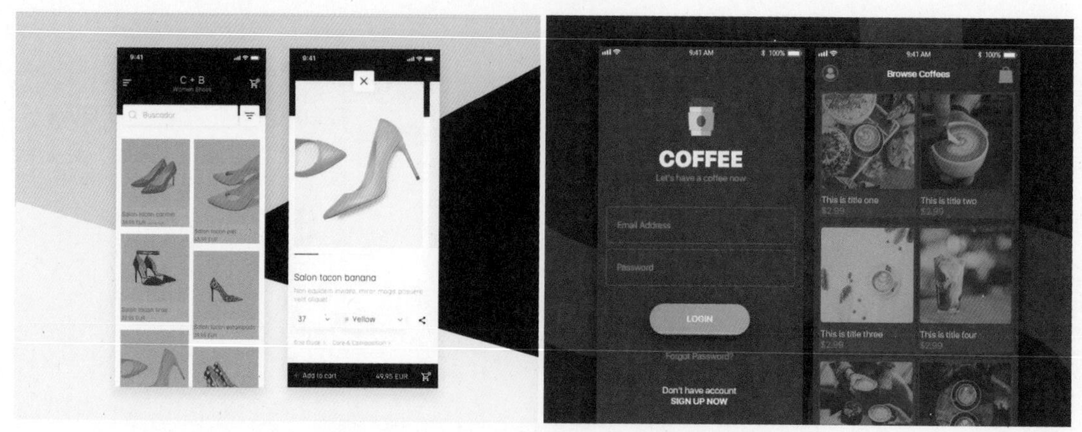

图 3-39　应用双栏卡片布局形式的界面设计

3.7.3　边距和间距设置

在移动 UI 设计中，对界面中元素的边距和间距制定规范是非常重要的，界面是否简洁、美观、通透，都与界面元素合理的间距和边距设置有关。

1. 全局边距

全局边距是指界面中的整体内容到屏幕边缘的距离，整个 App 中的所有界面都应该以此来进行规范，从而达到界面整体视觉效果的统一。合理的全局边距的设置可以更好地引导用户垂直向下浏览。图 3-40 所示为 App 界面设计中的全局边距设置。

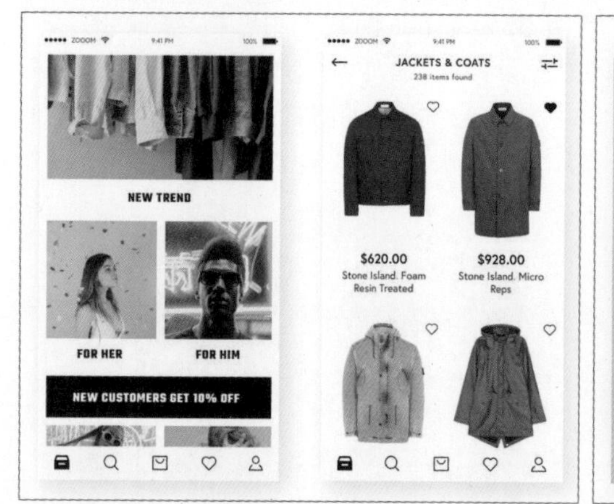

图 3-40　App 界面设计中的全局边距设置

常用的全局边距大小有 32px、30px、24px、20px 等，当然除了这些还有更大或更小的边距，但上述边距都是最常用的，而且有一个特点就是数值都是偶数。

以 iOS 系统的原生界面为例，不同界面的全局边距大小均为 30px，如图 3-41 所示。

在实际应用中，应该根据产品的不同视觉风格设置不同的全局边距，让全局边距成为界面的一种设计语言。图 3-42 所示为 App 界面设计中的全局边距设置。

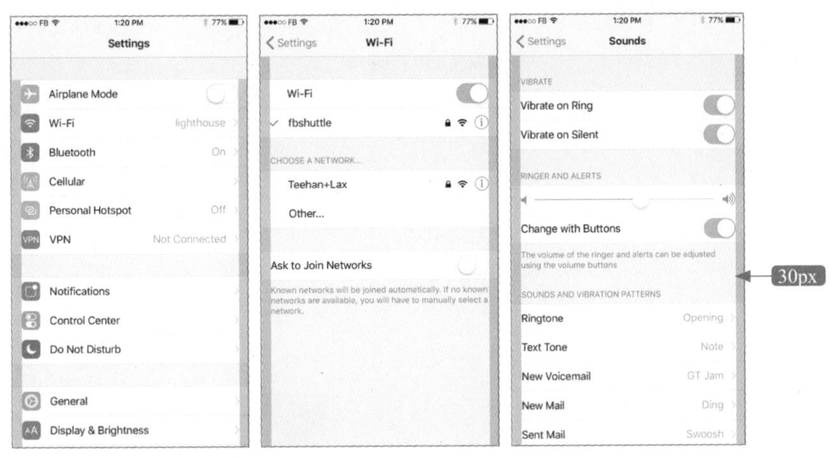

图 3-41　iOS 系统中原生界面的全局边距大小

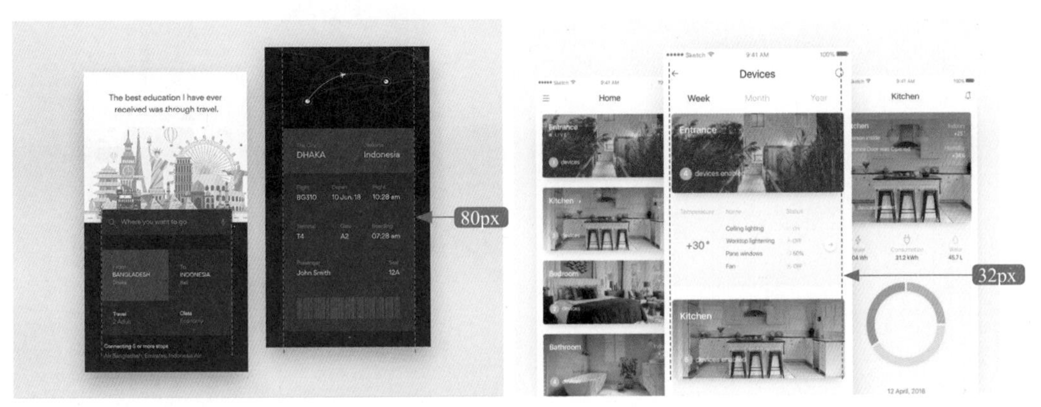

图 3-42　App 界面设计中的全局边距设置

提示

在对界面的全局边距进行设置时，30px 是非常舒服的距离，也是绝大多数移动 App 界面的首选全局边距设置。移动 App 界面的全局边距最小为 20px，这样的全局边距可以在界面中展示更多的内容，不建议设置为比 20px 更小的全局边距，这样只会导致界面内容过于拥挤，给用户的浏览带来视觉负担。

还有一种界面全局边距设置方式就是不留全局边距，这种方式通常被应用于卡片式布局中的图片通栏显示。图 3-43 所示为不设置全局边距的界面效果。

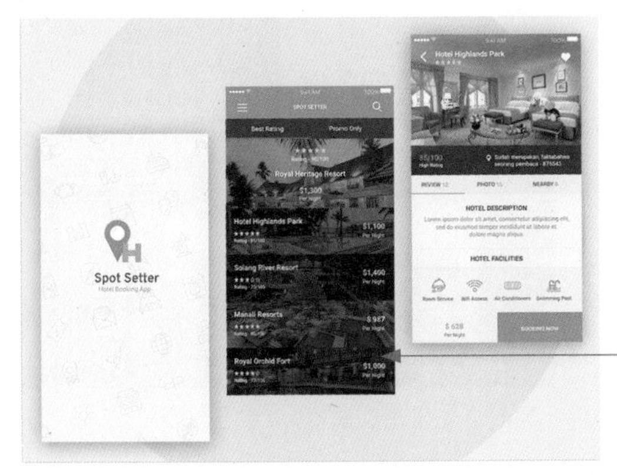

这种图片通栏显示的设置方式，更容易让用户将注意力集中到每个图文的内容本身，其视觉流在向下浏览时因为没有留白的引导而被图片直接割裂，导致在图片上停留的时间更长。

图 3-43　不设置全局边距的界面效果

2. 卡片间距

在移动UI设计中，卡片式布局是一种常见的界面布局形式，而卡片与卡片之间的间距设置，则需要根据界面的风格以及卡片承载信息的多少来决定。

通常情况下，界面中卡片与卡片之间的间距多采用20px、24px、30px、40px的设置，最小不低于16px，过小的间距会让用户产生紧张情绪。

以iOS系统的原生界面为例，在iOS系统的设置界面中没有太多信息，因此采用了较大的70px作为卡片间距，如图3-44所示，有利于减轻用户的阅读负担；而iOS系统的通知中心承载了大量的信息，过大的间距会导致浏览变得不连贯和界面视觉松散，因此采用了较小的16px作为卡片的间距，如图3-45所示。

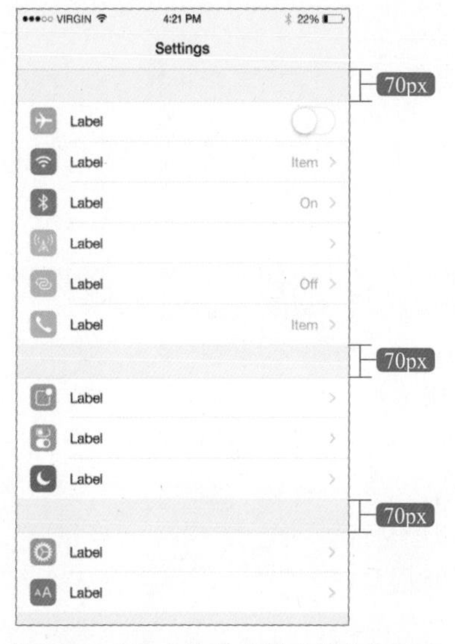

图3-44　iOS系统设置界面的卡片间距

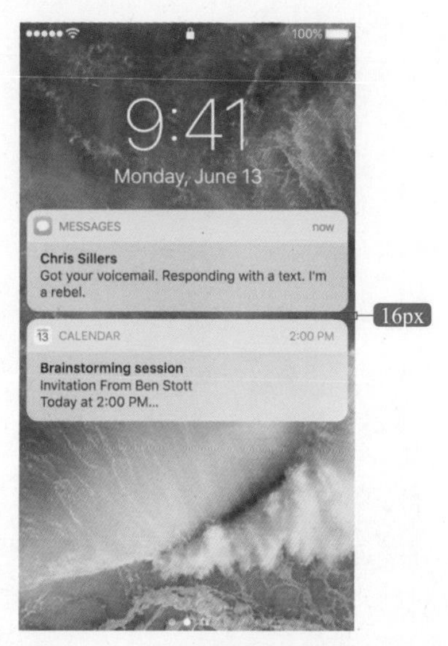

图3-45　iOS系统通知中心的卡片间距

在界面设计中，卡片间距的设置是灵活多变的，并没有一个固定值，需要根据产品的实际需求和设计风格来进行设置，平时也可以多截图测量一下各类App的卡片间距设置，看得多了就能够融会贯通，卡片间距的设置自然也会更加合理，更加得心应手。图3-46所示为App界面设计中的卡片间距设置。

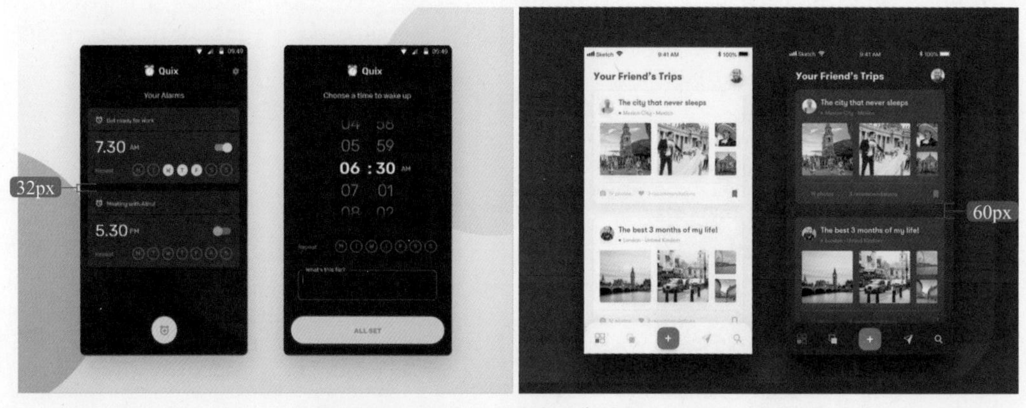

图3-46　App界面设计中的卡片间距设置

3. 内容间距

在移动 UI 设计中，除了界面中固定的状态栏、导航栏、标签栏和各种控件图标，最重要的就是界面中内容的排版布局，而在排版布局中内容之间的间距设置同样非常重要。

邻近性原则是指单个元素之间的相对距离会影响人们感知它是否以及如何组织在一起，互相靠近的元素看起来属于一组，而那些距离较远的则自动划分在组外。在界面设计中对内容进行布局时，一定要重视邻近性原则的运用，如图 3-47 所示。

每一个选项的名称都与对应的图标距离较近，与其他选项图标距离较远，让用户的浏览变得更加直观。

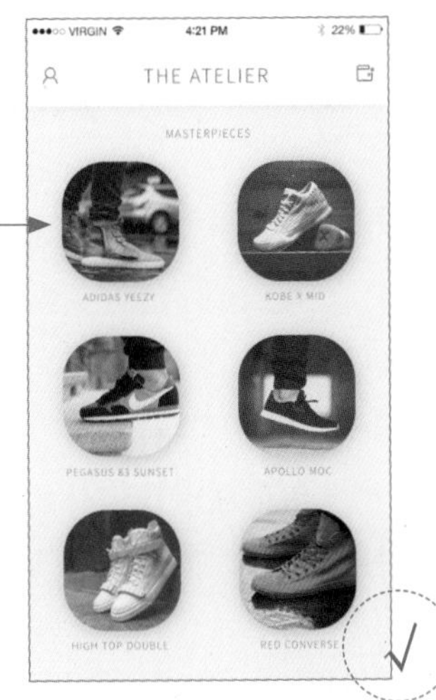

如果选项名称与对应的图标距离较远，就无法清楚地区分该选项名称对应哪个功能图标，从而让用户产生错乱的感觉。

图 3-47　邻近性原则在界面设计中的应用

图 3-48 所示的移动 App 界面设计中，同样在界面内容排版布局时应用了邻近性原则，使得界面内容的划分更加清晰、易读。

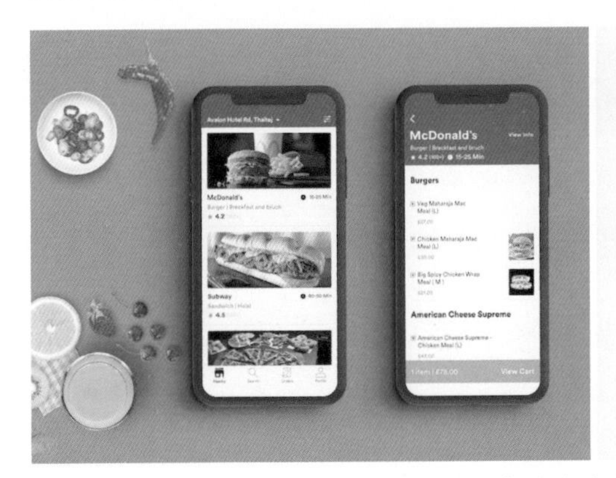

内容较近，形成一个整体。

图 3-48　邻近性原则使界面内容更加清晰易读

3.8 关于 Figma 组件

组件是 Figma 软件中的一个重要功能，它允许设计师创建可重复使用的界面元素，从而加速设计流程并提高设计的一致性。

3.8.1 在 Figma 中创建组件

在 Figma 中新建一个空白的文档，在文档中绘制出按钮在默认、点击和禁用状态下的效果，如图 3-49 所示。接下来需要将这几个按钮分别创建为组件。选择默认状态下的按钮，单击工具栏中间的“创建组件”图标■，如图 3-50 所示。

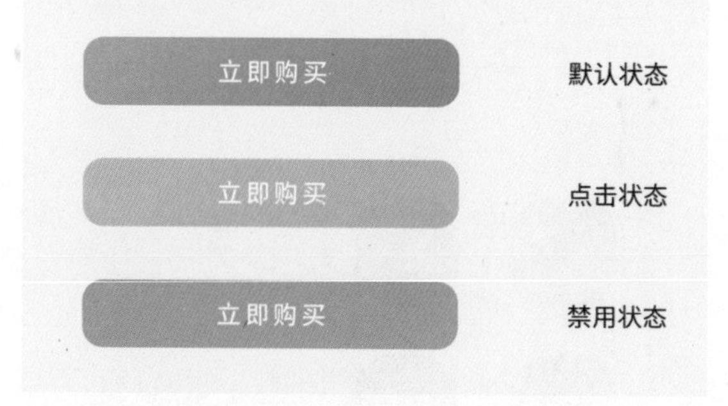

图 3-49 绘制不同状态下的按钮效果

图 3-50 单击“创建组件”图标

即可将所选中的元素创建为一个组件，在元素左上角将显示该组件的默认名称，如图 3-51 所示。在组件左上角的默认名称上双击，可以对组件名称进行重命名，如图 3-52 所示。

图 3-51 创建为组件效果

图 3-52 重命名组件名称

使用相同的制作方法，可以分别将其他两个按钮创建为组件，如图 3-53 所示。在 Figma 中，组件名称前会显示菱形四方格图标，如图 3-54 所示。

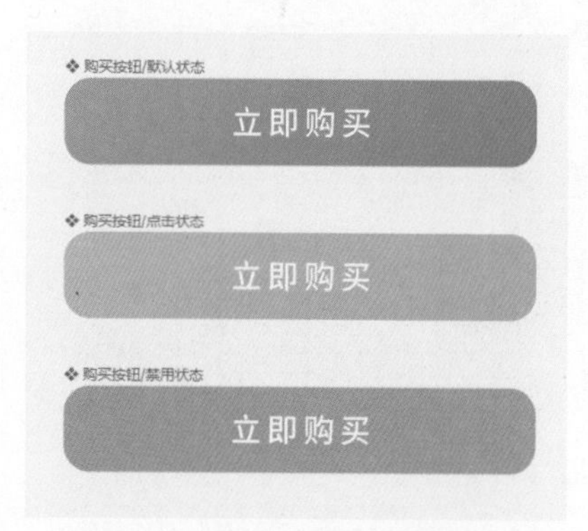

图 3-53 将其他按钮创建为组件

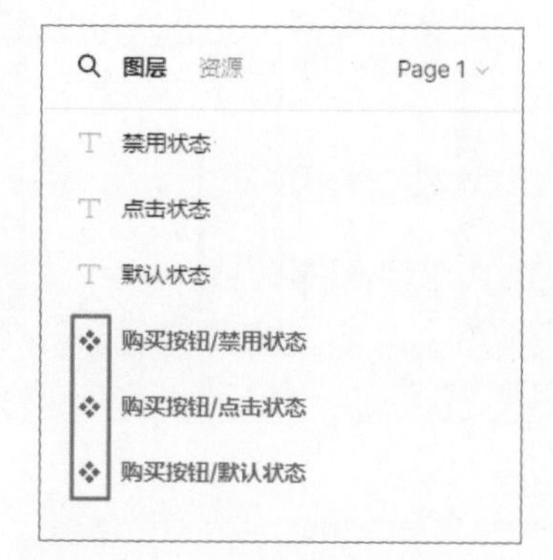

图 3-54 组件前的图标为菱形四方格

逐个创建组件比较麻烦，在 Figma 中还有更加快捷地将多个对象创建为组件的方法。同时选中多个需要创建组件的对象，单击工具栏中间的“创建组件”图标的向下箭头，在打开的下拉菜单中选择“创建多个组件”命令，如图 3-55 所示。这样就可以同时将所选中的多个对象分别创建为组件，如图 3-56 所示。

图 3-55　选择“创建多个组件”命令

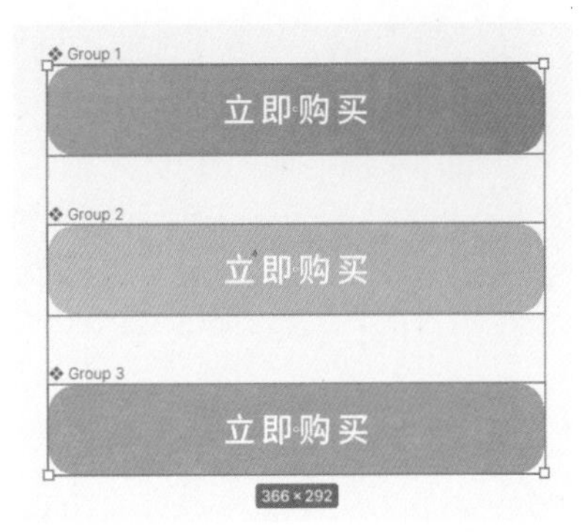

图 3-56　将多个对象同时创建为组件

3.8.2　使用 Figma 组件

完成组件的创建之后，就可以在项目设计过程中使用所创建的组件。

使用“选择”工具，按住【Alt】键拖动复制刚绘制的组件，如图 3-57 所示。在“图层”面板中可以看到复制得到的组件名称前显示的是空心菱形格图标，与组件名称前的菱形四方格图标有所不同，如图 3-58 所示。

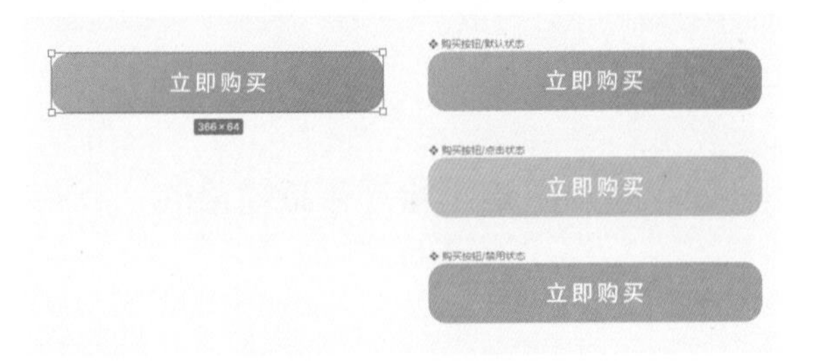

图 3-57　复制组件

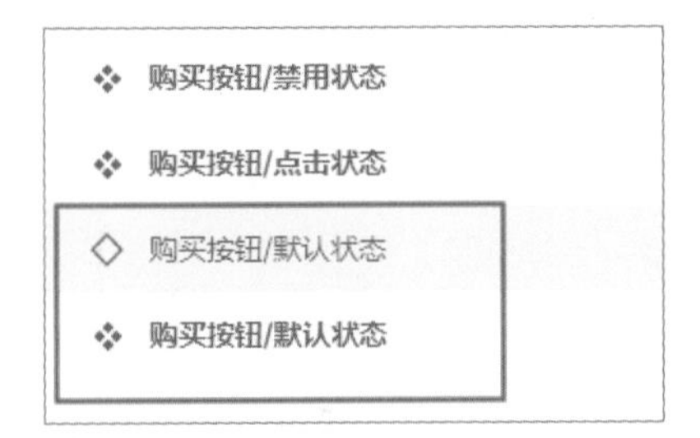

图 3-58　组件名称前的图标

组件名称前面显示菱形四方格图标的称为组件母版，也就是原始创建的组件；组件名称前面显示空心菱形格图标的称为组件实例，也就是通过组件母版所创建的组件。

组件母版除了可以在当前页面中使用，还可以在其他页面中使用。在“图层”面板上方展开“页面”选项区，单击“添加新页面”图标，添加一个新的页面，如图 3-59 所示。进入新页面的编辑状态中，例如在新页面中设计了一个移动界面，如图 3-60 所示。

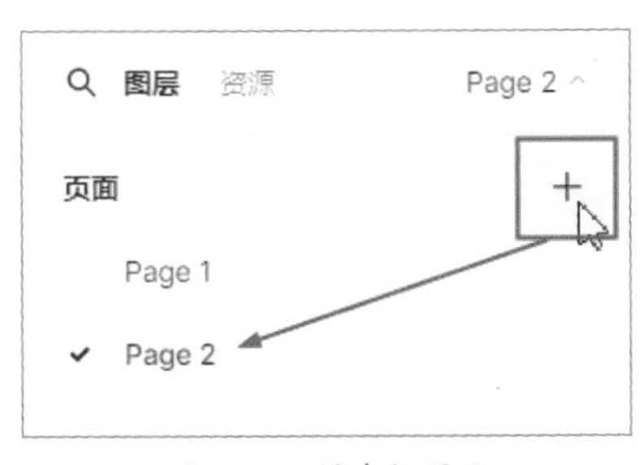

图 3-59　创建新页面

图 3-60　设计一个移动界面

在“图层”面板中单击顶部的“资源”文字，切换到“资源”面板，在其中可以看到项目中所创建的组件，如图 3-61 所示。将需要使用的组件从“资源”面板拖入到设计区域中，即可创建一个组件实例，如图 3-62 所示。

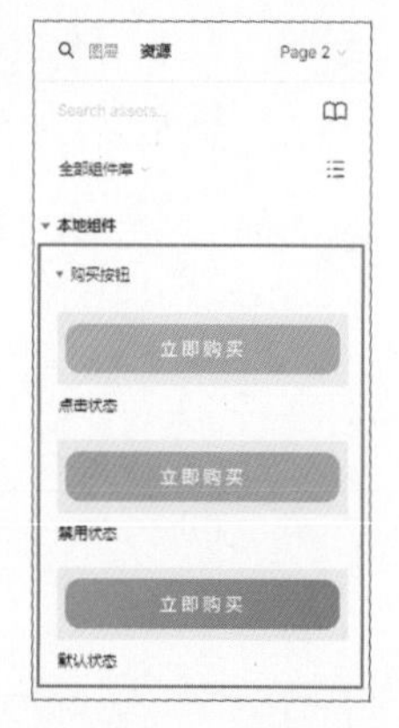

图 3-61 “资源”面板中的组件

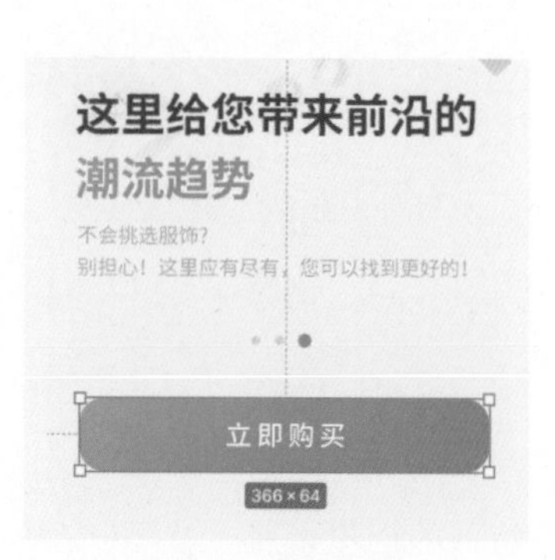

图 3-62 创建组件实例

添加到设计区域中的组件实例可以单独进行修改。切换到“图层”面板中，展开该组件实例，可以看到组件中包含的元素，如图 3-63 所示。例如，这里可以对组件实例的文字进行修改，如图 3-64 所示。对组件实例进行的修改不会影响组件母版。

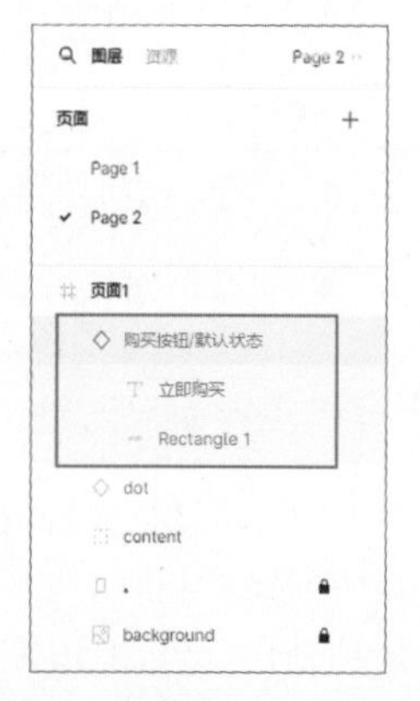

图 3-63 组件实例包含的元素

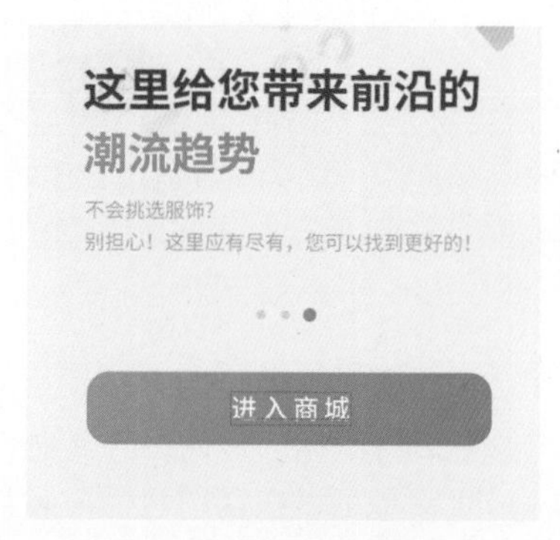

图 3-64 修改组件实例文字

在组件实例上单击鼠标右键，在弹出的快捷菜单中选择“组件母版 > 跳转到组件母版”命令，如图 3-65 所示，可以快速跳转到该组件母版。如果对组件母版进行修改，如图 3-66 所示，那么通过该组件母版所创建的所有组件实例都会同时进行更新，如图 3-67 所示。

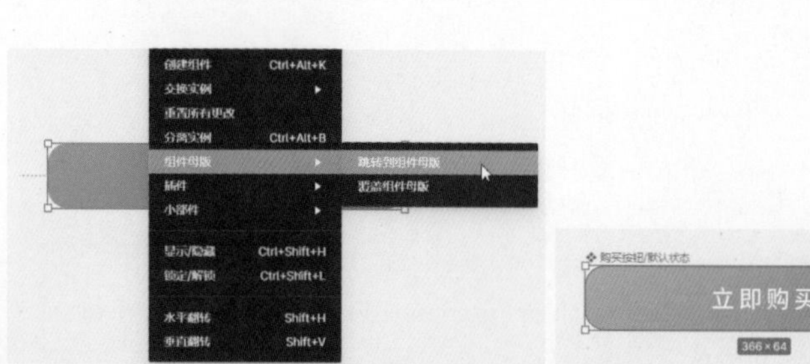

图 3-65 选择“跳转到组件母版”命令

图 3-66 修改组件母版

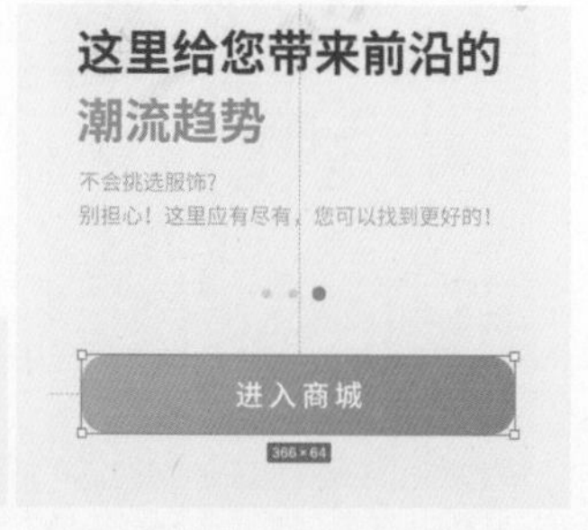

图 3-67 组件实例会同步更新

提示

在项目设计中使用组件的优势在于，当对组件母版进行修改后，所有使用该组件母版所创建的组件实例都会同步进行更新，非常方便。特别是在团队项目制作过程中，制作好的组件是可以推送给整个团队的，这样整个团队就可以使用相同的组件进行项目页面的设计开发，保证了项目中所有界面的统一性，同时也便于进行修改。

3.8.3　Figma 变体组件的创建与使用

Figma 中的变体组件是一种基于组件状态属性的设计工具，它能够帮助用户在创建组件和构建设计系统时，统一管理组件的多种类型、尺寸及状态，从而达到优化设计层级的目的。变体组件的主要功能体现在它可以支持将样式相近或者功能类似的组件整合成一个整体。

图 3-68 所示为一组按钮设计，这组按钮的主要区别在于按钮的颜色和两侧是否有箭头图标。将这些按钮分别创建为组件，这时每个组件都具有一个默认的组件名称，如图 3-69 所示。

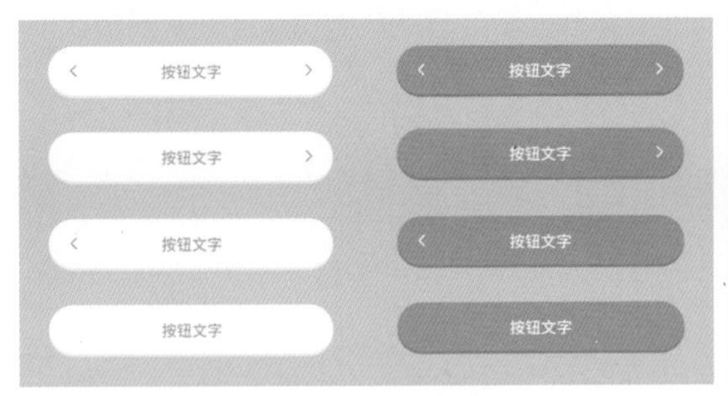

图 3-68　一组按钮设计

图 3-69　将按钮分别创建为组件

在创建变体组件之前，首先需要对变体组件中所包含的组件进行重命名。拖动鼠标同时选中所有的白色按钮组件，如图 3-70 所示。按【Ctrl+R】组合键，弹出“Rename（重命名）”对话框，输入名称“白色按钮 ,”，如图 3-71 所示。单击“重命名”按钮，即可将所选中的多个白色按钮组件进行重命名，如图 3-72 所示。

图 3-70　选中白色按钮组件

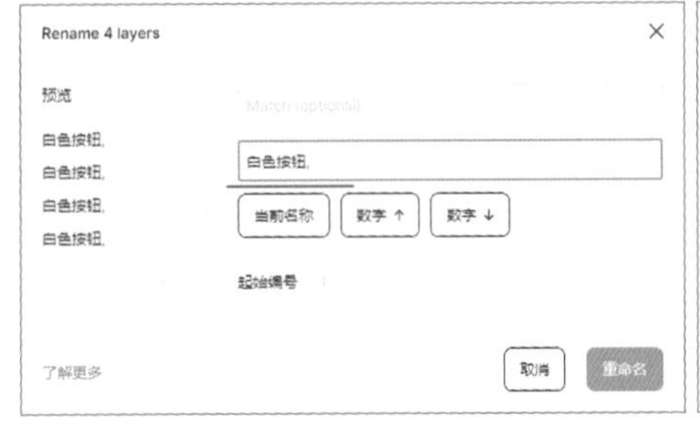

图 3-71　设置“Rename（重命名）”对话框

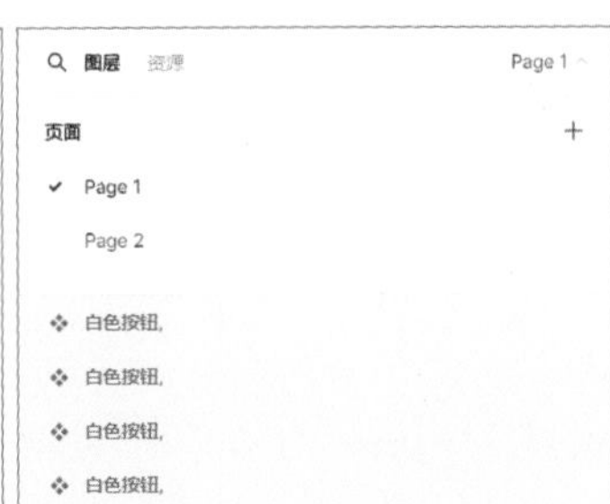

图 3-72　组件重命名效果

提示

在“Rename（重命名）”对话框中对多个组件进行重命名时，如果仅仅是简单的重命名，输入名称即可，如果需要在组件名称中加入属性设置，那么每个属性设置之间必须使用英文逗号（,）分隔，例如此处，在“白色按钮”文字后还需要输入英文逗号。注意，必须是英文逗号，而不可以使用中文逗号。

拖动鼠标同时选中所有的蓝色按钮组件，如图 3-73 所示。按【Ctrl+R】组合键，弹出“Rename（重命名）”对话框，输入名称“蓝色按钮 ,”，如图 3-74 所示。单击“重命名”按钮，即可将所选中的多个蓝色按钮组件进行重命名。

图 3-73　选中蓝色按钮组件

图 3-74　设置“Rename（重命名）”对话框

拖动鼠标同时选中第一行两侧都有箭头的两个按钮组件，如图 3-75 所示。按【Ctrl+R】组合键，弹出“Rename（重命名）”对话框，单击“当前名称”按钮，如图 3-76 所示。

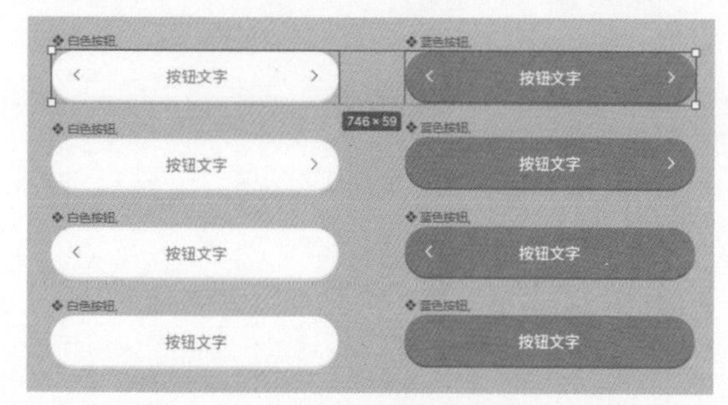

图 3-75　选中第一行两个按钮组件

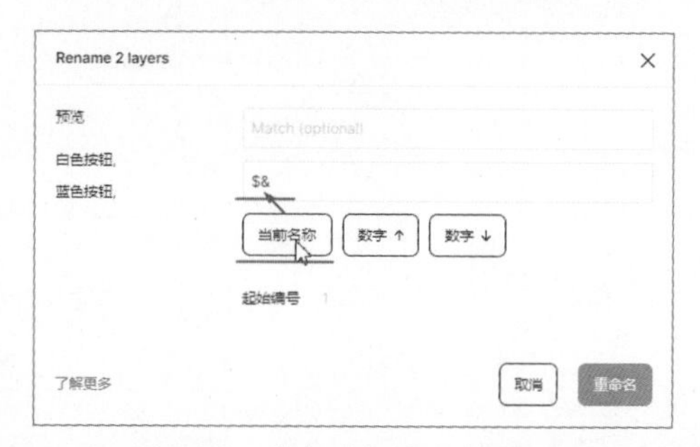

图 3-76　单击“当前名称”按钮

在当前名称代码之后输入名称“左箭头 =on, 右箭头 =on”，如图 3-77 所示。单击“重命名”按钮，即可将所选中的两个按钮组件分别进行重命名，如图 3-78 所示。

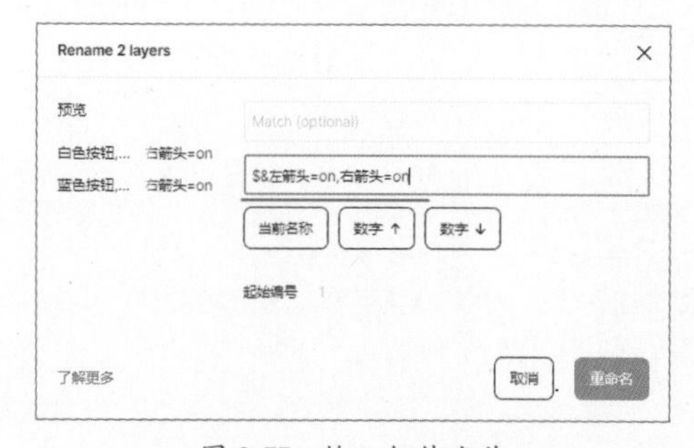

图 3-77　输入组件名称

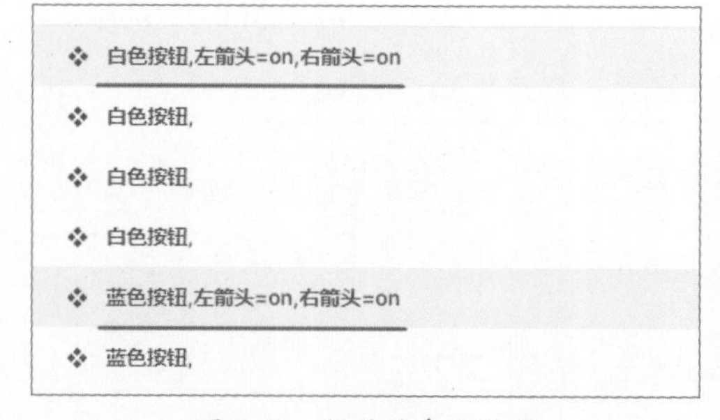

图 3-78　组件重命名效果

拖动鼠标同时选中第二行右侧有箭头的两个按钮组件，如图 3-79 所示。按【Ctrl+R】组合键，弹出“Rename（重命名）”对话框，单击“当前名称”按钮，在当前名称代码之后输入名称“左箭头 =off, 右箭头 =on”，如图 3-80 所示。单击“重命名”按钮，将所选中的两个按钮组件分别进行重命名。

拖动鼠标同时选中第三行左侧有箭头的两个按钮组件，如图 3-81 所示。按【Ctrl+R】组合键，弹出“Rename（重命名）”对话框，单击“当前名称”按钮，在当前名称代码之后输入名称“左箭头 =on, 右箭头 =off”，如图 3-82 所示。单击“重命名”按钮，将所选中的两个按钮组件分别进行重命名。

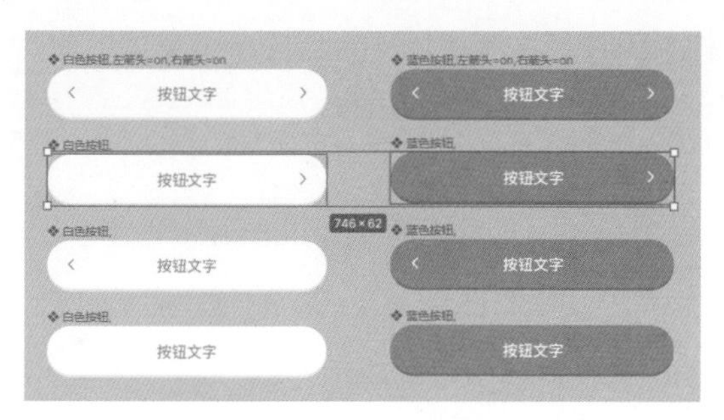

图 3-79　选中第二行两个按钮组件

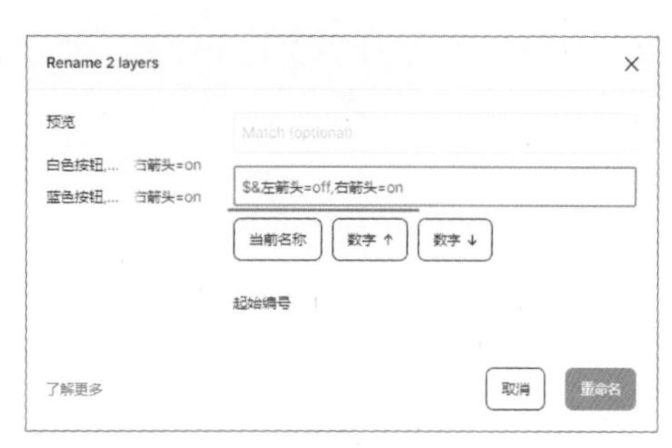

图 3-80　对组件名称进行设置

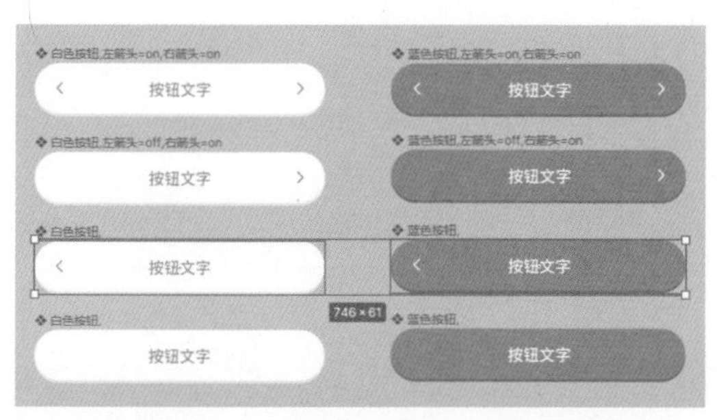

图 3-81　选中第三行两个按钮组件

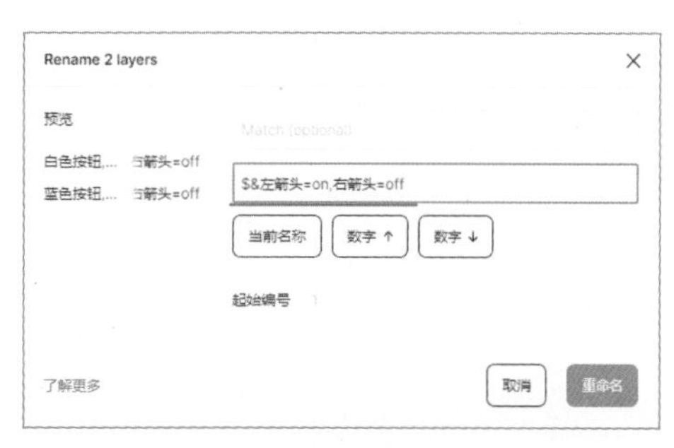

图 3-82　对组件名称进行设置

拖动鼠标同时选中第四行两侧都没有箭头的两个按钮组件，如图 3-83 所示。按【Ctrl+R】组合键，弹出“Rename（重命名）”对话框，单击“当前名称”按钮，在当前名称代码之后输入名称“左箭头 =off, 右箭头 =off”，如图 3-84 所示。单击“重命名”按钮，将所选中的两个按钮组件分别进行重命名。

图 3-83　选中第四行两个按钮组件

图 3-84　对组件名称进行设置

至此，完成需要创建变体组件中所有组件名称的重命名操作。拖动鼠标同时选中需要创建变体组件的所有按钮组件，单击“设计”面板的“组件”选项区中的“合并为变体”按钮，如图 3-85 所示，即可完成变体组件的创建。所创建的变体组件会放置在一个虚线框中，并且在左上角显示默认的变体组件名称，如图 3-86 所示。

提示

创建变体组件的所有对象必须都是组件母版。双击变体组件虚线框左上角的默认名称，可以对变体组件进行重命名，也可以在“图层”面板中对变体组件进行重命名。

在当前项目的其他界面中可以使用刚创建的变体组件，例如，在如图 3-87 所示的界面中需要使用刚制作的变体组件。切换到“资源”面板中，可以看到刚创建的变体组件，如图 3-88

所示。将需要使用的变体组件从“资源”面板拖入到设计区域中，即可创建一个变体组件实例，如图 3-89 所示。

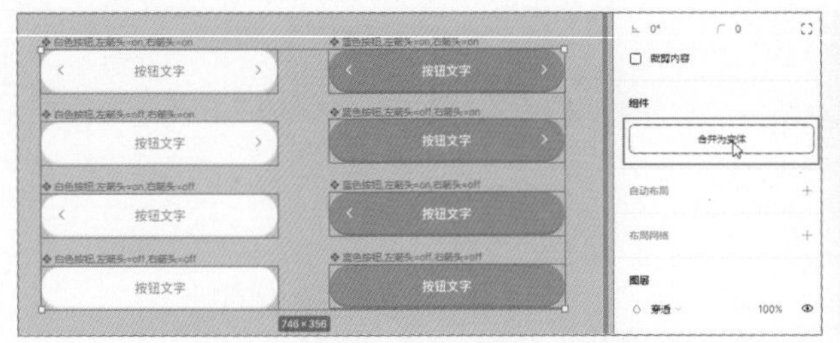

图 3-85　单击“合并为变体”按钮

图 3-86　变体组件放置在虚线框中

图 3-87　界面效果

图 3-88　“资源”面板

图 3-89　使用变体组件

在“设计”面板的“组件”选项区中可以对变体组件实例进行设置，如图 3-90 所示。在组件下拉列表框中可以选择使用哪种颜色的按钮，如图 3-91 所示。

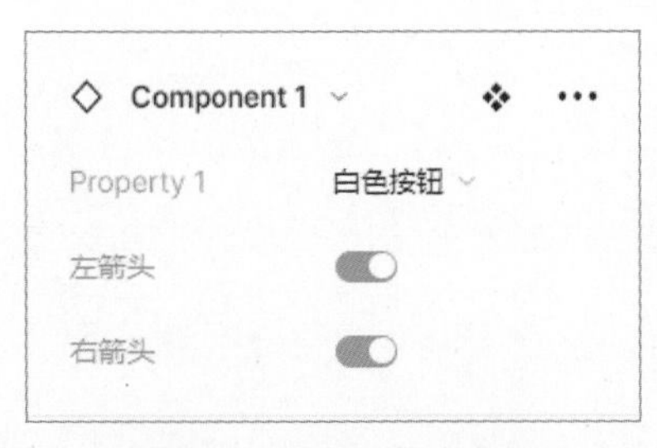

图 3-90　“组件”选项区

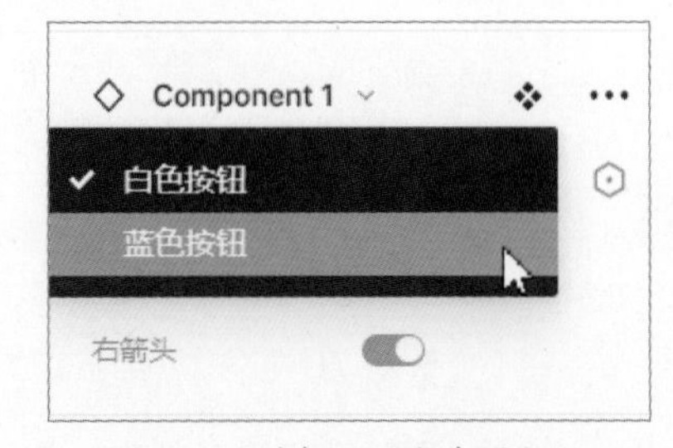

图 3-91　选择不同颜色的按钮

通过“左箭头”和“右箭头”两个选项，可以控制变体组件实例中的左箭头和右箭头是否显示，从而调用不同的组件。例如，设置“组件”选项区如图 3-92 所示。添加的变体组件实例的显示效果如图 3-93 所示。

如果需要修改变体组件实例上的按钮文字，可以在该按钮文字上双击，对按钮文字进行修改，如图 3-94 所示。对组件实例进行修改后，不会对组件母版产生影响。

提示

创建和使用变体组件必须要满足两个要求，一是必须是组件母版才可以创建变体组件，二是对变体组件所包含组件的命名必须遵循相应的规则。

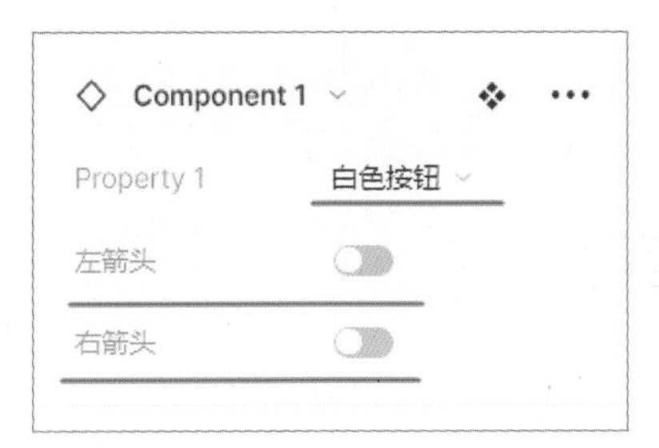

图 3-92　设置"组件"选项区

图 3-93　变体组件实例效果

图 3-94　修改按钮文字

3.9　使用 Figma 制作影视 App

本节将设计制作一款影视 App，最终效果如图 3-95 所示。该影视 App 界面设计采用了深色调，营造出了一种沉稳而专业的氛围，有助于用户沉浸于影视内容的世界中。同时，不同界面之间的色调保持一致，增强了整体设计的连贯性和协调性。界面中的字体清晰易读，大小适中，不会给用户造成阅读困扰。图标设计简洁明了，能够直观地表达其对应的功能或内容，降低了用户的学习成本。该影视 App 界面设计展现了现代与实用的设计理念，同时兼顾了用户友好性和视觉吸引力。

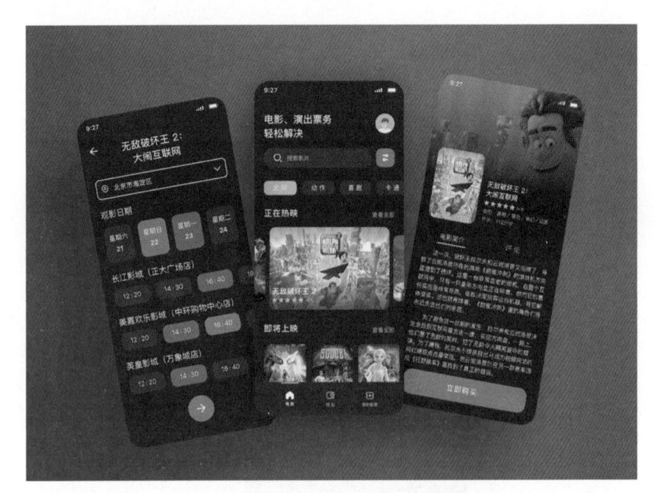

图 3-95　影视 App 最终效果

3.9.1　制作影视 App 相关组件

在对影视 App 的相关界面进行设计之前，需要先制作该影视 App 的相关组件。将该 App 中经常用到的元素（如状态栏、标签栏、图标等）制作成组件，就可以在界面设计过程中进行重复使用，提高工作效率，同时也保证了界面的统一性。

制作影视 App 相关组件

源文件：源文件 \ 第 3 章 \3-9.fig　视频：视频 \ 第 3 章 \ 制作影视 App 相关组件 .mp4

01 打开 Figma，创建一个空白的项目文件，首先制作状态栏组件。使用"画框"工具在设计区域中创建一个尺寸大小为 400×200 的画框，并设置其"填充"为 393939，画板名称为"状态栏"，效果如图 3-96 所示。使用"矩形"工具绘制一个大小为 375×44 的矩形，设置其"填充"为黑色，如图 3-97 所示。

02 使用"文本"工具在设计区域中单击并输入文字，在"设计"面板中的"文本"选项区中对文字属性进行设置，效果如图 3-98 所示。使用"矩形"工具绘制一个矩形，设置其"圆角半径"为 1，"填充"为白色，如图 3-99 所示。

图 3-96　绘制画框并进行设置

图 3-97　绘制矩形

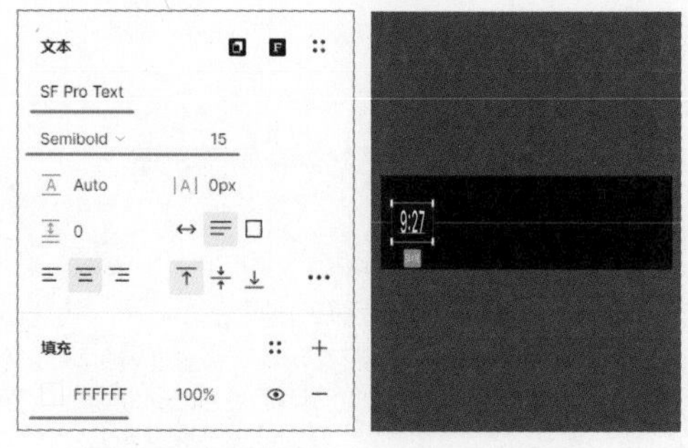

图 3-98　输入文字并设置文字属性

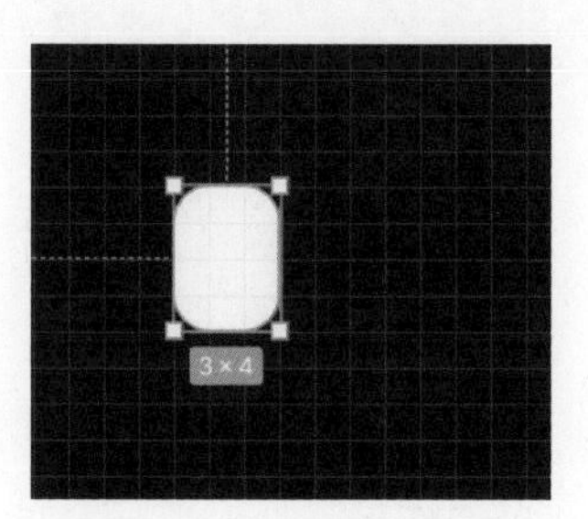

图 3-99　绘制矩形并设置

03 使用“选择”工具，按住【Alt】键拖动刚绘制的矩形，复制该矩形，调整复制得到的矩形的大小和位置，如图 3-100 所示。再将矩形复制两次，并分别对复制得到的图形进行调整，完成“信号”图标的绘制，如图 3-101 所示。选中组成“信号”图标的相关图形，按【Ctrl+G】组合键，进行编组。

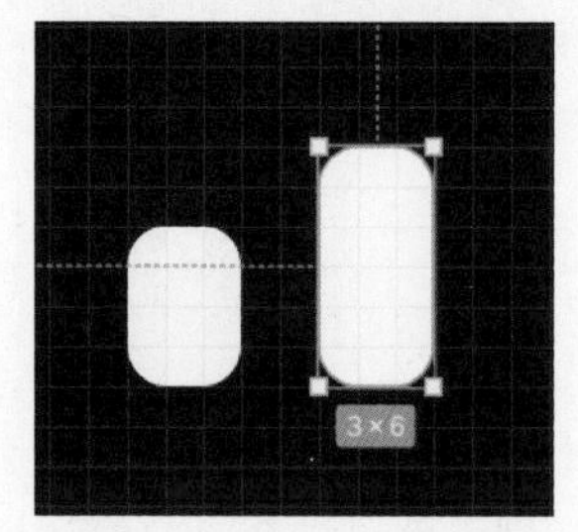

图 3-100　复制矩形并调整

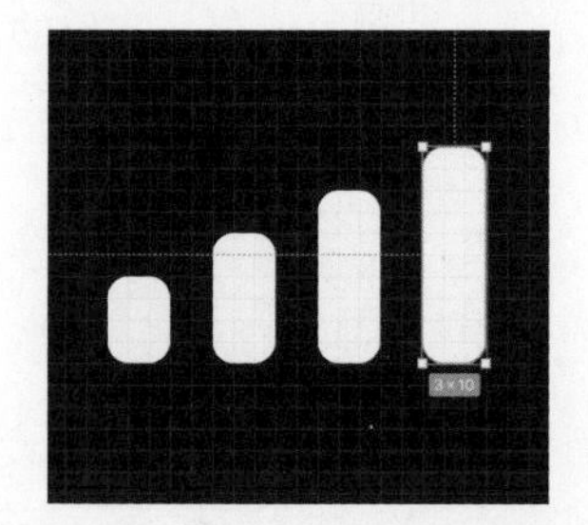

图 3-101　完成“信号”图标的绘制

04 使用“矩形”工具绘制一个矩形，设置其“圆角半径”为 3，如图 3-102 所示。为该矩形添加描边，对“描边”选项进行设置，删除填充，如图 3-103 所示，矩形效果如图 3-104 所示。

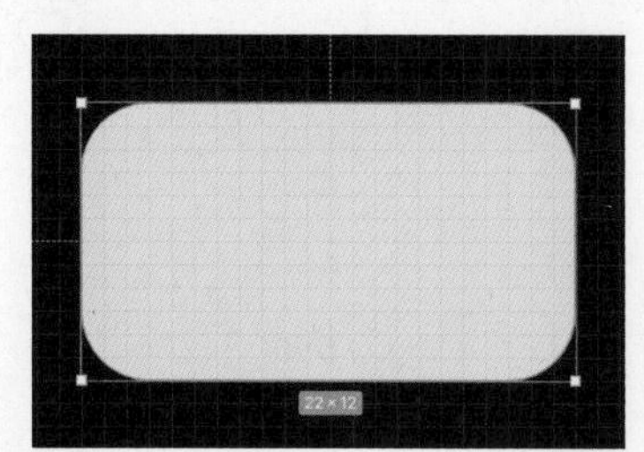

图 3-102　绘制矩形

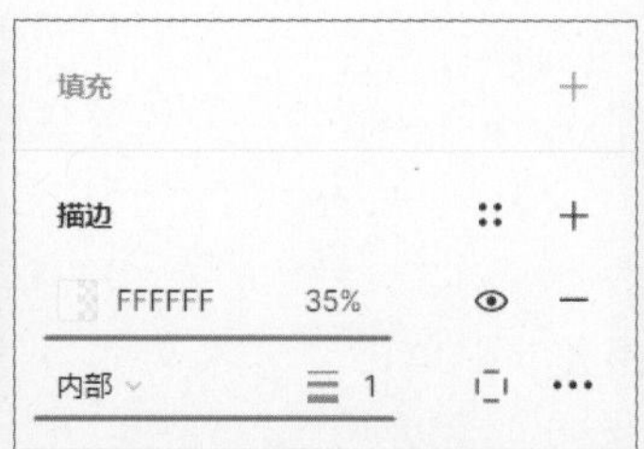

图 3-103　设置“描边”选项

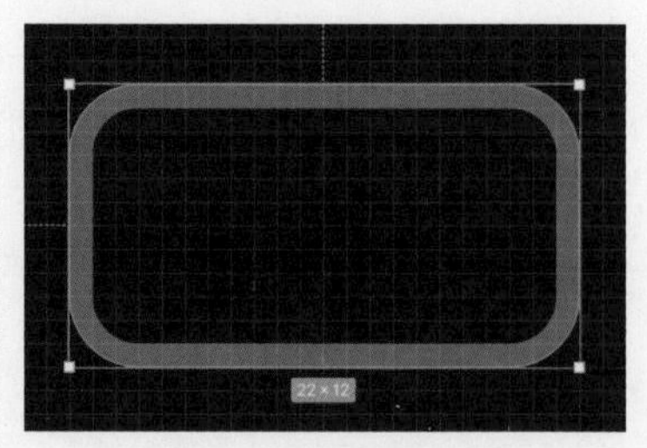

图 3-104　矩形效果

05 使用“椭圆”工具绘制一个正圆形，如图 3-105 所示。使用“矩形”工具绘制一个矩形，如图 3-106 所示。同时选中刚绘制的矩形和正圆形，在工具栏中间的“路径操作”下拉列表框中选择“减去顶层所选项”选项，如图 3-107 所示，得到需要的半圆形。

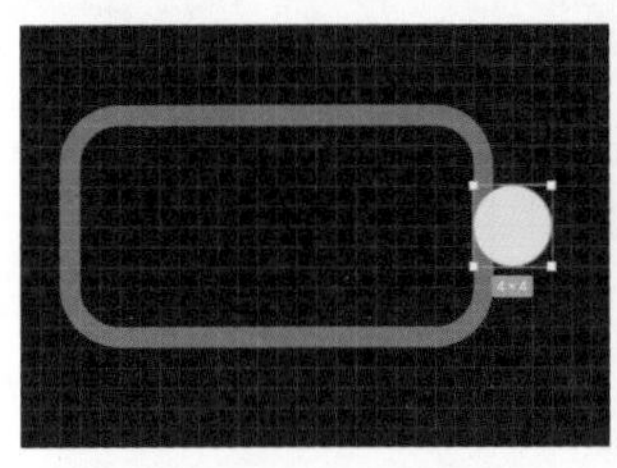
图 3-105　绘制正圆形

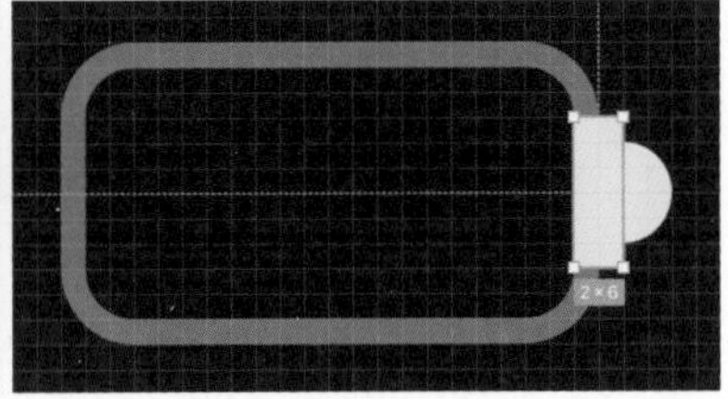

图 3-106　绘制矩形

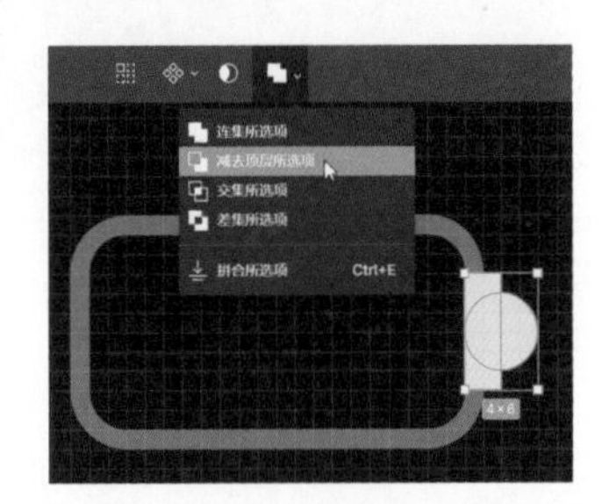

图 3-107　选择“减去顶层所选项”选项

06 设置半圆形的“填充”为 35% 的白色，效果如图 3-108 所示。使用“矩形”工具绘制一个矩形，设置其“圆角半径”为 1，“填充”为白色，如图 3-109 所示。至此，完成“电池”图标的绘制，同时选中组成“电池”图标的所有图形，按【Ctrl+G】组合键，进行编组。

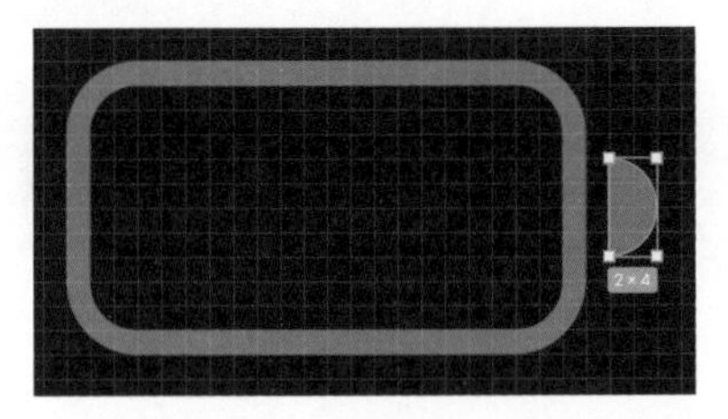

图 3-108　设置半圆形效果

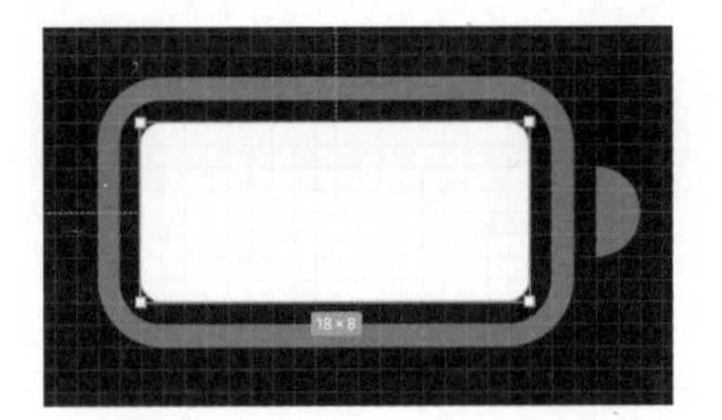

图 3-109　绘制矩形并进行设置

07 完成状态栏内容的制作，选择状态栏背景矩形，将其“填充”删除，效果如图 3-110 所示。同时选中组成状态栏的所有元素，单击工具栏中间的“创建组件”图标，如图 3-111 所示，创建状态栏组件，在“图层”面板中将该组件重命名为“状态栏”，如图 3-112 所示。

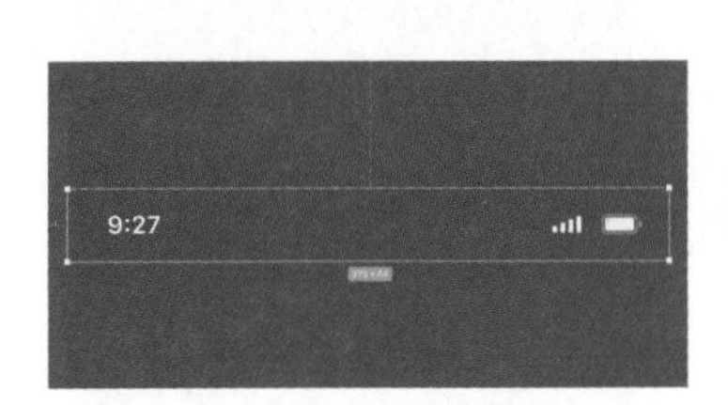

图 3-110　删除状态栏背景填充

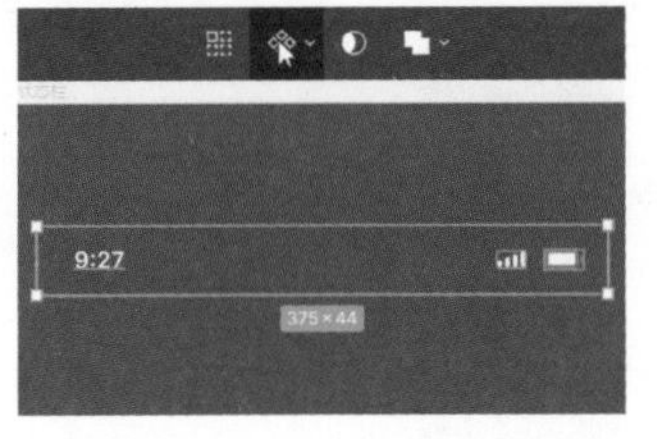

图 3-111　单击“创建组件”图标

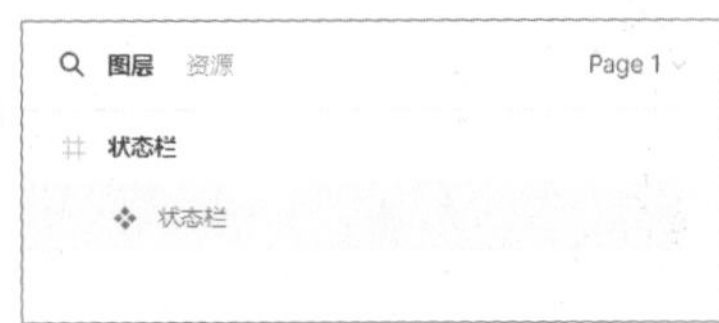

图 3-112　重命名组件

提示

状态栏组件最终是需要添加到 App 界面中的，不同的 App 界面可能有不同的背景颜色，所以这里将状态栏的背景填充颜色删除，这样添加到 App 界面中就不会产生背景颜色不一致的现象。

08 制作图标组件。使用“画框”工具在设计区域中创建一个尺寸大小为 450×200 的画框，并设置其“填充”为 393939，画板名称为“图标”，效果如图 3-113 所示。在第 2 章中设计制作了一套简约图标，将制作好的图标复制到当前项目文档中，如图 3-114 所示。

09 分别将每个图标创建为一个组件，并对组件名称进行重命名，如图 3-115 所示。接下来制作标签栏组件。使用“矩形”工具在设计区域中绘制一个尺寸大小为 375×80 的矩形，并设置其“填充”为051138，效果如图3-116所示。

图3-113　绘制画板并进行设置

图3-114　将制作好的图标复制到当前文档中

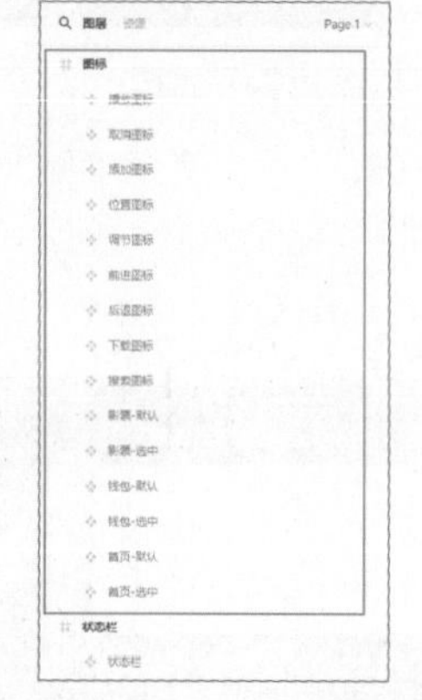

图3-115　将图标分别创建为组件

图3-116　绘制矩形

10 使用“选择”工具，按住【Alt】键拖动“首页-选中”组件，创建组件实例，如图3-117所示。使用“文本”工具在设计区域中单击并输入文字，在“设计”面板的“文本”选项区中对文字属性进行设置，效果如图3-118所示。

图3-117　创建组件实例

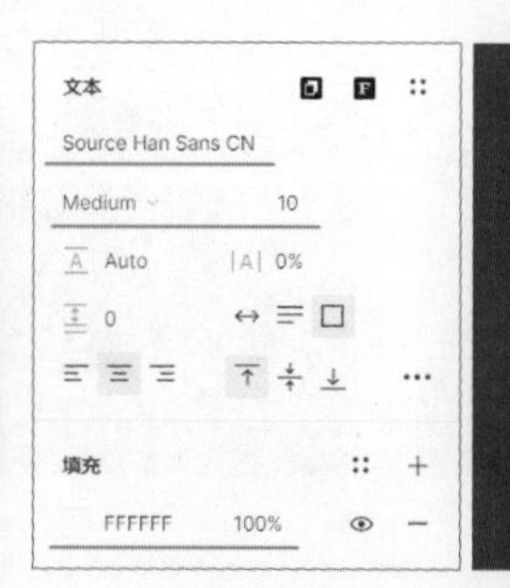

电影

图3-118　输入文字并设置文字属性

11 使用相同的制作方法，分别创建“钱包-默认”和“我的影票-默认”这两个组件的组件实例，如图3-119所示。并分别在两个组件实例下输入相应的文字，修改这两个组件实例和其下方文字的“填充”均为60%的白色，如图3-120所示。

图3-119　创建组件实例

图3-120　输入文字并设置填充

12 使用“直线”工具绘制一条直线，在“设计”面板的“描边”选项区中对相关选项进行设置，如图 3-121 所示。调整所绘制的直线到合适的位置，如图 3-122 所示。

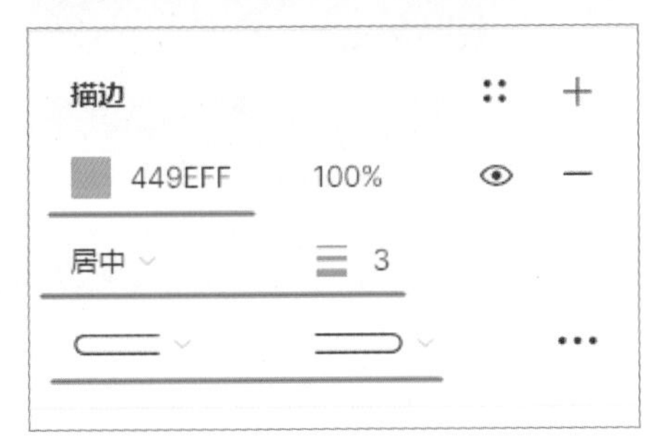

图 3-121　设置“描边”相关选项

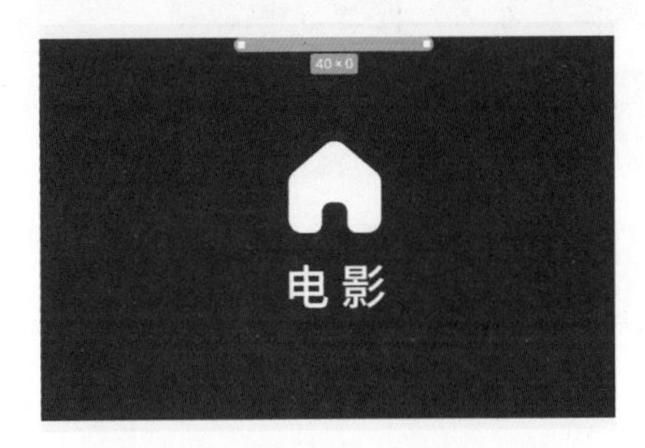

图 3-122　调整直线位置

13 使用相同的制作方法，可以制作出其他两种标签栏的效果，如图 3-123 所示。拖动鼠标同时选中最上方标签栏的所有元素，单击工具栏中间的“创建组件”图标，如图 3-124 所示，创建标签栏组件。

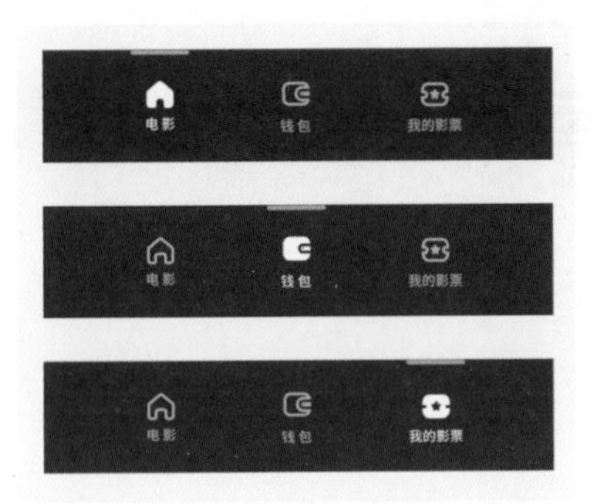
图 3-123　制作其他两种标签栏效果

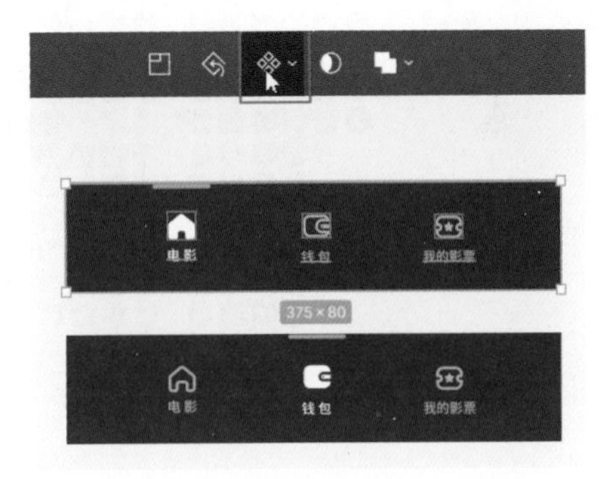

图 3-124　单击“创建组件”图标

14 将所创建的第 1 个标签栏组件重命名为“标签栏 = 电影”，如图 3-125 所示。使用相同的制作方法，分别将其他两个标签栏创建为组件，并按照规则分别进行重命名，如图 3-126 所示。

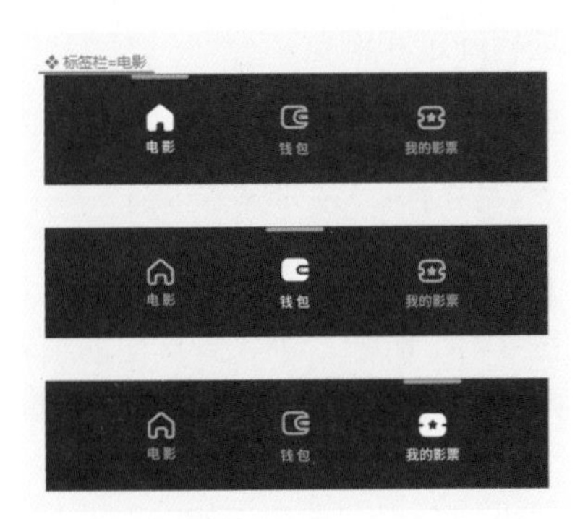
图 3-125　对标签栏组件重命名

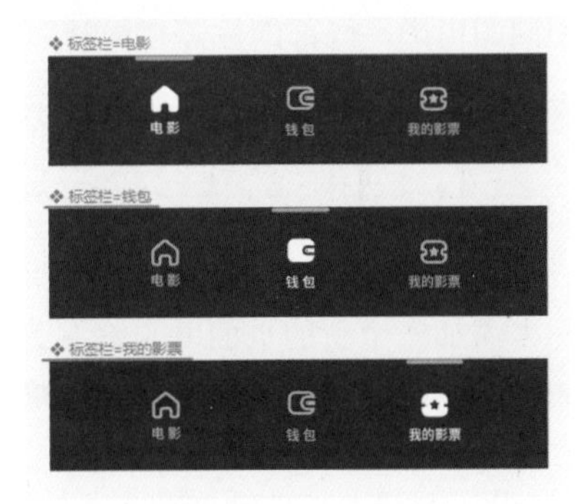
图 3-126　创建其他两个标签栏组件并重命名

15 拖动鼠标同时选中 3 个标签栏组件，单击“设计”面板的“组件”选项区中的“合并为变体”按钮，如图 3-127 所示，将 3 个标签栏组件创建为一个变体组件，将该变体组件重命名为“标签栏”，如图 3-128 所示。

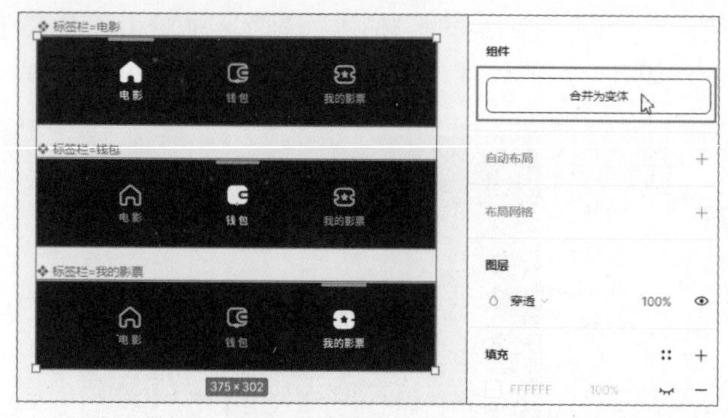

图 3-127　单击“合并为变体”按钮

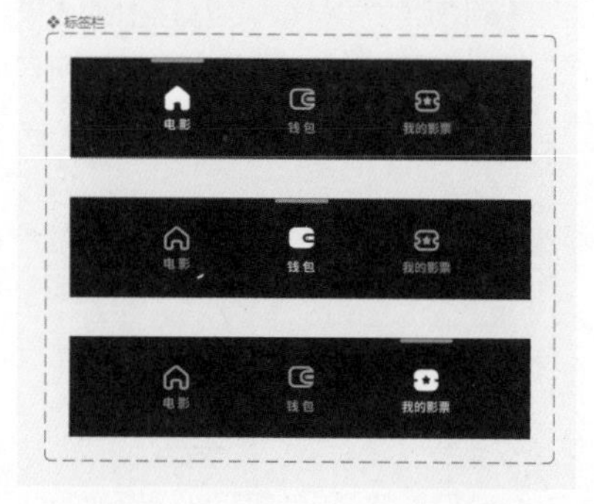

图 3-128　创建变体组件并重命名

16 使用相同的制作方法，可以完成该影视 App 中其他组件的制作，效果如图 3-129 所示。在“图层”面板顶部展开“页面”选项区，将 Page1 重命名为“组件”，如图 3-130 所示，完成影视 App 相关组件的制作。

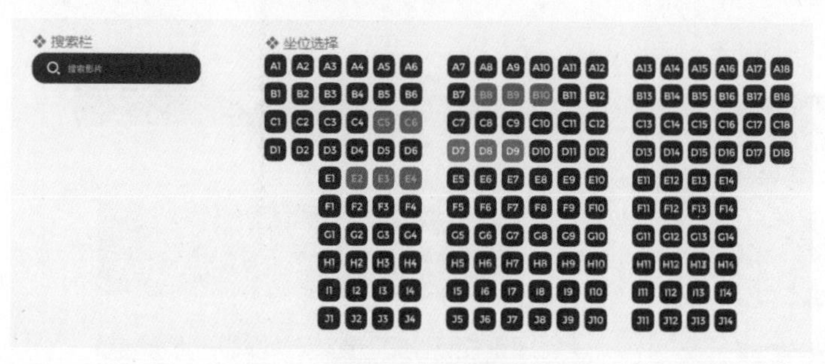

图 3-129　完成其他组件的制作

图 3-130　重命名页面名称

3.9.2　制作影视 App 首界面

本节将设计制作影视 App 的首界面，界面采用了经典的顶部搜索栏加底部标签栏的布局方式，使用户可以快速定位所需的功能。电影海报的排列整齐有序，每部电影的海报大小一致，方便用户进行比较和选择。电影海报的色彩鲜艳，与背景形成对比，使用户能够快速注意并识别不同的电影。底部的标签栏简洁明了，方便用户进行筛选和浏览。

实战　**制作影视 App 首界面**

源文件：源文件\第 3 章\3-9.fig　视频：视频\第 3 章\制作影视 App 首界面 .mp4

01 继续影视 App 项目的制作。在“图层”面板上方的“页面”选项区中单击“添加新页面”图标，添加一个新的页面并重命名为“界面”，如图 3-131 所示。进入新页面的编辑状态中，使用“画框”工具在“设计”面板的“画框”选项区的“手机”选项中选择“iPhone 13 mini”选项，如图 3-132 所示。

02 在设计区域中将自动创建一个该手机屏幕尺寸大小的画板，如图 3-133 所示。在画板名称位置双击，将其重命名为“首界面”，在“设计”面板中设置“圆角半径”为 50，“填充”为 0B0F2F，画板效果如图 3-134 所示。

03 切换到“资源”面板中，在其中可以看到项目中所创建的组件，如图 3-135 所示。将“状态栏”组件从“资源”面板拖入设计区域中，创建组件实例，如图 3-136 所示。

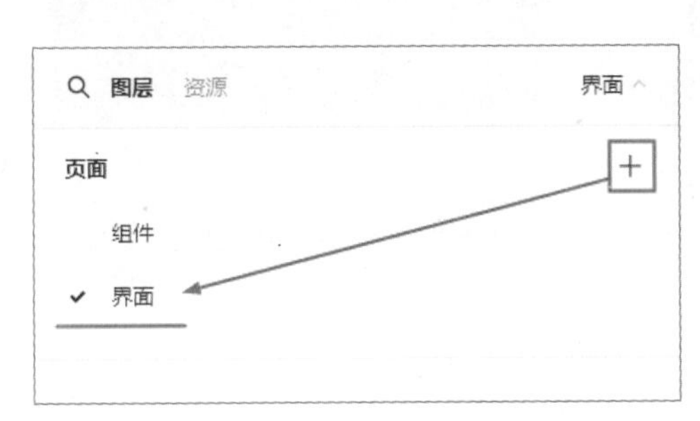

图 3-131　新建页面并重命名

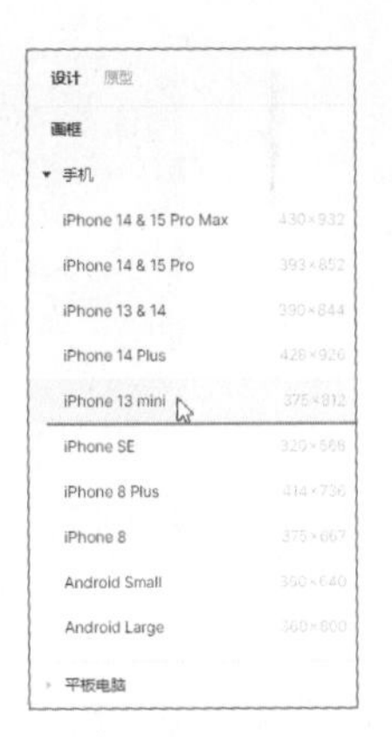

图 3-132　选择“iPhone 13 mini”选项

图 3-133　自动创建画板

图 3-134　画板效果

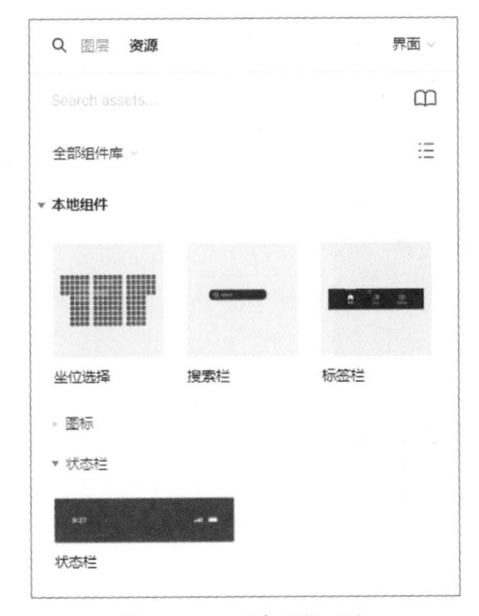

图 3-135　“资源”面板

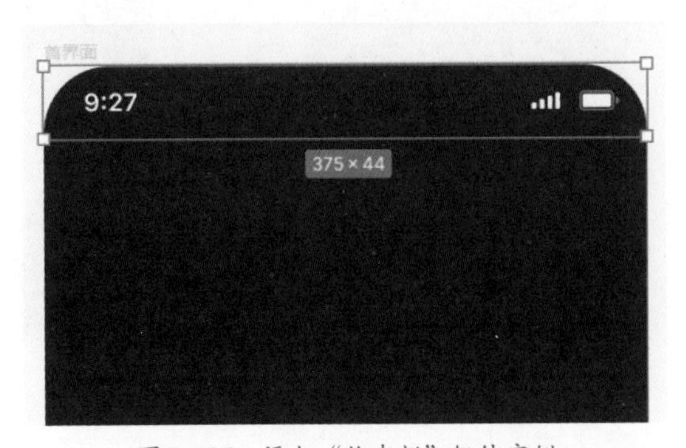

图 3-136　添加“状态栏”组件实例

04 使用“文本”工具在设计区域中单击并输入文字，对文字相关属性进行设置，效果如图 3-137 所示。使用“椭圆”工具绘制一个正圆形，设置该正圆形的“填充”为 3EB0F5，如图 3-138 所示。

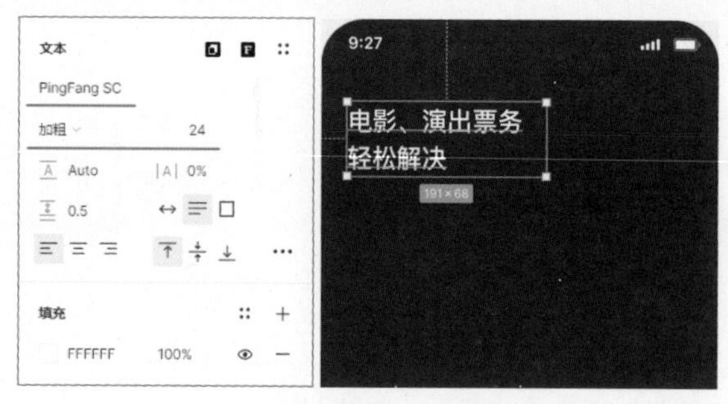

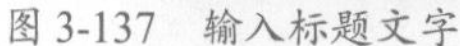
图 3-137　输入标题文字

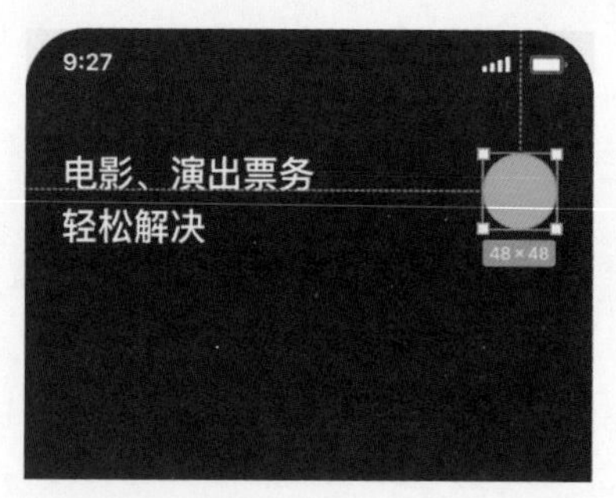

图 3-138　绘制正圆形

05 选择刚绘制的正圆形，按【Ctrl+D】组合键，原位复制正圆形。选择“文件 > 导入图片”命令，弹出“打开”对话框，选择需要导入的图片素材，单击“打开”按钮，如图 3-139 所示。将导入的图片素材调整至合适的位置，如图 3-140 所示。

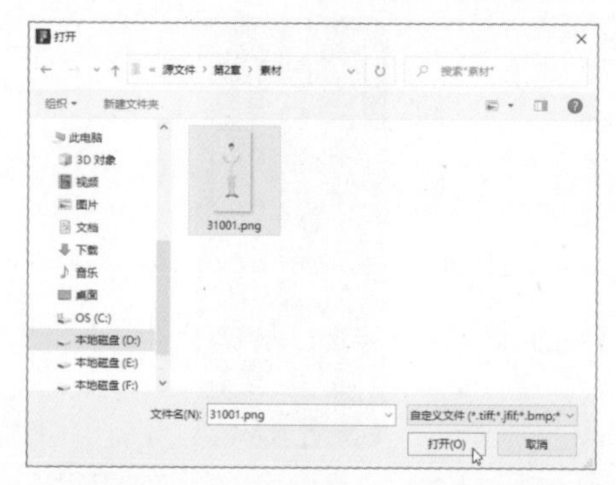

图 3-139　选择需要导入的素材图片

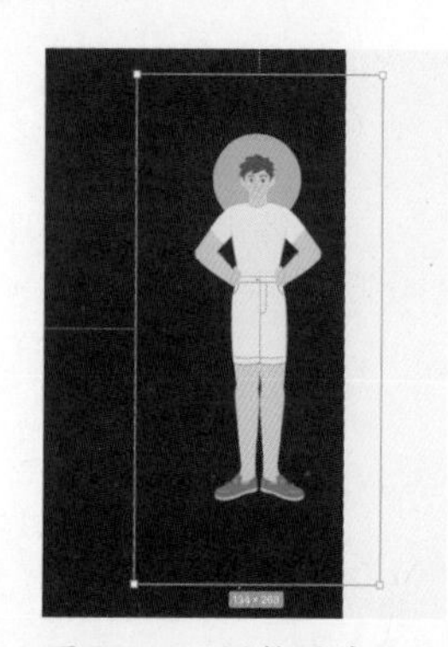

图 3-140　调整图片位置

06 选择刚复制的正圆形，单击工具栏中间的“设为蒙版”图标，如图 3-141 所示。将该正圆形设为蒙版，制作出用户头像，效果如图 3-142 所示。选中组成用户头像的相关图形，按【Ctrl+G】组合键，对图形编组。

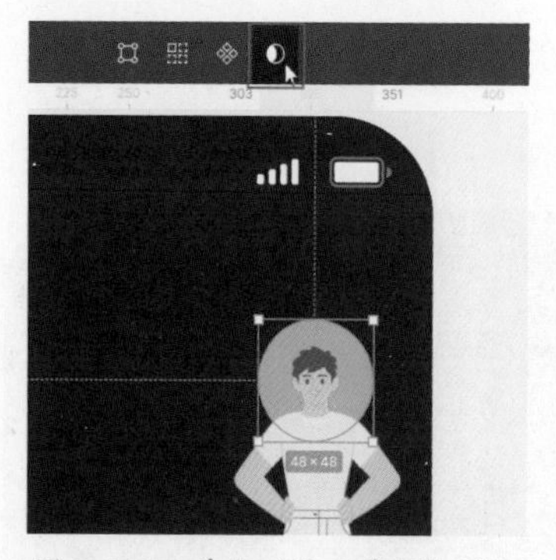

图 3-141　单击“设为蒙版”图标

图 3-142　制作出用户头像效果

07 选择“查看 > 标尺”命令，可以在设计区域的顶部和左侧显示文档标尺，从标尺中拖出相应的参考线，定位界面的边距，如图 3-143 所示。打开“资源”面板，将“搜索栏”组件拖入设计区域中，创建组件实例，如图 3-144 所示。

08 使用“矩形”工具绘制一个矩形，设置“圆角半径”为 14，“填充”为 3E60F9，效果如图 3-145 所示。切换到“资源”面板中，将“调节图标”组件从“资源”面板拖入设计区域中，创建组件实例，如图 3-146 所示。

图 3-143　拖出参考线定位界面边距

图 3-144　添加“搜索栏”组件实例

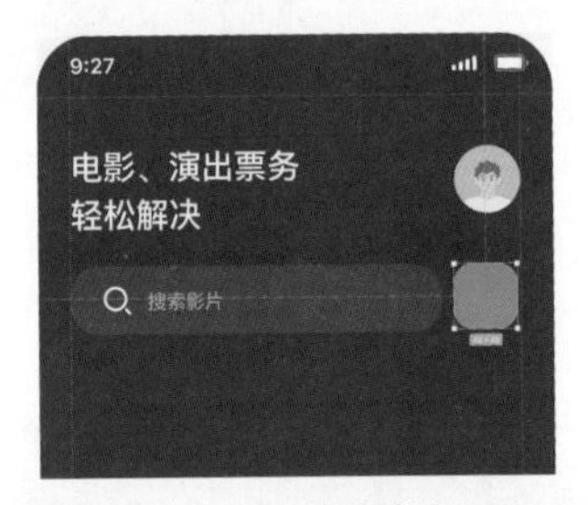

图 3-145　绘制矩形并进行设置

图 3-146　添加“调节图标”组件实例

09 使用“矩形”工具绘制一个矩形，设置“圆角半径”为 10，效果如图 3-147 所示。打开“填充”对话框，设置“填充”为“线性渐变”，并设置渐变颜色，如图 3-148 所示。在矩形上拖动渐变颜色的起始点和结束点，调整渐变颜色填充效果，如图 3-149 所示。

图 3-147　绘制矩形并进行设置

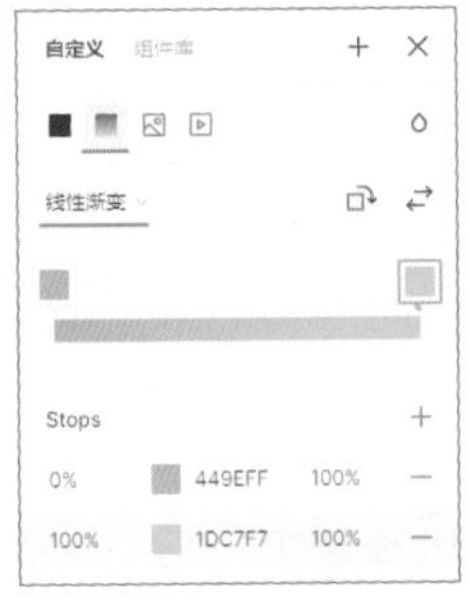

图 3-148　设置渐变填充颜色

图 3-149　调整渐变颜色填充效果

10 使用“文本”工具在设计区域中单击并输入文字，对文字的相关属性进行设置，效果如图 3-150 所示。使用相同的制作方法，可以完成其他几个类型按钮的制作，效果如图 3-151 所示。

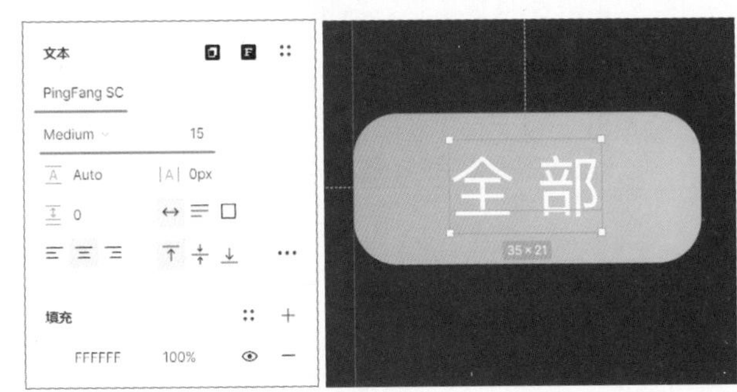

图 3-150　输入文字并设置文字属性

图 3-151　完成其他类型按钮的制作

11 使用“文本”工具在设计区域中单击并输入文字，对文字的相关属性进行设置，效果如图 3-152 所示。使用“文本”工具在设计区域中单击并输入文字，对文字的相关属性进行设置，效果如图 3-153 所示。

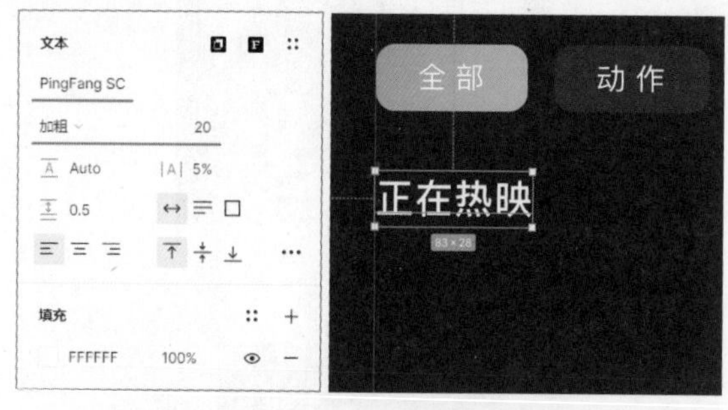

图 3-152 输入文字并设置文字属性

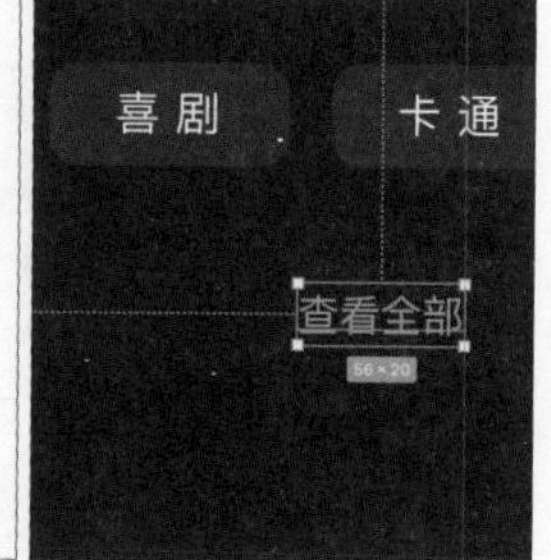

图 3-153 输入文字并设置文字属性

12 使用“矩形”工具绘制一个矩形，设置“圆角半径”为 14，效果如图 3-154 所示。选择“文件 > 导入图片”命令，导入图片素材并调整至合适的位置，如图 3-155 所示。

图 3-154 绘制矩形并设置

图 3-155 导入图片素材并调整位置

13 选择该图片素材下方的矩形图层，单击工具栏中间的“设为蒙版”图标，效果如图 3-156 所示。选中这两个图层，按【Ctrl+G】组合键进行编组。使用“矩形”工具绘制一个矩形，设置左下角和右下角的“圆角半径”为 14，效果如图 3-157 所示。

图 3-156 设为蒙版后的效果

图 3-157 绘制矩形并进行设置

14 打开“填充”对话框，设置“填充”为“线性渐变”，并设置渐变颜色，如图 3-158 所示。在矩形上拖动渐变颜色的起始点和结束点，调整渐变颜色填充效果，如图 3-159 所示。

15 使用相同的制作方法，输入文字并绘制五角星形图标，效果如图 3-160 所示。使用相同的制作方法，可以完成左右两侧相似图片效果的制作，如图 3-161 所示。

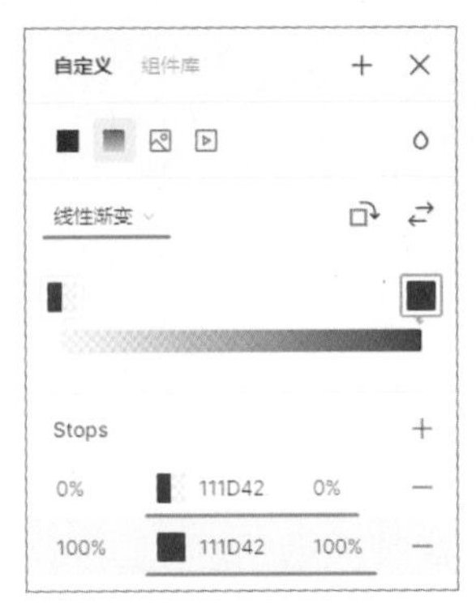

图 3-158　设置渐变颜色

图 3-159　调整渐变颜色填充效果

图 3-160　输入文字并绘制五角星形图标

图 3-161　完成相似图片效果的制作

提示

默认情况下，超出画板区域的内容会被自动隐藏，如果不希望隐藏画板区域之外的内容，可以选中画板，在“设计”面板的“画板”选项区中取消选择“裁剪内容”复选框即可。

16 使用相同的制作方法，可以完成相似栏目内容的制作，如图 3-162 所示。打开“资源”面板，将“标签栏”组件拖入设计区域中，创建组件实例，如图 3-163 所示。至此，完成该影视 App 首界面的制作，效果如图 3-164 所示。

图 3-162　制作其他栏目内容

图 3-163　添加“标签栏”组件实例

图 3-164　首界面效果

3.9.3 制作影视 App 影片详情界面

本节将设计制作影视 App 的影片详情界面。影片详情界面与首界面保持了统一的配色设计，在界面顶部通过电影海报图片来吸引用户关注，接下来就是对电影信息相关内容的排版设计，注意界面内容的表现应该清晰、易读。

制作影视 App 影片详情界面

源文件：源文件 \ 第 3 章 \3-9.fig　视频：视频 \ 第 3 章 \ 制作影视 App 影片详情界面 .mp4

01 继续在影视 App 项目文档中进行制作。选择“首界面”画板，按住【Alt】键拖动复制首界面，如图 3-165 所示。将复制得到的画板重命名为“影片详情”，并且将该画板中不需要的内容删除，效果如图 3-166 所示。

图 3-165　复制“首界面”面板

图 3-166　删除画板中不需要的内容

提示

也可以重新创建新的画板，此处使用了复制画板的方式，因为在一个 App 中许多界面的背景和元素都是相同的，所以使用复制画板再修改的方法更便捷。

02 选择“文件 > 导入图片”命令，导入图片素材并调整至合适的位置，如图 3-167 所示。使用“矩形”工具绘制一个矩形，效果如图 3-168 所示。

图 3-167　导入图片素材并调整位置

图 3-168　绘制矩形

03 打开“填充”对话框，设置“填充”为“线性渐变”，并设置渐变颜色，如图 3-169 所示。在矩形上拖动渐变颜色的起始点和结束点，调整渐变颜色填充效果，如图 3-170 所示。

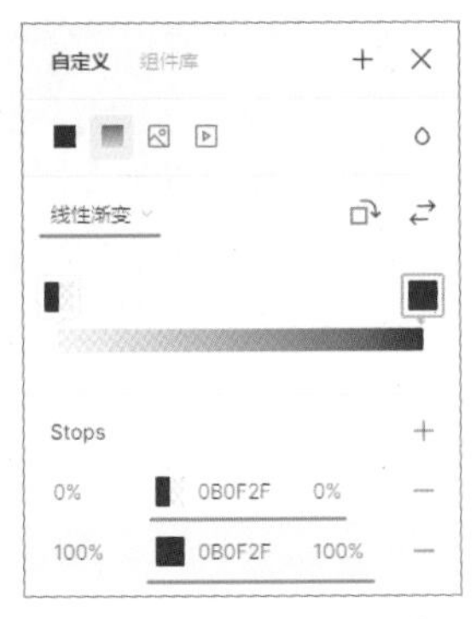

图 3-169　设置渐变颜色

图 3-170　调整渐变颜色填充效果

04 在“图层”面板中将刚绘制的矩形和图片素材图层移至“状态栏”图层下方，效果如图 3-171 所示。使用“矩形”工具绘制一个矩形，设置“圆角半径”为 16，效果如图 3-172 所示。

图 3-171　调整图层顺序

图 3-172　绘制矩形并进行设置

05 选择“文件 > 导入图片”命令，导入图片素材并调整至合适的位置，如图 3-173 所示。选择该图片素材下方的矩形图层，单击工具栏中间的“设为蒙版”图标，效果如图 3-174 所示。选中这两个图层，按【Ctrl+G】组合键进行编组。

图 3-173　导入图片素材并调整位置

图 3-174　创建蒙版后的效果

06 根据“首界面”的制作方法，可以完成该部分内容的制作，效果如图 3-175 所示。使用“文本”工具在设计区域中单击并输入文字，对文字的相关属性进行设置，效果如图 3-176 所示。

07 使用“直线”工具绘制一条直线，在“描边”选项区中对相关选项进行设置，效果如图 3-177 所示。使用“文本”工具在设计区域中绘制一个文本框，在文本框中输入文字，对文字的相关属性进行设置，效果如图 3-178 所示。

图 3-175 制作出相应的内容

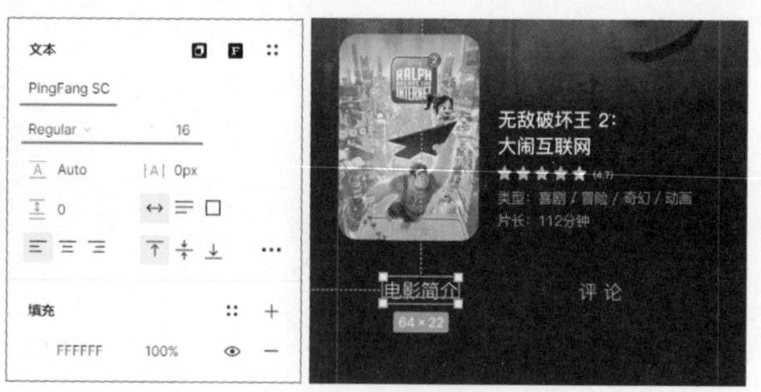

图 3-176 输入文字并设置文字属性

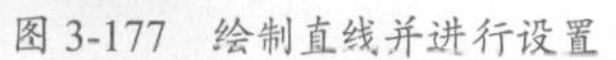

图 3-177 绘制直线并进行设置

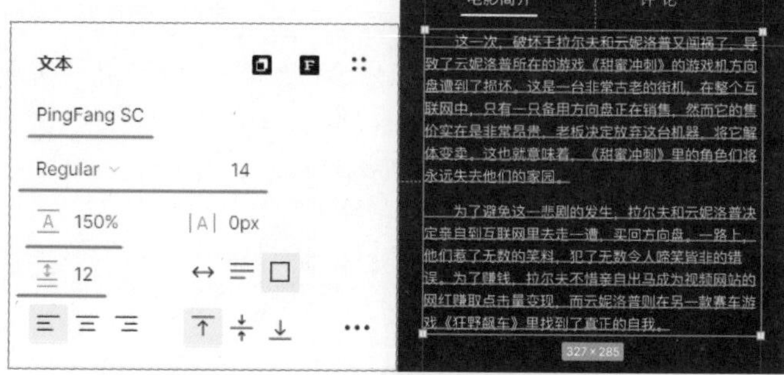

图 3-178 输入段落文字并设置文字属性

08 绘制矩形并输入文字，完成界面底部按钮的制作，效果如图 3-179 所示。至此，完成该影视 App 影片详情界面的制作，效果如图 3-180 所示。

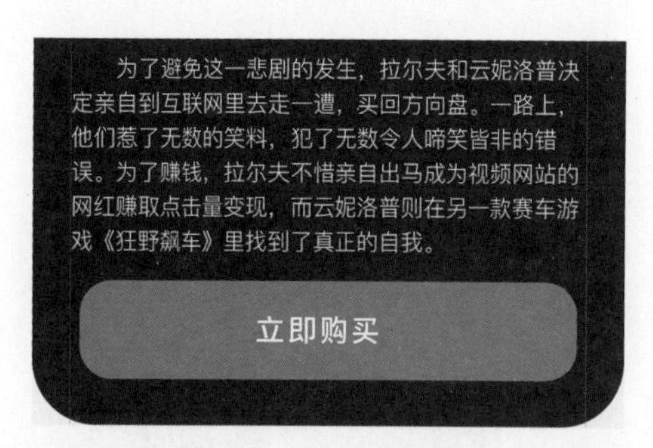

图 3-179 制作底部按钮

图 3-180 影片详情界面效果

3.9.4 制作影视 App 其他界面

本节将设计制作影视 App 中的其他界面。前面已经完成了影视 App 首界面和影片详情界面的设计，本节将继续制作“预订”“选座”“订单结算”界面，这也是影视 App 的基本购票流程中的相关界面。这些界面的设计都保持了统一的配色和布局风格，凸显出该 App 产品的特点，为用户提供简洁的视觉效果和流畅的操作体验。

实战　制作影视 App 其他界面

源文件：源文件 \ 第 3 章 \3-9.fig　视频：视频 \ 第 3 章 \ 制作影视 App 其他界面 .mp4

01 继续在影视 App 项目文档中进行制作。下面来制作“预订”界面，复制“影片详情”画板，将复制得到的画板重命名为“预订”，删除不需要的内容，效果如图 3-181 所示。使用“文本”工具在设计区域中单击并输入文字，对文字的相关属性进行设置，效果如图 3-182 所示。

图 3-181　复制画板并调整

图 3-182　输入文字并设置文字属性

02 打开“资源”面板，将“后退图标”组件从“资源”面板拖入设计区域中，创建组件实例，如图 3-183 所示。使用“矩形”工具绘制一个矩形，设置“圆角半径”为 10，对“填充”和“描边”选项进行设置，效果如图 3-184 所示。

图 3-183　添加“后退图标”组件实例

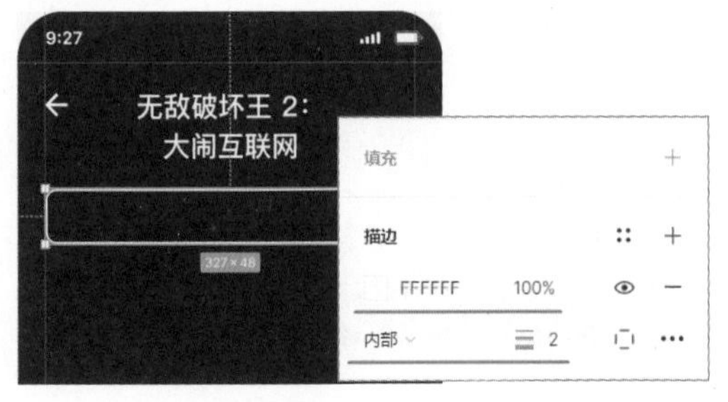

图 3-184　绘制矩形并进行设置

03 打开“资源”面板，将“位置图标”组件从“资源”面板拖入设计区域中，创建组件实例，如图 3-185 所示。使用“钢笔”工具在设计区域中绘制路径，在“描边”选项区中进行设置，效果如图 3-186 所示。

图 3-185　添加“位置图标”组件实例

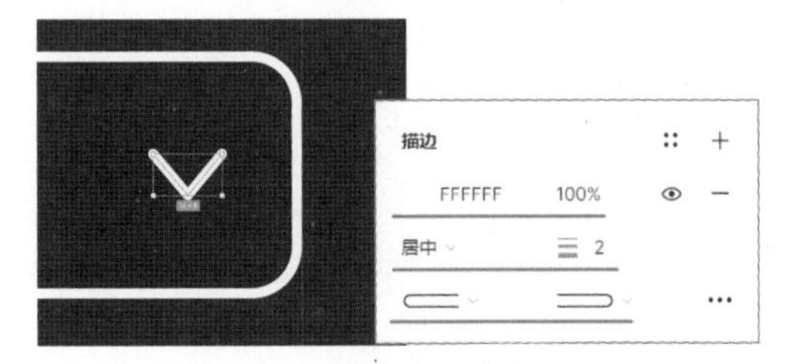

图 3-186　绘制路径并进行设置

04 使用“文本”工具在设计区域中单击并输入文字，对文字的相关属性进行设置，效果如图 3-187 所示。使用“文本”工具在设计区域中单击并输入文字，效果如图 3-188 所示。

05 使用“矩形”工具绘制一个矩形，设置“圆角半径”为 14，设置“填充”为 151D3B，效果如图 3-189 所示。使用“文本”工具在设计区域中单击并输入文字，效果如图 3-190 所示。

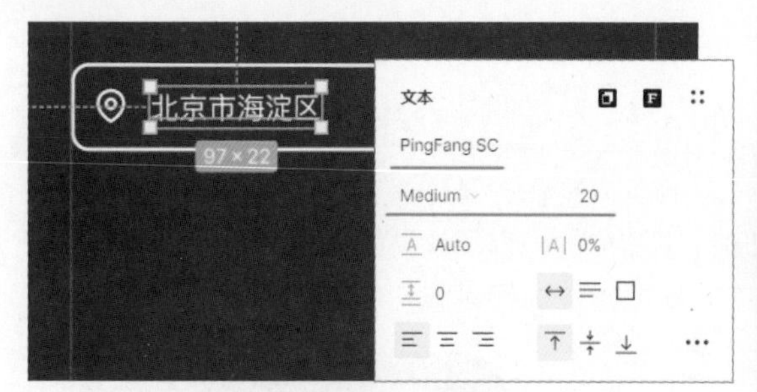

图 3-187　输入文字并设置文字属性

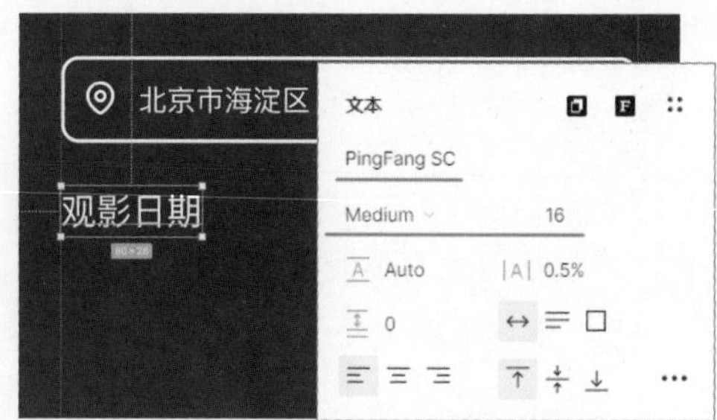

图 3-188　输入文字并设置文字属性

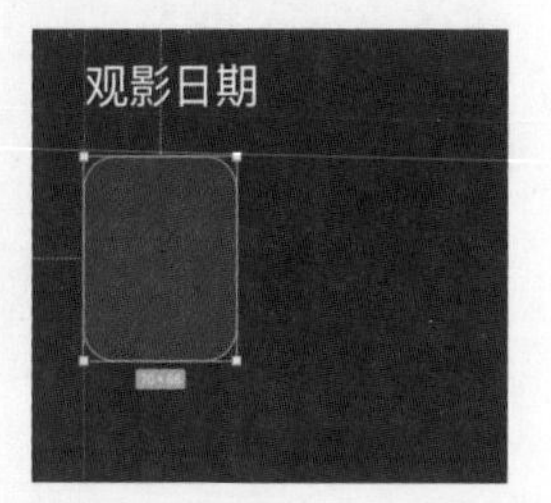

图 3-189　绘制矩形并进行设置

图 3-190　输入文字

06 使用相同的制作方法，可以完成该栏目中其他选项的制作，效果如图 3-191 所示。使用相同的制作方法，完成该界面中其他栏目内容的制作，效果如图 3-192 所示。

图 3-191　完成栏目中其他选项的制作

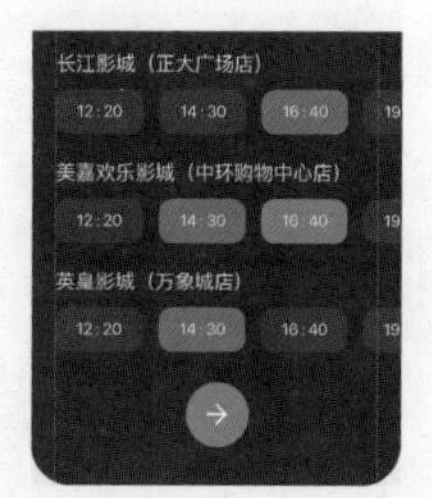

图 3-192　完成界面中其他栏目的制作

07 至此，完成该影视 App 预订界面的制作，效果如图 3-193 所示。使用相同的制作方法，还可以完成该影视 App 中“选座”“订单结算”等界面的设计制作，效果如图 3-194 所示。

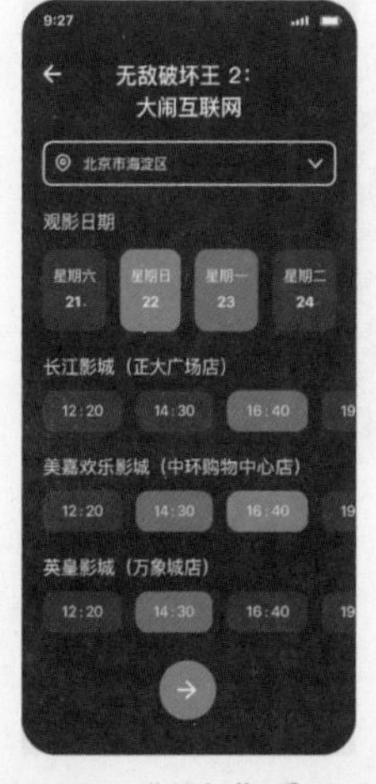

图 3-193　“预订”界面效果

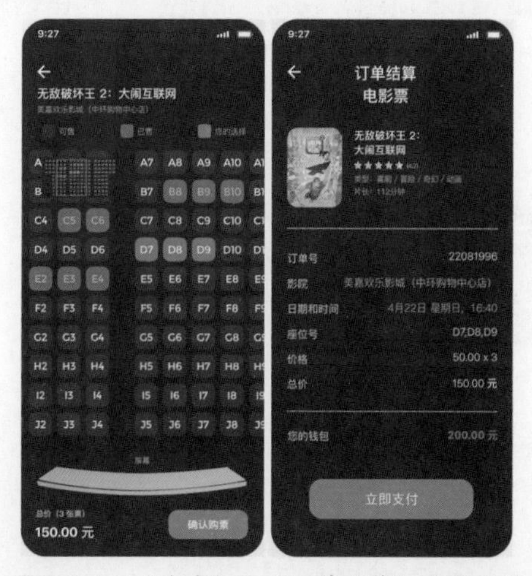

图 3-194　“选座”和“订单结算”界面效果

08 至此，完成该影视 App 的设计制作，最终效果如图 3-195 所示。

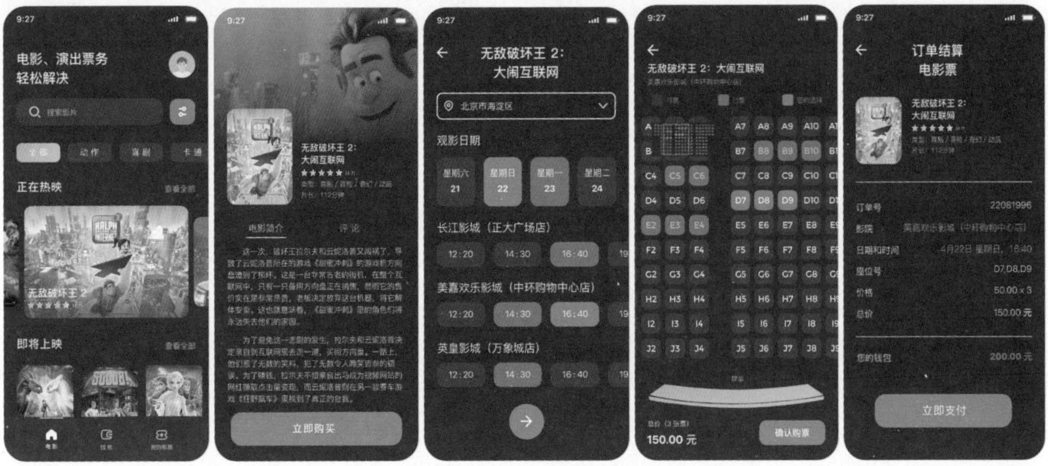

图 3-195　影视 App 的最终效果

3.10　本章小结

通过学习本章内容，读者需要能够理解在 iOS 系统中设计 UI 时需要遵守的界面尺寸和组件尺寸规范、文字设计规范、图标设计规范、图片设计规范、内容布局和版式设计规范等内容，并且能够在 Figma 中独立完成影视 App 项目的设计制作。

3.11　课后练习

完成本章内容的学习后，接下来通过练习题，检测一下读者对 iOS 系统 UI 设计相关内容的学习效果，同时加深读者对所学知识的理解。

3.11.1　选择题

1.（　　）指的是一英寸屏幕上包含像素点的个数，其单位是 PPI。

A. 网点密度　　B. 屏幕密度　　C. 屏幕像素　　D. 屏幕分辨率

2. 使用列表形式对移动 App 界面内容进行布局时需要注意，列表的舒适视觉体验的最小高度是（　　）。

A. 40px　　B. 60px　　C. 100px　　D. 80px

3.（　　）是 Figma 软件中的一个重要功能，它允许设计师创建可重复使用的界面元素，从而加速设计流程并提高设计的一致性。

A. 群组　　B. 画板　　C. 组件　　D. 图层

4. 以下关于 Figma 中组件的说法，错误的是（　　）。

A. 组件母版除了可以在当前页面中使用，还可以在其他页面中使用。

B. 对组件实例进行修改，不会影响组件母版。

C. 如果对组件母版进行修改，那么通过该组件母版所创建的所有组件实例都会同时进行更新。

D. 通过组件母版所创建的组件实例不能进行修改。

5. 在 Figma 中，对图层进行重命名的快捷键是（　　）。

A. Ctrl+D　　B. Ctrl+E　　C. Ctrl+R　　D. Ctrl+W

3.11.2 判断题

1. 在 iOS 系统的移动 UI 设计中，字号的设置必须为偶数，且上下级的字号差为 2 ～ 4 个字号。例如大标题为 28pt，则二级标题应为 26pt 或 24pt。（　　）

2. 移动 App 界面中的字体颜色一般会使用纯黑色，这样既能够保证文字内容清晰易读，又可以保证界面效果和谐统一。（　　）

3. 在对界面的全局边距进行设置时，20px 是非常舒服的距离，也是绝大多数移动 App 界面的首选全局边距设置。（　　）

4. iOS 系统中的按钮主要包含 4 种状态，分别是普通状态（Normal）、选中状态（Selected）、按下状态（Highlighted）、不可点击状态（Disabled）。（　　）

5. Figma 中的变体组件是一种基于组件状态属性的工具，它能够帮助用户在创建组件和构建设计系统时，统一管理组件的多种类型、尺寸及状态，从而达到优化设计层级的目的。（　　）

3.11.3 操作题

根据从本章所学习和了解到的知识，掌握如何在 Figma 中进行基于 iOS 系统规范进行 UI 设计，具体要求和规范如下。

- 内容

设计一款有声读物 App。

- 要求

基于 iOS 系统的设计规范进行该 App 的设计制作，按流程先制作该 App 项目的组件，再对 App 界面进行设计制作，界面视觉效果简洁，内容清晰、易读。

第 4 章 使用 Figma 设计 Android 系统 UI

Android 系统的 UI 设计是一个综合的过程，涉及多个方面，包括布局、颜色、图标、控件、动画效果等。在本章中将向读者详细介绍 Android 系统 UI 设计的相关规范，并通过一个旅游 App 项目的设计制作，使读者能够理解 Android 系统 UI 设计规范并掌握旅游 App 项目的设计制作方法。

学习目标

1. 知识目标

- 了解 Android 系统。
- 理解 Android 系统的单位和常用分辨率。
- 了解 Android 系统组件尺寸。
- 了解 Android 系统元素间距。
- 了解 App 界面常见的布局形式。

2. 能力目标

- 掌握 Android 系统字体设计规范。
- 掌握 Android 系统图标设计规范。
- 掌握 Figma 布局约束功能的使用。
- 掌握 Figma 布局网格功能的使用。
- 掌握旅游 App 项目的设计制作。

3. 素质目标

- 具有创新意识和创业精神，提升创新能力。
- 具有资源整合能力，能够合理调配和利用资源，实现工作目标。

4.1 了解 Android 系统

Android 系统是一个以 Linux 为基础的开源移动设备操作系统，主要用于智能手机和平板电脑。Android 系统是目前在智能移动设备中使用广泛的操作系统之一，除了 iPhone 手机使用 iOS 系统外，其他大多数手机使用的都是 Android 系统。

4.1.1 Android 系统的发展

Android 操作系统最初由 Andy Rubin 开发，主要支持手机设备。2005 年 8 月，由 Google

收购注资。2007 年 11 月，Google 与 84 家硬件制造商、软件开发商及电信运营商组建开放手机联盟，共同研发改良 Android 系统，其后于 2008 年 10 月，发布了第一部 Android 智能手机。

随着 Android 系统的迅猛发展，它已经成为全球范围内具有广泛影响力的操作系统。Android 系统已经不仅仅是一款手机的操作系统，它越来越广泛地被应用于平板电脑、可穿戴设备、电视、数码相机等设备上。图 4-1 所示为使用 Android 系统的移动智能设备。

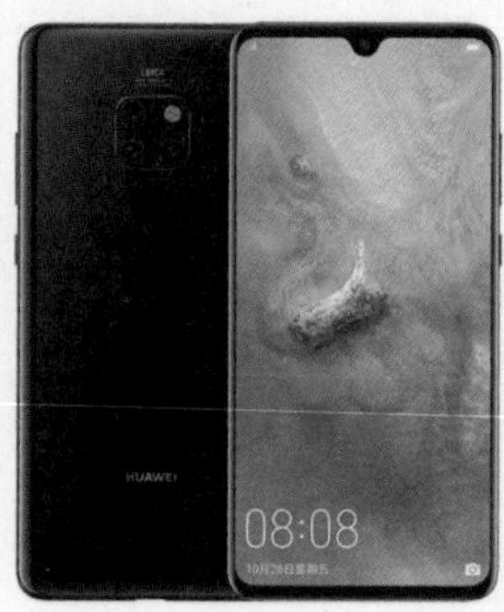

图 4-1　使用 Android 系统的移动智能设备

4.1.2　Android 系统的单位

在 Android 系统中，文字大小的单位是 sp，非文字的尺寸大小单位是 dp，但是在进行 UI 设计时使用的单位都是 px，那么，px 与 sp 和 dp 之间是如何进行换算的呢？

sp 是 Android 系统中的字体大小单位，以 160dpi 的屏幕为标准，当字体大小为 100% 时，1sp=1px。

sp 与 px 的换算公式：sp×DPI/160=px。例如，设备屏幕的 DPI 为 320dpi，1sp×320dpi/160=2px。

dp 是 Android 系统中的非文字尺寸大小单位，以 160dpi 的屏幕为标准，则 1dp=1px。

dp 与 px 的换算公式：dp×DPI/160=px。例如，设备屏幕的 DPI 为 320dpi，1dp×320dpi/160=2px。

提示

简单地理解，px（像素）是人们设计移动 UI 时使用的尺寸单位，同时也是手机屏幕上显示的尺寸单位，而 sp 和 dp 则是开发人员在系统开发时所使用的尺寸单位。

根据上述单位换算方法，可以总结得出：在 LDPI 模式下，1dp=0.75px；在 MDPI 模式下，1dp=1px；在 HDPI 模式下，1dp=1.5px；在 XHDPI 模式下，1dp=2px；在 XXHDPI 模式下，1dp=3px；在 XXXHDPI 模式下，1dp=4px，如图 4-2 所示。

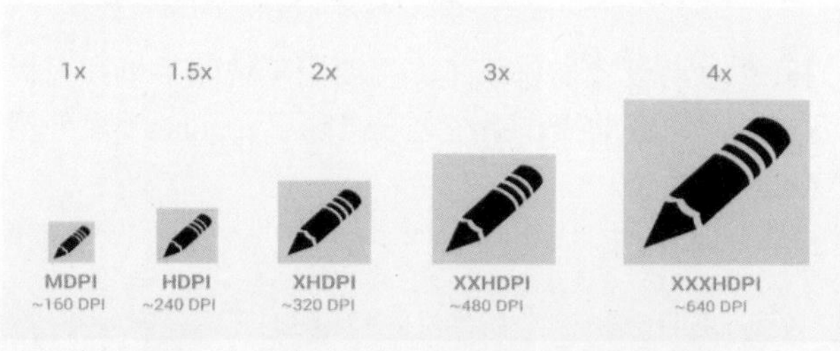

图 4-2　不同 DPI 下 dp 单位与 px 单位的换算

当运行在 MDPI 模式下时，1dp=1px，也就是说设计师在移动 UI 中设置一个元素的高度为 48px，开发人员会定义该元素的高度为 48dp；当运行在 HDPI 模式下时，1dp=1.5px，也就是说设计师在移动 UI 中设置一个元素的高度为 72px，开发人员会定义该元素的高度为

48dp；当运行在 XHDPI 模式下时，1dp=2px，也就是说设计师在移动 UI 中设置一个元素的高度为 96px，开发人员会定义该元素的高度为 48dp。

提示

其实对于 UI 设计师来说，在设计移动 UI 时使用的单位仍然是 px，而 sp、dp 单位都是 Android 系统开发中所使用到的单位，但是读者必须要了解每种单位的含义及它们之间的关系，这样才能使自己的设计更加统一和完美。

4.1.3 Android 系统的常用分辨率

Android 系统涉及的手机种类非常多，屏幕尺寸很难有一个相对固定的参数。Android 系统按照 DPI 可以大致分为 6 类，分别是 LDPI、MDPI、HDPI、XHDPI、XXHDPI 和 XXXHDPI，每种类型的分辨率如表 4-1 所示。

表 4-1　Android 系统常用分辨率

密度	DPI	分辨率	屏幕尺寸	倍数关系	单位换算
LDPI	120dpi	240px×320px	2.4 英寸	@0.75x	1dp=0.75px
MDPI	160dpi	320px×480px	3.2 ～ 3.5 英寸	@1x	1dp=1px
HDPI	240dpi	480px×800px	4 英寸	@1.5x	1dp=1.5px
XHDPI	320dpi	720px×1280px	4.3 ～ 5.5 英寸	@2x	1dp=2px
XXHDPI	480dpi	1080px×1920px	4.7 ～ 6.4 英寸	@3x	1dp=3px
XXXHDPI	640dpi	2160px×3840px	5.5 ～ 7 英寸	@4x	1dp=4px

一台 Android 手机的屏幕属于哪一等级的像素密度，可以通过下面的公式来计算：

$$\mathrm{PPI}=\frac{\sqrt{(\text{长度像素数}^2+\text{宽度像素数}^2)}}{\text{屏幕对角线尺寸}}$$

例如：华为 P50 手机，6.6 英寸，屏幕分辨率为 2700px×1228px。

PPI=$(2700^2+1228^2)0.5/6.6\approx449.4$ 接近 480，所以该手机的屏幕密度属于 XXHDPI。

目前，Android 系统最高的屏幕密度已经达到 XXXHDPI 级别，但目前来看，并没有太大的使用价值，因为正常人类的视力在达到 Retina 屏幕（即分辨率达到 300ppi）时，就已经无法分辨像素点了。当然，将来的 VR 技术会对屏幕密度有着更高的要求，届时，屏幕密度也许会有更大的提高。

4.1.4 Android 系统的设计尺寸

市场上 Android 系统的手机机型非常丰富，它们的屏幕尺寸和分辨率也各不相同。那么，设计师如果想要设计一款 Android 系统的 App 界面，应该使用多大的尺寸呢？

从目前市场主流设备尺寸来看，设计师可以采用 1080px×1920px 作为 Android 系统设计稿的标准尺寸。

提示

1080px×1920px 在 Android 设备中属于中间的尺寸，选用它作为标准尺寸，可以使设计师充分发挥想象力，设计出精美的 App 界面，同时这个尺寸在向上或者向下适配时，需要调整的幅度最小，最方便适配。

4.2 Android 系统 UI 设计尺寸

应用 Android 系统的手机、平板电脑和其他移动设备非常多，这些设备有多种屏幕尺寸，设计师在对基于 Android 系统的移动 UI 进行设计之前，首先必须清楚所适用设备的屏幕尺寸等各种设计规范。在本节中将向读者介绍 Android 系统 UI 设计尺寸规范。

4.2.1 Android 系统的组件尺寸

和苹果的 iOS 系统一样，Android 系统也有一套完整的 UI 基本组件。在创建基于 Android 系统的 App，或者将其他系统平台中的 App 移植到 Android 系统平台中时，需要按照 Android 系统的 UI 设计规范对界面进行全方位的整合，为用户提供统一的产品体验。

在 Android 系统的移动 App 界面中，状态栏的高度为 24dp，如图 4-3 所示。导航栏的高度为 56dp，如图 4-4 所示。如果界面中包含有子标题，则子标题的高度为 48dp，如图 4-5 所示。

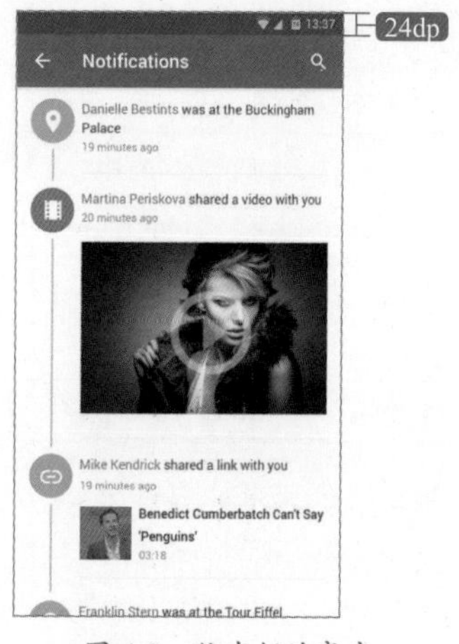

图 4-3　状态栏的高度

图 4-4　导航栏的高度

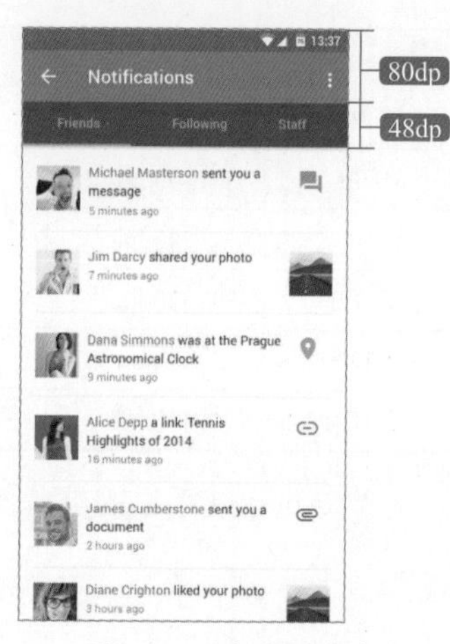

图 4-5　子标题的高度

Android 系统中的底部标签栏没有统一的标准高度，但是系统默认的底部标签栏的高度为 56dp。如果界面底部包含工具栏，则底部工具栏的高度为 56dp，如图 4-6 所示。如果界面中包含列表项，则列表项的高度为 72dp，如图 4-7 所示。

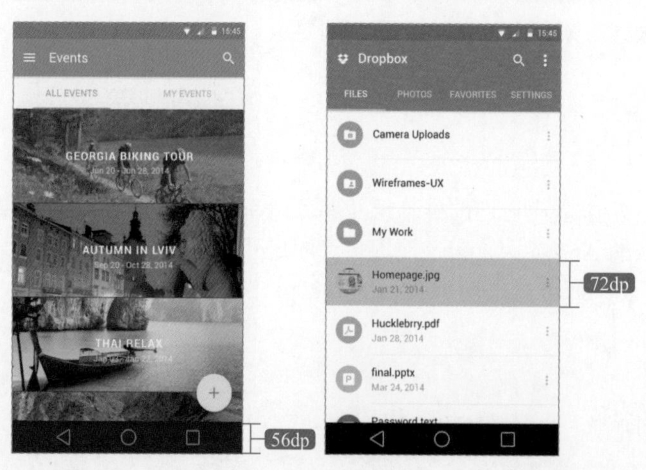

图 4-6　工具栏的高度　　　　图 4-7　列表项的高度

4.2.2 Android 系统的元素间距

为了保证用户在 Android 系统界面中阅读的流畅性，必须对 Android 系统 UI 设计元素的间距有一个明确的规定。

最新的 Material Design（材料设计语言）规范发明了一个名为 8dp 原则的栅格系统。这个规范的最小单位是 8dp（12px），一切距离、尺寸都选取 8dp 的整数倍。

图 4-8 所示为一个基础 Android

系统界面，在界面中头像和两行文本列表采用了左对齐、尺寸大小为 56dp 的浮动功能图标在界面中进行右对齐。在 Android 系统界面的设计中，界面左右各有 16dp 的全局边距，带有图标或者头像的内容有 72dp 的左边距，如图 4-9 所示。

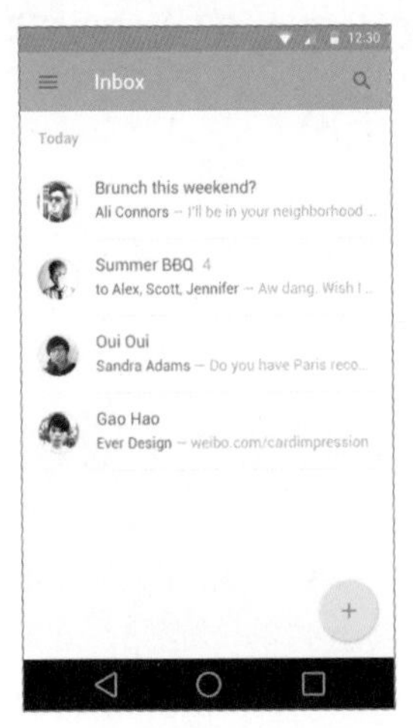

图 4-8 基础 Android 系统界面

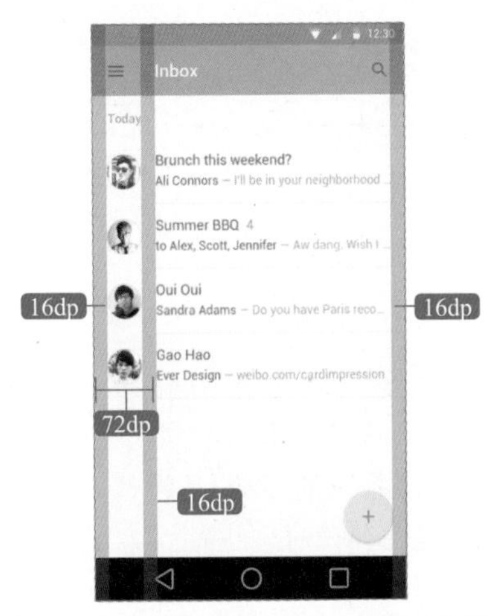

图 4-9 Android 系统界面中的间距设置

因此，在基于 Android 系统的 UI 设计中，采用 8dp 为栅格，将默认的界面划分为若干单元格，所有元素都落在栅格的边缘上，可以保证不同产品、不同界面，在不同设计师的设计下，都可以保持一致的视觉疏密程度，结合 UI 设计的设计规范，能够极大地提高 App 项目 UI 开发效率和开发质量。

4.3 Android 系统字体设计规范

为了追求更好的视觉效果，提高用户体验，Google 公司对 Android 系统中文字的字体和字号使用有着严格的规定。

4.3.1 字体

Android 系统中默认的英文字体为 Roboto，如图 4-10 所示。Roboto 有 6 种字型，分别是 Thin、Light、Black、Medium、Bold 和 Regular，如图 4-11 所示。

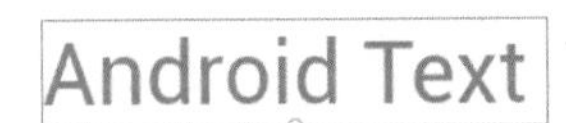

图 4-10 Roboto 字体

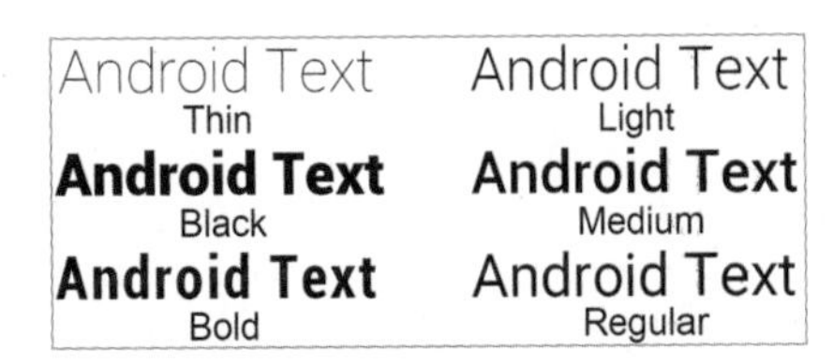

图 4-11 Roboto 字体的 6 种字型

Android 系统中默认的中文字体为思源黑体，英文名称为 SourceHanSansCN。这种字体与微软雅黑很像，是 Google 公司与 Adobe 公司合作开发的，支持中文简体、中文繁体、日文和韩文，如图 4-12 所示。

该字体字形较为平稳，利于阅读，有 ExtraLight、Light、Normal、Regular、Medium、Bold 和 Heavy 共 7 种不同的字型，能够充分满足不同场景下的设计需求，如图 4-13 所示。

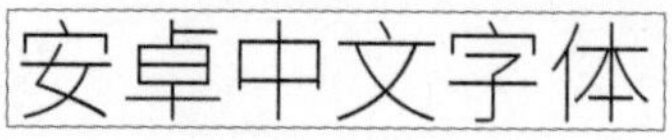

安卜中文字体

图 4-12　思源黑体

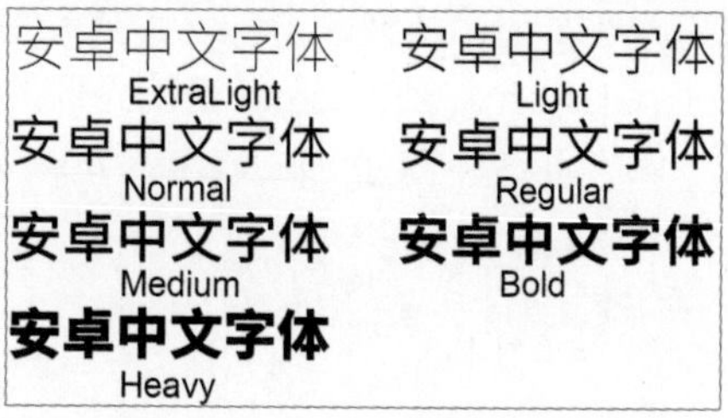

安卓中文字体 ExtraLight　安卓中文字体 Light
安卓中文字体 Normal　安卓中文字体 Regular
安卓中文字体 Medium　安卓中文字体 Bold
安卓中文字体 Heavy

图 4-13　思源黑体的 7 种字型

4.3.2 字号

在移动 UI 设计中使用不同的大小字体对比，可以创建有序的、易理解的布局。但是，在同一个界面中如果使用太多不同大小的字体，会显得很混乱。

在 Android 系统的移动 UI 设计中，字体大小一般在 12sp ～ 24sp。字体大小的选择主要是根据产品的属性有针对地进行设定。有一点需要注意，字体大小的单位是 sp，在软件中设计 UI 时，需要将 sp 单位换算成相应的 px 单位。

Android 系统中字体大小和字重的选择如表 4-2 所示。

表 4-2　Android 系统不同元素字号、字重选择

元素	字号	字重	字间距	行距
导航栏	20sp	Medium	-	-
按钮	15sp	Medium	10dp	-
大标题	24sp	Regular	-	34dp
标题	21sp	Medium	5dp	-
小标题	17sp	Regular	10dp	30dp
正文 1	15sp	Regular	10dp	23dp
正文 2	15sp	Bold	10dp	26dp
说明	13sp	Regular	20dp	-

图 4-14 所示为 Android 系统 App 界面中不同位置的字号设置。

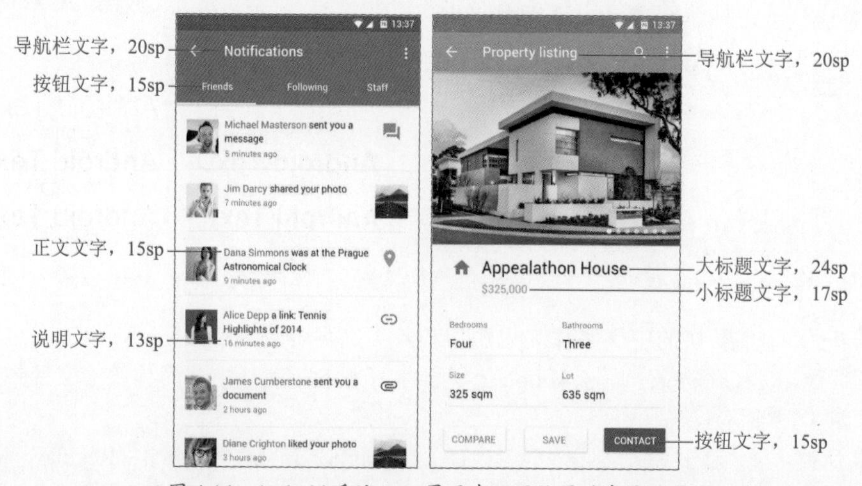

图 4-14　Android 系统 App 界面中不同位置的字号设置

4.4　Android 系统图标规范

Android 系统对于界面中不同类型的图标具有一定的规范，理解并遵守 Android 系统中的图标设置规范，才能够设计出符合要求的图标。

4.4.1　图标类型

在 Android 系统中，常用的图标包括 Android 应用市场图标、App 图标、操作栏图标、上下文图标、系统通知图标等。图 4-15 所示为 App 图标，图 4-16 所示为操作栏图标，图 4-17 所示为上下文图标，图 4-18 所示为系统通知图标。

图 4-15　App 图标

图 4-16　操作栏图标

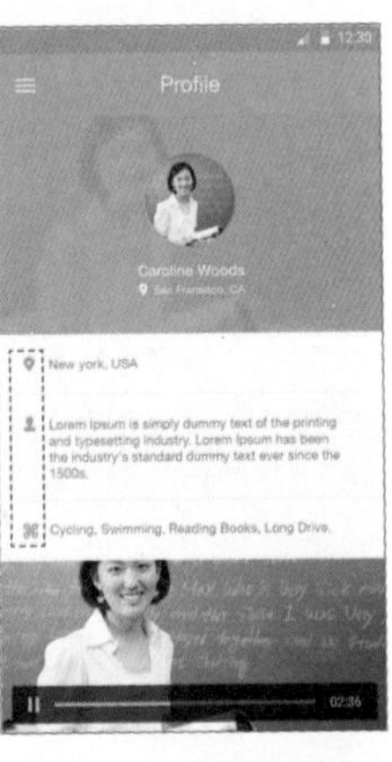

图 4-17　上下文图标

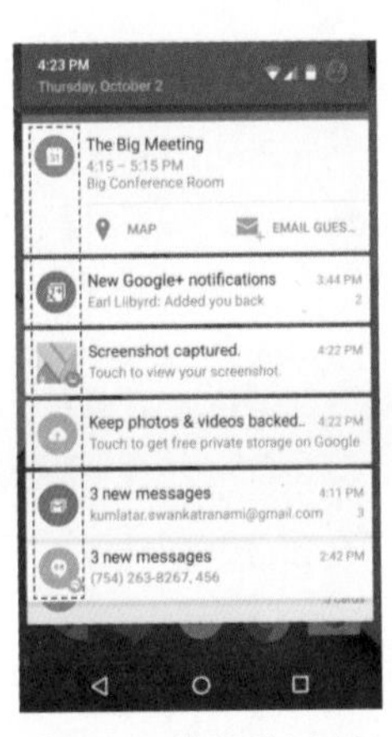

图 4-18　系统通知图标

1. 应用图标

应用图标在 Android 系统手机的“主屏幕”和“所有应用”中代表该 App。因为用户可以为手机“主屏幕”设置壁纸，所以要确保 App 图标在任何背景上都能够清晰可见。图 4-19 所示为 Android 系统 App 图标设计。

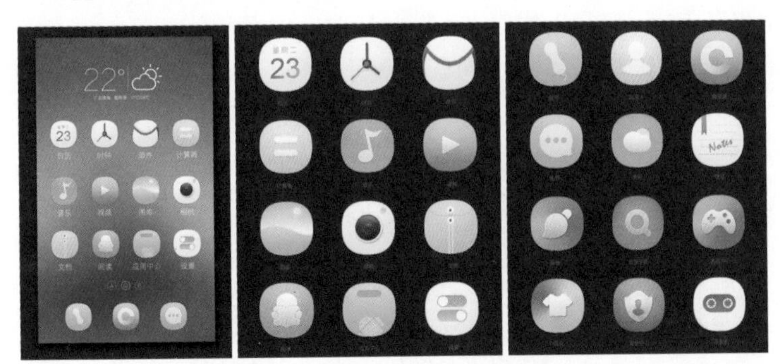

图 4-19　Android 系统 App 图标设计

注意，在 Google Play 应用商店中所显示的 App 图标的尺寸大小必须是 512px×512px。

2. 操作栏图标

操作栏图标也可以称为功能性图标，用来表示用户在 App 中可以执行的重要操作，如界面顶部导航图标、底部标签栏图标等。每个图标都使用一个简单的隐喻来代表将要执行的操作，使用户能够一目了然。图 4-20 所示为 Android 系统中的操作栏图标设计。

图 4-20 Android 系统中的操作栏图标设计

图 4-21 Android 系统中的上下文图标设计

3. 上下文图标

上下文图标也可以称为示意性图标，通常应用在 App 的主体内容区域中，用于对相应信息进行指示，但这些信息不需要用户进行操作。图 4-21 所示为 Android 系统中的上下文图标设计。

4. 通知栏图标

如果所设计的 App 需要主动向用户推送信息通知内容，设计一个通知栏图标让系统显示在状态栏上，表示有一条新的通知。

4.4.2 图标尺寸

Android 系统有很多机型，不同分辨率的手机对应的图标大小也不相同。表 4-3 所示为 Android 系统中不同分辨率下的图标尺寸。

表 4–3 Android 系统不同分辨率下的图标尺寸

屏幕大小	应用图标	操作栏图标	上下文图标	系统通知图标	最细笔画
MDPI 320px × 480px	48px×48px	32px×32 px	16px×16px	24px×24px	不小于 2px
HDPI 480px×800px	72px×72px	48px×48px	24px×24px	36px×36px	不小于 3px
XHDPI 720px×1280px	96px×96px	64px×64px	32px×32px	48px×48px	不小于 4px
XXHDPI 1080px×1920px	144px×144px	96px×96px	48px×48px	72px×72px	不小于 6px
XXXHDPI 2160px×3840px	192px×192px	128px×128px	64px×64px	96px×96px	不小于 8px

设计师通常只需提供图标的几个常用尺寸就可以了，如图 4-22 所示。但是通常需要提供两套图标，圆角和直角各一套，以方便在不同的情况下使用。

Android 图标的圆角大小跟屏幕分辨率有直接关系，以 1080px×1920px 为参考，对应的启动图标尺寸为 144px×144px，圆角约等于 25px，如图 4-23 所示。

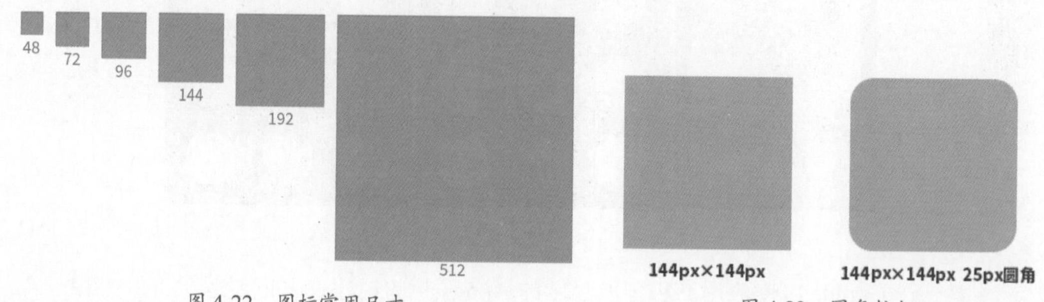

图 4-22 图标常用尺寸

图 4-23 圆角按钮

提示

实际工作中通常使用矢量设计工具（如 Illustrator、Figma、Sketch、Adobe XD）制作图标，便于匹配不同的界面尺寸。为了保留细节和透明背景层，一般将图标保存为 PNG 格式。

4.5 移动 UI 布局设计

很多设计师在设计 UI 时习惯性地先尝试选择配色，甚至图标风格等，但是在版式没有处理好的情况下，并不能确定好合适的配色和比例。配色是一种填充行为，它需要通过载体来呈现出效果。所以视觉设计也好，界面设计也好，正常的设计流程如图 4-24 所示，第一步先把内容排上去，第二步思考应用场景与信息层级，第三步进行界面的版式布局设计，最后才应该是色彩和细节的处理，从整体到局部再回到整体，顺序很重要。

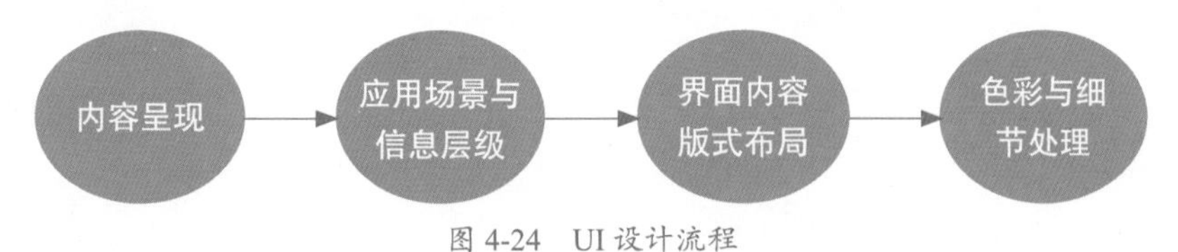

图 4-24 UI 设计流程

4.5.1 App 界面常见的布局形式

在对移动 App 界面进行设计之前，需要对信息进行优先级划分，并且进行合理布局，提升界面中信息内容的传递效率。每一种布局形式都有其意义所在，本节将向读者介绍 App 界面设计中常见的几种布局形式。

1. 标签式布局

标签式布局又称为网格式布局，标签一般承载的都是较为重要的功能，具有很好的视觉层级。标签式布局一般用于展示重要功能的快捷入口，同时也是很好的运营入口，能够很好地吸引用户的目光。图 4-25 所示为使用标签式布局的 App 界面。

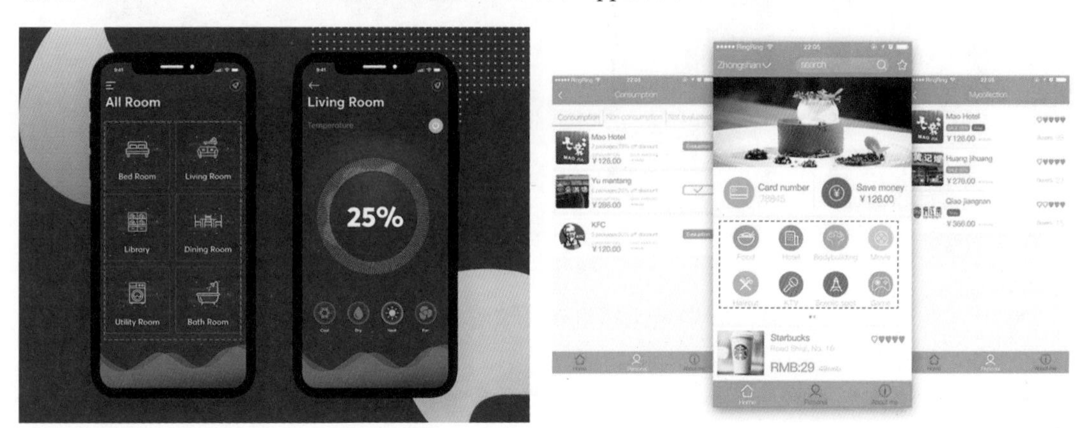

图 4-25 使用标签式布局的 App 界面

每个标签都可以看作是界面布局中的一个点，过多的标签也会让界面显得过于烦琐，并且图标占据标签式布局的大部分空间，因此图标设计要力求精致，同类型、同层级标签需要保持风格及细节上的统一，如图 4-26 所示。

- 优点：各功能模块相对独立，功能入口清晰，方便用户快速查找。
- 缺点：扩展性差，一屏横排最多只能放置 5 个标签，超过 5 个则需要左右滑动，并且文字标题不宜过长。

图 4-26　图标设计要保证风格和细节的统一

提示

在 App 界面中非重要层级的功能，或者不可点击的纯介绍类元素，不适合使用标签式布局设计。

2. 列表式布局

列表布局形式是移动 App 界面中常见的一种排版布局形式，常用于图文信息组合排列的界面。图 4-27 所示为使用列表式布局的 App 界面。

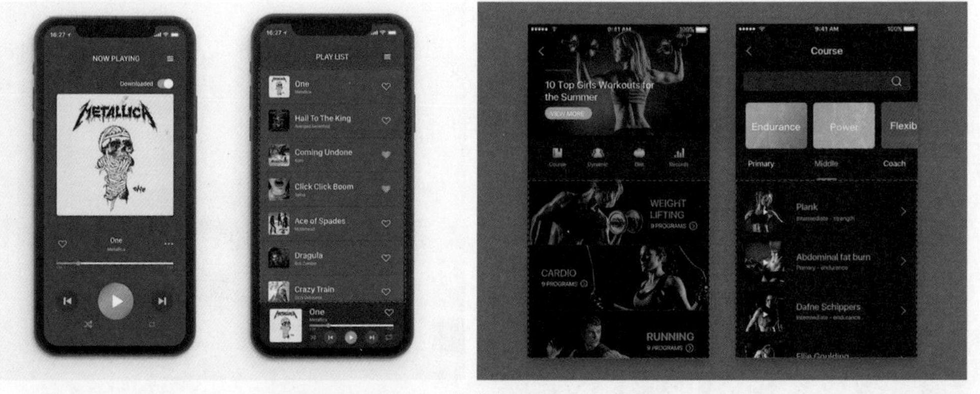

图 4-27　使用列表式布局的 App 界面

- 优点：界面中的信息内容展示比较直观，节省界面空间，延展性较强，承载信息内容多，浏览效率高。
- 缺点：表现形式单一，容易造成用户的视觉疲劳，需要在列表中穿插其他版式形式，从而使画面有所变化。并且不适用于信息层级过多并且字段内容不确定的情况，这种情况下仅通过分割线或者间距的区分容易让用户出现视觉误差，每一个列表可以看作是界面布局中的一条线。

3. 卡片式布局

从某种程度上来说，卡片式布局是将整个界面的内容切割为多个区域，不仅能够给人很好的视觉一致性，而且更易于设计上的迭代。图 4-28 所示为使用卡片式布局的 App 界面。

- 优点：卡片式布局最大的优势就是可以将不同大小、不同媒介形式的内容单元以统一的方式进行混合呈现。最常见的就是图文混排，既要做到视觉上尽量一致，又要平衡文字和图片的强弱，这时卡片式布局非常合适。另外，当一个界面中的信息内容版块过多，或者一个信息组合中的信息层级过多时，通过列表式布局容易使用户出现视觉误差，使用卡片式布局就再合适不过了。

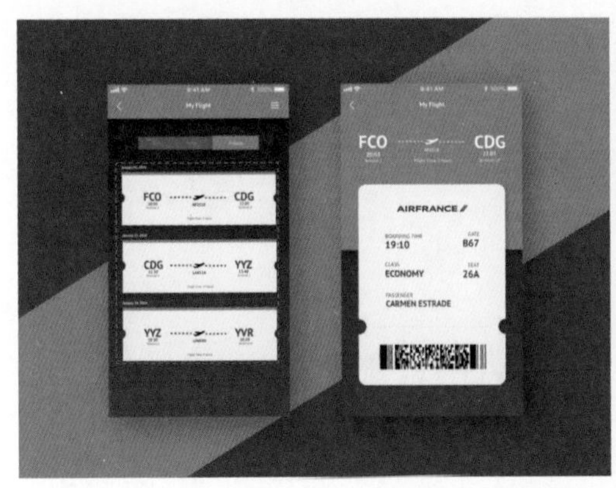

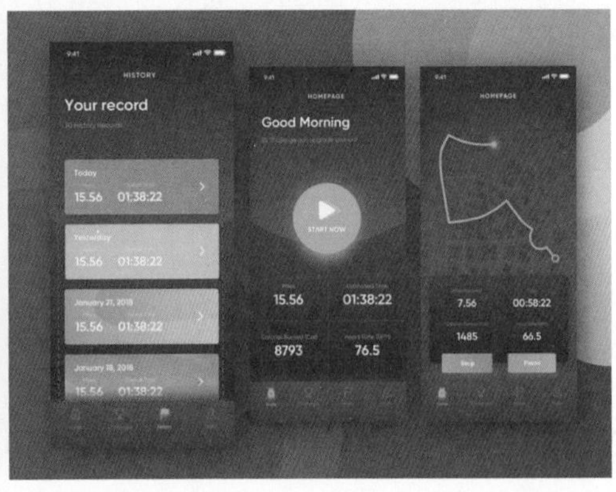

图 4-28　使用卡片式布局的 App 界面

- 缺点：卡片式布局对界面空间的占用比较大，需要为卡片与卡片之间预留间距，这样就会导致在界面中所呈现的信息量较小。所以当用户的浏览是需要大范围扫视、接收大量相关性的信息，然后再过滤筛选时，或者信息组合比较简单，层级较少时，强行使用卡片式布局会降低用户的使用效率，带来麻烦。

4. 瀑布流布局

在 App 界面中使用大小不一的卡片进行布局设计时，能够使界面产生错落的视觉效果，这样的布局形式就称为瀑布流布局。当用户仅仅通过图片就可以找到自己想要获取的信息时，非常适合使用瀑布流的布局形式，瀑布流布局非常适合图片或视频等内容的表现。图 4-29 所示为使用瀑布流布局的 App 界面。

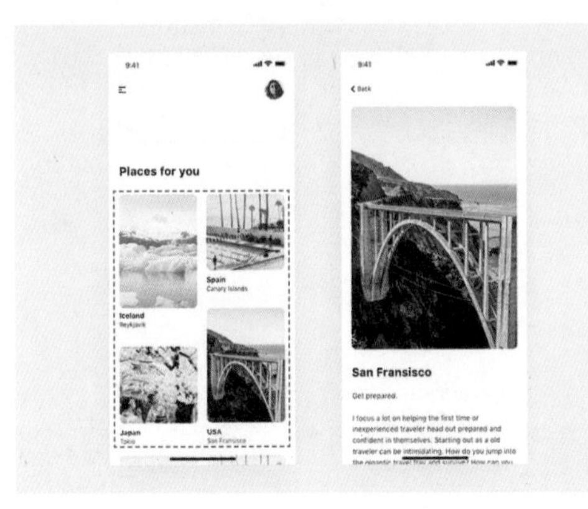

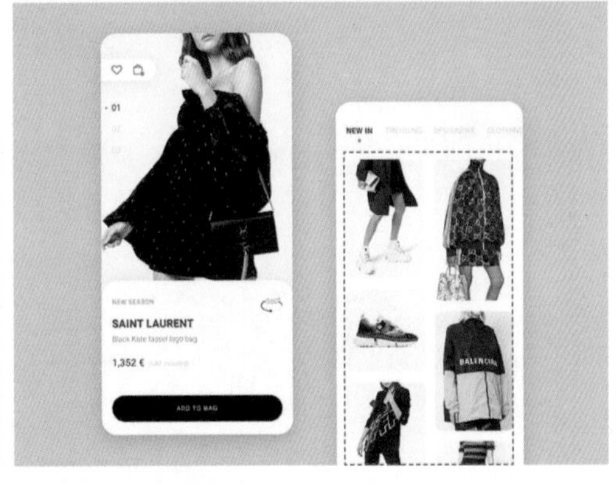

图 4-29　使用瀑布流布局的 App 界面

- 优点：瀑布流布局通常是两列信息并列显示，极大地提高了交互效率，并且使界面表现出丰富、华丽的视觉印象，特别适合电商、图片或者小视频类的移动应用。
- 缺点：瀑布流布局的缺点是过于依赖图片质量，如果图片质量较低，整体的产品格调也会受图片影响。并且瀑布流布局不适合以文字内容为主的 App 界面，也不适用于产品调性比较稳重的产品。

5. 多面板布局

多面板布局很像是竖屏排列的选项卡，在一个界面中可以展示更多的信息量，提高用户的操作效率，适合分类和内容都比较多的情形，多用于电商 App 的分类界面或者品牌筛选界面。图 4-30 所示为使用多面板布局的 App 界面。

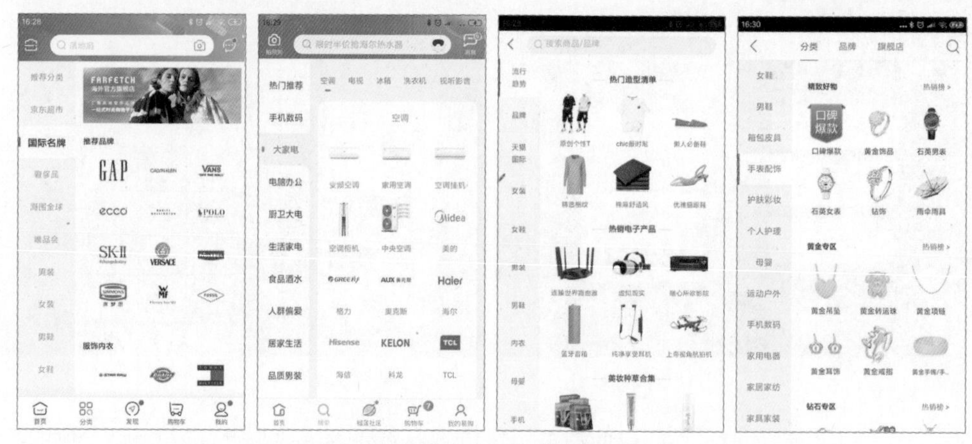

图 4-30　使用多面板布局的 App 界面

- 优点：多面板布局能够使分类更加明确、直观，并且有效减少了界面之间的跳转。
- 缺点：多面板布局的界面信息量过多，较为拥挤，并且如果分类很多，则左侧滑动区域过窄，不利于用户单手操作。

6. 手风琴布局

手风琴布局常用于界面中包含两级结构的内容，用户点击分类名称可以展开显示该分类中的二级内容，在不需要使用时，该部分内容默认是隐藏的。手风琴布局能够承载较多的信息内容，同时保持界面简洁。图 4-31 所示为使用手风琴布局的 App 界面。

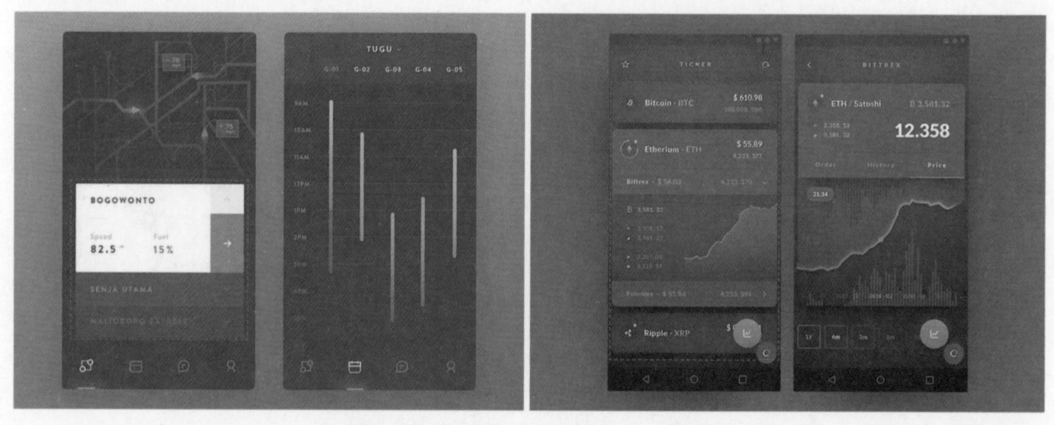

图 4-31　使用手风琴布局的 App 界面

- 优点：能够有效减少界面跳转，与树形结构相比，手风琴布局能够减少点击次数，提高操作效率。
- 缺点：如果用户在同一个界面中同时打开了多个手风琴菜单，容易使界面布局混乱，分类标题不清晰。

提示

移动端相比于 PC 端，物理尺寸小了许多，其布局与 PC 端也相差甚远，所以尽量不要把网页界面布局的习惯带到移动 UI 的布局设计中。

4.5.2　卡片式设计与无框设计

从 Android 5.0 开始，卡片式设计在移动 UI 的布局设计中逐渐流行起来。近些年，无框设计又有了渐渐取代卡片式设计的势头。其实，每种版式布局都有其存在的理由和适用的场景。

1. 卡片式设计

卡片式设计，顾名思义，就是把界面中的各个版块信息以卡片的形式进行承载，其最直观的优点就是可以使界面信息内容的划分非常清晰，并且列表形式的信息如果信息内容过多时，通过卡片的承载也可以使信息内容的表现更加规整。并且手机屏幕中的卡片也可以使用户联想到现实生活中的卡片，所以一些优惠券或者会员卡等元素非常适合使用卡片式的设计。图 4-32 所示为 App 界面中的卡片式设计。

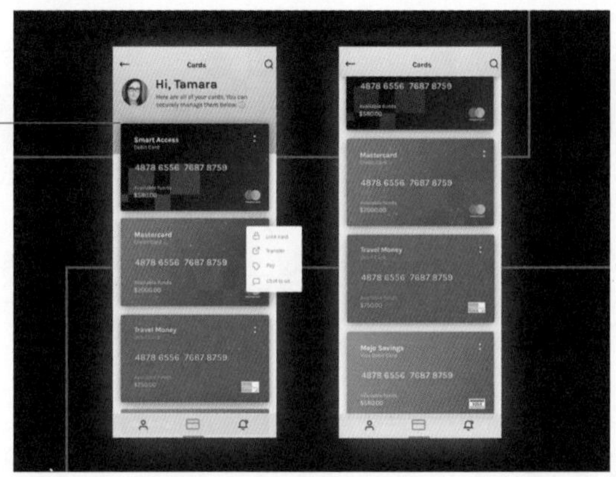

图 4-32　App 界面中的卡片式设计

卡片式设计的这些优点都是针对于体量较大、信息较为复杂的产品来说的，如果是一些本来信息内容就比较少的界面，或许仅仅通过间距就可以使界面中的信息清晰呈现，这时再强行使用卡片式设计就显得浪费界面空间了，而一些新手最喜欢犯这种错误，盲目地跟随设计趋势而忘记了其本质的意义。图 4-33 所示为 App 界面中的卡片式设计。

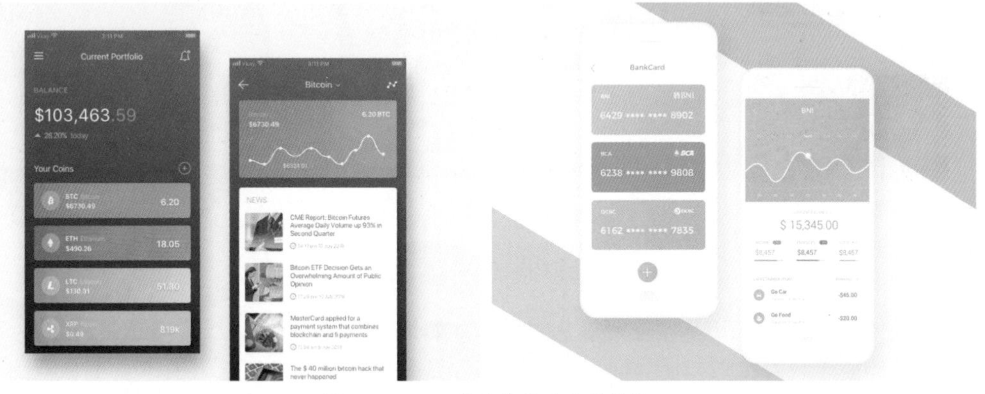

图 4-33　App 界面中的卡片式设计

2. 无框设计

近些年，无论是工业设计还是产品设计，都开始推崇极简设计风格，从汽车车门的无框设计到手机的全面屏设计，似乎都有抛弃边框的趋势。对于 UI 来说，所有元素都有其存在的理由，极简并不是单纯地做减法，而是让每一个元素都发挥其应有的作用。图 4-34 所示为采用无框设计的 App 界面。

图 4-34 采用无框设计的 App 界面

分割线是 UI 设计中常见的一种设计元素，分割线的存在就是为了让界面信息的划分更加清晰，尤其是一个界面中内容较多的情况，不使用分割线会使界面看起来没有秩序，版块内容之间没有明显的划分。为什么一些无框设计看起来清爽、高端呢？其实有一些 App 界面中的信息量较少，界面中的版块比较单一，并且各信息列表的文字内容较少，也比较有规律，这种情况下使用无框设计是可取的。当然还有一种情况就是界面以图片、视频为主，因为图片或视频本身就可以充当分割线的作用，所以这种类型的界面也非常适合使用无框设计。

图 4-35 所示为一款音乐 App 界面的设计，界面中的信息内容较少，通过字体的大小、粗细和颜色，很好地在界面中划分了不同的信息内容，即使没有分隔线，界面的视觉效果依然非常直观、清晰。

图 4-35 音乐 App 界面设计

而一些体量较大、信息内容较为复杂的界面，如果盲目使用无框设计，虽然省去的分割线看似减少了界面元素，实则会使界面失去秩序感，界面中的信息内容给人的感觉更加混乱，信息的浏览效率更低。

4.6 Figma 布局约束和网格

Figma 的布局约束和网格是两种重要的设计工具，它们提供了强大的功能和灵活性，帮助设计师实现精确、一致和专业的布局设计。通过学习和掌握这些工具的使用技巧，设计师可以创建出更加出色和吸引人的设计作品。

4.6.1 使用 Figma 布局约束

使用 Figma 中的布局约束功能，用户可以设定对象在水平或垂直方向上的行为。例如，当画框被拉伸或压缩时，用户可以选择让对象保持在画框的左侧、右侧、顶部或底部，或者让对象随着画框的变化而缩放或居中。这些约束可以单独应用于每个对象，也可以同时应用于多个对象，从而实现复杂的布局效果。

打开素材文档“源文件 / 第 4 章 / 素材 /4-6-1.fig”，可以看到一个画板中绘制了多个矩形，在“图层”面板中可以看到相应的图层结构，如图 4-36 所示。

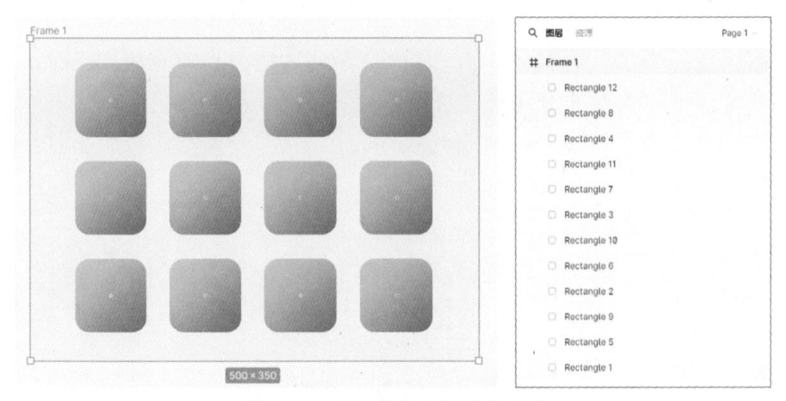

图 4-36　画板内容和其图层结构

选择“Frame 1”画板，调整该画板的尺寸大小，可以发现画板中元素的位置保持不变，始终位于画板左上角的位置，如图 4-37 所示。这是因为元素默认的“约束”选项设置为“水平”为左，“垂直”为上。拖动光标，选中画板中的所有元素，在“设计”面板的“约束”选项区中可以看到元素的默认约束设置，如图 4-38 所示。

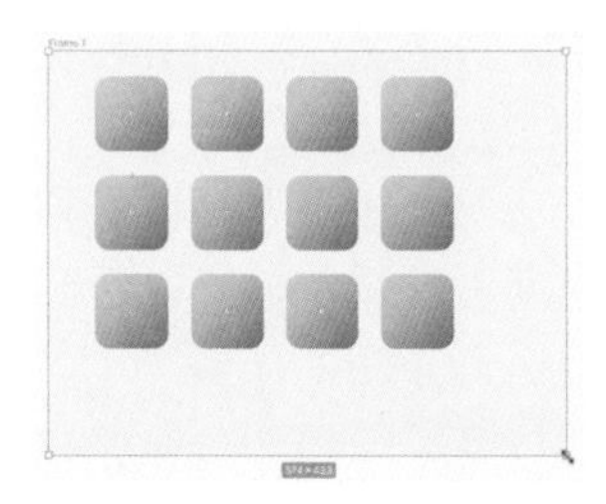

图 4-37　画板放大元素保持位置不变

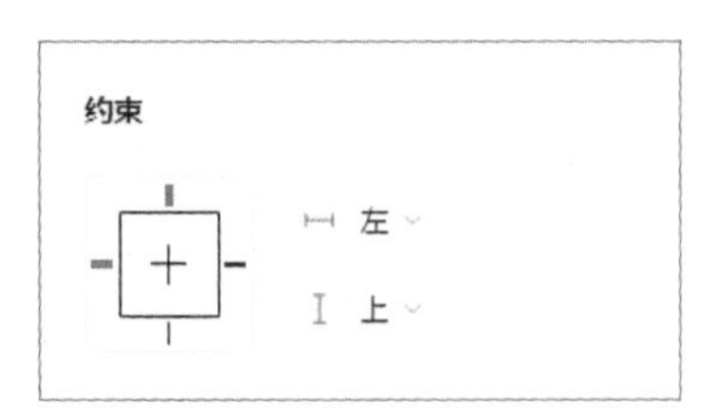

图 4-38　“约束”选项区

提示

在进行约束设置时，画板可以称为父元素，画板中的元素可以称为子元素。对约束选项进行设置时，并不是对父元素进行设置，而是对子元素进行设置。

在“水平约束”和“垂直约束”下拉列表框中分别为用户提供了 5 种约束方式，如图 4-39 所示。选择不同的约束方式能够产生不同的约束效果。

例如，设置“水平约束”为“右”，“垂直约束”为“下”，调整画板大小时，画板中的元素始终保持与画板右侧和下侧的距离不变，如图 4-40 所示。

设置“水平约束”为“左右拉伸”，“垂直约束”为“上下拉伸”，调整画板大小时，画板中的元素分别会在水平和垂直方向进行拉伸变形，如图 4-41 所示。

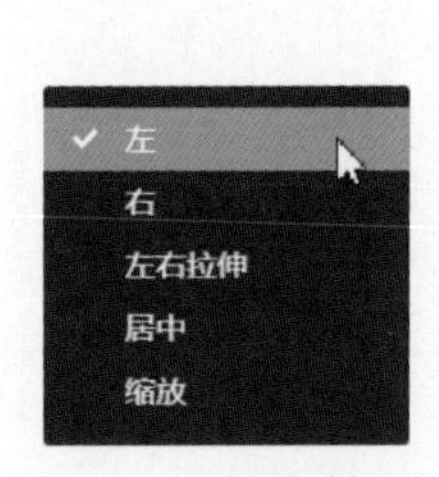

图 4-39　5 种约束方式

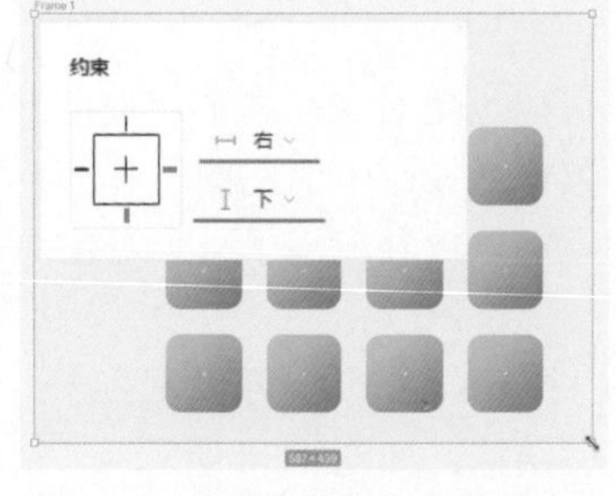

图 4-40　设置右下约束方式的效果

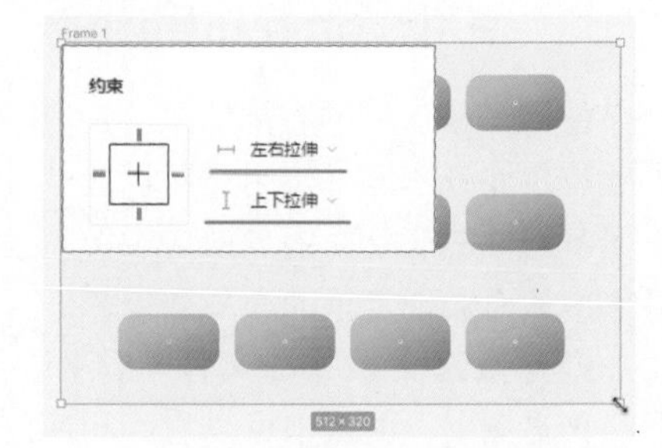

图 4-41　设置拉伸约束方式的效果

设置“水平约束”为“居中”，“垂直约束”为“居中”，调整画板大小时，画板中的元素在画板中始终保持水平和垂直居中显示，如图 4-42 所示。

设置“水平约束”为“缩放”，“垂直约束”为“缩放”，调整画板大小时，画板中的元素会随着画板的放大和缩小进行缩放，如图 4-43 所示。

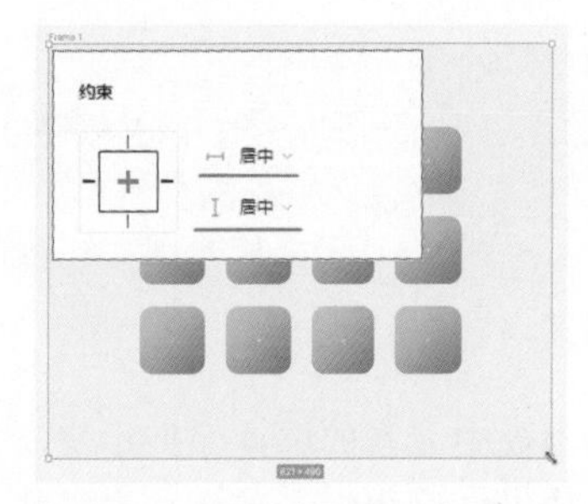

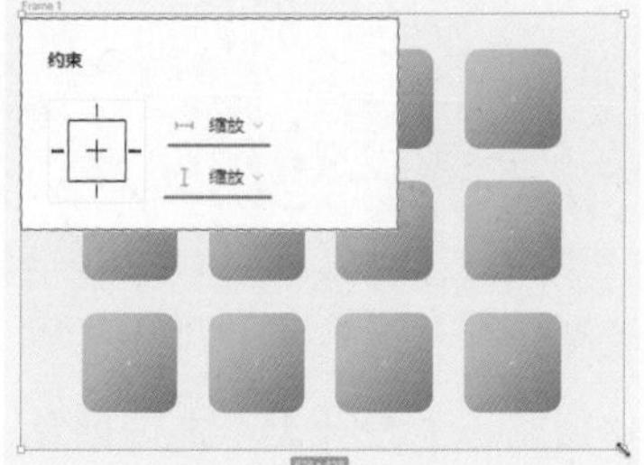

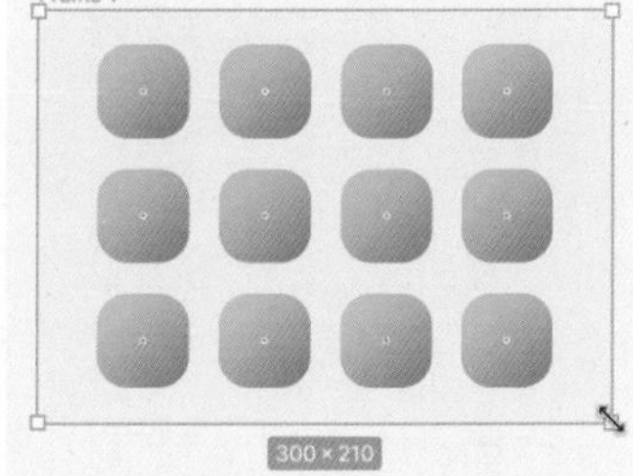

图 4-42　设置居中约束方式的效果

图 4-43　设置缩放约束方式的效果

提示

Figma 布局约束是一种非常实用的工具，可以帮助用户更好地控制设计元素的位置和大小，实现更灵活、更具适应性的界面设计。

接下来讲解如何对移动界面中常见的卡片进行约束设置。“Frame 2”画板是移动界面中常见的一种卡片表现形式，如图 4-44 所示。如果对画板的宽度进行调整，可以看到画板中元素的位置变化比较混乱，如图 4-45 所示。

图 4-44　“Frame2”画板的效果

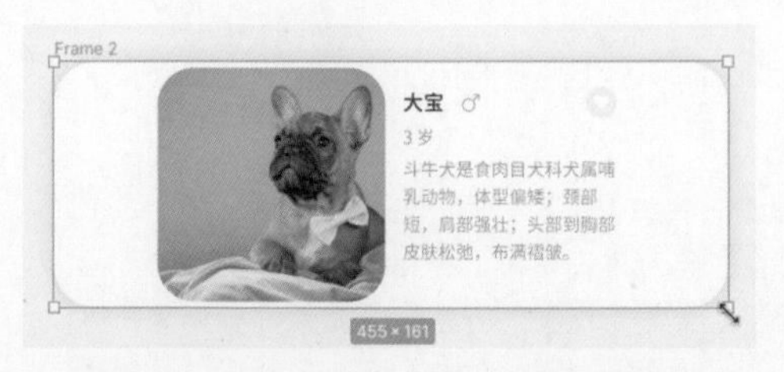

图 4-45　画板中元素的位置变化比较混乱

选择卡片中的图片，在“设计”面板的“画板”选项区中设置“水平约束”为“左”，“垂直约束”为“上”，如图 4-46 所示。保证在调整画板大小时，画板中的图片与画板的上边缘和左边缘始终保持不变的距离。

选中相应的元素，按【Ctrl+G】组合键进行编组，在“设计”面板的“约束”选项区中设置“水平约束”为“左”，“垂直约束”为“上”，如图 4-47 所示。保证在调整画板大小时，该元素与画板的上边缘和左边缘始终保持不变的距离。

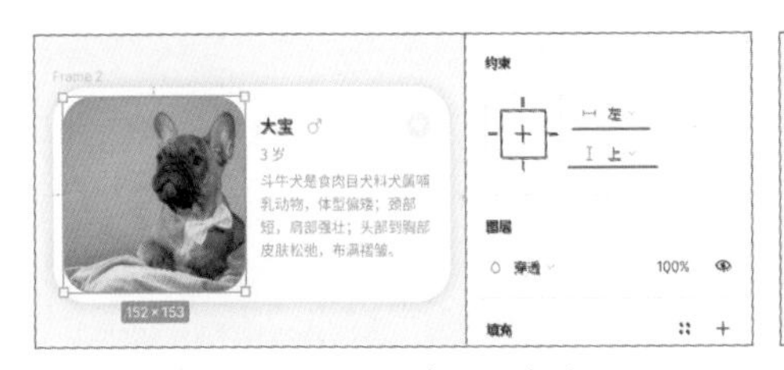

图 4-46　设置元素的约束选项

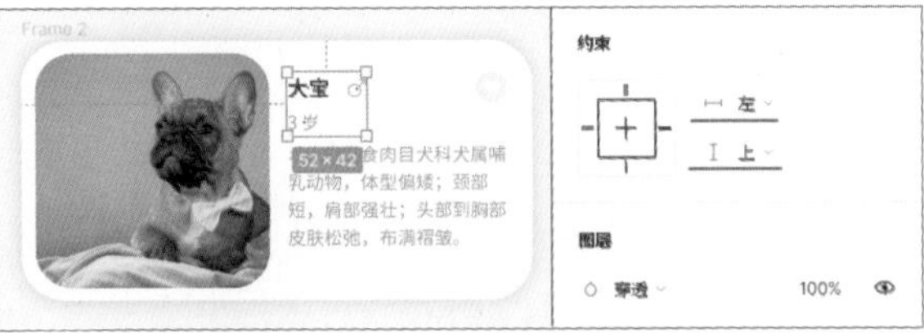

图 4-47　设置元素的约束选项

选择卡片右上角的“收藏”图标，在“设计”面板的“约束”选项区中设置“水平约束”为“右”，“垂直约束”为“上”，如图 4-48 所示。保证在调整画板大小时，该元素与画板的上边缘和右边缘始终保持不变的距离。

选择卡片中的介绍文字内容，在“设计”面板的“画板”选项区中设置“水平约束”为“左右拉伸”，“垂直约束”为“上下拉伸”，如图 4-49 所示。保证在调整画板大小时，该文本框会进行自动拉伸处理。

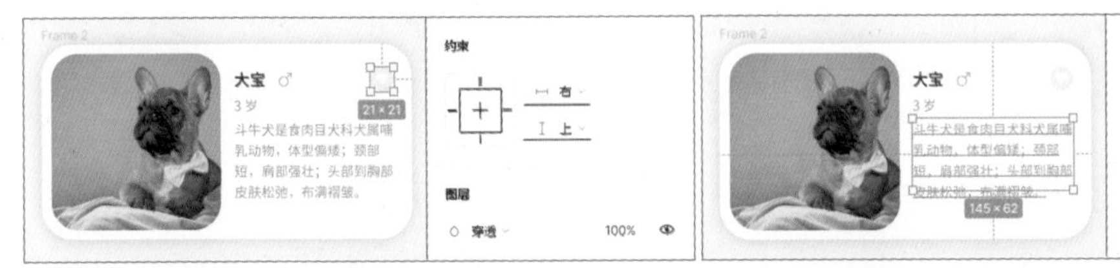

图 4-48　设置元素的约束选项　　　图 4-49　设置元素的约束选项

完成卡片中各元素约束选项的设置后，调整“Frame 2”画板的大小时，可以看到画板中元素的位置变化，从而保证卡片整体显示的完整性，如图 4-50 所示。

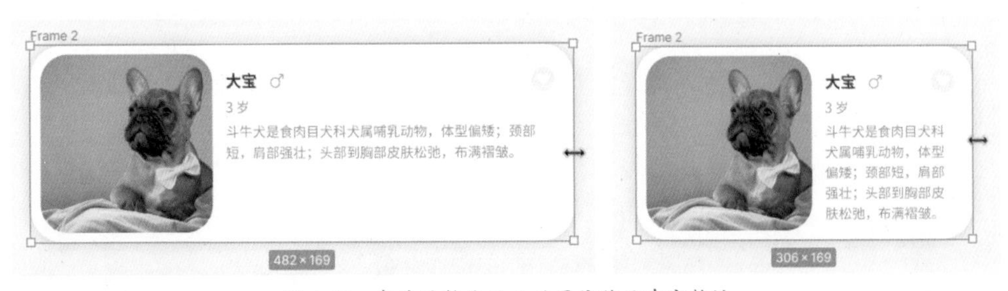

图 4-50　卡片的整体显示效果依然具有完整性

“Frame 3”画板是移动界面中常见的另一种卡片表现形式，如图 4-51 所示。如果对画板的宽度进行调整，可以看到卡片的表现效果并不美观，如图 4-52 所示。

选择卡片中的图片，在“约束”选项区中设置“水平约束”为“缩放”，“垂直约束”为“缩放”，如图 4-53 所示。保证在调整画板大小时，卡片中的图片会自动进行缩放，从而保证其与卡片各边的距离不变。

图 4-51 “Frame3”画板的效果

图 4-52 调整画板大小卡片表现效果不美观

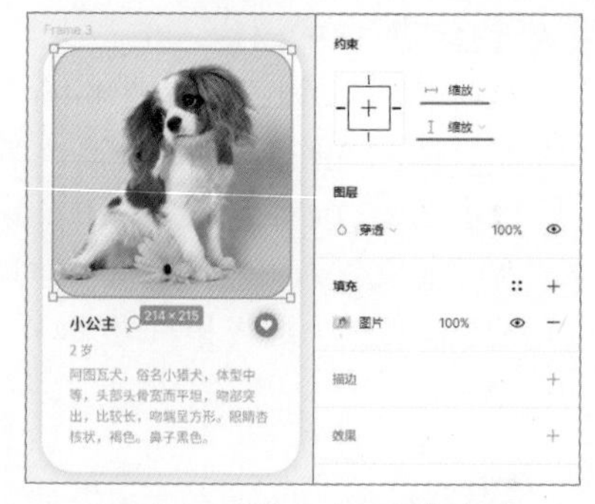

图 4-53 设置元素的约束选项

选择卡片中的姓名、年龄和性别这 3 个元素，在“约束”选项区中设置“水平约束”为“左”，“垂直约束”为“上”，如图 4-54 所示。保证在调整画板大小时，这 3 个元素与画板的上边缘和左边缘始终保持不变的距离。

选择卡片中的“收藏”图标，在“约束”选项区中设置“水平约束”为“右”，“垂直约束”为“上”，如图 4-55 所示。保证在调整画板大小时，该元素与画板的上边缘和右边缘始终保持不变的距离。

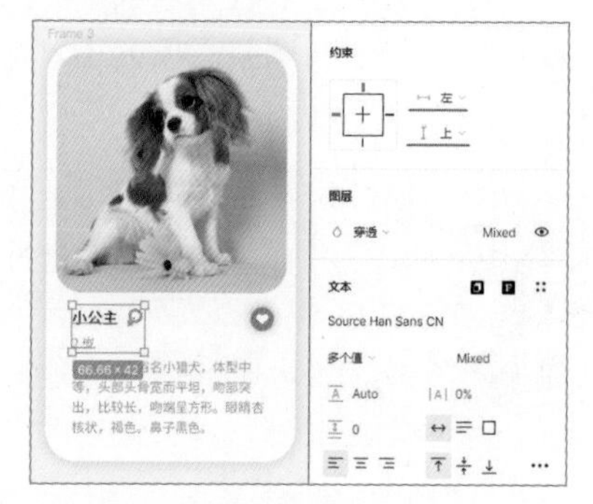

图 4-54 设置元素的约束选项

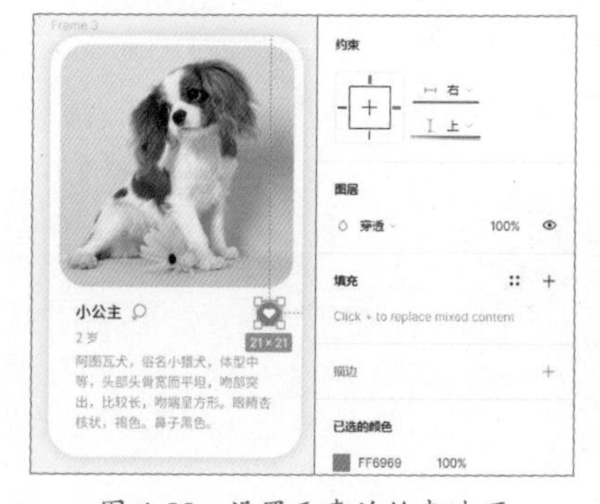

图 4-55 设置元素的约束选项

选择卡片中的介绍文字内容，在“约束”选项区中设置“水平约束”为“左右拉伸”，“垂直约束”为“上下拉伸”，如图 4-56 所示。保证在调整画板大小时，该文本框会进行自动拉伸处理。

完成卡片中各元素约束选项的设置后，调整“Frame 3”画板的大小时，可以看到画板中元素的位置变化，从而保证卡片整体显示的完整性，如图 4-57 所示。

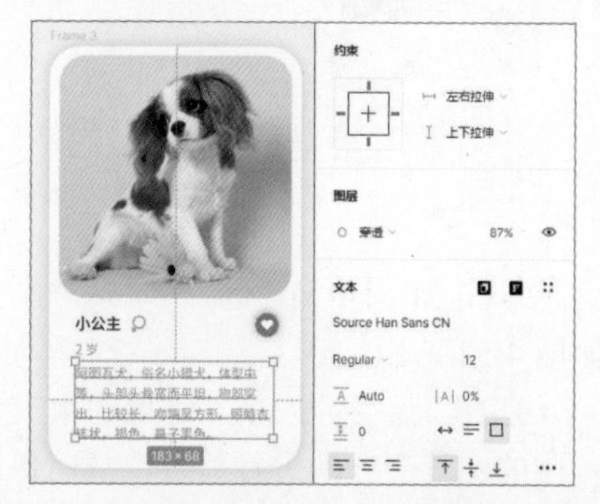

图 4-56 设置元素的约束选项

图 4-57 卡片的整体显示效果依然具有完整性

提示

Figma 中的布局约束功能主要适用于弹性布局的界面，当父级画板的大小发生变化时，可以影响该父级画框中所包含的子元素。需要注意的是，布局约束功能只能控制父级直接包含的子元素，而不能跨级控制。

4.6.2 使用 Figma 布局网格

布局网格起源于早期的打印设计，用于定义文本和图像块的位置，其基本原理至今仍然适用于数字设计领域。Figma 中的布局网格是一种视觉辅助工具，它有助于设计师保持元素之间的精确对齐，从而创建出清晰、一致且专业的设计。

打开素材文档“源文件 / 第 4 章 / 素材 /4-6-2.fig”，选择“Frame 1”画板，在“设计”面板的“布局网格”选项区中单击“添加”图标，如图 4-58 所示，即可为当前所选中的画板添加布局网格，默认的布局网格效果如图 4-59 所示。

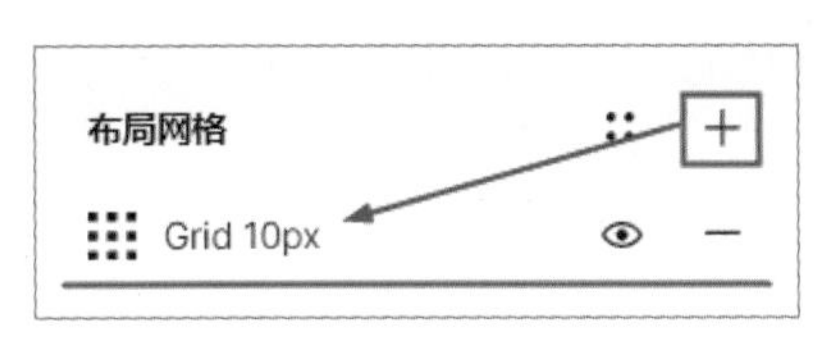

图 4-58　添加布局网格

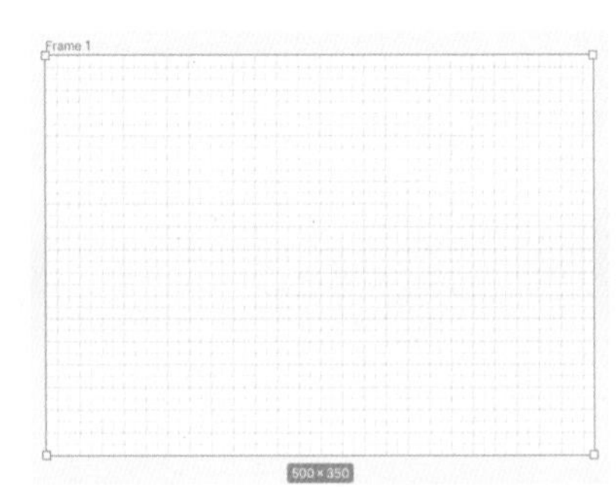

图 4-59　默认的布局网格效果

默认的网格用于图标的绘制。如果需要对布局网格进行设置，可以单击“网格设置”图标，弹出“网格设置”对话框，可以对网格的类型、尺寸和颜色进行设置，如图 4-60 所示。在“网格类型”下拉列表框中包含网格、列和行 3 个选项，选择“列”选项，网格效果如图 4-61 所示。

图 4-60　“网络设置”窗口

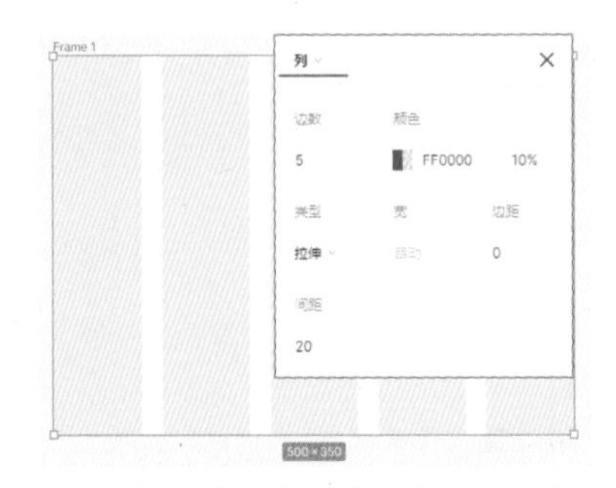

图 4-61　类型为“列”的网格效果

“网格设置”对话框的“类型”下拉列表框中可以选择布局网格的类型，如图 4-62 所示。选择“左”选项，布局网格显示在画板的左侧，在“网格设置”对话框中还可以对网格的“宽”和“偏移”选项进行设置，效果如图 4-63 所示。

在“类型”下拉列表框中选择“右”选项，布局网格显示在画板的右侧，还可以对网格的“宽”和“偏移”选项进行设置，效果如图 4-64 所示。

在“类型”下拉列表框中选择“居中”选项，布局网格显示在画板的中间，还窗口中可以对网格的“宽”进行设置，“偏移”选项不可用，效果如图 4-65 所示。

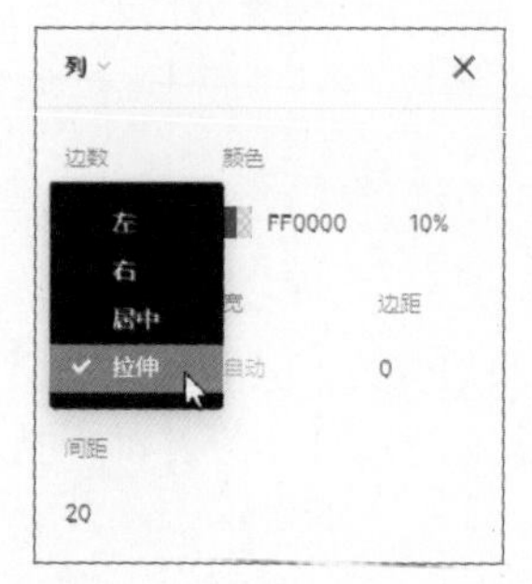

图 4-62 “类型”下拉列表框

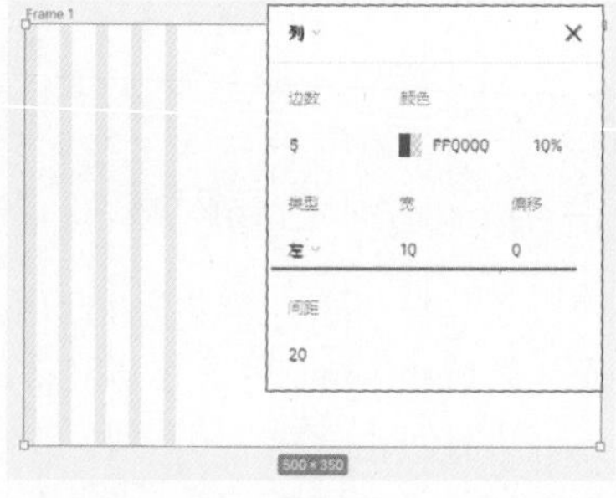

图 4-63 “类型”为“左”的网格效果

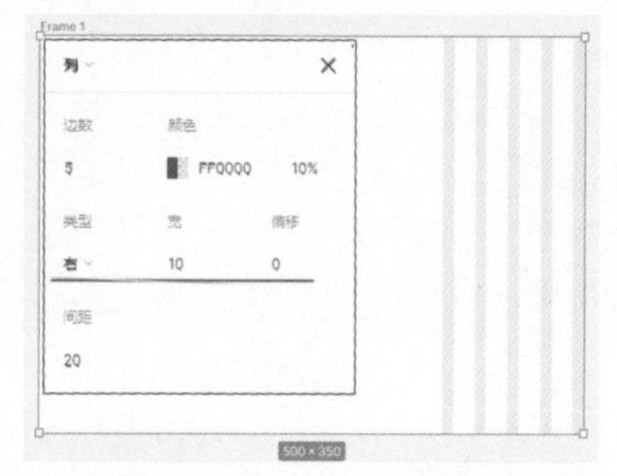

图 4-64 “类型”为“右”的网格效果

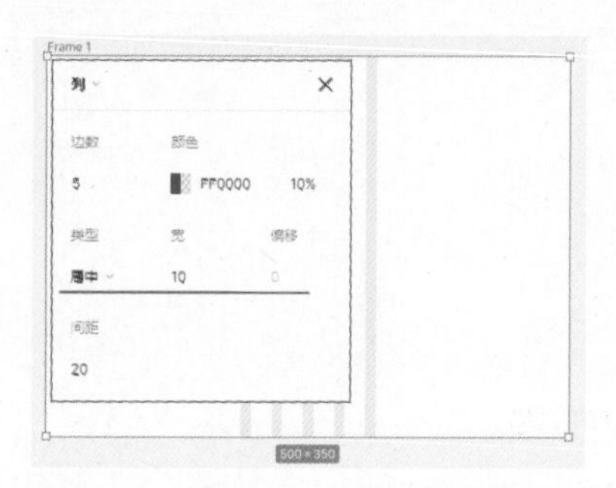

图 4-65 “类型”为“居中”的网格效果

在“类型”下拉列表框中选择“拉伸”选项，网格宽度自动调整，效果如图 4-66 所示。当调整画板大小时，网格的宽度也会自动进行调整，如图 4-67 所示。

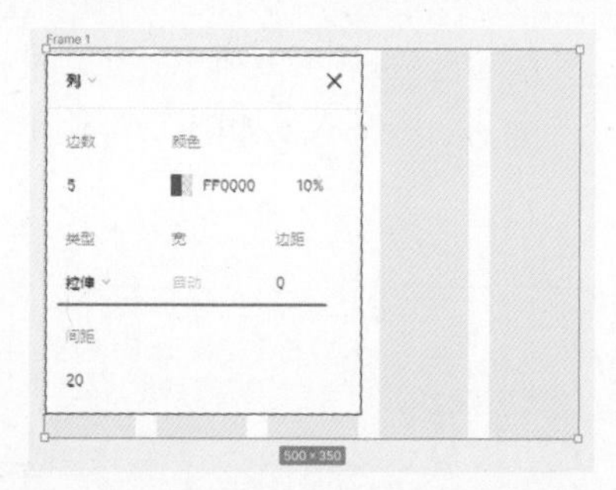

图 4-66 “类型”为“拉伸”的网格效果

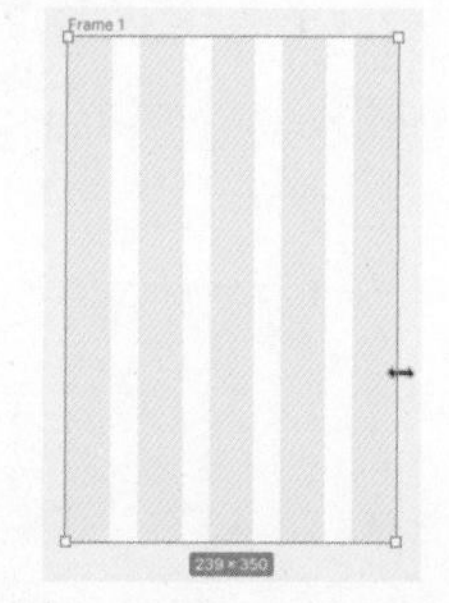

图 4-67 网格的宽度会自动调整

提示

在“网格设置”对话框中，“边数”选项用于设置网格的数量；“颜色”选项用于设置网格的颜色；“宽”选项用于设置网格的宽度；“偏移”选项用于设置网格相对于左侧或右侧的偏移距离；“边距”选项用于设置拉伸网格左右两侧的边距；“间距”选项用于设置网格与网格之间的间距。

提示

在“布局网格”选项区中完成画板布局网格的设置后，可以单击“布局网格”选项区右上角的“样式”图标 ⠶，将其保存为布局网格样式，这样就可以方便地在其他画板中使用相同的布局网格效果。

接下来通过一个标签栏来讲解布局网格的使用。“标签栏”画板中是已经制作好的标签栏，在“图层”面板中可以看到相应的图层结构，如图 4-68 所示。

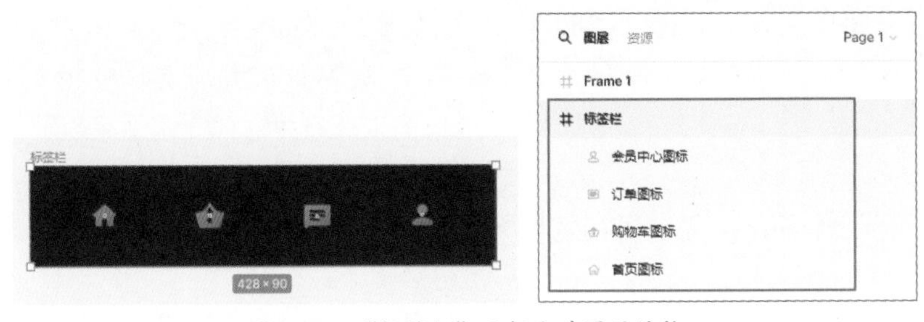

图 4-68　“标签栏”画板和其图层结构

选择“标签栏”画板，在“设计”面板的“布局网格”选项区中单击“添加”图标，为画板添加默认的布局网格效果，如图 4-69 所示。打开“网格设置”对话框，设置“网格类型”为“列”，“边数”为 4，“间距”为 0，效果如图 4-70 所示。

图 4-69　添加默认布局网格效果

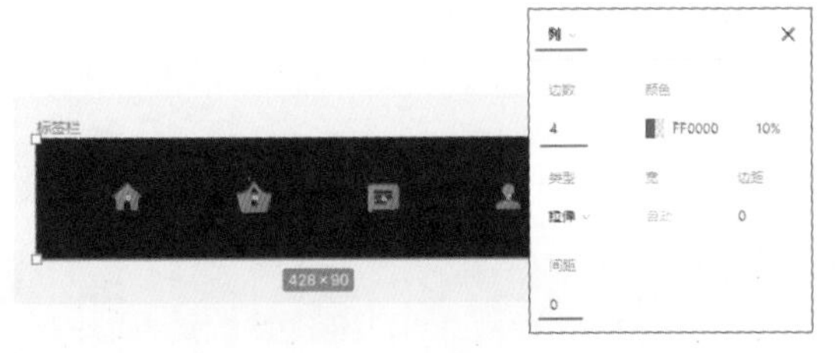

图 4-70　设置“网格设置”对话框

将每个图标分别调整至布局网格的中间位置，如图 4-71 所示。同时选中 4 个图标，在“设计”面板的“约束”选项区中设置“水平约束”和“垂直约束”均为“居中”，如图 4-72 所示。

图 4-71　将图标分别调整至布局网格的中间位置

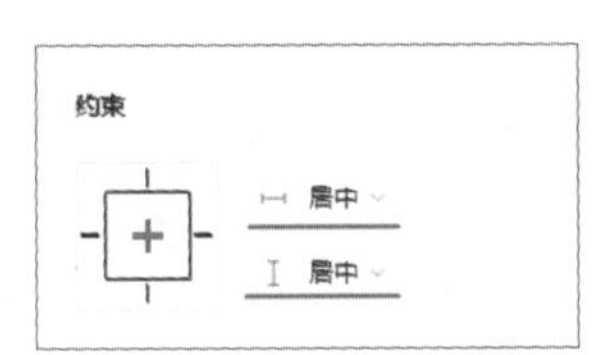

图 4-72　设置约束选项

完成布局网格和约束选项的设置后，调整画板的尺寸大小，可以发现无论如何调整，4 个图标都会位于相应的网格中心位置，如图 4-73 所示。

图 4-73　图标在布局网格中始终保持居中的位置

提示

如果不希望在画板中看到布局网格，可以在“设计”面板的“布局网格”选项区中单击“网格设置”目标后的眼睛图标 ，将其隐藏即可。布局网格被隐藏后，功能依然有效。

提示

布局网格功能常被用于 UI 设计中，在移动 UI 设计中常用的是 4 或 6 列的布局网格，而在网页设计中常用的是 12 或 24 列的布局网格。

4.7 使用 Figma 制作旅游 App

本节将设计制作一款旅游 App，最终效果如图 4-74 所示。该旅游 App 界面使用纯白色作为界面的背景颜色，使得界面中的信息内容表现非常清晰、易读，界面中的信息内容采用信息卡片的形式进行排版设计，非常直观且易于操作，符合现代用户的使用习惯。

图 4-74 旅游 App 最终效果

4.7.1 制作旅游 App 相关组件

在对旅游 App 的相关界面进行设计之前，需要先制作该旅游 App 的相关组件。将该 App 中经常用到的元素（如状态栏、标签栏、图标等）制作成组件，就可以在界面设计过程中进行重复使用，提高工作效率，同时也保证了界面的统一性。

制作旅游 App 相关组件

源文件：源文件 \ 第 4 章 \4-7.fig 视频：视频 \ 第 4 章 \ 制作旅游 App 相关组件 .mp4

01 打开 Figma，创建一个空白的项目文件，在“图层”面板中展开“页面”选项，将“Page1”页面重命名为“组件”，如图 4-75 所示。首先制作状态栏组件，使用“矩形”工具绘制一个大小为 430×44 的矩形，如图 4-76 所示。

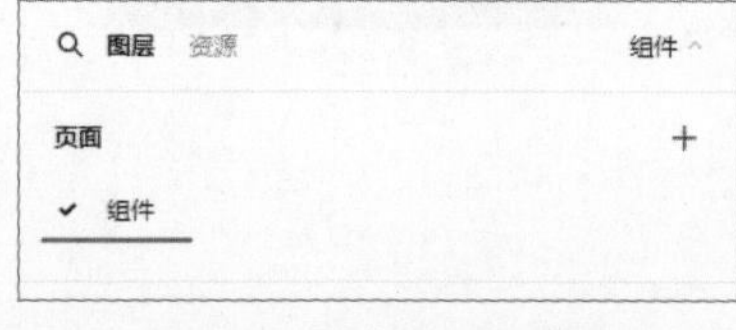

图 4-75 重命名页面名称

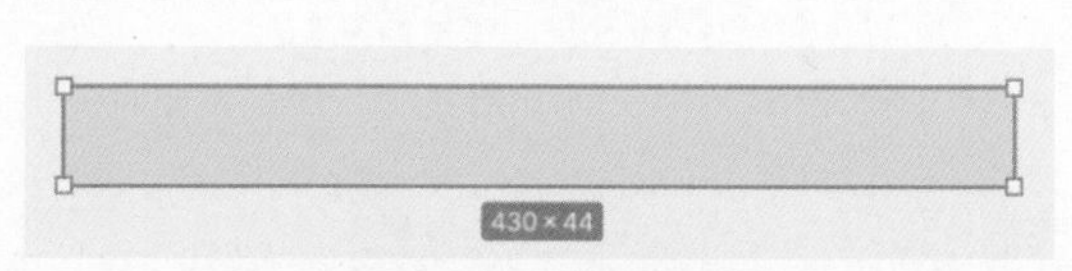

图 4-76 绘制矩形

02 根据前面项目中状态栏的制作方法，可以完成状态栏的制作，效果如图 4-77 所示。选择状态栏背景矩形，将其“填充”删除。同时选中组成状态栏的所有元素，单击工具栏中间的“创建组件”图标，如图 4-78 所示。

图 4-77　完成状态栏的制作

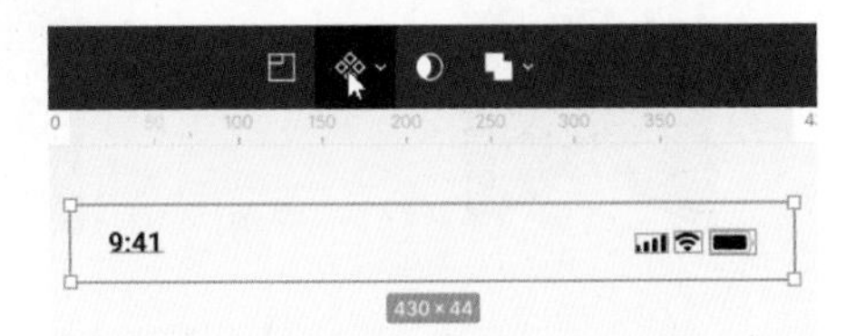

图 4-78　单击“创建组件”图标

提示

iOS 和 Android 系统都会为用户提供相应的开发组件库，在组件库中就包含系统中默认的状态栏、标准按钮等组件，用户也可以直接下载相应的组件库，直接复制默认的状态栏进行使用。

03 创建状态栏组件，在“图层”面板中将该组件重命名为“状态栏”，如图 4-79 所示。接下来制作图标组件，使用“画框”工具在设计区域中创建一个尺寸大小为 1680×800 的画框，修改画板名称为“图标”，如图 4-80 所示。

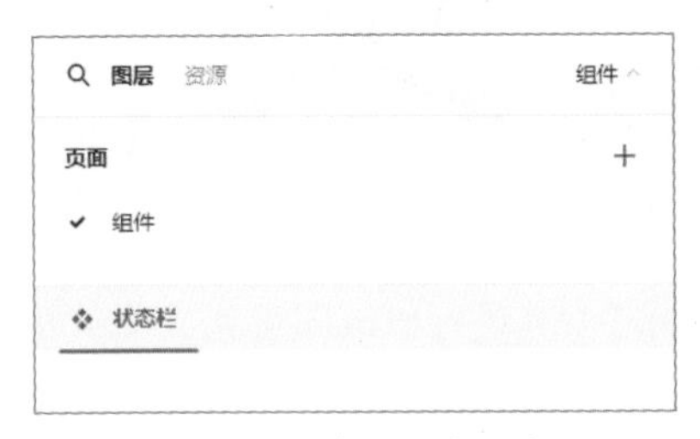

图 4-79　修改组件名称

图 4-80　创建画板并修改名称

04 使用“矩形”工具绘制一个大小为 24×24 的矩形，如图 4-81 所示。使用“矩形”工具绘制一个大小为 16×20 的矩形，设置该矩形的“填充”为 212121，如图 4-82 所示。在刚绘制的矩形上双击，进入该矩形路径编辑状态，将光标移至矩形下边缘路径的中心位置并单击，如图 4-83 所示，添加锚点。

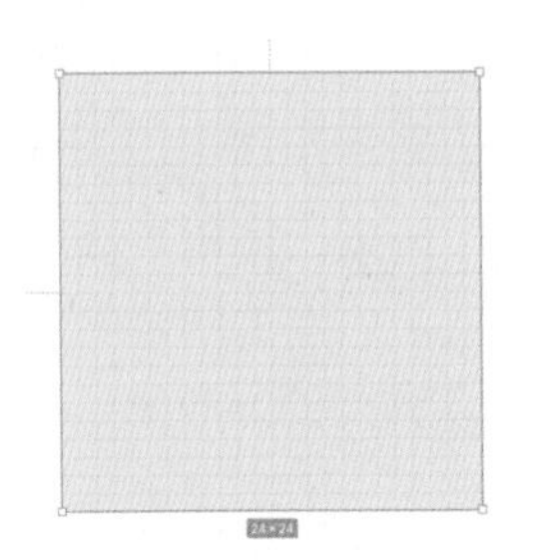

图 4-81　绘制矩形

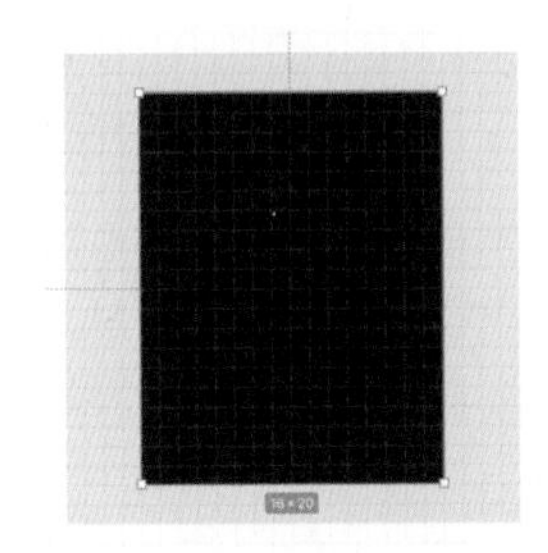

图 4-82　绘制矩形并修改填充

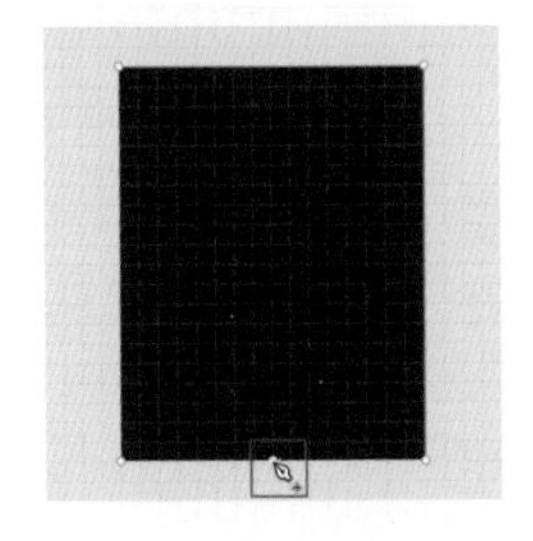

图 4-83　在矩形路径上添加锚点

05 拖动刚添加的锚点，调整锚点位置，从而改变矩形的形状，如图 4-84 所示。同时选中图形左上角和右上角的两个锚点，设置“圆角半径”为 4，效果如图 4-85 所示。同时选中图形左下角和右下角的两个锚点，设置“圆角半径”为 1，效果如图 4-86 所示。

06 使用“直线”工具绘制一条直线，在“设计”面板的“描边”选项区中进行设置，效果如图 4-87 所示。同时选中底部图形与直线，在工具栏中间的“路径操作”下拉列表框中选择“减去顶层所选项”选项，如图 4-88 所示。

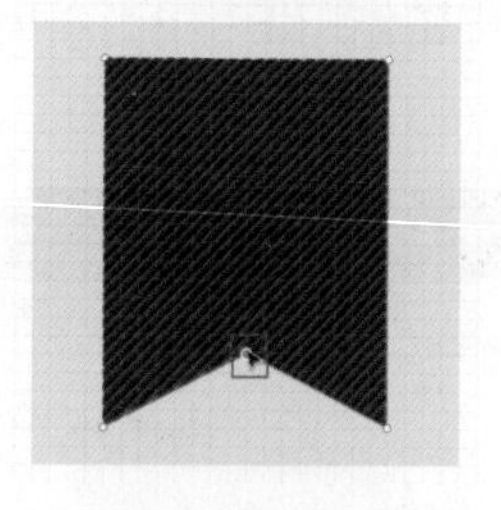

图 4-84　调整锚点位置

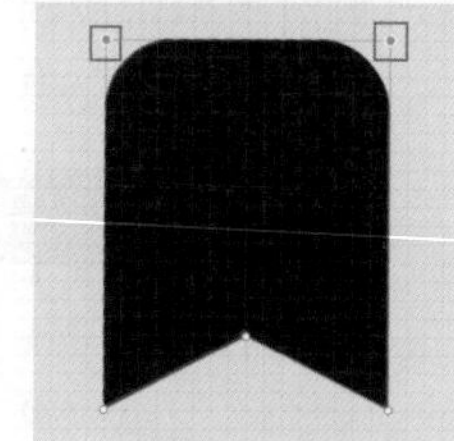

图 4-85　设置选中锚点的圆角半径

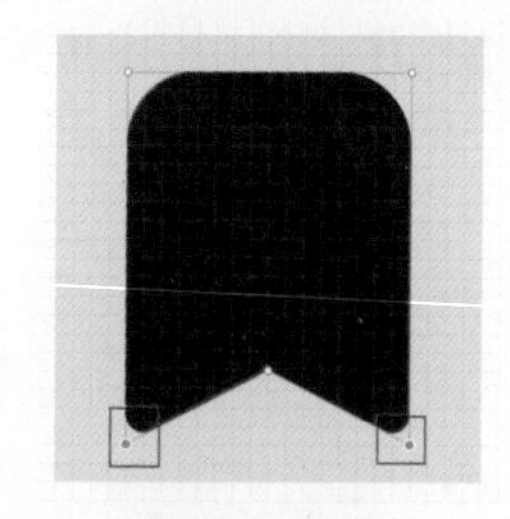

图 4-86　设置选中锚点的圆角半径

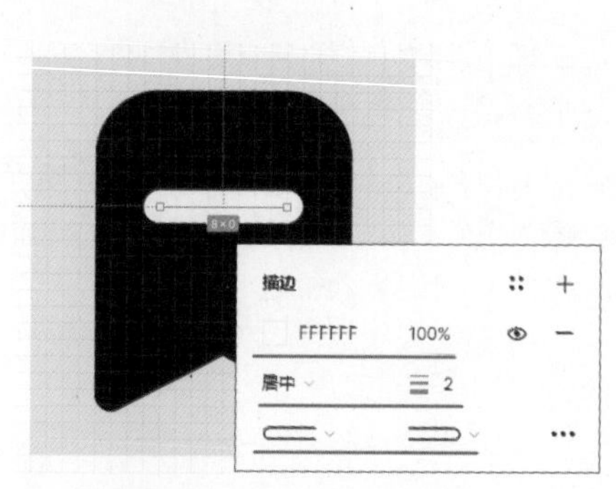

图 4-87　绘制直线并设置描边

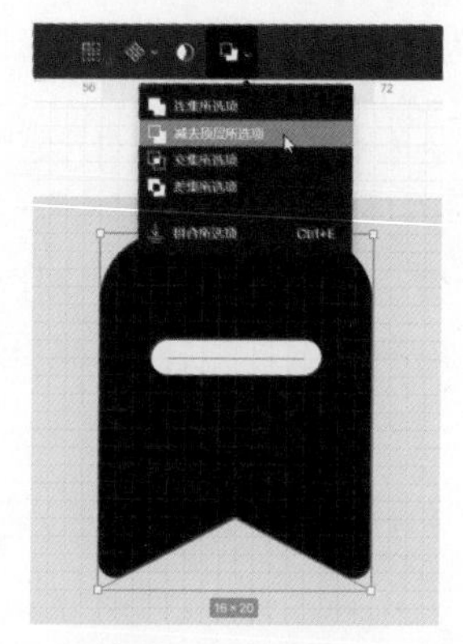

图 4-88　选择“减去顶层所选项”选项

07 完成图标的绘制，对刚绘制完成的图标进行复制，对其进行修改即可完成默认状态下线框图标效果的绘制，效果如图 4-89 所示。将两个图标的背景填充删除，分别将两个图标创建为组件，并对组件进行重命名，如图 4-90 所示。

图 4-89　复制图标并修改

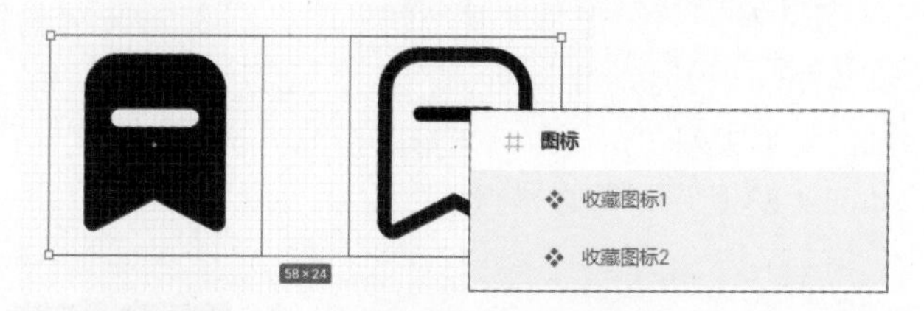

图 4-90　将两个图标分别创建为组件

08 使用“矩形”工具绘制一个大小为 24×24 的矩形，如图 4-91 所示。使用“椭圆”工具绘制一个正圆形，设置该正圆形的“填充”为 212121，如图 4-92 所示。双击刚绘制的正圆形，进入该正圆形路径编辑状态，拖动圆形路径底部的锚点，并调整该锚点的方向线，改变正圆形的形状，如图 4-93 所示。

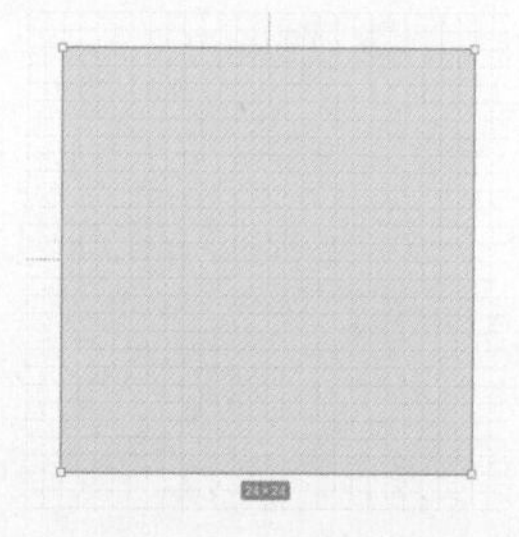

图 4-91　绘制矩形

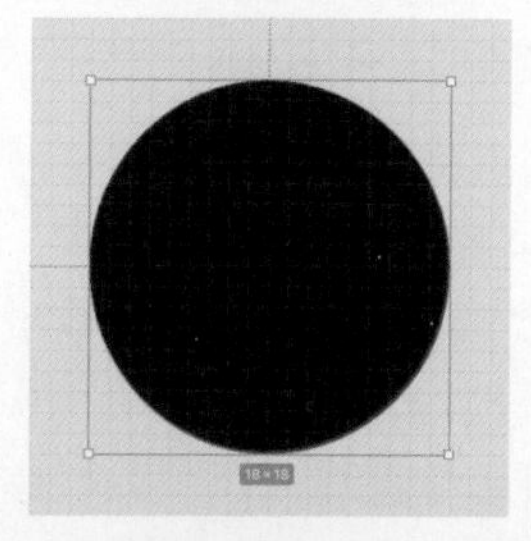

图 4-92　绘制正圆形并修改填充

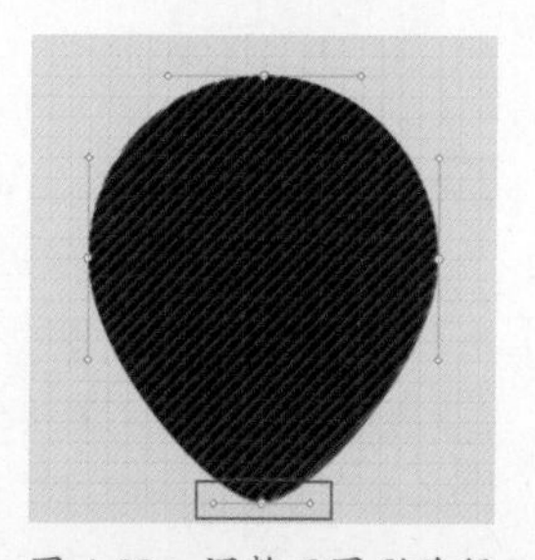

图 4-93　调整正圆形路径

09 在空白位置双击，退出路径编辑状态。使用“椭圆”工具绘制一个正圆形，如图 4-94 所示。同时选中两个正圆形，在工具栏中间的“路径操作”下拉列表框中选择“减去顶层所选项”选项，如图 4-95 所示，完成“位置”图标的绘制，效果如图 4-96 所示。

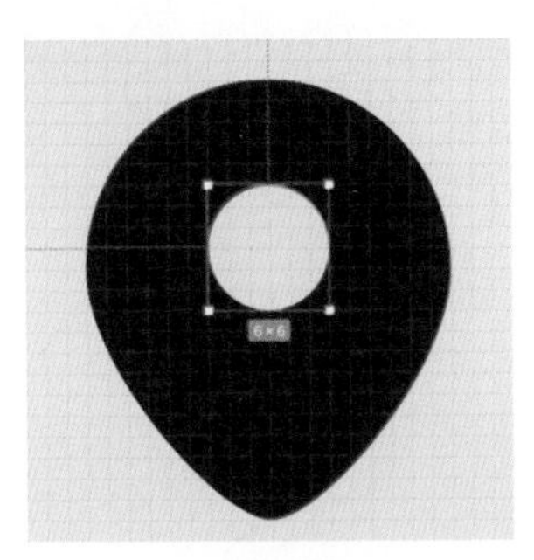

图 4-94　绘制正圆形

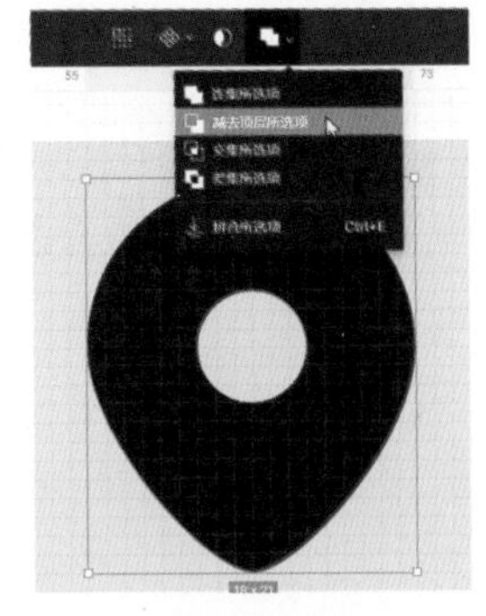

图 4-95　选择“减去顶层所选项”选项

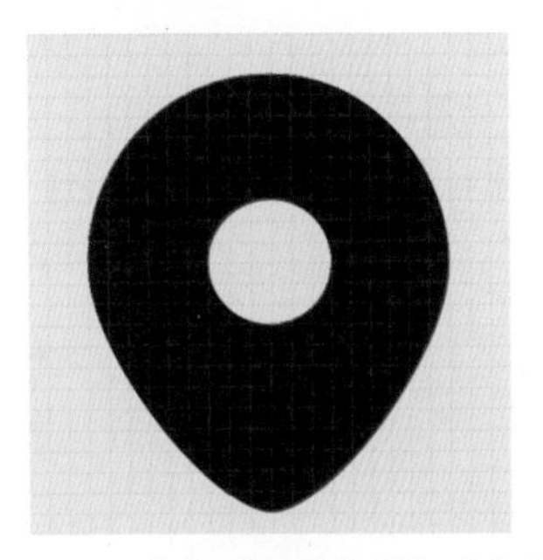

图 4-96　完成“位置”图标的绘制

10 对刚绘制完成的图标进行复制，对其进行修改即可完成默认状态下线框图标效果的绘制，效果如图 4-97 所示。将两个图标的背景填充删除，分别将两个图标创建为组件，并对组件进行重命名，如图 4-98 所示。

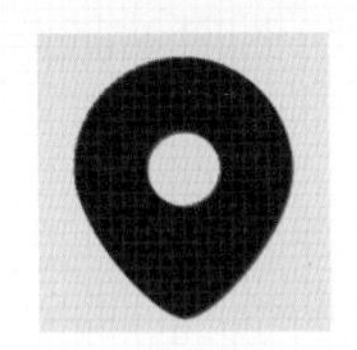

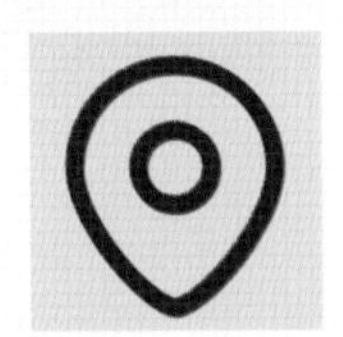

图 4-97　复制图标并修改

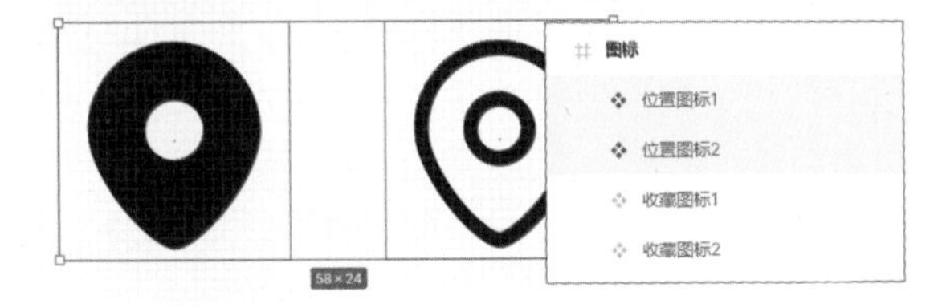

图 4-98　将两个图标分别创建为组件

11 使用相同的制作方法，可以完成旅游 App 项目中图标的绘制，并将每个图标都创建为一个组件，如图 4-99 所示。

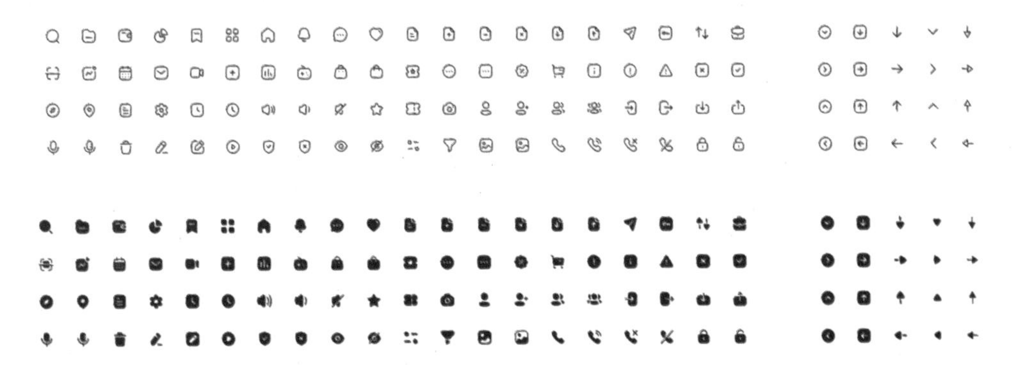

图 4-99　完成旅游 App 项目中图标的绘制

12 制作标签栏组件。使用“画板”工具在设计区域中绘制一个尺寸大小为 430×90 的画板，并将该画板重命名为“标签栏 1”，效果如图 4-100 所示。选择“标签栏 1”画板，在“设计”面板的“布局网格”选项区中单击“添加”图标，为画板添加默认的布局网格效果，如图 4-101 所示。

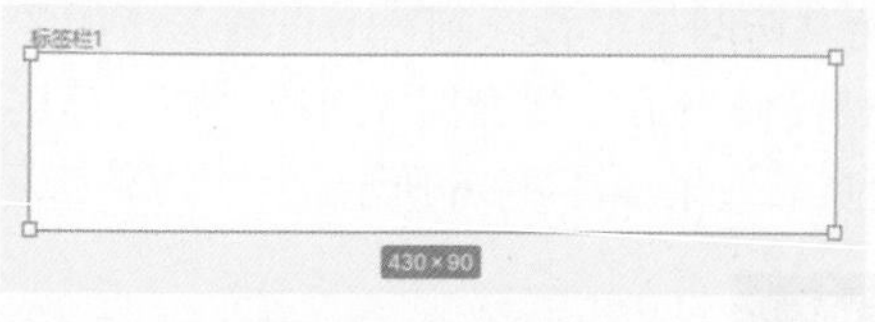

图 4-100 创建画板

图 4-101 添加布局网络

13 打开“网格设置”对话框，设置“网格类型”为“列”，“边数”为4，“间距”为0，效果如图 4-102 所示。按住【Alt】键拖动复制制作好的首页图标组件，创建该组件实例，并调整到合适的位置，如图 4-103 所示。

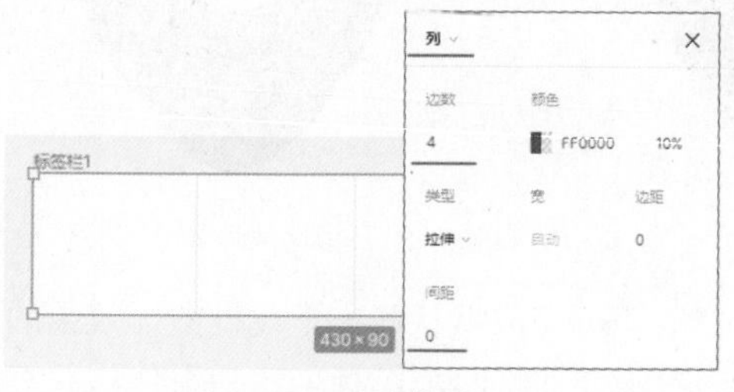

图 4-102 设置布局网络

图 4-103 添加首页图标组件实例

14 双击刚添加的图标组件实例，进入该组件内容的编辑状态，修改该图标的“填充”为 34b27D，如图 4-104 所示。使用“文本”工具在设计区域中单击并输入文字，如图 4-105 所示对文字的相关属性进行设置。

图 4-104 修改图标填充颜色

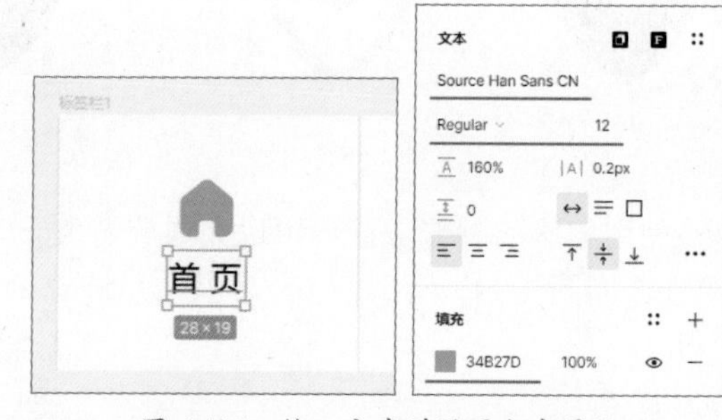

图 4-105 输入文字并设置文字属性

15 选择标签栏中第一个栏目的文字和图标，按【Ctrl+G】组合键，将其编组，调整到布局网格的中心位置，如图 4-106 所示。按住【Alt】键拖动复制好的收藏图标组件，创建该组件实例，并调整到合适的位置，如图 4-107 所示。

图 4-106 将文字和图标编组

图 4-107 添加收藏图标组件实例

16 使用“文本”工具在设计区域中单击并输入文字，选择标签栏中第二个栏目的文字和图标，按【Ctrl+G】组合键，将其编组，调整到布局网格的中心位置，如图 4-108 所示。使用相同的方法，可以制作出标签栏中其他两个栏目内容，如图 4-109 所示。

图 4-108　将文字和图标编组　　　　图 4-109　制作其他两个栏目内容

17 同时选中标签栏中的 4 个栏目元素，在“设计”面板的“约束”选项区中设置“水平约束”和“垂直约束”均为“居中”，如图 4-110 所示。选择“标签栏 1”画板，在“设计”面板的“布局网格”选项区中将添加的布局网格隐藏，如图 4-111 所示。

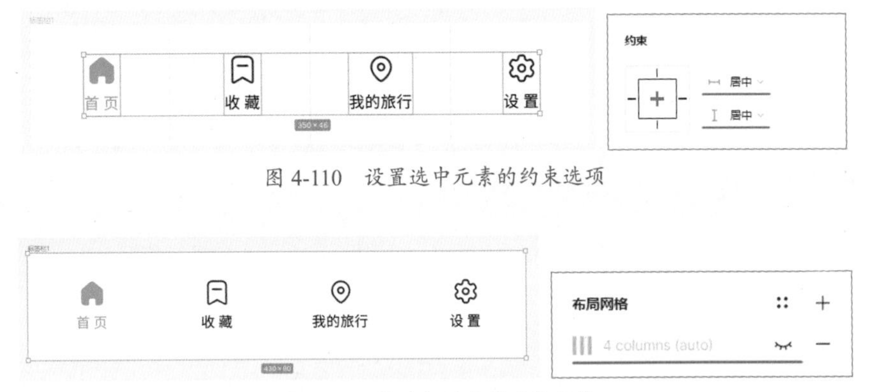

图 4-110　设置选中元素的约束选项

图 4-111　将画板的布局网格隐藏

18 按住【Alt】键拖动复制“标签栏 1”画板，将复制得到的画板重命名为“标签栏 2”，对“标签栏 2”画板中的局部进行修改，快速制作出当前为“收藏”栏目的标签栏，如图 4-112 所示。使用相同的制作方法，还可以制作出当前为“我的旅行”和“设置”栏目的标签栏，如图 4-113 所示。

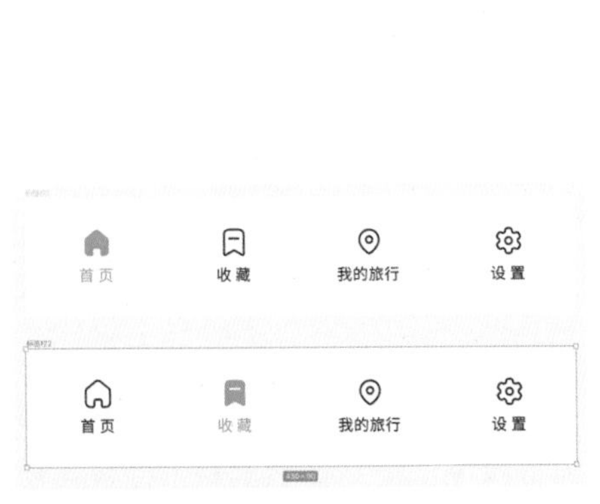

图 4-112　制作“收藏”栏目的标签栏　　　　图 4-113　制作“我的旅行”和“设置”栏目的标签栏

19 拖动鼠标同时选中最上方标签栏的所有元素，单击工具栏中间的“创建组件”图标，如图 4-114 所示，创建组件。将所创建的第 1 个标签栏组件重命名为“标签栏 = 首页”，如图 4-115 所示。

图 4-114　单击“创建组件”图标

图 4-115　对组件名称进行重命名

20 使用相同的制作方法，分别将其他 3 个标签栏创建为组件，并按照规则分别进行重命名，如图 4-116 所示。拖动鼠标同时选中 4 个标签栏组件，单击“设计”面板的“组件”选项区中的“合并为变体”按钮，创建为一个变体组件，将该变体组件重命名为“标签栏”，如图 4-117 所示。

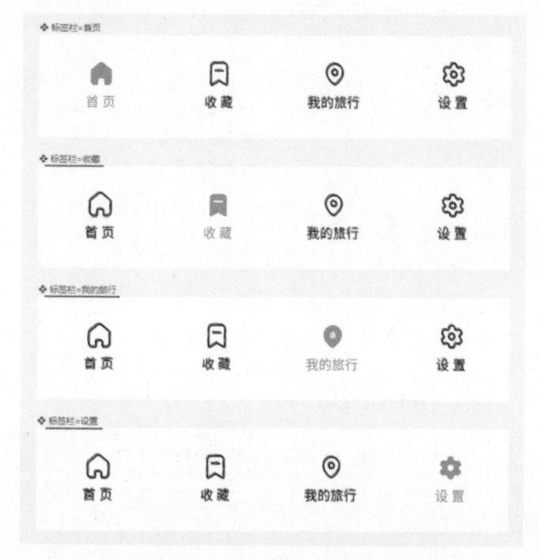

图 4-116　分别创建组件并重命名

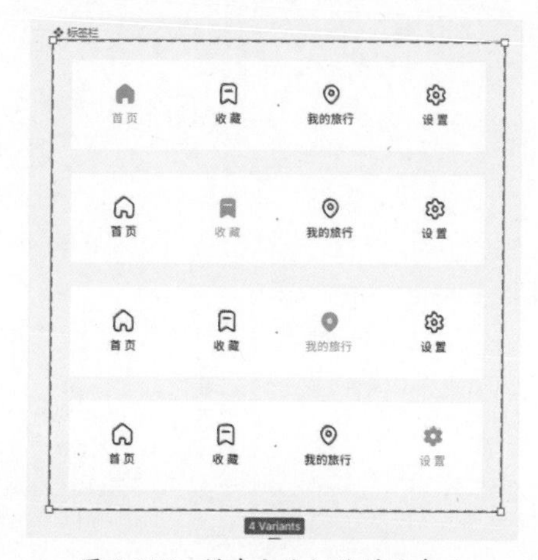

图 4-117　创建变体组件并重命名

21 使用相同的制作方法，可以完成该旅游 App 中其他组件的制作，效果如图 4-118 所示。至此，完成旅游 App 相关组件的制作。

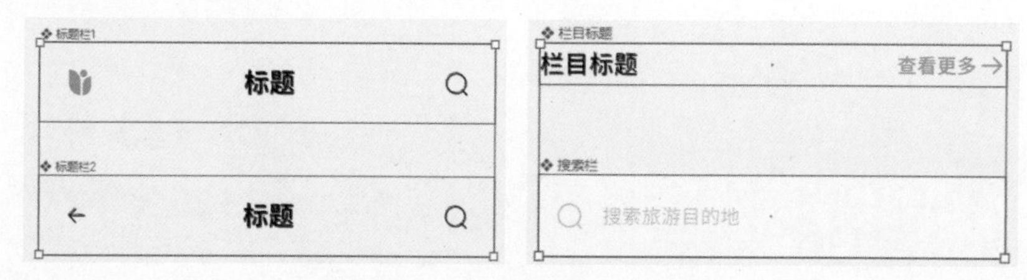

图 4-118　完成其他组件的制作

4.7.2　制作旅游 App 首界面

本节将设计制作旅游 App 的首界面，界面整体布局清晰，功能分区明确。界面以白色为主色调，蓝色和绿色作为点缀，营造出清新简洁的视觉感受。这种色彩搭配不仅符合旅游主题，还能够缓解用户长时间使用手机的视觉疲劳。

实战　**制作旅游 App 首界面**

源文件：源文件 \ 第 4 章 \4-7.fig　视频：视频 \ 第 4 章 \ 制作旅游 App 首界面 .mp4

01 继续旅游 App 项目的制作。在“图层”面板上方的“页面”选项区中单击“添加新页面”图标，添加一个新的页面并重命名为“界面”，如图 4-119 所示。进入新页面的编辑状态中，使用“画框”工具在设计区域中绘制一个大小为 430×932 的画板，将该画板重命名为“首界面”，如图 4-120 所示。

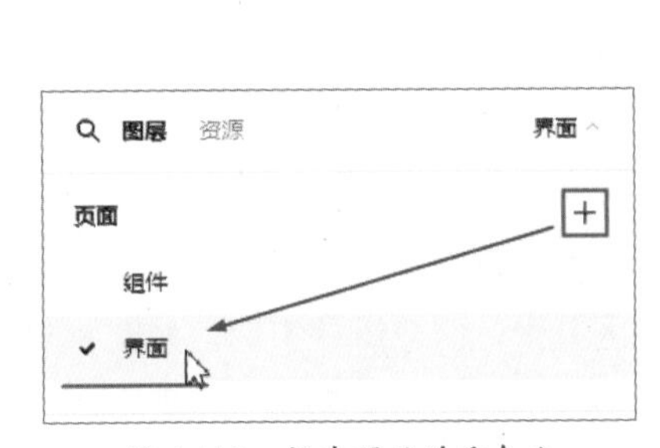

图 4-119　新建页面并重命名

图 4-120　创建画板并重命名

02 在“设计”面板的“布局网格”选项区中单击“添加”图标，为画板添加默认的布局网格效果，如图 4-121 所示。打开“网格设置”对话框，设置“网格类型”为“列”，“边数”为 4，“边距”为 24，“间距”为 24，效果如图 4-122 所示。

图 4-121　添加布局网格

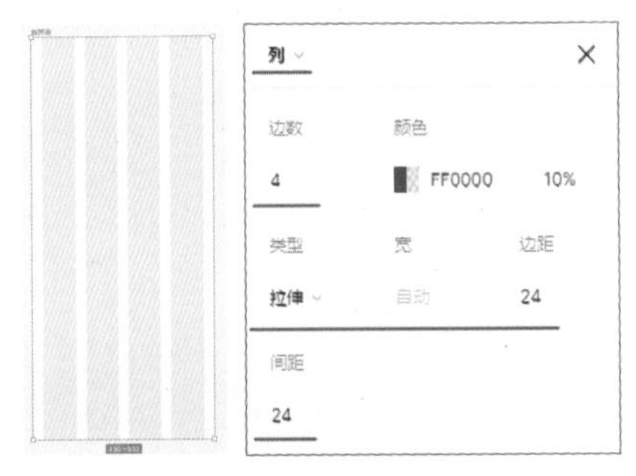

图 4-122　对布局网格进行设置

03 切换到“资源”面板中，在该面板中可以看到项目中所创建的组件，如图 4-123 所示。将“状态栏”组件从“资源”面板拖入设计区域中，创建组件实例，如图 4-124 所示。

图 4-123　“资源”面板

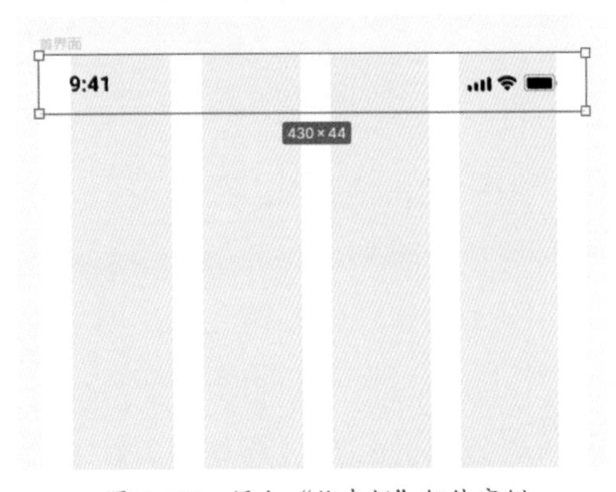

图 4-124　添加“状态栏”组件实例

04 将“标题栏 1”组件从“资源”面板拖入设计区域中，创建组件实例，如图 4-125 所示。双击该组件实例，对标题文字内容进行修改，如图 4-126 所示。

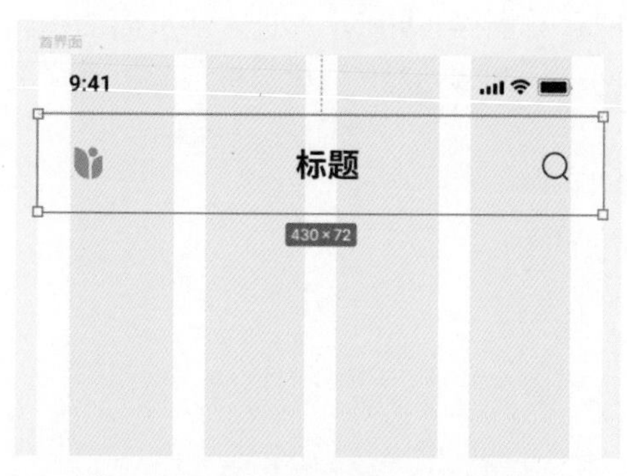

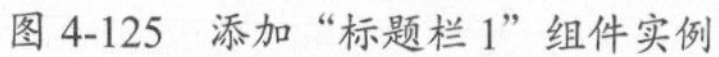
图 4-125　添加“标题栏 1”组件实例

图 4-126　修改标题文字

05 将“搜索栏”组件从“资源”面板拖入设计区域中，创建组件实例，如图 4-127 所示。将“栏目标题”组件从“资源”面板拖入设计区域中，创建组件实例，调整到合适的位置，如图 4-128 所示。

图 4-127　添加“搜索栏”组件实例

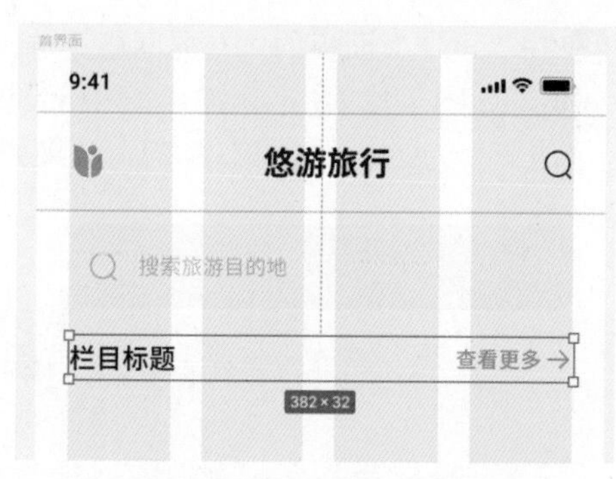

图 4-128　添加“栏目标题”组件实例

06 双击该组件实例，对栏目标题文字内容进行修改，如图 4-129 所示。使用“画框”工具绘制一个大小为 240×230 的画板，将该画板重命名为“目的地”，如图 4-130 所示。

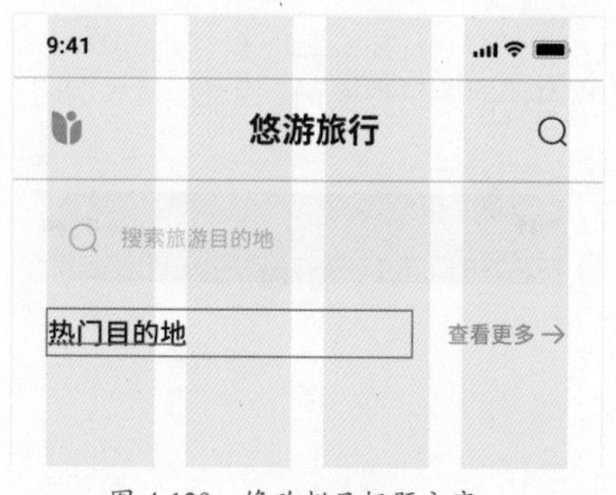

图 4-129　修改栏目标题文字

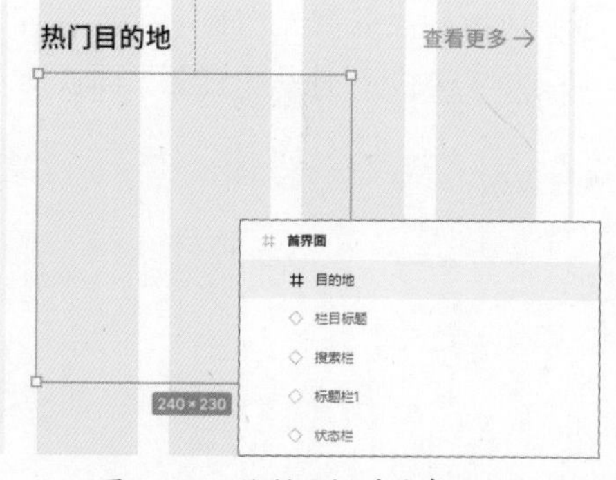

图 4-130　绘制画板并重命名

07 选择“文件 > 导入图片”命令，弹出“打开”对话框，选择需要导入的图片素材，单击“打开”按钮，如图 4-131 所示。将导入的图片素材调整至合适的大小和位置，如图 4-132 所示。

图 4-131　选择需要导入的素材图片

图 4-132　调整素材图片的大小和位置

08 选择该图片，在“设计”面板中设置“圆角半径”为 12，效果如图 4-133 所示。使用“文本”工具在设计区域中单击并输入文字，对文字的相关属性进行设置，效果如图 4-134 所示。

图 4-133　设置图片圆角

图 4-134　输入文字并设置文字属性

09 使用“文本”工具，在设计区域中单击并输入文字，效果如图 4-135 所示，选中所输入的相关文字，按【Ctrl+G】组合键，将文字合并。使用“椭圆”工具在设计区域中绘制一个正圆形，在“设计”面板中设置“填充”为 34B27D，如图 4-136 所示。

图 4-135　输入文字并进行设置

图 4-136　绘制正圆形并设置填充

10 打开“资源”面板，将“收藏图标”组件拖入设计区域中，创建组件实例，调整到合适的大小和位置，如图 4-137 所示。双击该图标组件实例，进入其编辑状态，修改“填充”为白色。选中图标和正圆形，按【Ctrl+G】组合键，进行合并，如图 4-138 所示。

11 在“图层”面板中可以看到“目的地”画板的图层结构，如图 4-139 所示。选择“目的地”画板中的图片，在“约束”选项区中设置“水平约束”为“缩放”，“垂直约束”为“缩放”，如图 4-140 所示。

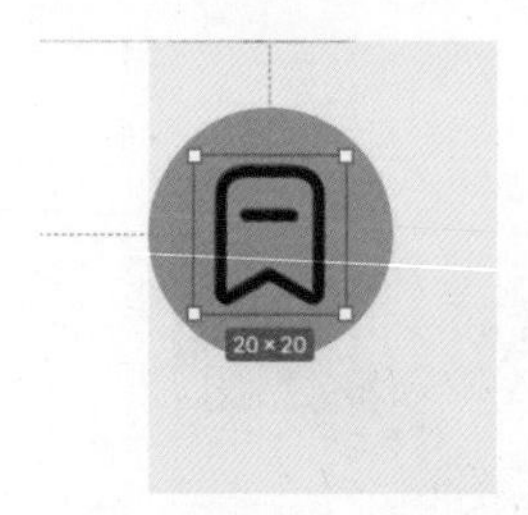

图 4-137 添加组件实例

图 4-138 修改图标颜色并合并

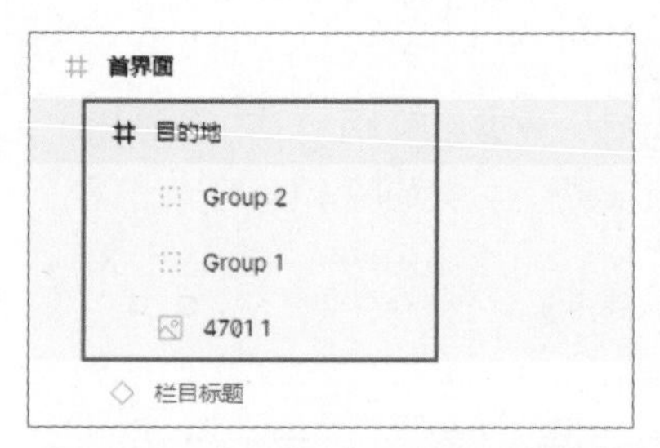

图 4-139 “目的地”画板的图层结构

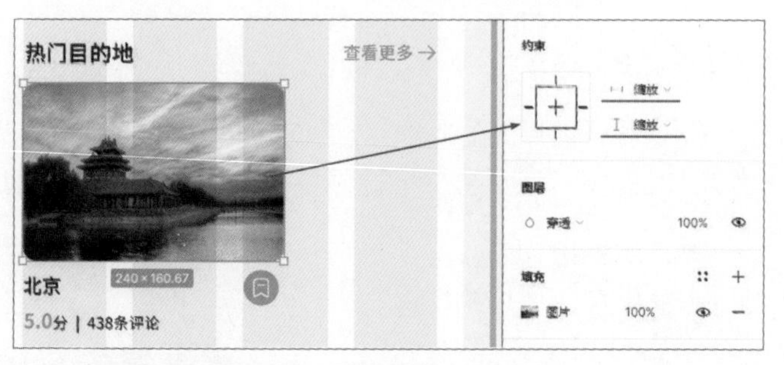

图 4-140 设置图片的约束选项

12 选择“目的地”画板中的文字，在“约束”选项区中设置“水平约束”为“左”，“垂直约束”为“下”，如图 4-141 所示。选择“目的地”画板中的收藏图标，在“约束”选项区中设置“水平约束”为“右”，“垂直约束”为“下”，如图 4-142 所示。完成“目的地”画板中所包含元素约束选项的设置。

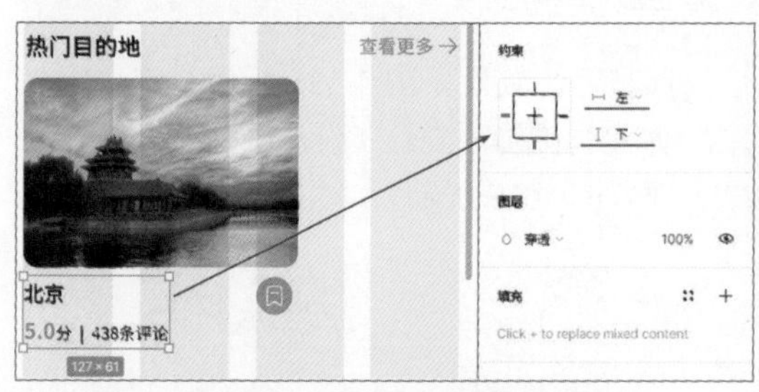

图 4-141 设置文字的约束选项

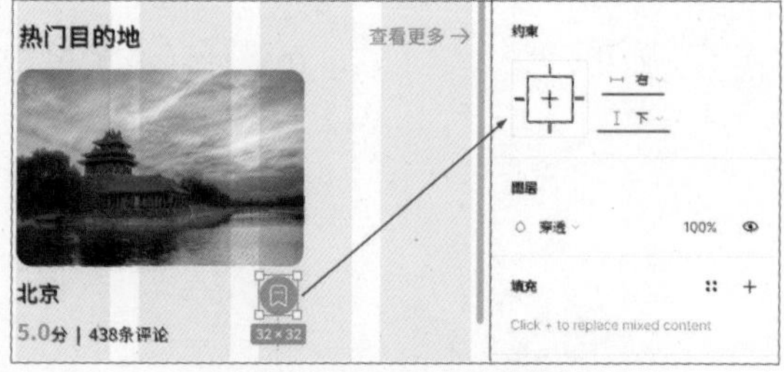

图 4-142 设置图标的约束选项

13 按住【Alt】键拖动复制“目的地”画板，调整到合适的位置，如图 4-143 所示。对复制得到的画板中的图片和相应的文字内容进行替换和修改，快速完成该部分内容的制作，如图 4-144 所示。

图 4-143 复制“目的地”画板并调整位置

图 4-144 替换图片并修改文字

14将“栏目标题”组件从“资源”面板拖入设计区域中，创建组件实例，调整到合适的位置并修改栏目标题文字，如图 4-145 所示。根据“热门目的地”栏目的制作方法，可以完成该栏目中内容的制作，效果如图 4-146 所示。

图 4-145　添加“栏目标题”组件实例并修改文字

图 4-146　完成“热门旅行攻略”栏目中内容的制作

15将“标签栏”组件从“资源”面板拖入设计区域中，创建组件实例，如图 4-147 所示。完成旅游 App 首界面的制作，将布局网格隐藏，该界面的最终效果如图 4-148 所示。

图 4-147　添加“标签栏”组件实例

图 4-148　旅游 App 首界面效果

4.7.3　制作旅游 App 收藏界面

本节将设计制作旅游 App 的收藏界面，在该界面的制作过程中，同样通过布局网格功能来辅助界面中元素的对齐。由于为界面中相应的元素设置了约束选项，所以该界面的制作相对比较简单，只需要将相应的信息卡片等比例放大，信息卡片中的内容就会自动进行调整，非常方便，同时也保证了与首界面设计风格的统一。

制作旅游 App 收藏界面

源文件：源文件 \ 第 4 章 \4-7.fig　视频：视频 \ 第 4 章 \ 制作旅游 App 收藏界面 .mp4

01继续在旅游 App 项目文档中进行制作。选择“首界面”画板，按住【Alt】键拖动复制首界面，如图 4-149 所示。将复制得到的画板重命名为“收藏”，并且将该画板中不需要的内容删除，效果如图 4-150 所示。

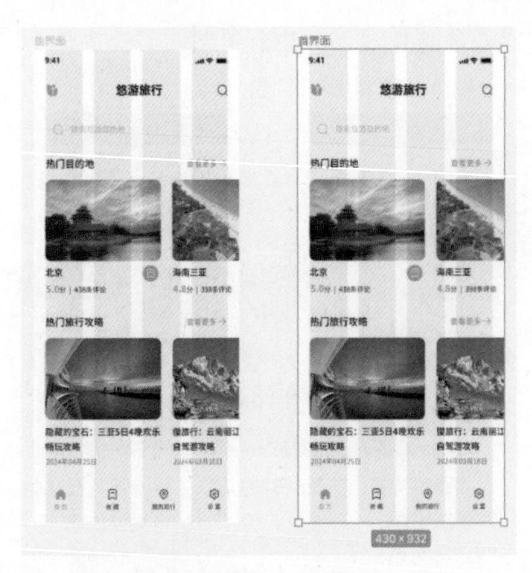

图 4-149　复制“首界面”画板

图 4-150　修改画板名称并删除不需要内容

02 双击“收藏”画板中的“标题栏”组件实例，进入该组件实例编辑状态，修改标题文字，如图 4-151 所示。选择“收藏”画板中的“目的地”画板，按住【Shift】键拖动该画板的角点，将其等比例放大，如图 4-152 所示。

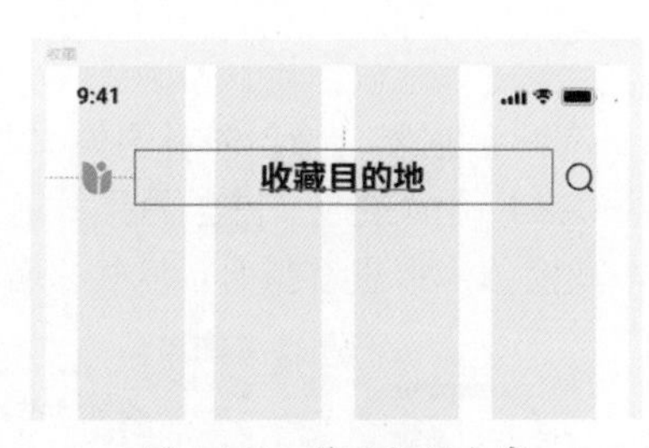

图 4-151　修改标题文字

图 4-152　等比例放大画板

提示

在首界面的制作过程中，为该画板中的内容设置了相应的约束选项，所以当放大该画板时，该画板中的内容也会随之进行相应的调整，例如图片会自动等比例缩放，这样就大大提升了制作效率。

03 双击进入“目的地”画板的编辑状态，调整文字和图标的位置，如图 4-153 所示。打开“资源”面板，将“收藏图标”组件拖入设计区域中，创建组件实例，调整到合适的大小和位置，如图 4-154 所示。将原来的线框图标删除，双击该图标组件实例，进入其编辑状态，修改“填充”为白色，如图 4-155 所示。

图 4-153　调整文字和图标位置

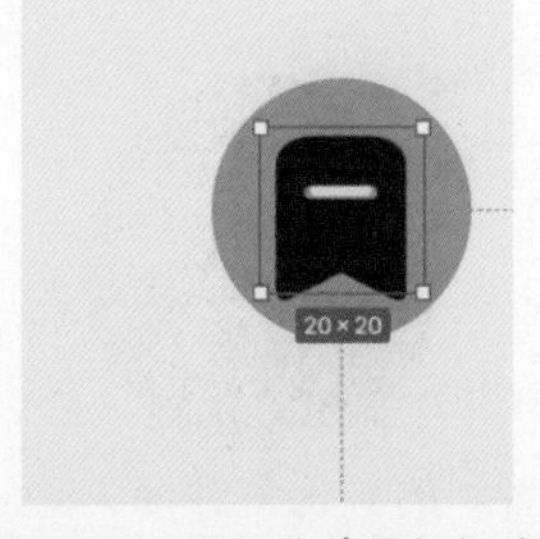

图 4-154　添加收藏图标组件实例

图 4-155　修改图标填充颜色

04 完成该“目的地”画板的调整和修改，效果如图 4-156 所示。使用相同的制作方法，对界面中的另一个“目的地”画板进行等比例放大并调整，效果如图 4-157 所示。

图 4-156　“目的地”画板的效果

图 4-157　完成另一个“目的地”画板的调整

05 按住【Alt】键拖动复制“目的地”画板，并对画板中的内容进行调整和修改，效果如图 4-158 所示。选择界面底部标签栏组件，在“设计”面板的“组件”选项区中设置“标签栏”为“收藏”，将该变体组件切换为“收藏”界面的标签栏组件，效果如图 4-159 所示。

图 4-158　制作界面中的其他内容

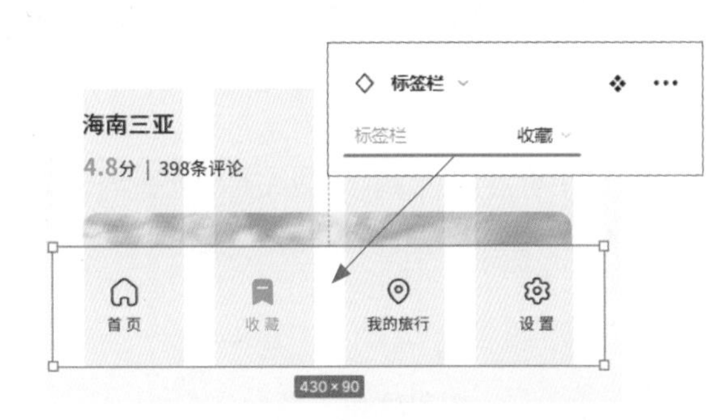

图 4-159　设置标签栏变体组件

06 至此，完成该旅游 App 收藏界面的制作，将布局网格隐藏，该界面的最终效果如图 4-160 所示。

4.7.4　制作旅游 App 其他界面

本节将设计制作旅游 App 中的其他界面。如果在首界面中单击“热门目的地”栏目右侧的“查看更多”选项，就可以跳转到“热门目的地”列表界面，该界面的效果与“收藏”界面效果相似，通过信息卡片表现每一个热门目的地。如果在界面中单击某个目的地图片，即可跳转到“目的地详情”界面，在界面顶部通过目的地摄影图片来吸引用户的关注，接下来就是对该旅游目的地相关介绍内容的排版设计，注意界面内容的表现应该清晰、易读。

图 4-160　旅游 App 收藏界面效果

制作旅游 App 其他界面

源文件：源文件 \ 第 4 章 \4-7.fig　视频：视频 \ 第 4 章 \ 制作旅游 App 其他界面 .mp4

01 继续在旅游 App 项目文档中进行制作。下面来制作“热门目的地”界面，复制“收藏”画板，将复制得到的画板重命名为“热门目的地”，效果如图 4-161 所示。选择“热门目的地”画板中的标题栏，在“设计”面板的“组件实例”下拉列表框中选择“标题栏 2”选项，如图 4-162 所示。

图 4-161　复制画板并修改画板名称

图 4-162　选择“标题栏 2”选项

02 将该界面中的“标题栏 1”组件实例替换为“标题栏 2”组件实例，如图 4-163 所示。双击该组件实例，进入该组件实例编辑状态，修改标题文字，如图 4-164 所示。

图 4-163　替换组件实例

图 4-164　修改标题文字

03 将界面底部的标签栏删除，完成“热门目的地”界面的制作，将布局网格隐藏，该界面的效果如图 4-165 所示。接着制作“目的地详情”界面，复制“热门目的地”画板，将复制得到的画板重命名为“目的地详情”，将界面中不需要的内容删除，如图 4-166 所示。

04 选择“文件 > 导入图片”命令，导入图片素材，将导入的图片素材调整至合适的大小和位置，如图 4-167 所示。在“图层”面板中将该图片素材图层拖入“目的地详情”画板中，并放置在“状态栏”图层的下方，效果如图 4-168 所示。

05 使用“椭圆”工具，按住【Shift】键在设计区域中绘制正圆形，将其“填充”设置为白色，如图 4-169 所示。使用“选择”工具，按住【Alt】键拖动复制刚绘制的正圆形两次，并调整至合适的位置，如图 4-170 所示。

图 4-165　“热门目的地”界面效果

图 4-166　复制画板并删除不需要的内容

图 4-167　导入素材图像并进行调整

图 4-168　调整图层叠放顺序

图 4-169　绘制正圆形

图 4-170　复制正圆形并调整位置

06 打开“资源”面板，将相应的图标组件拖入到界面中并分别调整至合适的位置，如图 4-171 所示。使用“文本”工具，在设计区域中绘制文本框并输入文字，对文字的相关属性进行设置，效果如图 4-172 所示。

07 选择“文件 > 导入图片”命令，导入图片素材，将导入的图片素材调整至合适的大小和位置，设置图片素材的“圆角半径”为 12，如图 4-173 所示。使用相同的方法，导入其他图片素材并分别进行设置，效果如图 4-174 所示。

图 4-171　添加图标组件实例

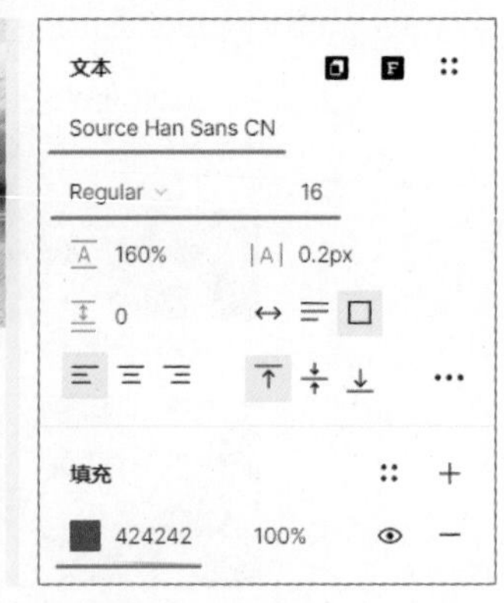

图 4-172　输入文字并设置文字属性

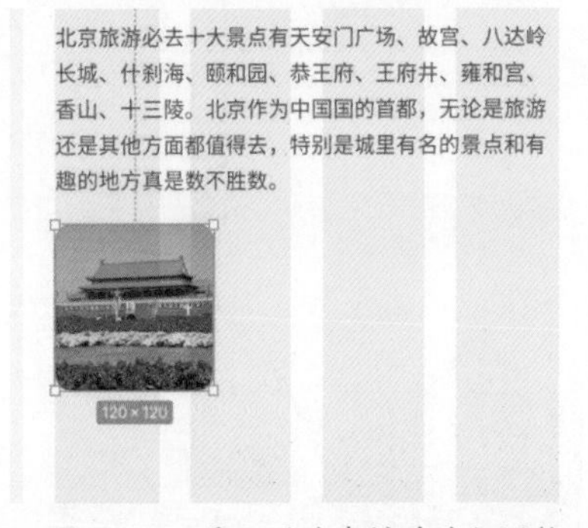

图 4-173　导入图片素材并进行调整

图 4-174　导入其他图片素材

08 选中“目的地详情”画板，在“设计”面板的“画框”选项区中取消选择“裁剪内容”复选框，如图 4-175 所示。使用“文本”工具在设计区域中绘制文本框并输入文字，对文字的相关属性进行设置，效果如图 4-176 所示。

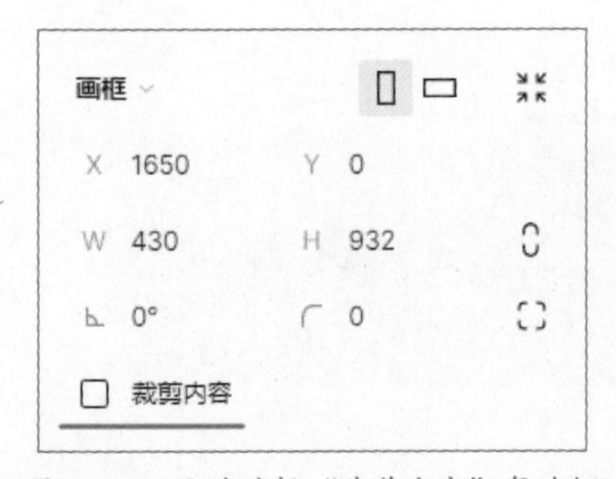

图 4-175　取消选择“裁剪内容”复选框

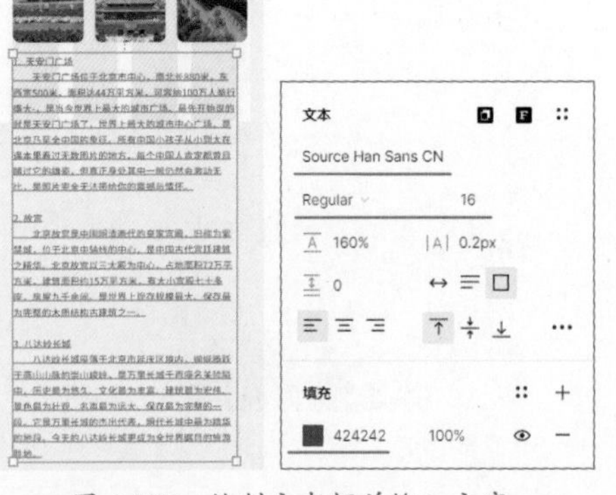

图 4-176　绘制文本框并输入文字

09 使用“矩形”工具在设计区域中绘制一个尺寸为 382×58 的画板，设置该矩形的“圆角半径”为 30，“填充”为 34B27D，如图 4-177 所示。使用“文本”工具在设计区域中单击并输入文字，对文字的相关属性进行设置，效果如图 4-178 所示。

10 调整该画板的高度，使其包含界面中的所有内容，完成“目的地详情”界面的制作。至此，完成旅游 App 的设计制作，最终效果如图 4-179 所示。

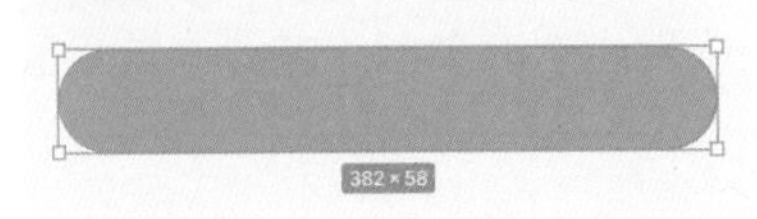

图 4-177　绘制矩形并进行设置

图 4-178　输入文字并设置文字属性

图 4-179　旅游 App 的最终效果

4.8　本章小结

Android 系统 UI 设计是一个复杂而综合的过程，需要综合考虑多个因素来实现良好的用户体验。通过学习本章内容，读者需要能够理解在 Android 系统中设计 UI 时需要遵守的界面尺寸和组件尺寸规范、文字设计规范、图标设计规范等内容。掌握 Figma 中的约束和布局网格功能在 App 界面设计中的应用，并且能够在 Figma 中独立完成旅游 App 项目的设计制作。

4.9　课后练习

完成本章内容的学习后，接下来通过练习题，检测一下读者对 Android 系统 UI 设计相关内容的学习效果，同时加深读者对所学知识的理解。

4.9.1 选择题

1. 在 Android 系统中，文字大小的单位是（　　）。

A. px　　B. pt　　C. dp　　D. sp

2. 在 Android 系统中，非文字的尺寸大小单位是（　　）。

A. px　　B. pt　　C. dp　　D. sp

3. 在 Android 系统的移动 App 界面中，状态栏的高度为（　　）。

A. 12dp　　B. 24dp　　C. 48dp　　D. 56dp

4.（　　）一般用于展示重要功能的快捷入口，同时也是很好的运营入口，能够很好地吸引用户的目光。

A. 标签式布局　　B. 列表式布局　　C. 卡片式布局　　D. 瀑布流布局

5. 布局网格功能经常被用于 UI 设计中，在移动 UI 设计中常用的是（　　）的布局网格。

A. 2 或 3 列　　B. 4 或 6 列　　C. 6 或 8 列　　D. 8 或 12 列

4.9.2 判断题

1. 移动 App 界面采用标签式布局的优点主要表现在各功能模块相对独立，功能入口清晰，方便用户快速查找。（　　）

2. 列表式布局是将整个界面的内容切割为多个区域，不仅能够给人很好的视觉一致性，而且更易于设计上的迭代。（　　）

3. 使用 Figma 中的布局约束功能，用户可以设定对象在水平或垂直方向上的行为。（　　）

4. 在进行约束设置时，画板可以称为父元素，画板中的元素可以称为子元素。对约束选项进行设置时，是对父元素进行设置，而不是对子元素进行设置。（　　）

5. Figma 中的布局网格是一种视觉辅助工具，它有助于设计师保持元素之间的精确对齐，从而创建出清晰、一致且专业的设计。（　　）

4.9.3 操作题

根据从本章所学习和了解到的知识，掌握如何在 Figma 中进行基于 Android 系统规范进行 UI 设计，具体要求和规范如下。

- 内容

设计一款在线学习 App。

- 要求

基于 Android 系统的设计规范进行该 App 的设计制作，按流程先制作该 App 项目的组件，再对 App 界面进行设计制作。在界面设计过程中，需要通过网格布局进行界面内容的对齐，通过元素的约束设置实现当界面尺寸变化时，界面中元素的合理调整。

第5章 使用 Figma 设计 HarmonyOS 系统 UI

HarmonyOS 是华为公司开发的一款分布式操作系统，旨在创造一个超级虚拟终端互联的世界，将人、设备、场景有机地联系在一起。在本章中将向读者详细介绍 HarmonyOS 系统 UI 设计的相关规范，并通过一个珠宝电商 App 项目的设计制作，使读者能够理解 HarmonyOS 系统 UI 设计规范并掌握珠宝电商 App 项目的设计制作方法。

学习目标

1. 知识目标
- 了解 HarmonyOS 系统。
- 了解 HarmonyOS 与 iOS 和 Android 的区别。
- 了解 HarmonyOS 系统的字体和字号规范。
- 了解 HarmonyOS 系统的图标大小和布局。
- 了解 HarmonyOS 系统的间距。
- 理解格式塔原理法则。

2. 能力目标
- 掌握 HarmonyOS 系统的单位和组件尺寸。
- 掌握 Figma 自动布局的创建和设置。
- 掌握珠宝电商 App 的设计制作。

3. 素质目标
- 具有科学的世界观、人生观和价值观，具备良好的职业道德和行为规范。
- 具有团队协作意识，提升沟通合作技能，能够与团队成员有效沟通，解决合作中的问题和冲突。

5.1 了解 HarmonyOS 系统

HarmonyOS 系统是一款国产的智能终端操作系统，也是世界上目前除了 iOS、Android 以外的第三大操作系统。在学习 HarmonyOS 系统的 UI 设计规范前，首先了解一下什么是 HarmonyOS 系统。

5.1.1 HarmonyOS 系统的诞生与特点

2019 年前，华为公司的设备一直使用的是美国谷歌公司的 Android 系统，为了减少对

Android 系统的依赖，华为自主研发了一款操作系统。最早这个系统只是一个代号，直到 2018 年才正式注册了 HarmonyOS 系统的商标，中文名字为“鸿蒙”，并于 2019 年正式发布，如图 5-1 所示。华为公司的高瞻远瞩有效地促进了国产操作系统的进步与发展。

HarmonyOS 和 Android 都是基于 Linux 开发的底层内核。但是与 Android 系统不同的是，HarmonyOS 系统并不是一个简单的手机系统，而是让消费者根据需求去组装不同的硬件，它可以通过分布式技术，把物理上相互分离的多个设备融合成一个超级终端。

现在很多人家里都有智能家居设备，如智能电灯、扫地机或者智能窗帘等。由于这些设备是由不同厂商生产的，不同的生产商之间又没有互联互通，因此用户需要安装多个 App 或者使用多种操作系统。HarmonyOS 系统就是要打破这种限制，统一不同设备的操作系统，比如计算机使用的是计算机操作系统，手机使用的是手机操作系统，那么现在，通过 HarmonyOS 系统就能够把手机、计算机、汽车和电视等一系列的所有操作系统全部打通，如图 5-2 所示。

图 5-1　HarmonyOS

图 5-2　适配多种终端形态

5.1.2　HarmonyOS 与 iOS 和 Android 的区别

截至 2020 年 4 月，Android 的市场占比达到了 70%，iOS 达到 20%，iOS 和 Android 的市场占有率远远高于 HarmonyOS。有的人说 HarmonyOS 就是 Android，但是 HarmonyOS 和 Android 有很大的不同，下面来对比一下 HarmonyOS、iOS 和 Android 的区别，如表 5-1 所示。

表 5-1　HarmonyOS 与 iOS 和 Android 的区别

	鸿蒙	iOS	Android
硬件载体	手机、电视、车机、智能家居、手表等众多 IoT 设备	手机	手机
未来趋势	IoT 环境未来潜力很大	潜力较大	有限
优点	流畅、开源、分布式能力	流畅	开放
缺点	新生系统、增长期、大部分应用没有适配	封闭	碎片化、卡顿
开发 App	一次开发，多端适配	单独适配	单独适配

提示

IoT 的全称为 Internet of Things，翻译为物联网，是一个基于互联网、传统电信网等的信息承载体，它让所有能够被独立寻址的普通物理对象形成互联互通的网络。

HarmonyOS 系统不仅仅是一款手机操作系统，它更像是一个面向万物互联的操作系统，手机、平板、电视、汽车都可以使用，各个端口的软件都可以一稿适配，不用再次开发，而 iOS 和 Android 只针对于手机端，这是它们最大的不同点。

由于 HarmonyOS 和 Android 都是基于 Linux 开发的底层内核，所以它们的一些特性比较相似，比如它们都是开源的系统。iOS 系统相对更加封闭一些，但是也相对比较稳定。由于 iOS 太过于封闭，严重限制了其发展。

现在 Android 的开发者大概有 2000 万，iOS 的开发者有 2400 多万，而 HarmonyOS 的开发者却只有数百万，HarmonyOS 作为一个新生系统，还没有完全得到市场的认可。HarmonyOS 需要大力发展生态链，当市场占有率达到 16% 左右，拥有更多的应用支持时，才能够真正生存下来。

提示

目前，华为生态链的搭建主要有“南向”和“北向”两个方向，“南向”是指设备制造商，比如一些家电品牌如九阳、美的等，都可以搭载华为的生态链；“北向”是指 App 的应用开发。

5.2 HarmonyOS 系统单位与尺寸

大部分设计师都会纠结图片的大小尺寸定义为多大尺寸比较合理？应该放在什么标准的 dpi 中才能得到更好的适配效果？在 HarmonyOS 系统中，设计师不必将时间和精力过多花费在此。在放置图片的 media 目录下也没有按照 dpi 来进行区分。

为了解决由于屏幕规格不同而引起的页面适配问题，HarmonyOS 系统提供了针对不同屏幕尺寸进行界面自适应适配的 7 种原子布局能力，使设计师可以使用原子布局能力来定义元素在不同尺寸的界面上的自适应规则。

5.2.1 HarmonyOS 系统的单位

HarmonyOS 系统的设计单位称为虚拟像素（virtual pixel），简称 vp，是指一台设备针对应用而言所具有的虚拟尺寸（区别于屏幕硬件本身的像素单位）。vp 提供了一种灵活的方式来适应不同屏幕密度的显示效果。使同一元素在不同密度的设备上都呈现出一致的视觉效果，如图 5-3 所示。

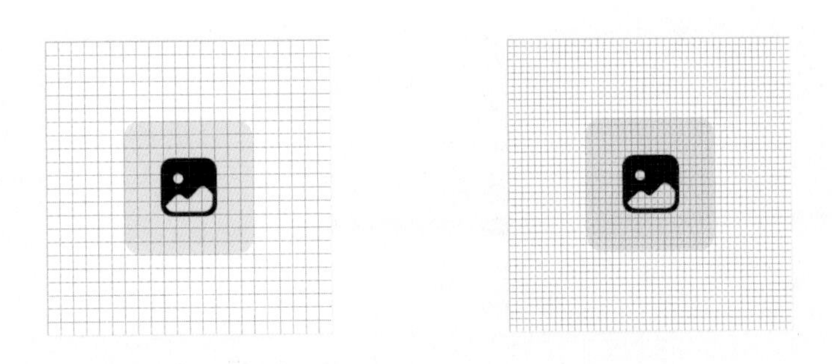

图 5-3　同一元素在不同密度设备上的显示效果

vp 与 Android 中的 dp 及 iOS 中的 pt 在本质上是一样的，在 @2x 的屏幕分辨率下，1vp=2px。

提示

HarmonyOS 和 Android 在某些地方非常相似，HarmonyOS 也非常偏好 8 这个数字，页面中的间隔或者留白都可以设置为 8 的倍数。

5.2.2 HarmonyOS 系统的组件尺寸

HarmonyOS 系统的页面设计尺寸可以延续 Android 的设计尺寸，也就是 360vp×640vp（720px×1280px），如图 5-4 所示，这个尺寸是 @2x 的设计稿。

提示

这个设计尺寸只是一个建议尺寸，并不需要设计师严格遵守，HarmonyOS 和 Android 一样，是一个非常开放的系统，里面的很多尺寸都是可以自定义的。

与 Android 一样，HarmonyOS 系统也包含了状态栏、导航栏和标签栏 3 个系统组件。状态栏的高度为 24vp，即 48px。导航栏的高度为 56vp，即 112px。标签栏的高度和导航栏是一样的，也是 56vp，如图 5-5 所示。

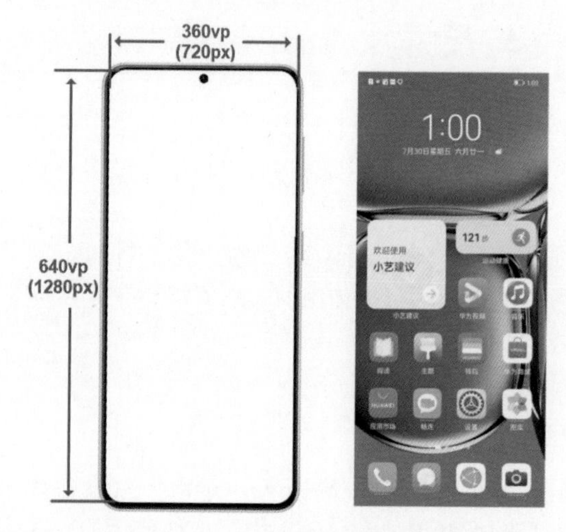

图 5-4　HarmonyOS 系统页面设计尺寸

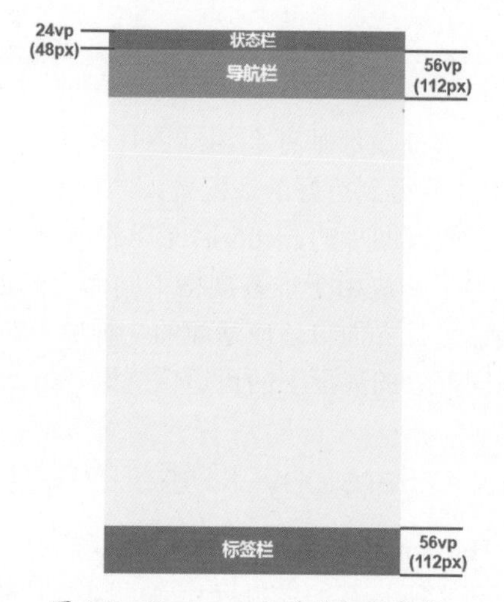

图 5-5　HarmonyOS 系统组件高度

1. 导航栏

导航栏上不要放置太多图标，竖屏的情况下，右侧最多支持 3 个图标；横屏的情况下，右侧最多支持 5 个图标，如图 5-6 所示。按照重要性从左往右排，任何不常用的操作都应该放进“更多”里面（即使只有一个操作）。

导航栏的标题与 Android 一样，位于导航栏的左侧，导航栏上的字体可以设计得比 Android 大一点，通常设置为 20fp，即 40px。图标的切图大小统一切成 24vp，即 48px，如图 5-7 所示。

图 5-6　导航栏右侧最多支持 3 个图标

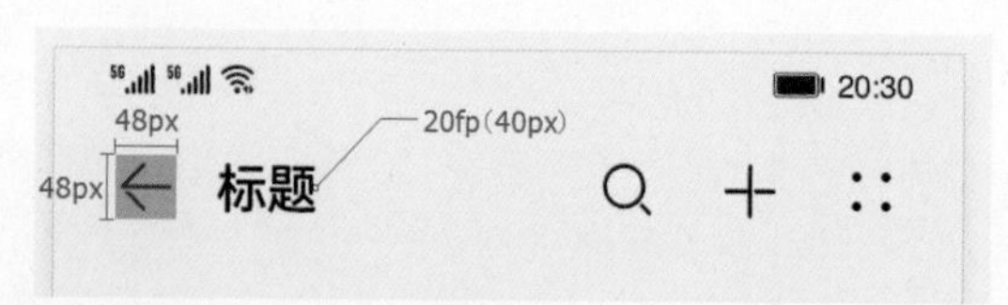

图 5-7　导航栏左侧标题的大小和图标尺寸

2. 标签栏

标签栏和 Android 及 iOS 一样，位于页面的最底部，最多允许放置 5 个图标，如图 5-8 所示。字体大小通常设置为 10fp，即 20px。图标大小通常设置为 21vp×21vp，即 42px×42px，如图 5-9 所示。

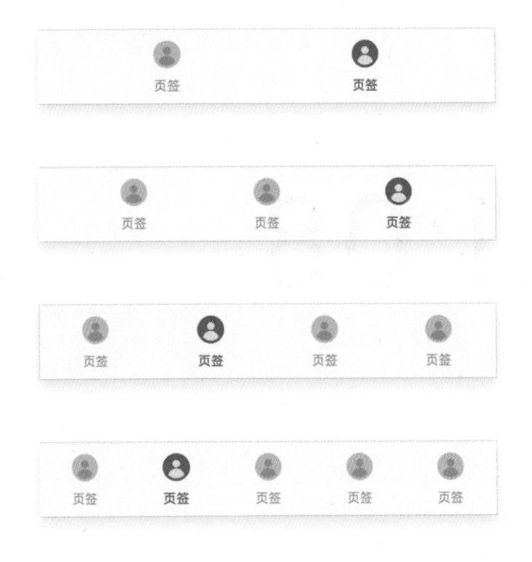

图 5-8　标签栏上的图标

图 5-9　标签栏上图标尺寸和文本大小

5.3　HarmonyOS 系统字体规范

通过研究用户在不同场景下对多终端设备的阅读反馈，综合考量不同设备的尺寸、使用场景等因素，同时也考虑用户使用设备时因视距、视角的差异而带来的字体大小和字重的不同诉求，HarmonyOS 系统设计了全新的系统默认的字体，供用户免费使用。

5.3.1　字体和字号

HarmonyOS 系统中采用了一种全新的字体——HarmonyOS Sans，如图 5-10 所示。HarmonyOS Sans 共有 Thin、Light、Regular、Medium、Bold 和 Black 6 种字体，如图 5-11 所示。

图 5-10　HarmonyOS Sans 字体　　图 5-11　HarmonyOS Sans 的 6 种字体

HarmonyOS Sans 支持变宽和等宽两种样式。文本混排中使用系统默认的变宽数字，在阅读文本段落时能让阅读体验更加连贯，如图 5-12 所示。而等宽时钟数字在需要强调数值，以及数据需要经常变化的表格和时钟数字的场景中使用时，可以保持数字字宽的对齐，同时更具图形化的呈现，使其在界面中脱颖而出，如图 5-13 所示。

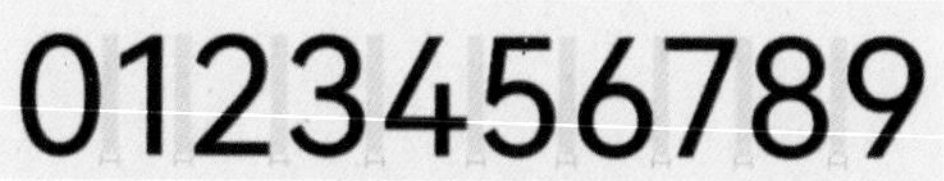

0123456789　0123456789

图 5-12　变宽数字 　　　　图 5-13　等宽数字

HarmonyOS Sans 支持时钟字体特性，冒号格式会根据时间格式自动调整位置，如图 5-14 所示。

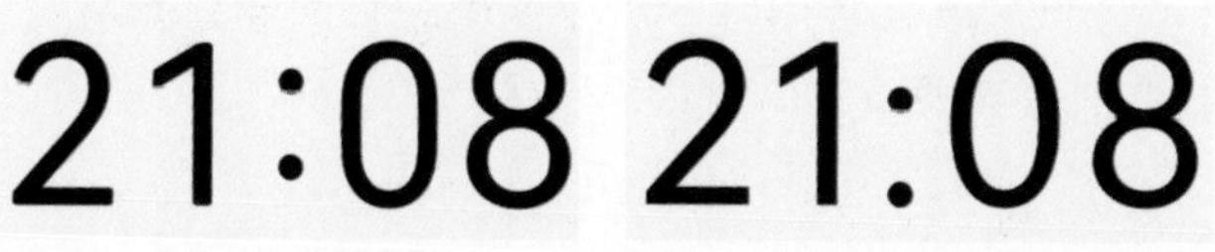

21:08　21:08

（默认时间格式）　　（时钟时间格式）

图 5-14　时钟字体

提示

HarmonyOS 系统中的字体单位是 fp（font-size pixels），fp 和 vp 的换算比例相同，即默认情况下，1fp=1vp。

HarmonyOS 系统中的字体单位与 Android 系统中的字体单位相同，都是 sp（font-size pixels），sp 和 vp 的换算比例相同，即默认情况下，1fp=1vp。

在界面中使用字体的大小基本规则和在 iOS 或 Android 中使用字体的大小规则几乎一样，最小的字号是 10fp，在 @2x 界面上换算成 px，就是 20px。字体大小的增长，尽量以偶数作为一个增长值，而且和 Android 一样，字号层级之间的差距以 4fp 为一个差距会比较合适。

选择合适的字号有助于定义内容的信息层级，以及达到内容的可读性。通过研究全场景设备的显示环境、用户使用时环境的差异，为不同设备形态定义了一套构建信息层级的字号系统，如图 5-15 所示。

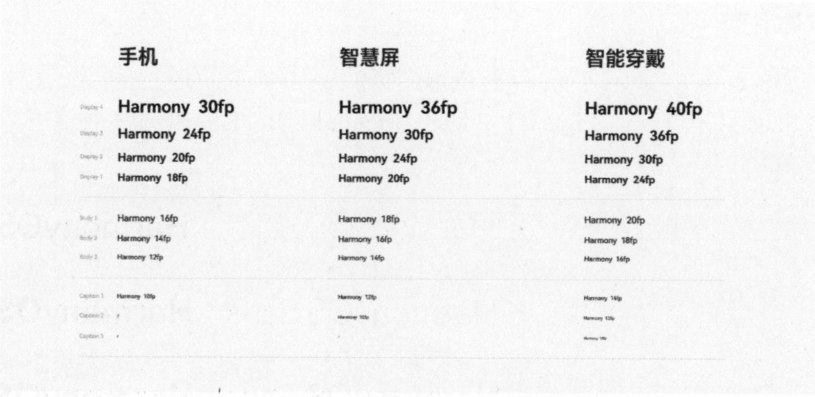

	手机	智慧屏	智能穿戴
Display 4	Harmony 30fp	Harmony 36fp	Harmony 40fp
Display 3	Harmony 24fp	Harmony 30fp	Harmony 36fp
Display 2	Harmony 20fp	Harmony 24fp	Harmony 30fp
Display 1	Harmony 18fp	Harmony 20fp	Harmony 24fp
Body 1	Harmony 16fp	Harmony 18fp	Harmony 20fp
Body 2	Harmony 14fp	Harmony 16fp	Harmony 18fp
Body 3	Harmony 12fp	Harmony 14fp	Harmony 16fp
Caption 1	Harmony 10fp	Harmony 12fp	Harmony 14fp
Caption 2		Harmony 10fp	Harmony 12fp
Caption 3			Harmony 10fp

图 5-15　为不同设备构建信息层级的字号系统

5.3.2　对齐规则

不同的文本对齐方式可以引导用户的视觉流向。在段落文本中，文本超长换行默认使用左对齐的方式，因为人的浏览视线都是从左往右移，因此对于大段需要阅读的文案，采用左对齐

的方式排版有利于用户快速定位，保证良好的阅读体验，如图 5-16 所示。

相对于更常见的左对齐，居中对齐更容易获得用户的注意力。因此在标题上、空页面的描述文本及在插画的引导页上，可以使用居中对齐的文本对齐方式，如图 5-17 所示。

图 5-16　左对齐方式

图 5-17　居中对齐方式

5.4　HarmonyOS 系统图标规范

图标是操作系统与用户界面关键的视觉元素之一。图标应当具备直接识别关键信息或语义的特质，帮助用户轻松辨别图标所代表的含义。为了保证用户在不同的设备中视觉体验的一致性，在图标的设计上应当保持应用图标的元素一致，再根据不同的设备匹配对应的图标背景以适应于各种场景。

提示

图标的颜色要遵循 HarmonyOS 的色彩规则，满足用户阅读的舒适度及整体界面的和谐程度。对于面状图标与线状图标的使用，也应当遵循系统的设计规则，两种样式使用同一种图形结构，降低用户阅读时再次识别的成本。

5.4.1　图标的大小布局

HarmonyOS 系统图标追求精致简约、独特考究的设计原则，主要运用几何型来塑造图形，精简线条的结构，精准把握比例关系。在造型和隐喻上增加了年轻化的设计语言，使整体风格更加年轻时尚。避免尖锐直角的使用，在情感表达上给用户传递出亲近、友好的视觉体验。

HarmonyOS 系统中的功能性图标通常使用 24vp×24vp 的尺寸作为标准尺寸，为了图标的美观性，上下左右各留 1vp 边距，如图 5-18 所示。因此，图标真正的绘制区为 22vp×22vp，也就是 44px×44px，如图 5-19 所示。将图标切图输出时，要将图片切成 24vp×24vp，也就是 48px×48px。

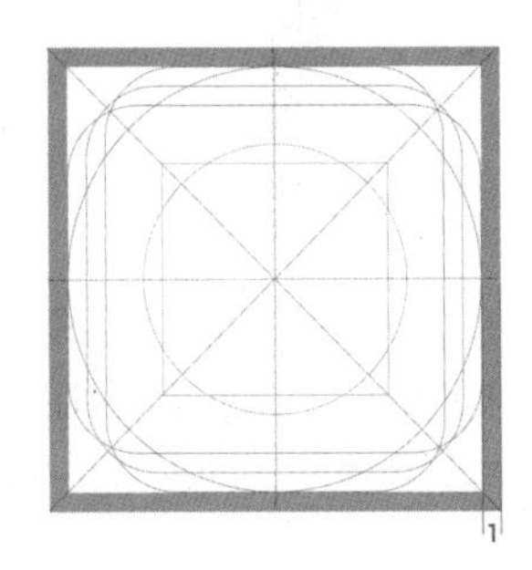

图 5-18　上下左右各留 1vp 边距

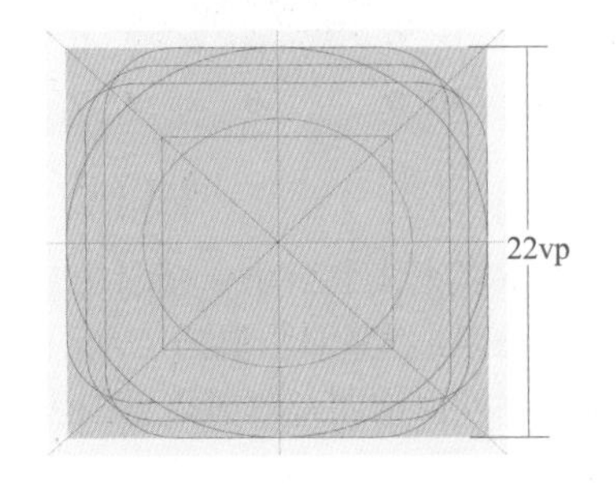

图 5-19　图标绘制区域

不同形状的图标尺寸也不相同。比如圆形的图标可以占满整个网格绘制区域，直径为22vp，如图 5-20 所示。方形的图标要比圆形的直径略小一些，通常设置为 20vp×20vp，如图 5-21 所示。

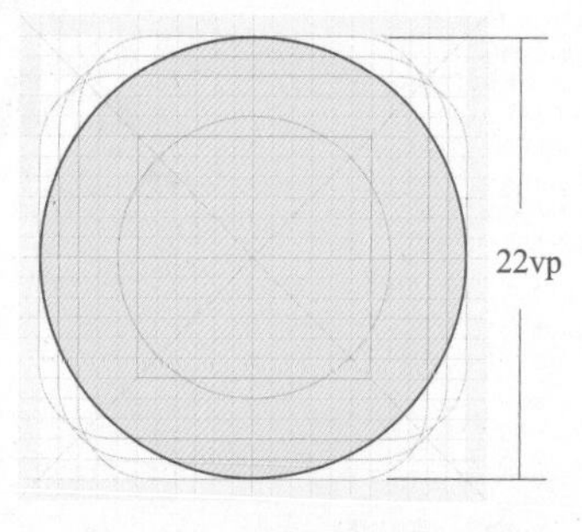

图 5-20　圆形图标网格

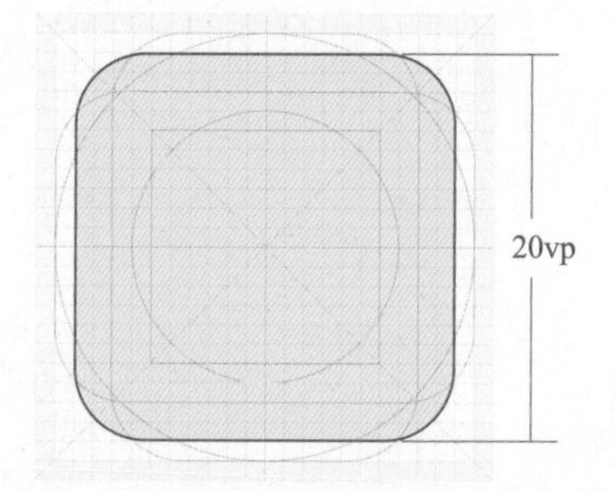

图 5-21　方形图标网格

横长型图标要左右顶满，上下留一点。图标的尺寸是 22vp×18vp，如图 5-22 所示。竖长型图标上下顶满，左右留一点，图标的尺寸是 18vp×22vp，如图 5-23 所示。

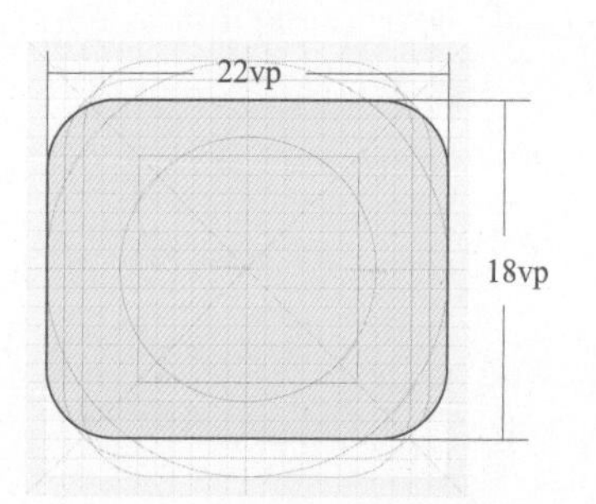

图 5-22　横长型图标尺寸

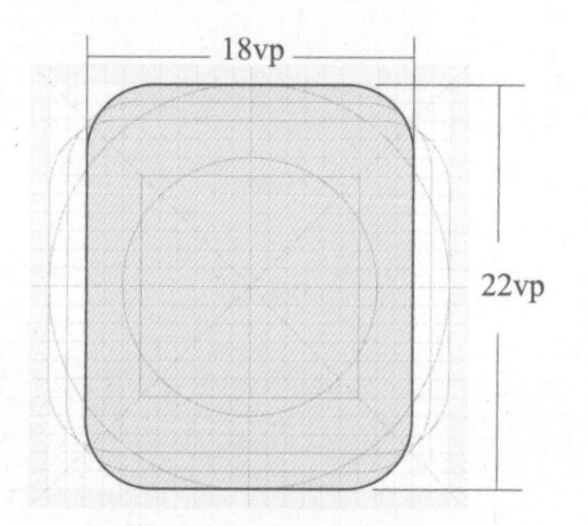

图 5-23　竖长型图标尺寸

如果图标形状特殊，需要添加额外的视觉重量实现整体图标体量平衡，绘制区域可以延伸到空隙区域内，但图标整体仍应保持在 24vp×24vp 大小的范围内，如图 5-24 所示。

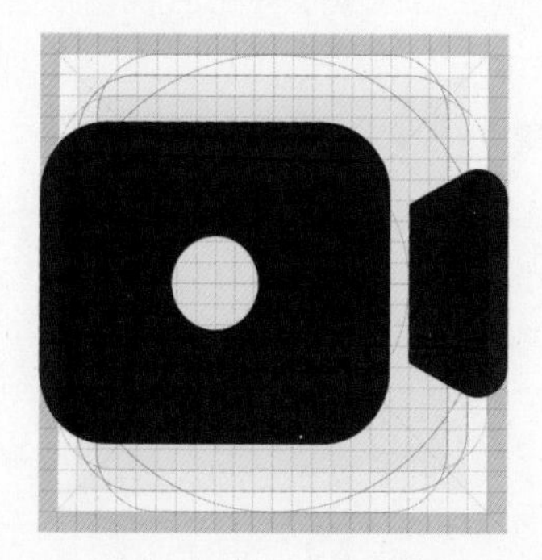

图 5-24　特殊形状图标的范围

在绘制特殊形状图标时，要找准图标视觉重心，使其在图标区域中心；HarmonyOS 系统允许在保证图标重心稳定的情况下，图标部分超出绘制活动范围的，延伸至间隙区域内。如图 5-25 所示，左侧图标为推荐绘制图标，右侧图标为不推荐绘制图标。

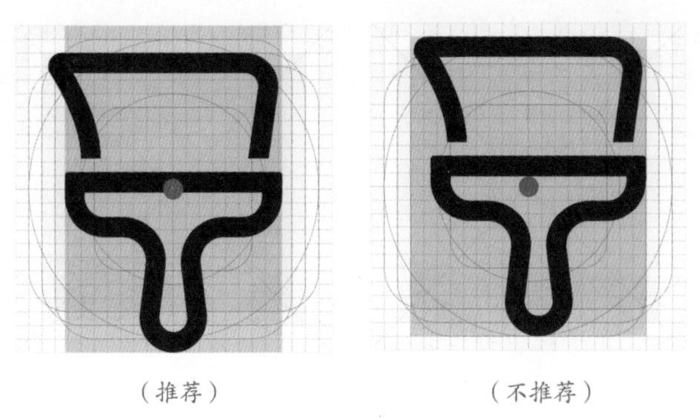

图 5-25　图标重心稳定图标对比

5.4.2　图标的特征

在 HarmonyOS 系统中绘制图标时，默认描边粗细为 1.5vp，终点样式为圆头，外圆角为 4vp，内圆角为 2.5vp，端口宽度为 1vp，如图 5-26 所示。

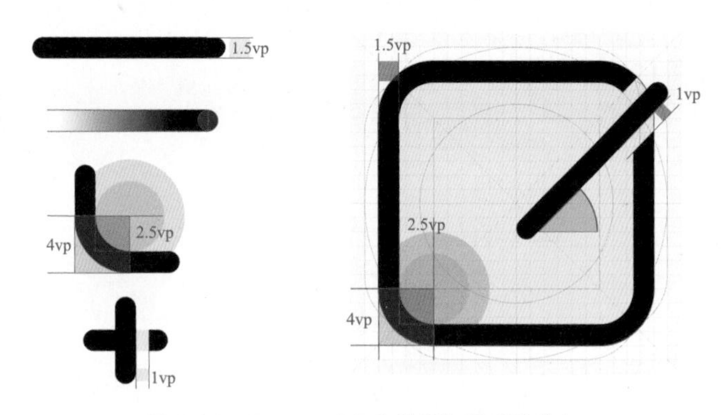

图 5-26　HarmonyOS 系统图标图形的特征

5.5　HarmonyOS 系统的间距

HarmonyOS 系统针对通用性的元素间隔进行了分类。这些公共的间隔接口后续会根据产品或新视觉风格进行统一定义。因此在设计中，针对公共的间隔，设计师需要进行特殊标注，以区别普通应用自定义的间隔。

HarmonyOS 系统界面中的间距包含屏幕边缘间距、文本间距和元素间距 3 种类型。接下来分别进行讲解。

1. 屏幕边缘间距

屏幕边缘间距是指界面元素距离屏幕上下左右的边距。上下边距通常设置为 24vp，即 48px，如图 5-27 所示。

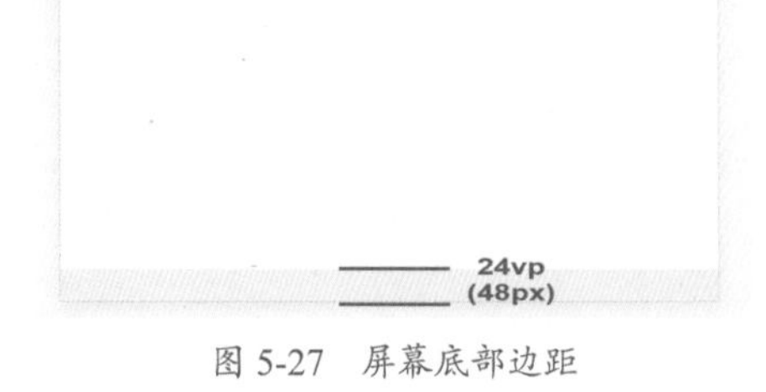

图 5-27　屏幕底部边距

左右边距的设置有两种情况，如果旁边的元素带热区，也就是提供给用户交互的范围，边距通常设置为 24px，即 48px，如图 5-28 所示。如果旁边的元素没有带热区，边距通常设置为 12vp，即 24px，如图 5-29 所示。

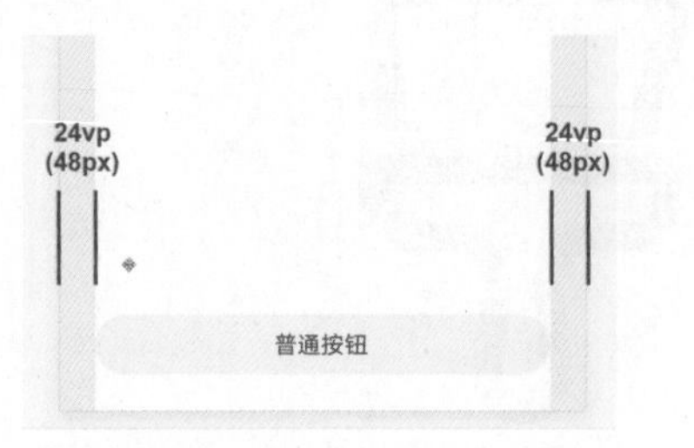

图 5-28　旁边元素带热区的边距

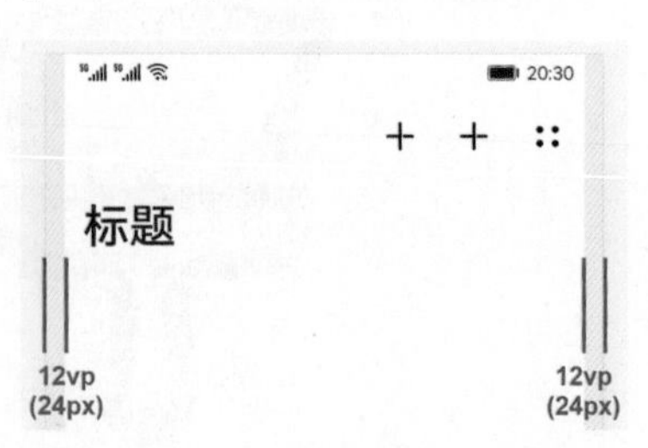

图 5-29　旁边元素不带热区的边距

2. 文本间距

文本间距是指界面中文本之间的间隔。普通双行及以上文本中，主次文本上下间距通常设置为 2vp，即 4px，如图 5-30 所示。左右间距通常设置为 8vp，即 16px，如图 5-31 所示。

图 5-30　主次文本上下间距

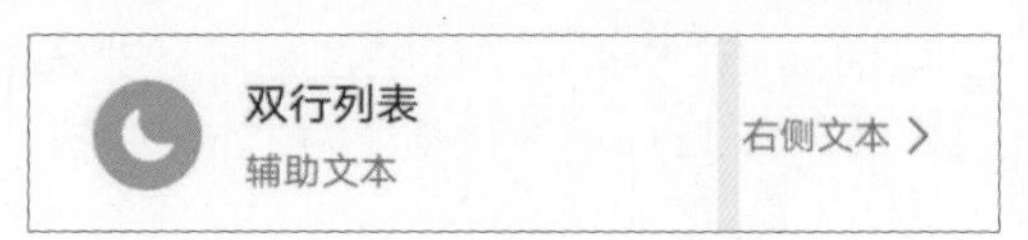

图 5-31　主次文本左右间距

文本段落间每段文本的间隔按照层级关系可以分为 5 个层级，第一层文本段落间距通常设置为 48vp，即 96px，如图 5-32 所示。第二层文本段落间距通常设置为 24vp，即 48px，如图 5-33 所示。

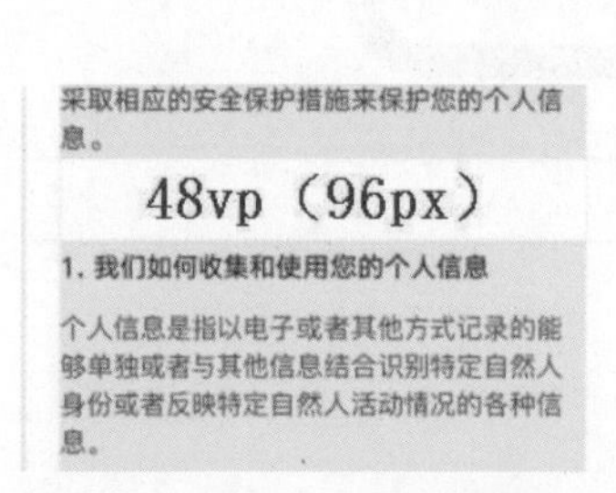

图 5-32　第一层文本段落间距

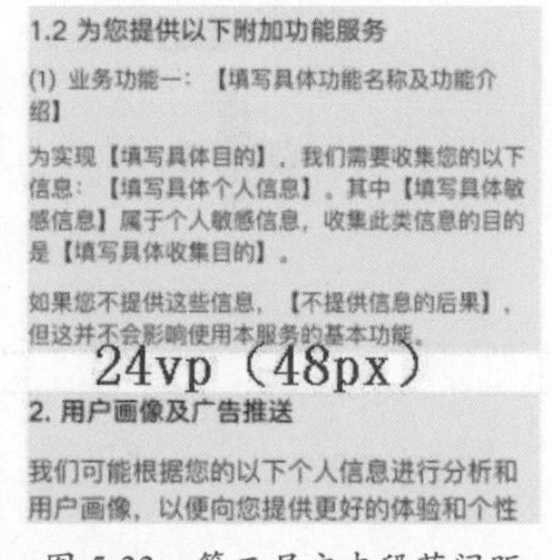

图 5-33　第二层文本段落间距

第三层文本段落间距通常设置为 16vp，即 32px，如图 5-34 所示。第四层文本段落间距通常设置为 8vp，即 16px，如图 5-35 所示。第五层文本段落间距通常设置为 4vp，即 8px，如图 5-36 所示。

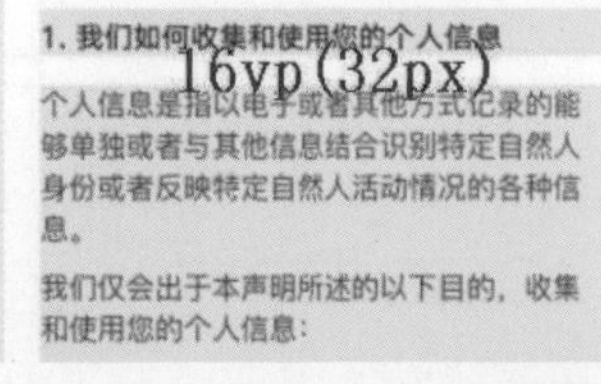

图 5-34　第三层文本段落间距

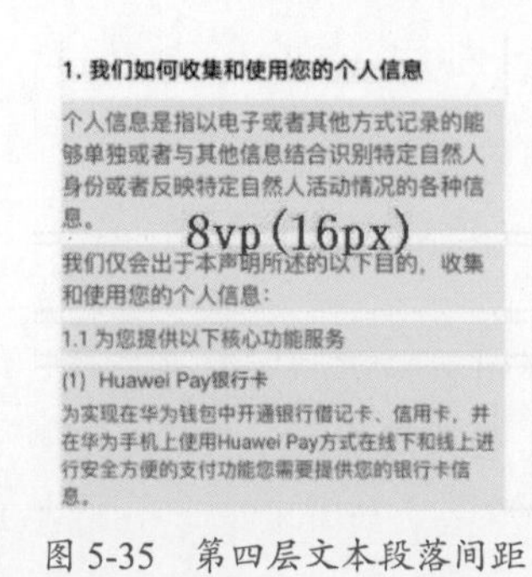

图 5-35　第四层文本段落间距

图 5-36　第五层文本段落间距

3. 元素间距

元素间距是指界面元素之间的间隔。界面中的元素有很多，此处以系统中常见的几种间距举例。

界面中卡片的间距通常设置为 12vp，即 24px，如图 5-37 所示。界面中的一般控件，如果需要明显边界，通常将上下间距设置为 16vp，即 32px，如图 5-38 所示；如果不需要明显边界，通常将上下间距设置为 8vp，即 16px，如图 5-39 所示。

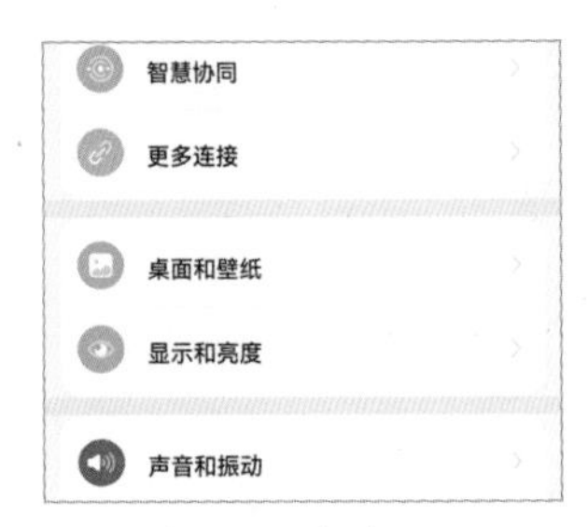

图 5-37　卡片间距

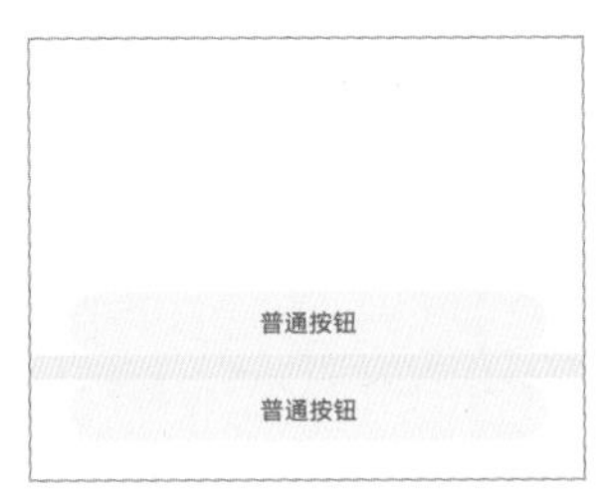

图 5-38　控件上下方向较大间隔

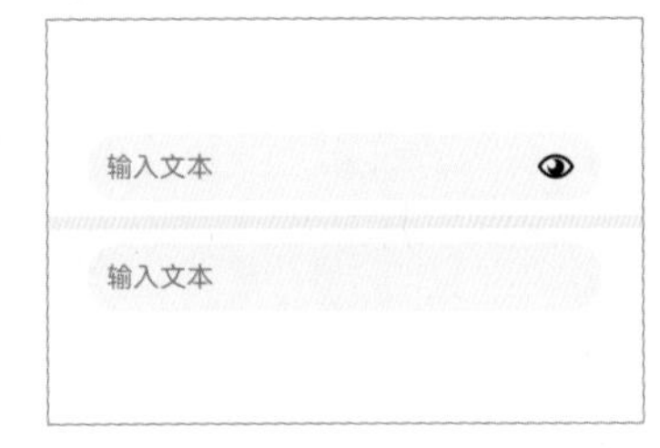

图 5-39　控件上下方向一般间隔

5.6 UI 的格式塔原理

格式塔原理是设计心理学里具备纲领性和指导性的设计法则，大家熟知的设计 4 原则“对齐、重复、对比、亲密”其实就是格式塔原理的另一种总结。从某种程度上说，自从图形用户界面的计算机问世以来，格式塔原理一直被广泛运用在设计领域，并且已经深入人心。

5.6.1 什么是格式塔原理

格式塔是德文 Gestalt 的译音，字面意思是“统一的图案、图形、形式或结构”。格式塔心理学是一种于 20 世纪 20 年代在柏林兴起的运动，旨在理解人们的大脑是如何以整体形式感知事物的，而不是个体的元素。

格式塔理论的重要观点就是：在心理现象中，人们对客观对象的感受源于整体关系而非具体元素，也就是说知觉不是感觉元素的总和而是一个统一的整体，部分之和不等于整体，因此整体不能分割；整体先于元素，局部元素的性质是由整体的结构关系决定的。这是因为人类对于任何视觉图像的认知，是一种经过知觉系统组织后的形态与轮廓，而并非所有各自独立部分的集合。

举个例子，当你看到一个圆形，但圆形的边上有一个很小的缺口，你的大脑会倾向于将它识别为一个完整的圆形；当你看到天空中的一朵云，你会下意识地把它想成一个动物或一个其他的你知道的物体形象。

人们的视觉系统自动对视觉输入构建结构，并在神经系统层面上感知整体和统一的形状、图形和物体，而不是只看到互不相连的边、线和区域。

5.6.2 格式塔原理的六大法则

格式塔原理几乎适用于所有与视觉有关的领域，与 UI 设计的关系也极其密切，它可以帮助人们梳理界面中的信息结构和层级关系，提升界面的可读性。格式搭原理主要包含以下 6 大法则。

1．相似性

人的潜意识里会根据形状、大小、颜色、亮点等，将视线内一些相似的元素组成整体，根据人们的潜意识分类，如图 5-40 所示，人们会把圆形看成一个整体，把菱形看成另外一个整体。而当改变其中部分图形的颜色时，如图 5-41 所示，所传达出来的意思又发生了改变，人们会把绿色的当成一个整体，把橙色的当成另外一个整体。

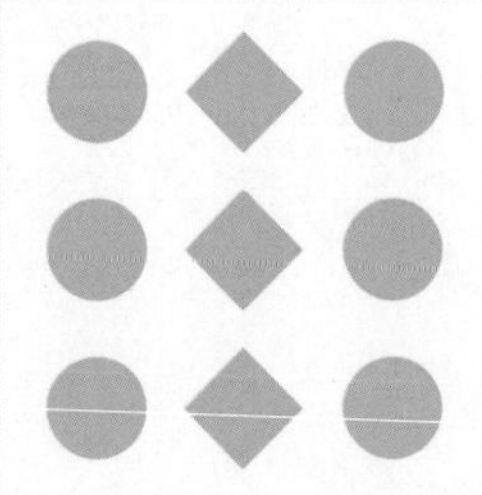

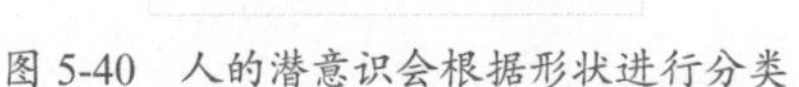

图 5-40　人的潜意识会根据形状进行分类

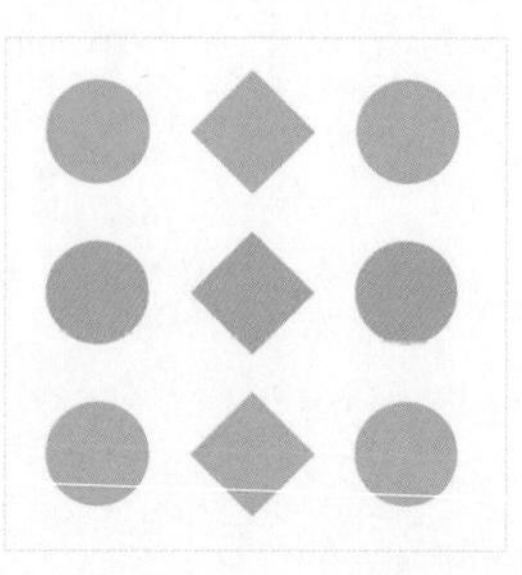

图 5-41　人的潜意识会对根据颜色进行分类

由此可以看出，在人们的潜意识里，对于形状和颜色的“比重”不一样，一般来说，在大小一样的情况下，人们更容易把颜色一样的物体看成一个整体，而忽略掉形状的不同。

所以，当界面中有几个平行的功能点，但又想突出其中一个时，就可以将需要突出的那一个做成特殊的形状或者不同的颜色、大小等，这样用户就能一眼看到要突出的那个功能，而再细看该功能又和其他部分是一个整体。

图 5-42 所示的社交 App 界面设计中，可以看到在底部标签栏中间的功能图标使用了与标签栏不同的颜色，并且用大尺寸进行突出表现，明显与标签栏中的其他功能操作图标形成对比，但是整个底部标签栏又能够很好地形成一个整体，从而形成在整体中又有对比，很好地突出了重点功能。

图 5-43 所示的音乐 App 界面设计中，将音乐控制的相关功能操作图标放置在一起，利用相似性原则使其在界面中成为一组，而在该组功能图标中，通常“播放/暂停”功能图标都会使用特殊颜色的大尺寸图标进行突出表现，因为该功能也是该组功能图标中最重要的功能。

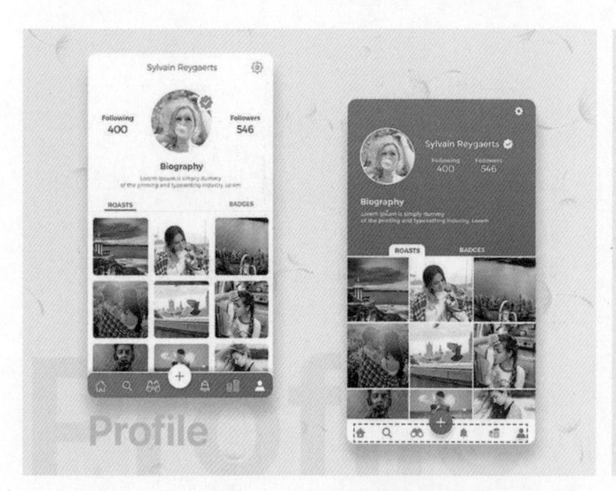

图 5-42　社交 App 界面设计

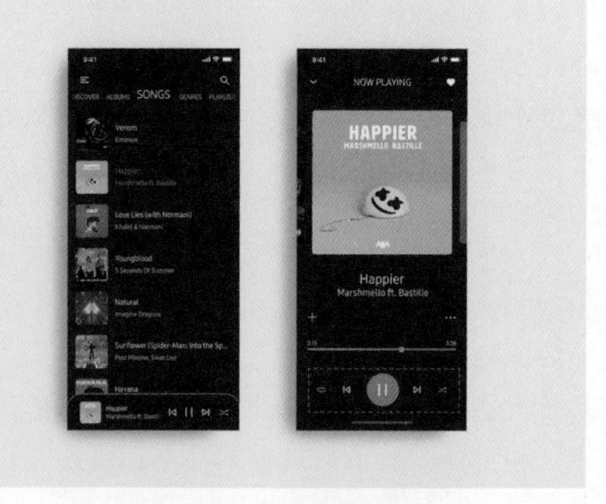

图 5-43　音乐 App 界面设计

提示

如果界面中的元素彼此相似，则元素倾向于被感知为一组。这也意味着在 App 界面设计中，如果具有相同功能、含义和层次结构级别的元素，则在视觉上应保持统一匹配。

2. 接近性

元素之间的相对距离会影响人们的视觉感知，通常人们认为互相靠近的元素属于同一组，而那些距离较远的则不属于一组。和相似性很像，不过相似性强调的是内容，而接近性强调的是位置，元素之间的相对距离会直接影响到它们是不是同属于一组。如图 5-44 所示，人们会把这 9 个圆形当成一个整体；如图 5-45 所示，人们通常会把第一列的 3 个圆形当成一个整体，把第二三列的圆形当成另外一个整体。

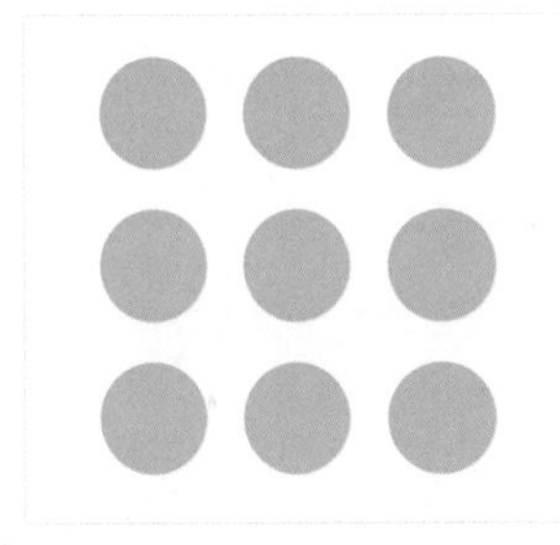

图 5-44　人的潜意识会将所有圆看成一个整体

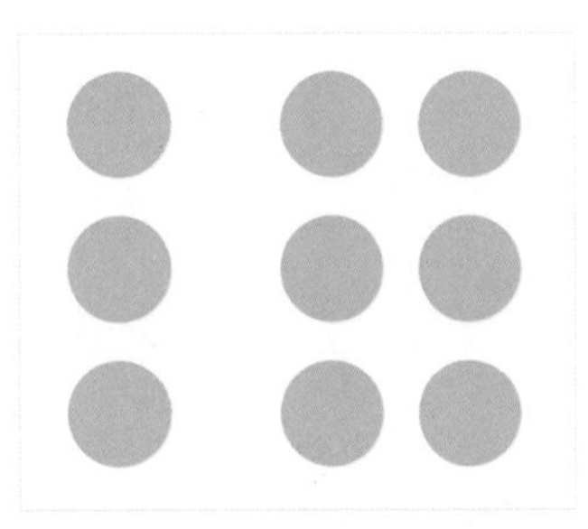

图 5-45　人的潜意识会将圆看成两个整体

引起这样的视觉感受主要是因为元素的相对距离不同。在移动界面中，最常见的就是列表及文字展示、图文展示，在列表信息较多的情况下，都会把功能趋于相似的放在一起，利用相近原理，使它们在视觉上趋于一个整体，这样既能让界面功能清晰易懂，又不至于杂乱无章。

许多 App 列表界面的设计中都遵循了接近性原则，将功能相似的选项放置在一起，而功能不同的选项之间则通过间隔进行分隔，从而有效形成不同的功能组，如图 5-46 所示。

在文字展示时，标题也会更趋近于自己的正文内容，使得信息层级区分得更明显。图 5-47 所示的 App 界面中的用户评论部分，很明显每一条评论内容之间的间距要大一些，为用户带来清晰的视觉体验。

图 5-46　列表设计遵循接近性原则

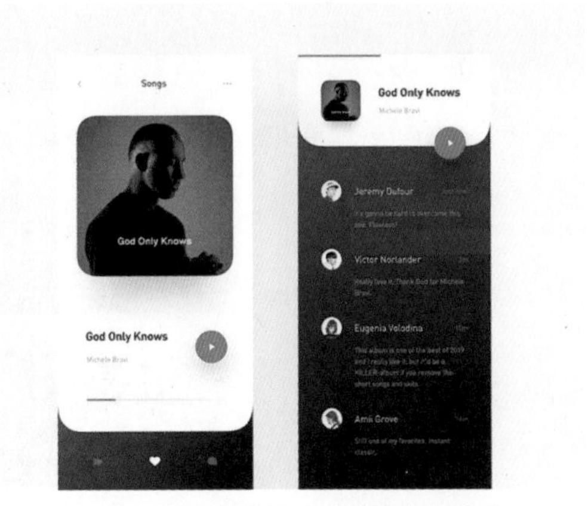

图 5-47　文字内容排版遵循接近性原则

3. 连续性

人们的视觉具备一种运动的惯性，会追随一个方向的延伸，以便把元素链接在一起成为一个整体，如图 5-48 所示，读者是会把它当成两个大的圆形，还是当成无数个小圆呢？毋庸置疑，第一眼看到的时候，肯定是两个大的圆形，而不是无数个小圆。

图 5-49 所示的音乐 App 排行界面，与榜单歌曲或专辑相关的功能操作图标都统一放置在界面的右侧位置，自上而下进行排列，不仅在视觉上保持了连续性，在点击热区上也保持了连续性。

图 5-48　人的潜意识会先把它当成两个大圆形

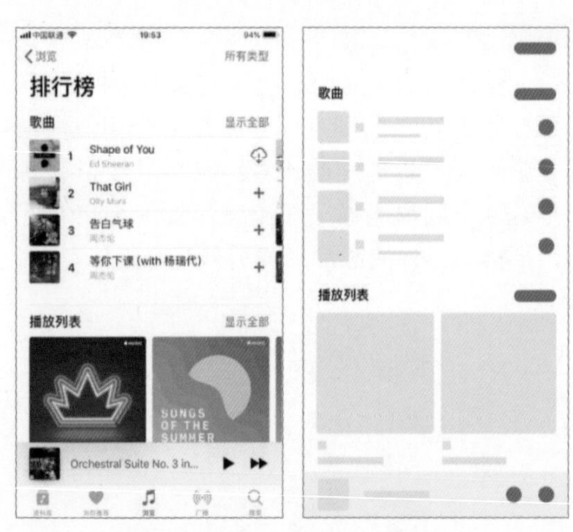

图 5-49　音乐 App 的排行界面设计

4．闭合性

人们在观看图形时，大脑并不是一开始就区分各个单一的组成部分，而是将各个部分组合起来，使之成为一个更易于理解的统一体，这个统一体是人们日常生活中常见的形象，如正方形、圆形、三角形、猫、狗等。

简单地理解，就是当图形是一个残缺图形，但主体有一种使其闭合的倾向，即主体能自行填补缺口，从而将其感知为一个整体。

这一原则在 UI 设计中同样存在，例如在 App 界面的设计过程中，常常会露出某一个元素的边角，或者是可滑动的元素都会露出下一个模块中的局部内容，这就是利用了这一原则，人的眼睛会自动补全功能，不用看到全部，就能脑补出下一个模块会出现什么。

图 5-50 所示的影视 App 界面设计，多处应用了闭合性的原则，例如图片列表中最后一个项目只出现了一小部分，这就给用户很明显的提示，提示用户进行滑动，从而浏览更多图片内容。

图 5-50　影视 App 界面设计中闭合性原则的应用

5．主体与背景法则

主体是指在界面中占据人们主要注意力的元素，其余的元素在此时均成为背景。人们在看一个界面时，总是不自觉地将视觉区域分为主体和背景，而且会习惯性地把小的、突出的那个看成是背景之上的主体。如图 5-51 所示，白色表示主体，灰色表示背景。主体越小，与背景的对比关系越明显；主体越大，则关系越模糊。

在 App 界面设计中，最常见的区分背景和主体的方式就是蒙版遮罩和毛玻璃效果，这两种方式都能够起到弱化背景、突出主体的作用，从而使主体与背景的对比关系表现得更加明显，如图 5-52 所示。

图 5-51　主体与背景之间的关系

图 5-52　使用半透明遮罩和毛玻璃背景突出主体内容

6．简单法则

人的眼睛喜欢在复杂的形状中找到简单而有序的对象，当人们在一个设计中看到复杂的元素时，眼睛更愿意将它们转换为单一、统一的形状，并尝试从这些形状中移除无关的细节来简化这些元素。所以，在 UI 设计过程中要力求简洁，通过简单标准的图形来表现界面的功能和内容。

大多数电商 App 界面都采用非常简洁的设计，从而有效突出界面中商品的表现效果。图 5-53 所示的服饰类电商 App 界面的设计中，所有商品都使用了与界面背景相同的纯白色，有效突出了界面中服饰商品的表现效果，搭配简洁的说明文字，表现效果非常简洁。

图 5-54 所示的手表电商 App 界面的设计中，使用纯白色和深灰色分别作为商品列表和商品详情界面的背景颜色，突出产品的表现效果，界面中搭配少量大号文字，突出表现该产品的规格，“购物车”图标和购买按钮使用了红色突出表现，使界面的功能效果简洁而突出。

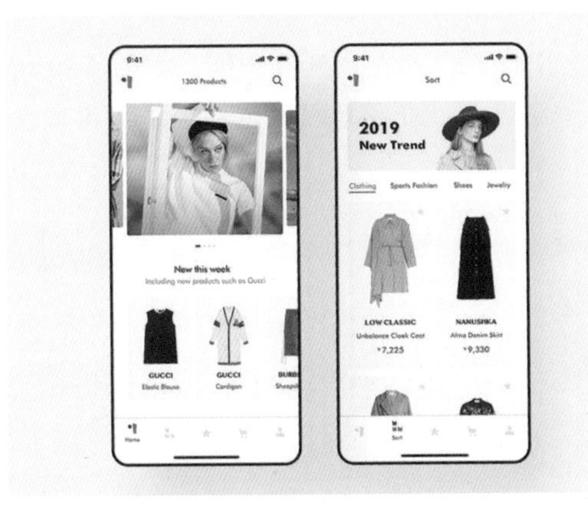

图 5-53　服饰类电商 App 界面设计

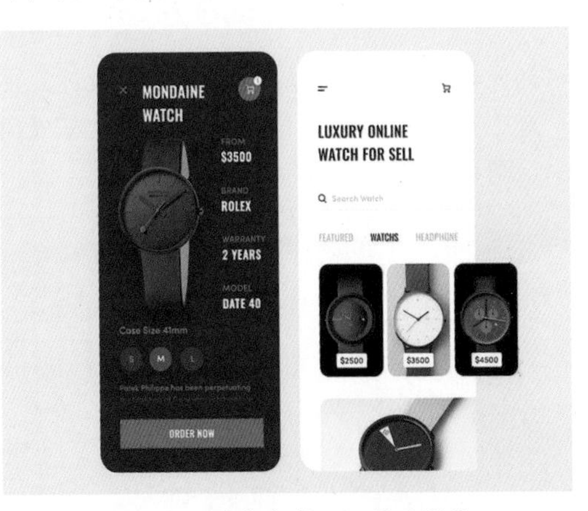

图 5-54　手表电商 App 界面设计

5.7 Figma 自动布局

Figma 的自动布局是一种可以添加到画板和组件的属性，它允许用户创建可以填充或缩小以适应内容的设计，并随着内容的变化而重新排列。这一功能在需要添加新图层、容纳更长的文本字符串或随着设计的发展保持对齐时非常有用。

在 Figma 中新建一个项目文件，使用“文本”工具在设计区域中单击并输入文字，如图 5-55 所示。选择刚输入的文字元素，选择“对象 > 添加自动布局”命令，或按【Shift+A】组合键，即可为该元素添加自动布局，并且在“图层”面板中可以看到该图层前的图标发生了变化，如图 5-56 所示。

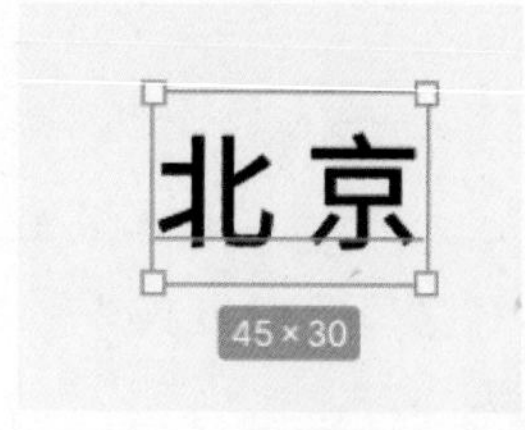

图 5-55 输入文字

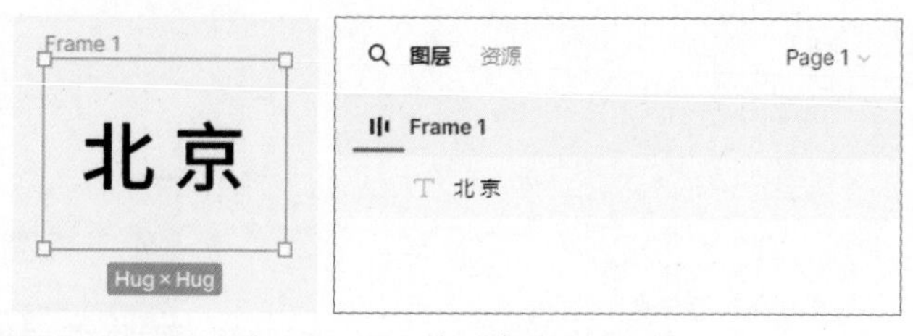

图 5-56 添加自动布局后的效果

在“设计”面板的“填充”选项区中单击“添加”图标，对“填充”选项进行设置，即可为自动布局框添加背景填充，如图 5-57 所示。在“设计”面板中还可以设置自动布局框的圆角半径，修改文字的颜色，效果如图 5-58 所示。

图 5-57 添加背景填充

图 5-58 修改圆角半径和文字颜色

提示

可以发现当为文字添加自动布局后，会自动为文字添加一个自动布局框，可以对自动布局框进行填充、描边、圆角半径等基础属性设置，从而表现出按钮背景的效果，不需要再为文字添加矩形背景，从而提高工作效率。

为元素添加自动布局之后，在“设计”面板中会出现“自动布局”选项区，如图 5-59 所示。选中刚创建的自动布局对象，再次按【Shift+A】组合键，在该自动布局对象外侧再嵌套一个自动布局框，如图 5-60 所示。

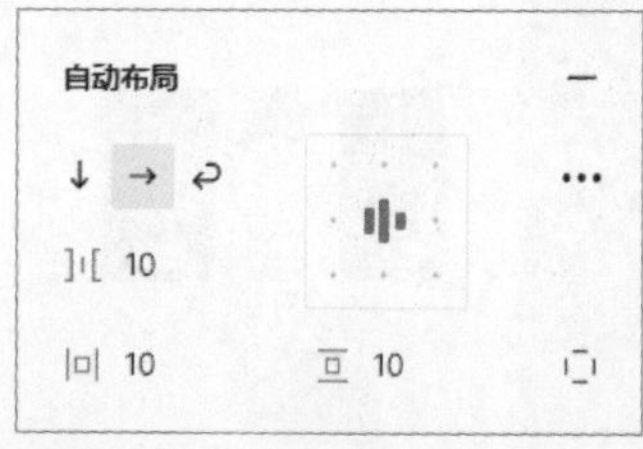

图 5-59 “自动布局”选项区

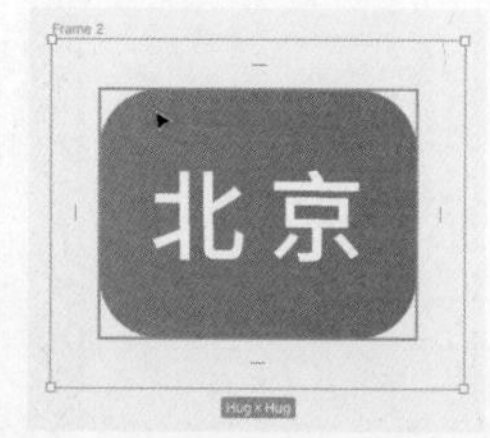

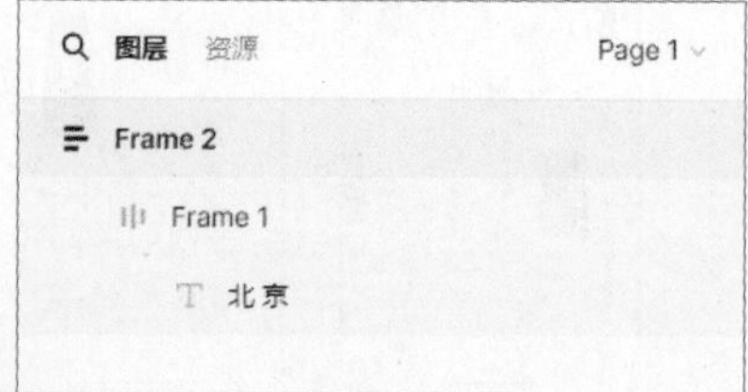

图 5-60 外侧再添加一个自动布局框

提示

添加自动布局后，按钮的尺寸会随着文本的增减而扩展和收缩。同时，当处理多个对象时，Figma 自动布局可以设置纵向和横向的布局方向，以及间距和边距等，边距可以统一设置垂直和水平边距，也可以分别设置上、下、左、右 4 个边距。

选择内部的自动布局“Frame1”，按【Ctrl+D】组合键，会在垂直方向自动对该自动布局对象进行复制，效果如图 5-61 所示。选择外侧的自动布局“Frame2”，在“自动布局”选项区中单击“水平布局”图标→，可以将默认的垂直排列切换为水平排列，如图 5-62 所示。

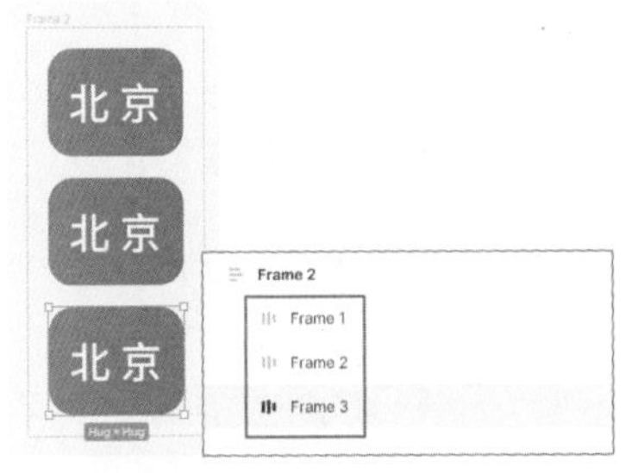

图 5-61　复制自动布局对象

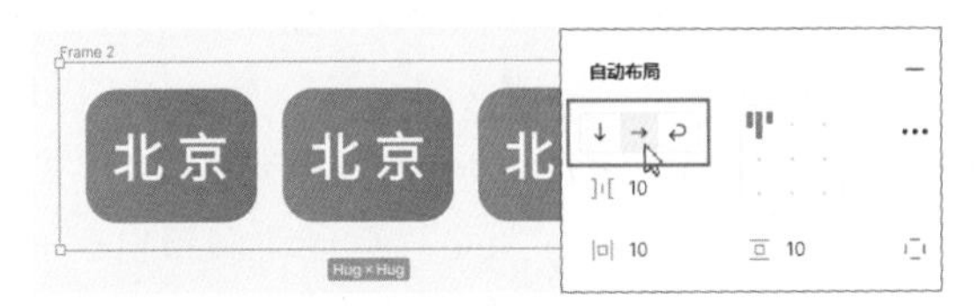

图 5-62　将垂直排列切换为水平排列

添加自动布局后，在“设计”面板的“画框”选项区中会显示“水平调整大小”和“垂直调整大小”两个选项，如图 5-63 所示。这两个选项分别用于设置该自动布局框的水平和垂直调整大小的方式。

在“水平调整大小”和“垂直调整大小”选项的下拉列表框中包含“固定宽度”和“适应内容”两个选项，如图 5-64 所示。默认为“适应内容”，即根据自动布局框中的内容自动调整该自动布局框的水平和垂直大小。

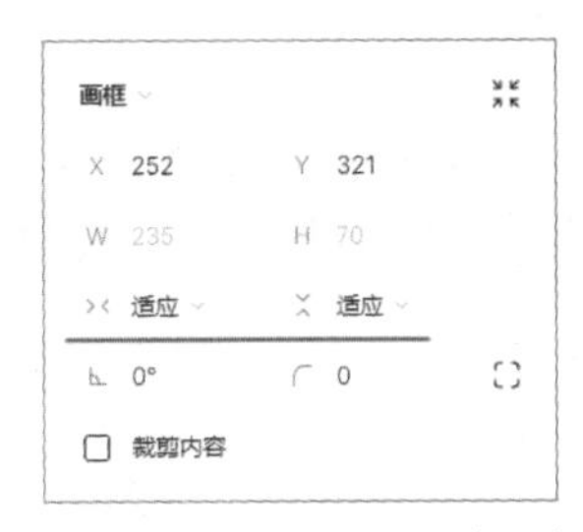

图 5-63　“水平调整大小”和“垂直调整大小”选项

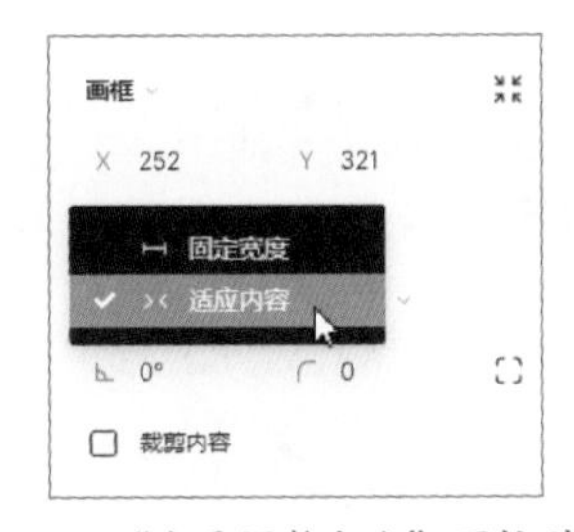

图 5-64　“水平调整大小”下拉列表框

选择外侧的自动布局“Frame2”，在“设计”面板的“画框”选项区中设置“水平调整大小”为“固定宽度”，并设置该画框的宽度值，效果如图 5-65 所示。选择内部的自动布局“Frame1”，按【Ctrl+D】组合键，对该自动布局对象进行复制，复制得到的自动布局对象已经超出外侧自动布局框“Frame2”的宽度，如图 5-66 所示。

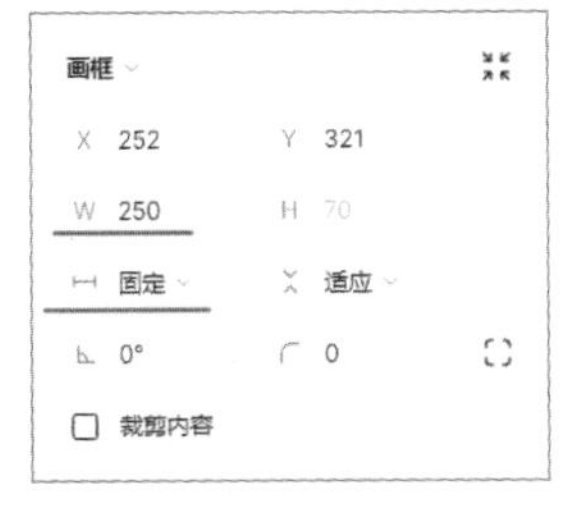

图 5-65　设置画框相关选项

图 5-66　复制得到的对象已经超出外侧自动布局框

选择外侧的自动布局“Frame2”，在“自动布局”选项区中单击“换行”图标，如图5-67 所示。当自动布局框在水平方向无法容纳内容时，自动布局框中的内容会自动换行，如图5-68 所示。

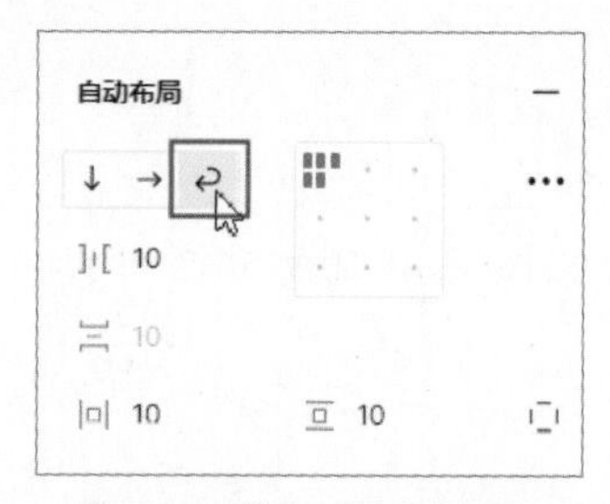

图 5-67　单击“换行”图标

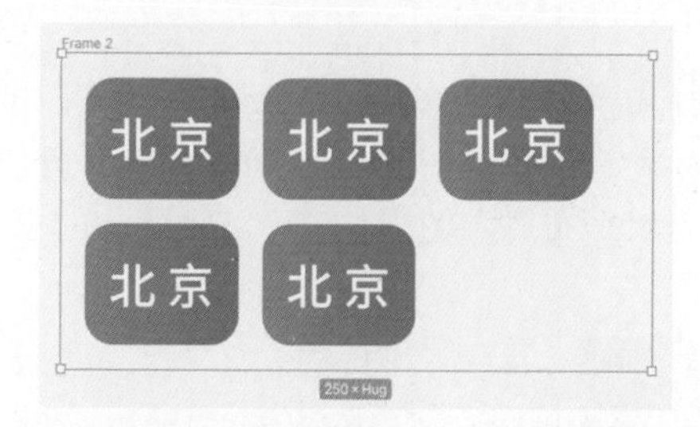

图 5-68　自动布局框中的内容会自动换行

在“自动布局”选项区的“项目之间的水平间距”选项中输入数值，可以将自动布局框中所包含的各自动布局对象之间的水平间距设置为固定值，如图 5-69 所示。如果设置“项目之间的水平间距”选项为 Auto，则自动调整自动布局框中所包含的各自动布局对象之间的水平间距，如图 5-70 所示。

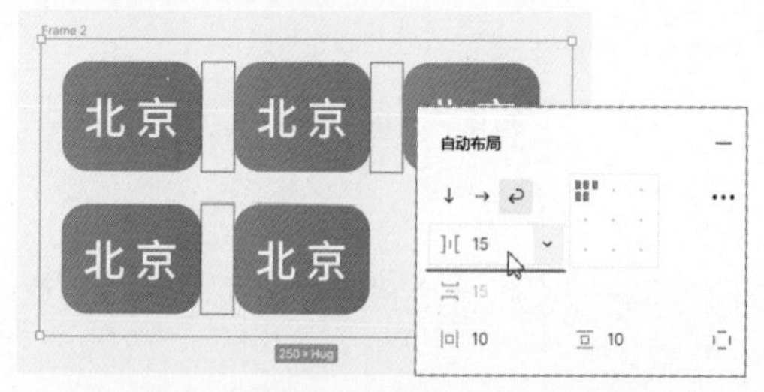

图 5-69　设置项目之间水平间距为固定值

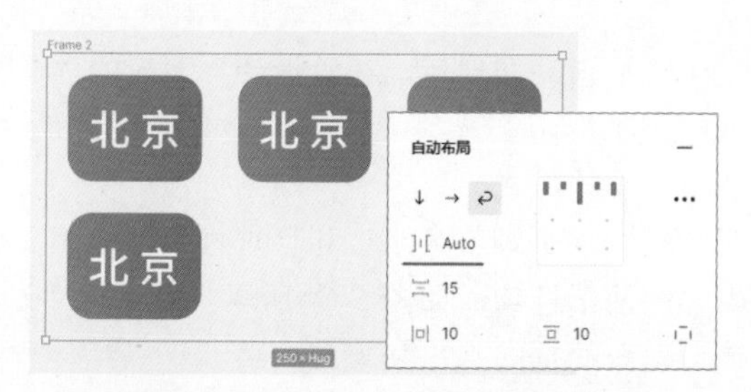

图 5-70　设置项目之间水平间距为 Auto

在“自动布局”选项区的“水平间距”选项中，可以设置该自动布局框左右两侧的边距，如图 5-71 所示。在“自动布局”选项区的“垂直间距”选项中，可以设置该自动布局框上下两侧的边距，如图 5-72 所示。

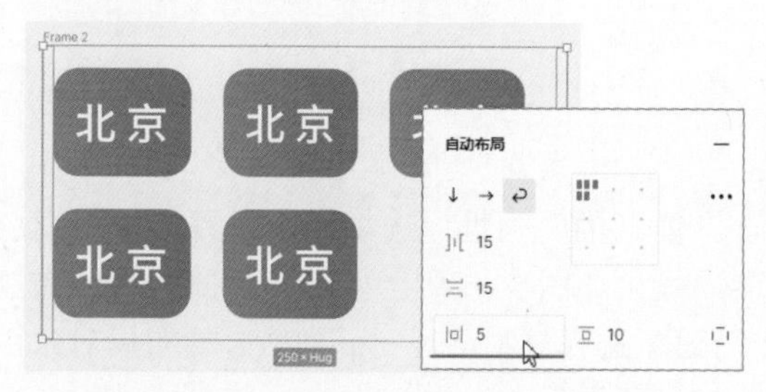

图 5-71　设置“水平边距”选项

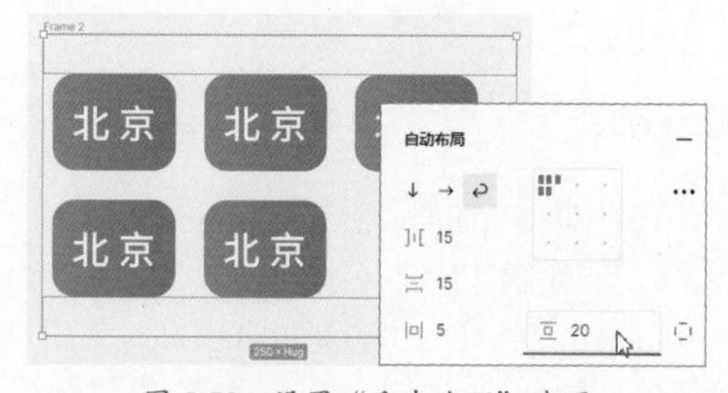

图 5-72　设置“垂直边距”选项

单击“自动布局”选项区中的“独立边距”图标，将显示出相应的选项，如图 5-73 所示，可以分别对自动布局框 4 条边的边距进行单独设置。

在“自动布局”选项区的“对齐”九宫格中单击相应的位置，即可将自动布局框中的内容进行相应的方式对齐。例如，单击“上中对齐”图标，效果如图 5-74 所示。

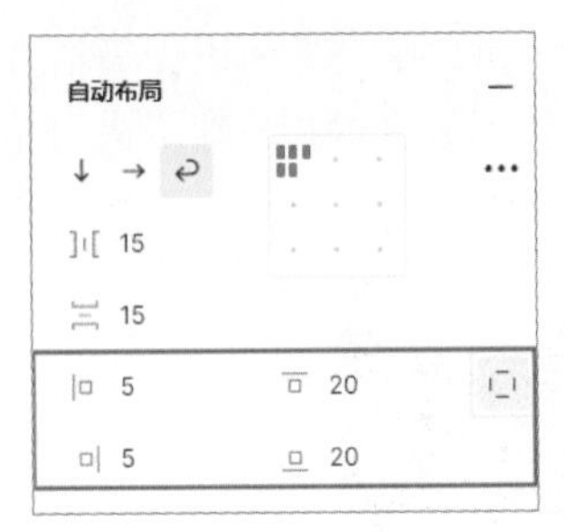

图 5-73　显示 4 条边的边距设置选项

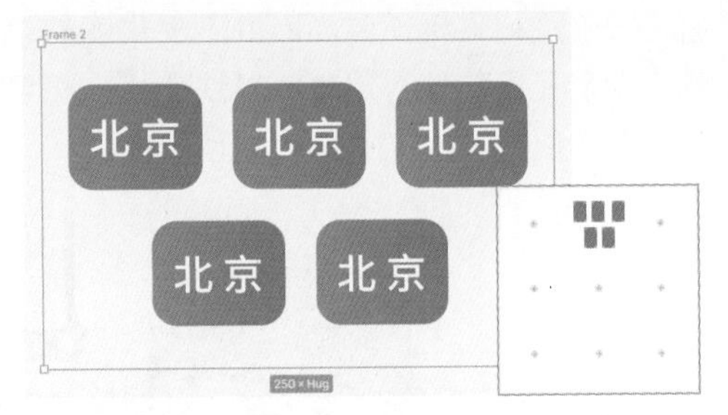

图 5-74　元素在自动布局框中的上中对齐效果

在“自动布局”选项区中单击“高级自动布局设置”图标⋯，弹出“高级自动布局设置”对话框，包含“描边”“项目堆叠”和“文本基线对齐”3 个选项，如图 5-75 所示。

“描边”选项用于设置自动布局框中的元素的描边是“包含在自动布局中”还是“从布局中排除”，如图 5-76 所示。

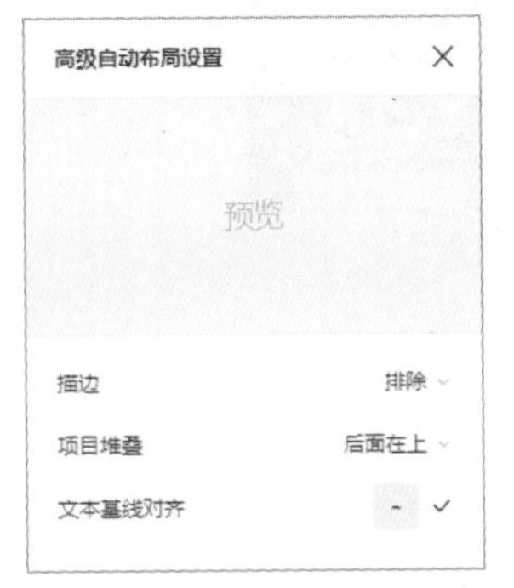

图 5-75　“高级自动布局设置”窗口

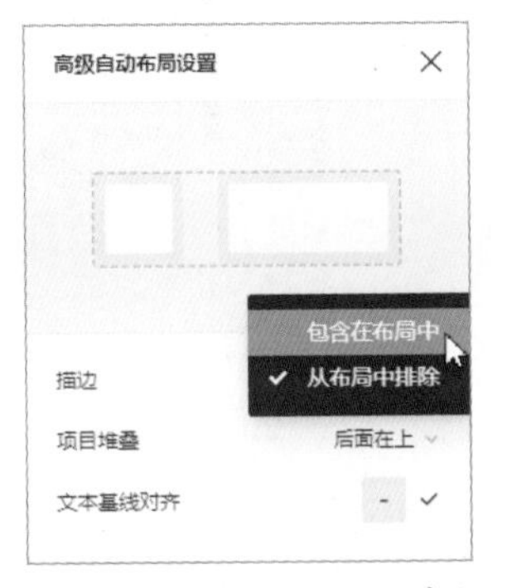

图 5-76　“描边”下拉列表框

“项目堆叠”选项用于设置自动布局框中的元素的堆叠顺序，包含“前面在上”和“后面在上”两个选项，如图 5-77 所示。

“文本基线对齐”选项用于设置文本基线对齐方式，如图 5-78 所示。

图 5-77　“项目堆叠”下拉列表框

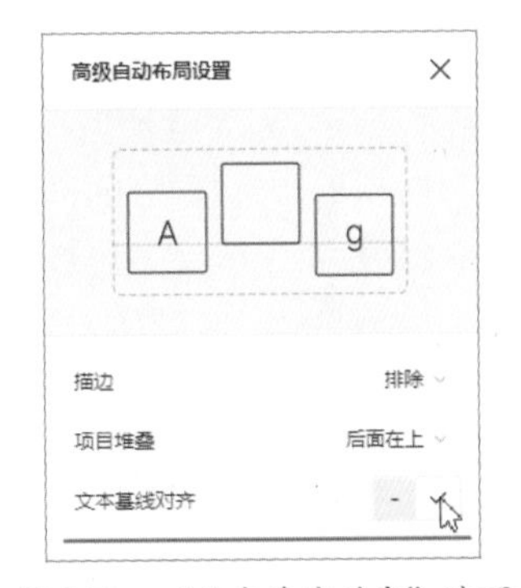

图 5-78　“文本基线对齐”选项

5.8　使用 Figma 制作珠宝电商 App

本节将设计制作一款珠宝电商 App，最终效果如图 5-79 所示。该珠宝电商 App 界面使用黑色作为界面的背景颜色，黑色代表了稳重和奢华，为整个界面营造出一种高端、专业的氛围。加入绿色进行点缀，使界面既不失华丽感，又不会过于沉重。整个界面设计简洁大方，没有过多的冗余元素，使得用户可以快速找到想要的商品和信息。从搜索商品到购买商品，整个流程操作简单便捷，提高了用户的使用体验。

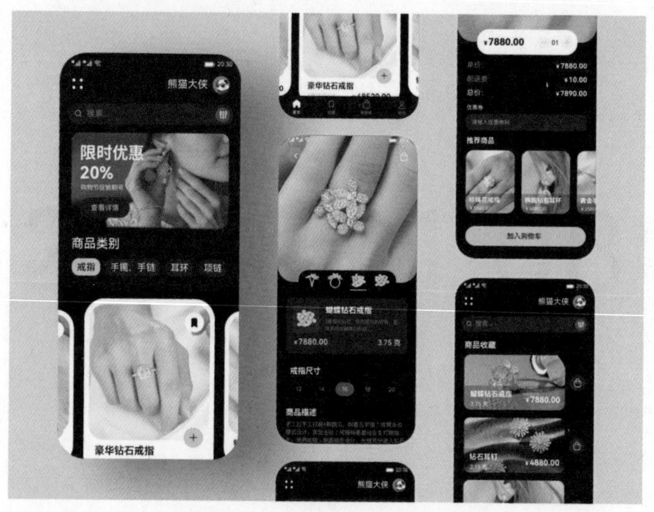

图 5-79 珠宝电商 App 最终效果

5.8.1 制作珠宝电商 App 相关组件

在对珠宝电商 App 的相关界面进行设计之前，需要先制作该珠宝电商 App 的相关组件。将该 App 中经常用到的元素（如状态栏、标签栏、图标等）制作成组件，就可以在界面设计过程中进行重复使用，提高工作效率，同时也保证了界面的统一性。

制作珠宝电商 App 相关组件

源文件：源文件 \ 第 5 章 \5-8.fig　视频：视频 \ 第 5 章 \ 制作珠宝电商 App 相关组件 .mp4

01 打开 Figma，创建一个空白的项目文件，在“图层”面板中展开“页面”选项，将“Page1”页面重命名为“组件”，如图 5-80 所示。选择“文件 > 从 Sketch 文件新建”命令，弹出“打开”对话框，选择“HarmonyOS 2 Phone&Tablet Library.sketch”文件，单击“打开”按钮，如图 5-81 所示。

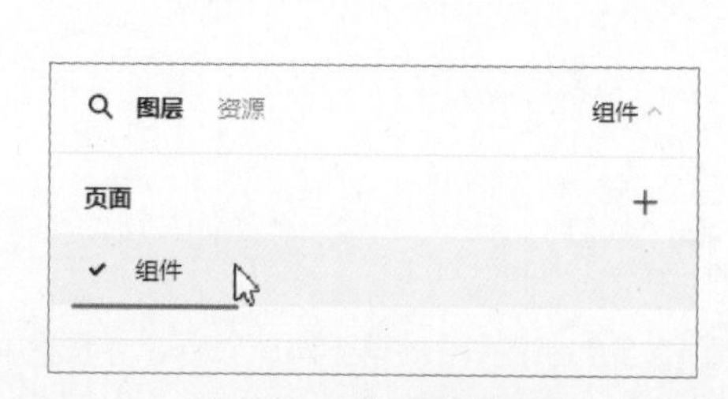

图 5-80 重命名页面名称

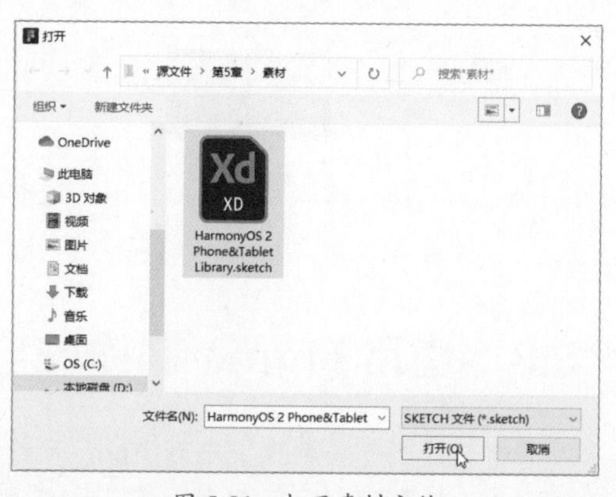

图 5-81 打开素材文件

提示

在华为开发者官方网站中，为设计人员提供了 HarmonyOS 的相关设计资源，包括 HarmonyOS Sans 字体、组件库等，该素材文件就是从华为开发者官方网站中下载的 HarmonyOS 组件库文件，许多组件都可以直接从该组件库文件中获取。

02 在 Figma 中打开该官方组件库文件，打开标签栏组件，如图 5-82 所示。将该标签栏组件复制到珠宝电商 App 项目的“组件”页面中，将该组件画板的“填充”删除，并修改组件名称，如图 5-83 所示，快速得到标签栏组件。

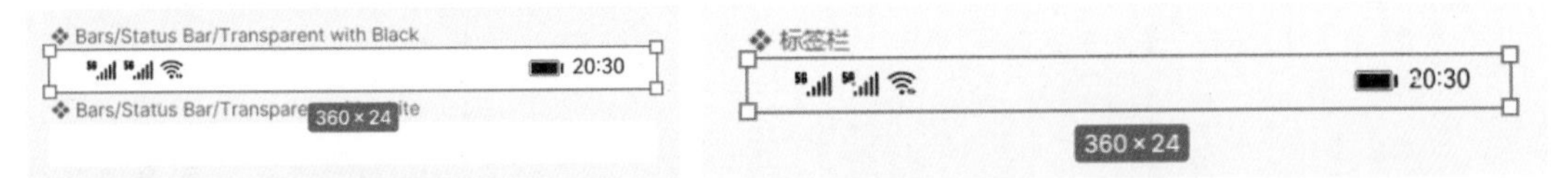

图 5-82　官方组件库中的标签栏组件　　图 5-83　删除组件背景颜色并修改组件名称

03 制作图标组件。使用“画框”工具在设计区域中创建一个尺寸大小为 1280×380 的画框，修改画框名称为“图标”，如图 5-84 所示。根据前面讲解的图标绘制方法，完成该珠宝电商 App 项目中图标的绘制，并分别将每个图标创建为组件，如图 5-85 所示。

图 5-84　绘制画框

图 5-85　绘制图标并分别创建为组件

04 制作标签栏组件。使用“画框”工具在设计区域中绘制一个尺寸大小为 360×56 的画板，设置“填充”为 191919，并将该画板重命名为“标签栏 1”，效果如图 5-86 所示。选择“标签栏 1”为画框添加布局网格，打开“网格设置”对话框，参数设置如图 5-87 所示。

05 按住【Alt】键拖动复制制作好的首页图标组件，创建该组件实例，修改其“填充”为白色，并调整到合适的位置，如图 5-88 所示。使用“文本”工具在设计区域中单击并输入文字，如图 5-89 所示。

图 5-86　绘制画框

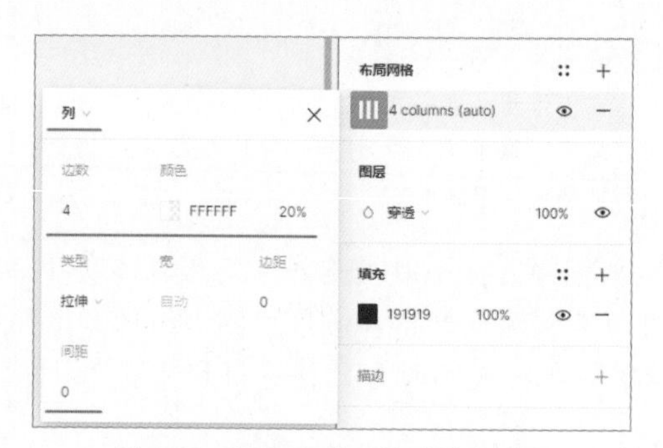

图 5-87　添加布局网格并进行设置

图 5-88　添加首页图标组件实例

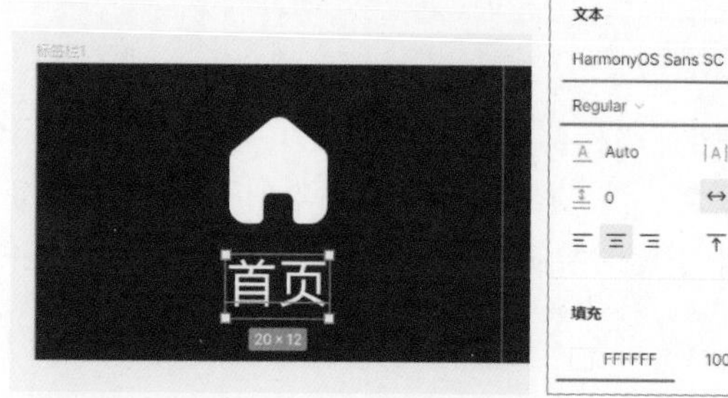

图 5-89　输入文字并设置文字属性

06 选择标签栏中第一个栏目的文字和图标，按【Ctrl+G】组合键，将其编组，调整到布局网格的中心位置，如图 5-90 所示。按住【Alt】键拖动复制制作好的收藏图标组件，创建该组件实例，修改其“描边”颜色为 7A7A7A，并调整到合适的位置，如图 5-91 所示。

图 5-90　将文字和图标编组

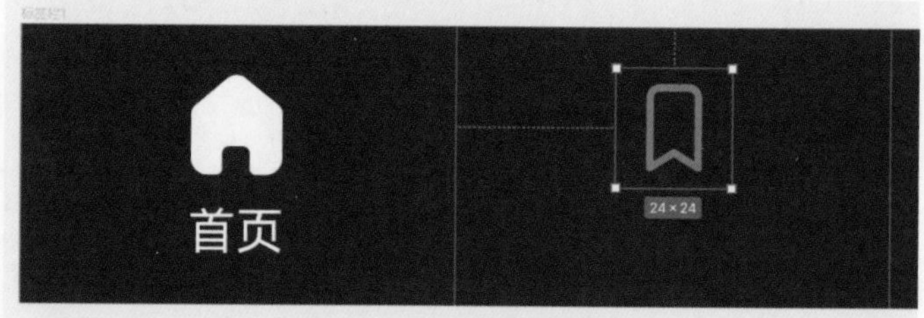

图 5-91　添加收藏图标组件实例

07 使用“文本”工具在设计区域中单击并输入文字，选择标签栏中第二个栏目的文字和图标，按【Ctrl+G】组合键，将其编组，调整到布局网格的中心位置，如图 5-92 所示。使用相同的方法，制作出标签栏中的其他两个栏目内容，如图 5-93 所示。

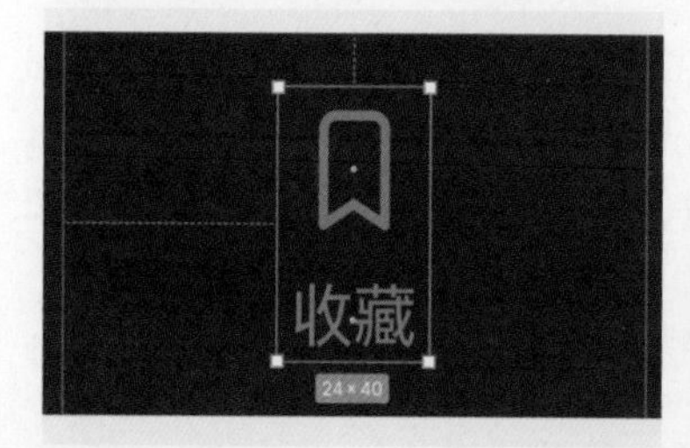

图 5-92　将文字和图标编组

图 5-93　制作标签栏中的其他内容

08 同时选中标签栏中的 4 个栏目元素，在“设计”面板的“约束”选项区中设置“水平约束”和“垂直约束”均为“居中”，如图 5-94 所示。选择“标签栏 1”画板，在“设计”面板的“布局网格”选项区中将添加的布局网格隐藏，如图 5-95 所示。

图 5-94　设置选中元素的约束选项

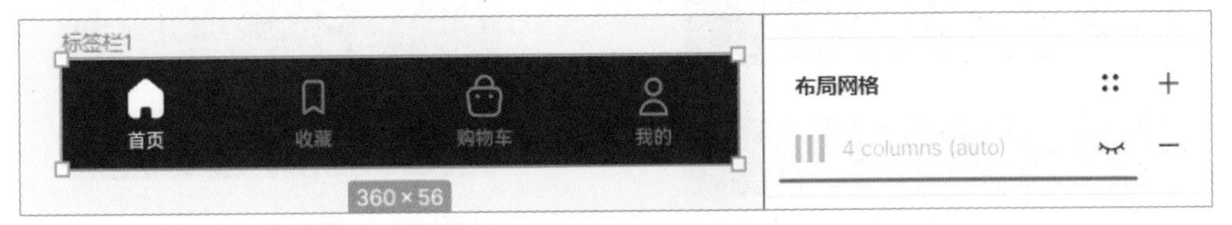

图 5-95　将画板的布局网格隐藏

09 按住【Alt】键拖动复制“标签栏 1”画板，将复制得到的画板重命名为“标签栏 2”，对“标签栏 2”画板中的局部进行修改，快速制作出当前为“收藏”栏目的标签栏，如图 5-96 所示。使用相同的制作方法，还可以制作出当前为“购物车”和“我的”栏目的标签栏，如图 5-97 所示。

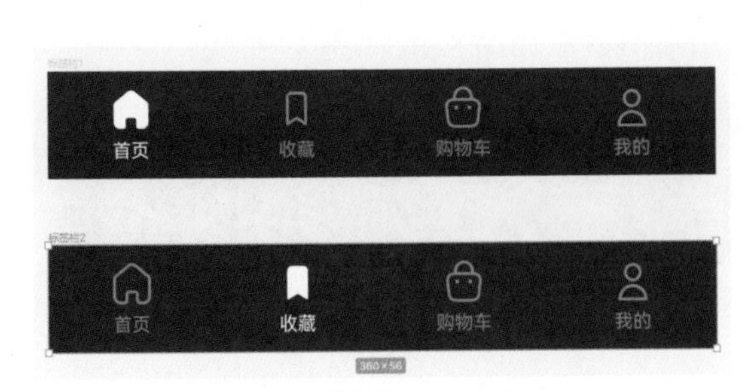

图 5-96　制作“收藏”栏目标签栏

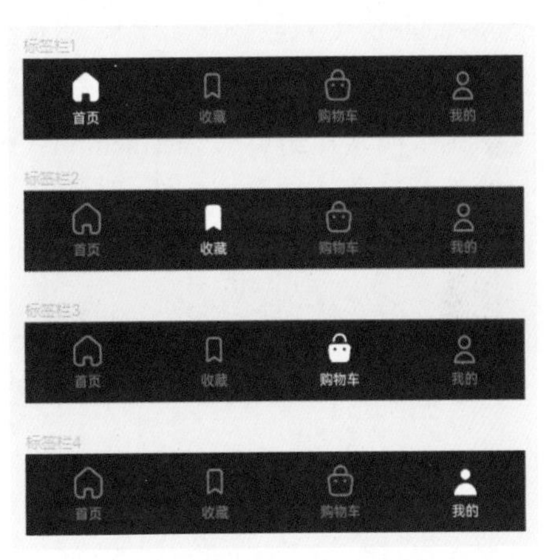

图 5-97　制作“购物车”和“我的”栏目标签栏

10 拖动鼠标同时选中最上方标签栏的所有元素，单击工具栏中间的“创建组件”图标，如图 5-98 所示，创建组件。将所创建的第 1 个标签栏组件重命名为“标签栏 = 首页”，如图 5-99 所示。

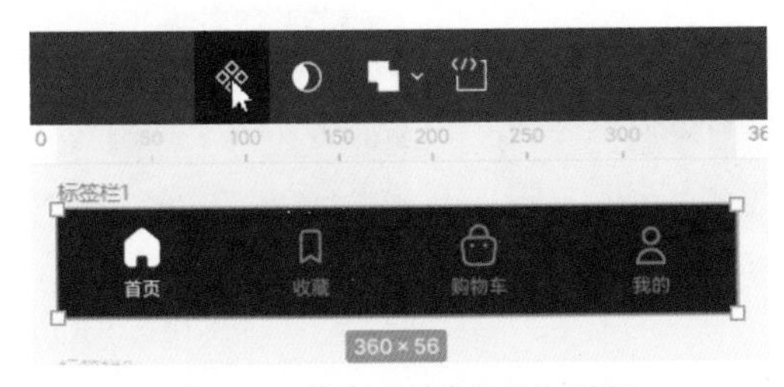

图 5-98　单击“创建组件”图标

图 5-99　对组件名称进行重命名

11 使用相同的制作方法，分别将其他 3 个标签栏创建为组件，并按照规则分别进行重命名，如图 5-100 所示。拖动鼠标同时选中 4 个标签栏组件，单击“设计”面板的“组件”选项区中的“合并为变体”按钮，创建为一个变体组件，将该变体组件重命名为“标签栏”，如图 5-101 所示。

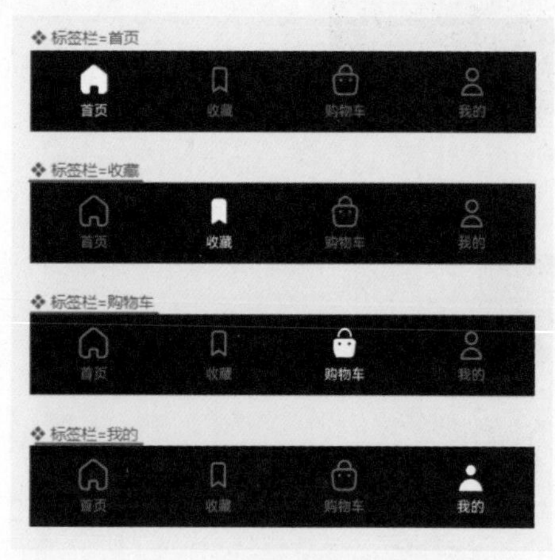

图 5-100　分别创建组件并重命名

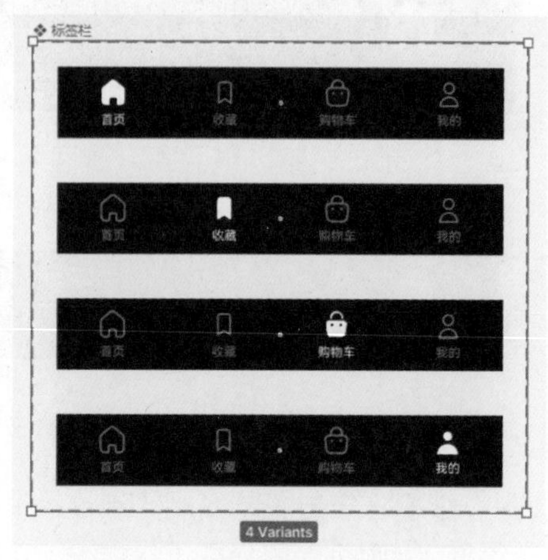

图 5-101　创建变体组件并重命名

提示

在 HarmonyOS 官方的组件库文件中，同样提供了默认的标签栏组件，在设计开发过程中也可以使用官方默认的标签栏组件，再对默认组件中的图标、文字和颜色等进行修改。

12 制作搜索栏组件。在 HarmonyOS 官方的组件库文件中找到默认的搜索栏组件，如图 5-102 所示。将该搜索栏组件复制到珠宝电商 App 项目的“组件”页面中，将该组件名称修改为“搜索栏”，并对组件中图形和文字的颜色进行修改，如图 5-103 所示。

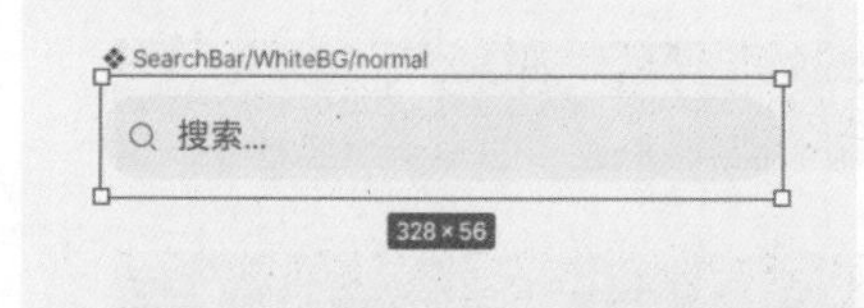

图 5-102　默认的搜索栏组件

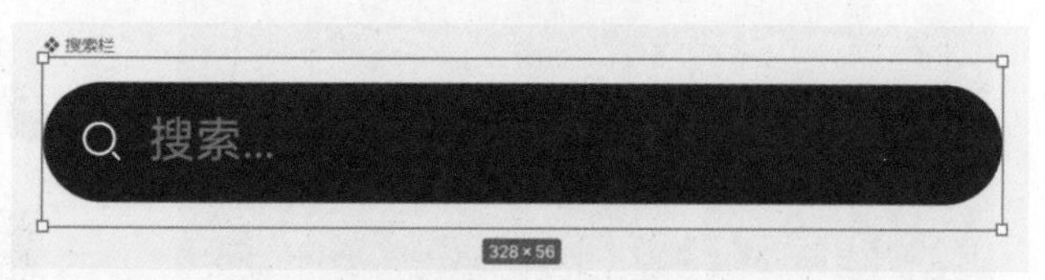

图 5-103　修改组件名称

13 使用“椭圆”工具在搜索栏组件右侧绘制一个正圆形，设置其“填充”为 3741B7，效果如图 5-104 所示。按住【Alt】键拖动复制制作好的设置图标组件，创建该组件实例，修改其“填充”为白色，并调整到合适的大小和位置，如图 5-105 所示，完成搜索栏组件的制作。

图 5-104　绘制正圆形

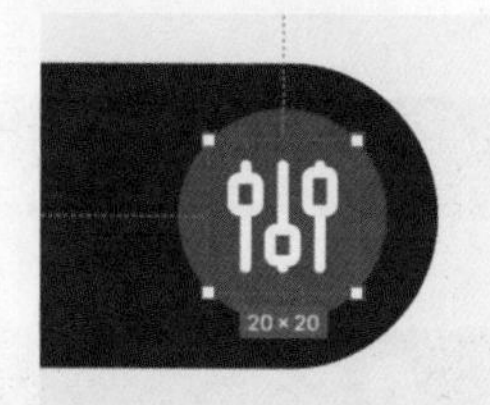

图 5-105　创建组件实例

14 制作按钮组件。使用“矩形”工具在设计区域中绘制一个矩形，设置其“圆角半径”

为 20，“填充”为 B9F049，效果如图 5-106 所示。使用“文本”工具在刚绘制的矩形上绘制文本框，输入文字并设置文字属性，如图 5-107 所示。

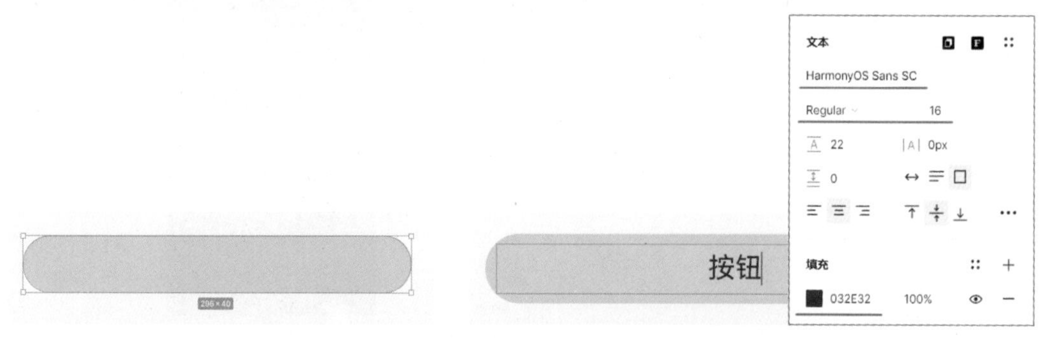

图 5-106　绘制矩形　　　　图 5-107　输入文字并设置文字属性

15 同时选中矩形和文字，单击工具栏中间的“创建组件”图标，如图 5-108 所示，创建组件。将该组件重命名为“按钮”，双击进入该组件的编辑状态中，设置两个元素的约束均为“水平约束”为“左右拉伸”，“垂直约束”为“上”，如图 5-109 所示。至此，完成该珠宝电商 App 中组件的制作。

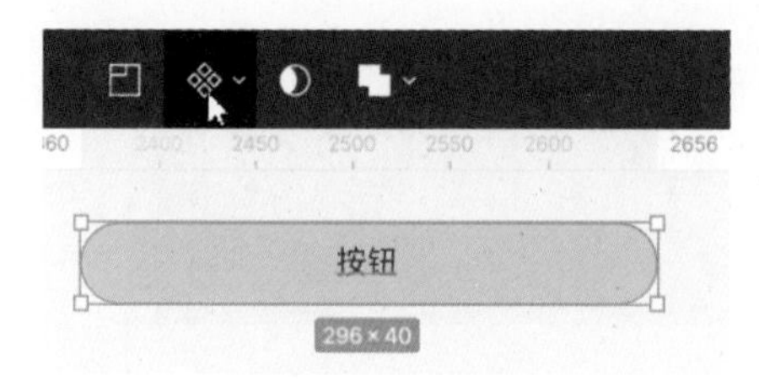

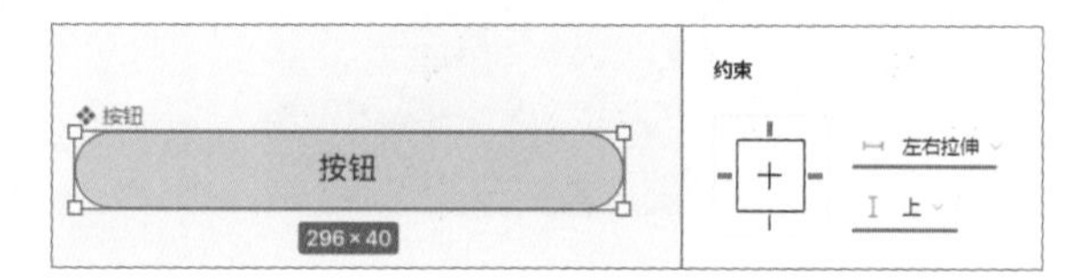

图 5-108　创建组件　　　　图 5-109　设置元素的约束选项

提示

一个完整的 App 项目中所包含的组件众多，如各种不同状态的导航栏、表单元素、按钮等，这些都可以根据实际需要来制作成组件，以方便在项目制作过程中共享使用。

5.8.2　制作珠宝电商 App 首界面

本节将设计制作珠宝电商 App 首界面，界面整体布局清晰，功能分区明确。在界面顶部放置搜索栏，方便用户快速查找商品。在界面的主体部分将商品明确地划分为多个类别，方便用户根据需求浏览。通过精心挑选的商品图片和精美的文字描述，有效吸引了用户的注意力，提升了用户的购买欲望。

制作珠宝电商 App 首界面

源文件：源文件 \ 第 5 章 \5-8.fig　视频：视频 \ 第 5 章 \ 制作珠宝电商 App 首界面 .mp4

01 继续珠宝电商 App 项目的制作。在“图层”面板上方的“页面”选项区中单击“添加新页面”图标，添加一个新的页面并重命名为“界面”，如图 5-110 所示。进入新页面的编辑状态中，使用“画框”工具在设计区域中绘制一个大小为 360×640 的画板，设置“填充”为 121212，将该画框重命名为“首界面”，如图 5-111 所示。

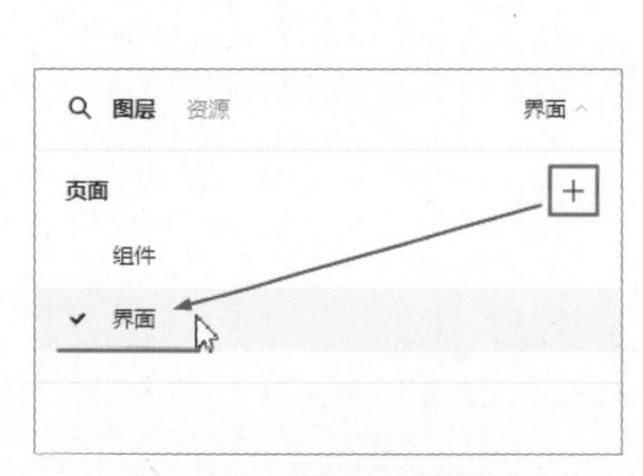

图 5-110　新建页面并命名

图 5-111　创建画板并重命名

02 选择“查看 > 标尺”命令，在设计区域的顶部和左侧显示出标尺。从顶部标尺向下拖曳并创建辅助线，拖曳高度为 24，松开鼠标，完成状态栏辅助线的创建，如图 5-112 所示。继续拖曳创建高度为 56 的标题栏辅助线，如图 5-113 所示。

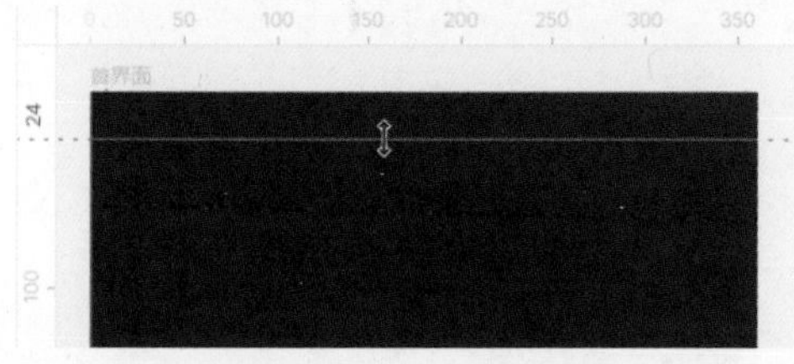

图 5-112　创建状态栏辅助线

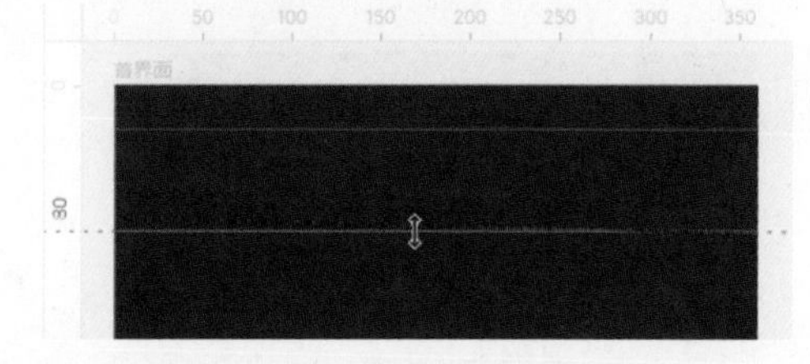

图 5-113　创建标题栏辅助线

03 从左侧标尺向右拖曳创建辅助线，创建出界面左右两侧的边距辅助线，如图 5-114 所示。切换到“资源”面板中，可以看到项目中所创建的组件，如图 5-115 所示。

图 5-114　创建界面边距辅助线

图 5-115　“资源”面板

04 将“状态栏”组件从“资源”面板拖入设计区域中，创建组件实例，双击进入组件编辑状态中，将图形和文字的颜色修改为白色，如图 5-116 所示。使用“椭圆”工具，按住【Shift】键在设计区域中绘制正圆形，修改其“填充”为白色，如图 5-117 所示。

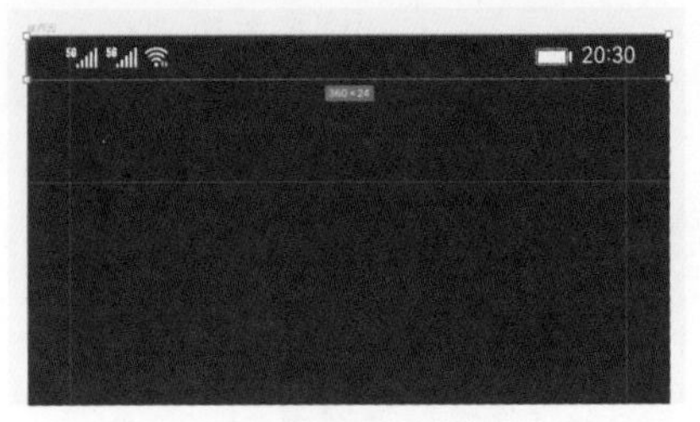

图 5-116　添加“状态栏”组件实例并修改

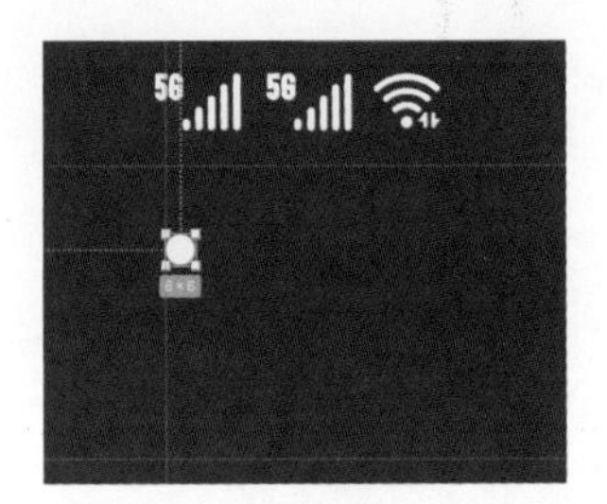

图 5-117　绘制正圆形

05 将刚绘制的正圆形复制 3 次，并分别调整到合适的位置，如图 5-118 所示。同时选中 4 个正圆形，按【Ctrl+G】组合键进行编组，并调整至标题栏垂直居中的位置，如图 5-119 所示。

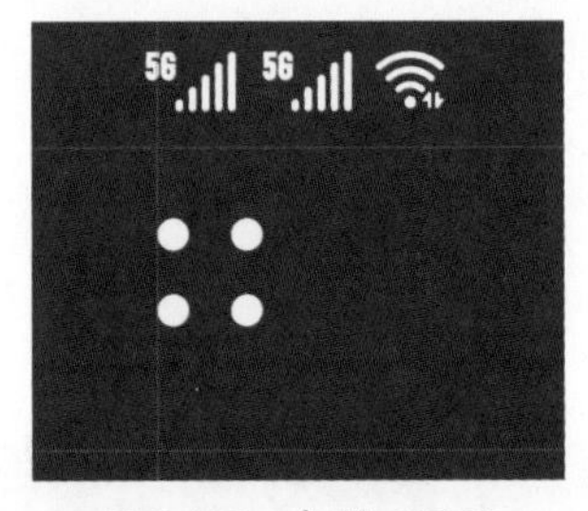

图 5-118　复制正圆形

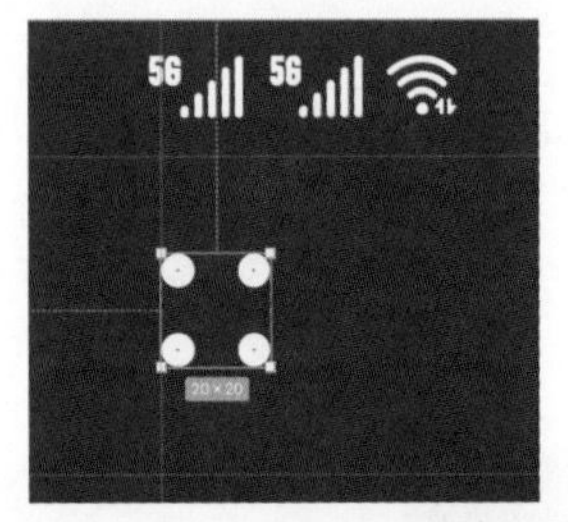

图 5-119　编组并调整位置

06 使用“椭圆”工具，按住【Shift】键在设计区域中绘制正圆形，如图 5-120 所示。选择“文件 > 导入图片”命令，导入的图片素材，并调整至合适的大小和位置，如图 5-121 所示。同时选中图片素材和其下方的正圆形，单击工具栏中间的“设为蒙版”图标，如图 5-122 所示，创建蒙版。

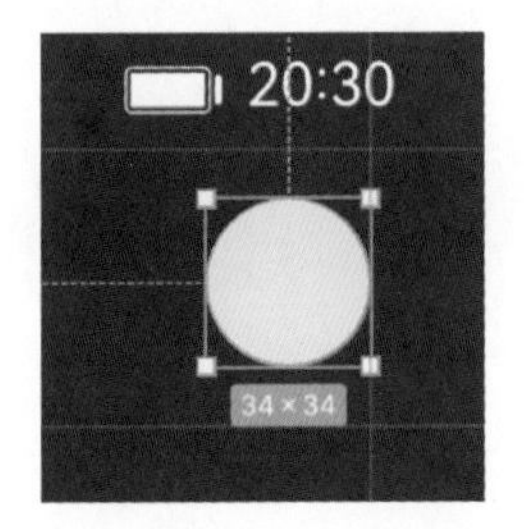

图 5-120　绘制正圆形

图 5-121　导入素材并调整

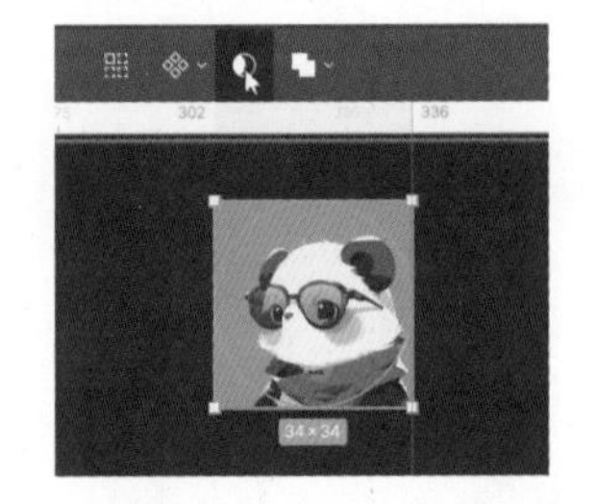

图 5-122　单击“设为蒙版”图标

07 使用“文本”工具在设计区域中单击并输入文字，对文字的相关属性进行设置，效果如图 5-123 所示。打开“资源”面板，将“搜索栏”组件从“资源”面板拖入设计区域中，创建组件实例，如图 5-124 所示。

图 5-123　输入文字并设置文字属性

图 5-124　添加“搜索栏”组件实例

08 使用“文本”工具在设计区域中单击并输入文字，对文字的相关属性进行设置，效果如图 5-125 所示。使用“文本”工具在设计区域中单击并输入文字，效果如图 5-126 所示。

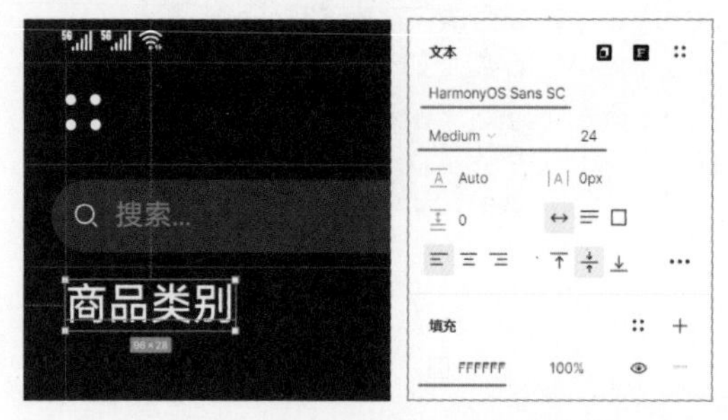

图 5-125 输入文字并设置文字属性

图 5-126 输入文字并设置文字属性

09 选择刚输入的“戒指”文字，按【Shift+A】组合键，为该元素添加自动布局，调整自动布局的位置，在“图层”面板中将自动布局重命名为“类别 1”，如图 5-127 所示。在“设计”面板中为自动布局添加填充，设置“填充”为 B9F049，“圆角半径”为 14，效果如图 5-128 所示。

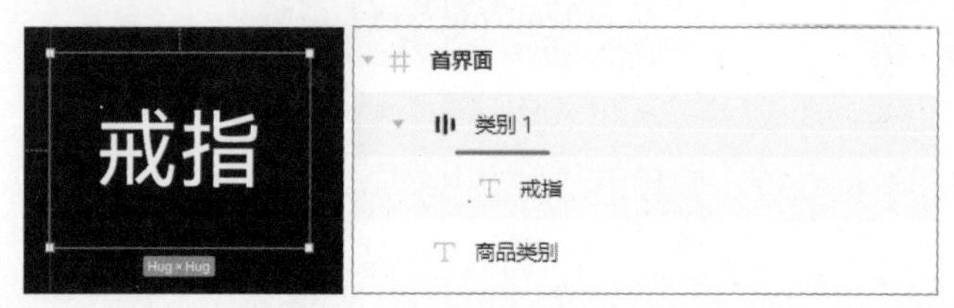

图 5-127 添加自动布局并重命名

图 5-128 设置自动布局的填充和圆角半径

10 在“设计”面板的“自动布局”选项区中设置“垂直边距”为 6，选择自动布局中的文字，设置文字颜色为 121212，效果如图 5-129 所示。选中该自动布局，按【Shift+A】组合键，在其外侧再添加一个自动布局，如图 5-130 所示。

图 5-129 自动布局效果

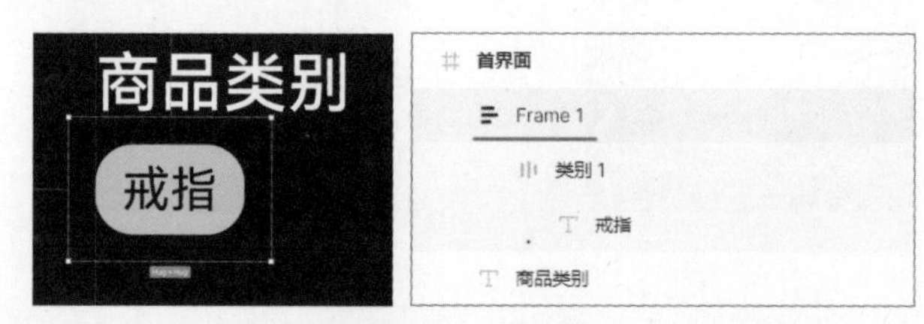

图 5-130 在自动布局外侧再添加一个自动布局

11 选择外侧的自动布局“Frame1”，在“设计”面板的“自动布局”选项区中单击“水平布局”图标，如图 5-131 所示。选择内部的“类别 1”自动布局，按【Ctrl+D】组合键，复制该自动布局元素，如图 5-132 所示。

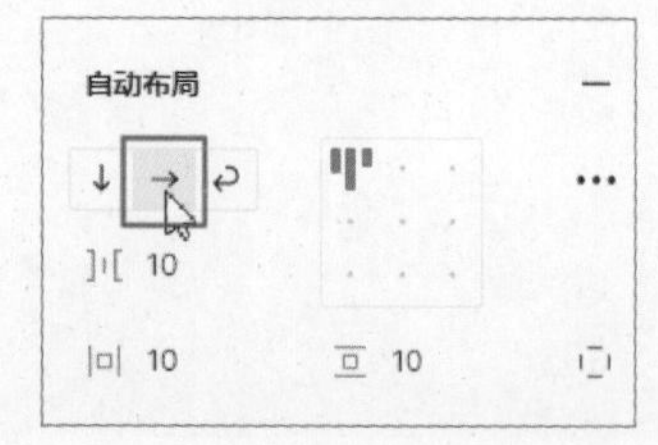

图 5-131 单击“水平布局”图标

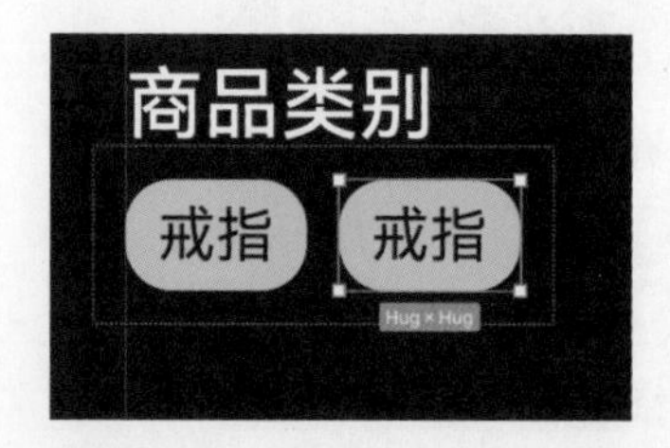

图 5-132 复制自动布局元素

12 修改复制得到的自动布局“填充”为 292929，修改文字内容并修改文字颜色为白色，如图 5-133 所示。选择内部的“类别 2”自动布局，按【Ctrl+D】组合键两次，再复制两个自动布局，并分别修改文字，效果如图 5-134 所示。

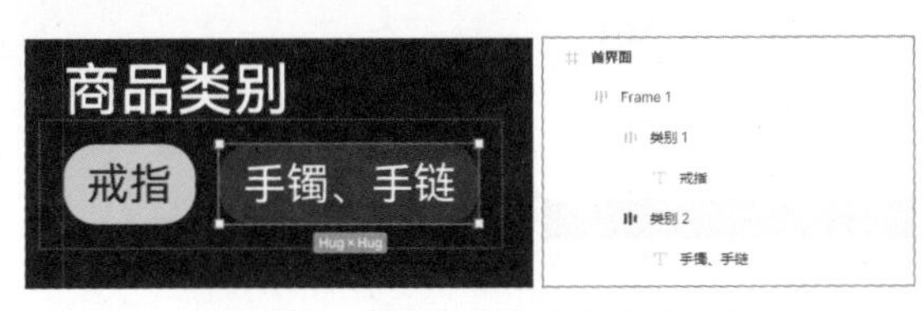

图 5-133　修改自动布局和文字内容

图 5-134　复制自动布局并修改文字

13 使用“矩形”工具在设计区域中绘制一个矩形，设置该矩形的“填充”为 292929，“填充不透明度”为 40%，左下角和右下角的“圆角半径”为 32，效果如图 5-135 所示。在“图层”面板中将该矩形图层调整至所有图层下方，效果如图 5-136 所示。

图 5-135　绘制矩形并设置属性

图 5-136　调整图层叠放顺序

14 使用“矩形”工具在设计区域中绘制一个矩形，设置该矩形的“填充”为白色，“圆角半径”为 40，效果如图 5-137 所示。使用“矩形”工具在设计区域中绘制一个矩形，设置该矩形的“圆角半径”为 30，效果如图 5-138 所示。

图 5-137　绘制矩形并设置属性

图 5-138　绘制矩形并设置圆角半径

15 选择“文件 > 导入图片”命令，导入所需的图片素材并调整至合适的大小和位置，如图 5-139 所示。同时选中图片素材和其下方的圆角矩形，单击工具栏中间的“设为蒙版”图标，创建蒙版，效果如图 5-140 所示。

16 使用“椭圆”工具，按住【Shift】键在设计区域中绘制正圆形，设置该正圆形的“填充”为 #B9F049，如图 5-141 所示。打开“资源”面板，将“加号”图标组件从“资源”面板拖入设计区域中，创建组件实例，如图 5-142 所示。

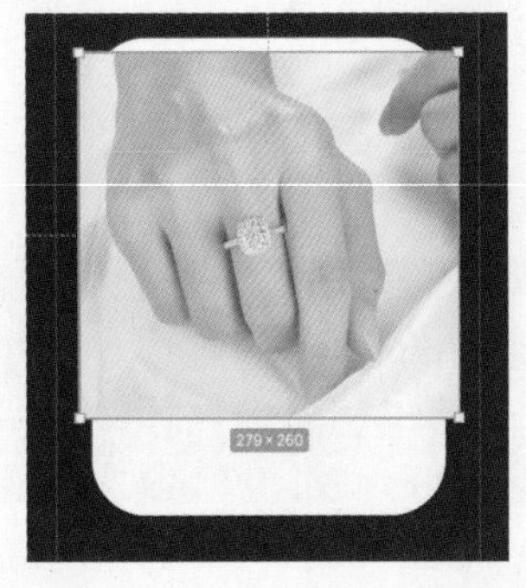

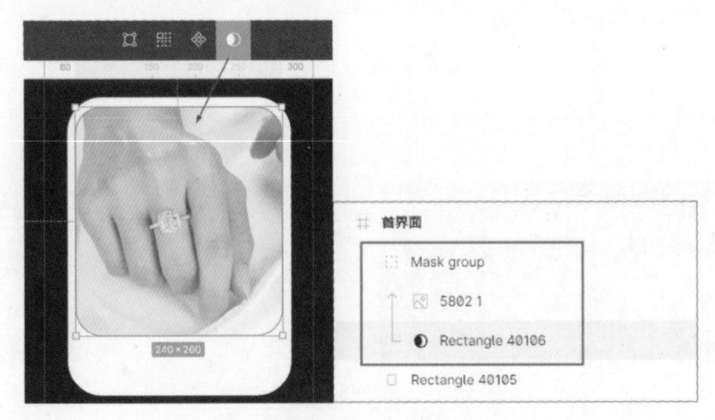

图 5-139　导入图片素材并进行调整　　　　图 5-140　创建蒙版效果

17 使用相同的制作方法，可以在商品图片右上角制作出“收藏”图标，如图 5-143 所示。使用“文本”工具在设计区域中输入商品名称、价格等文字内容，并分别对文字属性进行设置，如图 5-144 所示。

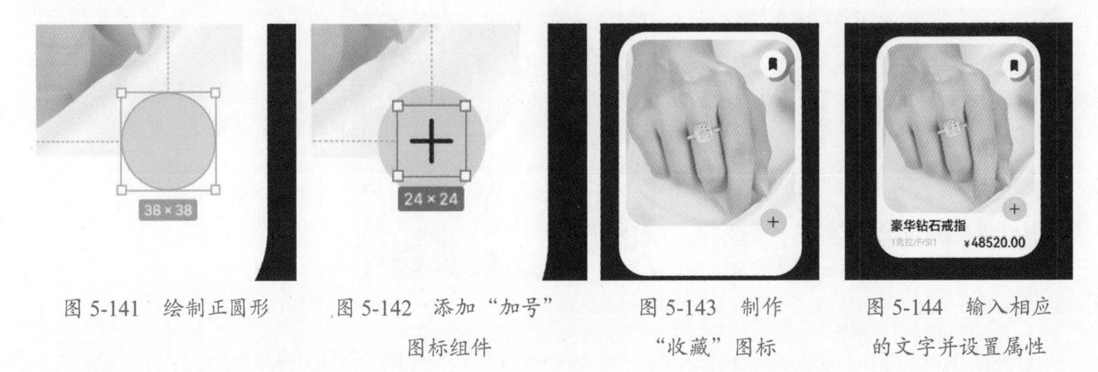

图 5-141　绘制正圆形　　图 5-142　添加“加号”图标组件　　图 5-143　制作“收藏”图标　　图 5-144　输入相应的文字并设置属性

18 在“图层”面板中选中组成商品卡片的所有图层，按【Ctrl+G】组合键进行编组，如图 5-145 所示。复制刚编组的商品卡片，按住【Shift】键，使用“缩放”工具对该商品卡片进行整体等比例缩小，并调整至合适的位置，如图 5-146 所示。

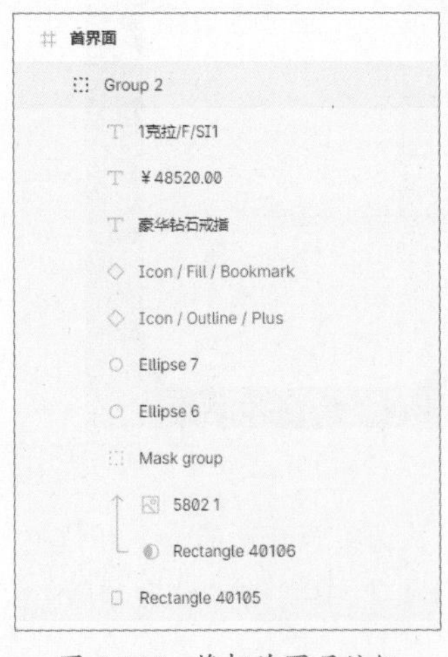

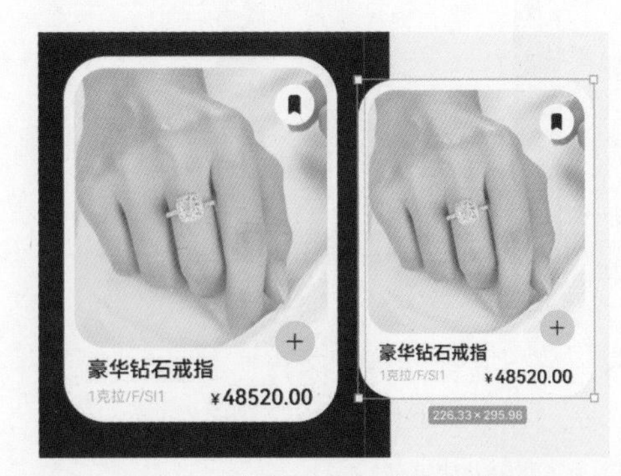

图 5-145　将相关图层编组　　　　图 5-146　复制图层组并等比例缩小

19 对复制得到的商品卡片中的图片和文字进行修改，完成该商品卡片内容的制作，如图 5-147 所示。使用相同的制作方法，可以完成另一个商品卡片的制作，效果如图 5-148 所示。

图 5-147　完成商品卡片内容的制作

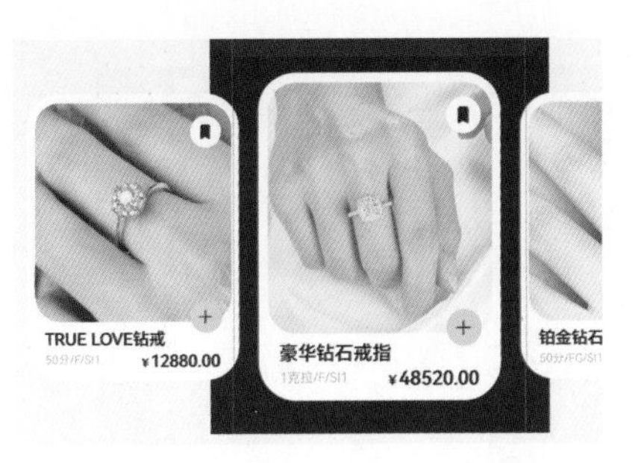

图 5-148　完成另一个商品卡片的制作

20 在“图层”面板中将两个商品卡片图层组移至“首界面”画板中，效果如图 5-149 所示。打开“资源”面板，将“标签栏”组件从“资源”面板拖入设计区域中，创建组件实例，如图 5-150 所示。

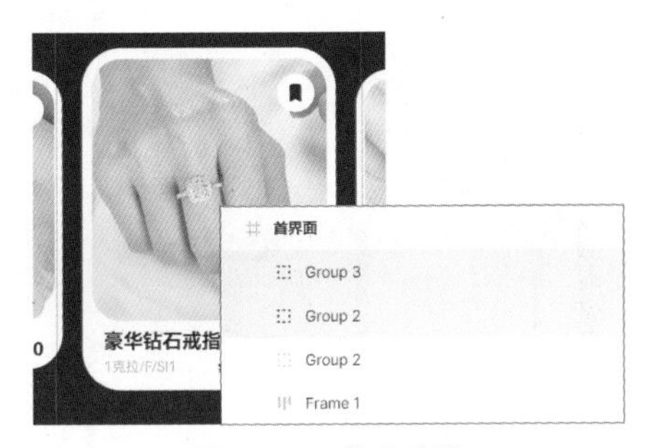

图 5-149　界面效果

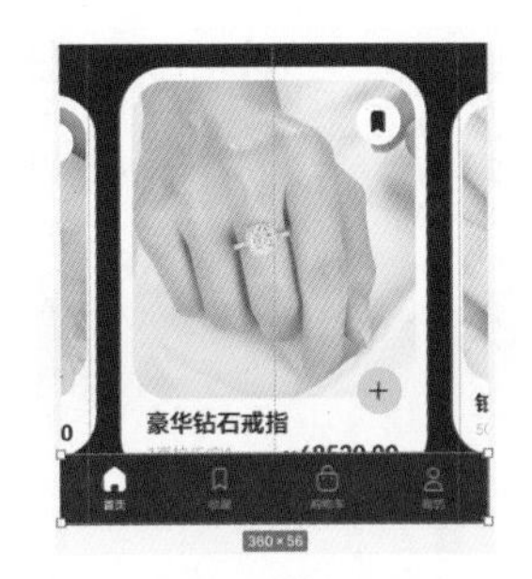

图 5-150　添加“标签栏”组件实例

21 至此，完成珠宝 App 首界面默认效果的制作，如图 5-151 所示。按住【Alt】键拖动复制“首界面”画框，将复制得到的画框重命名为“首界面 2”，如图 5-152 所示。

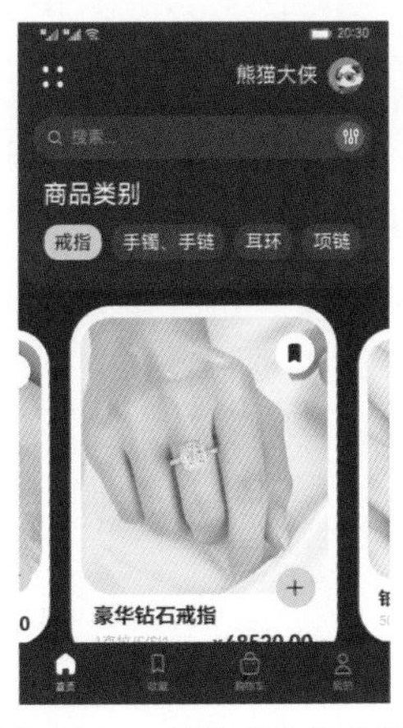

图 5-151　首界面默认效果

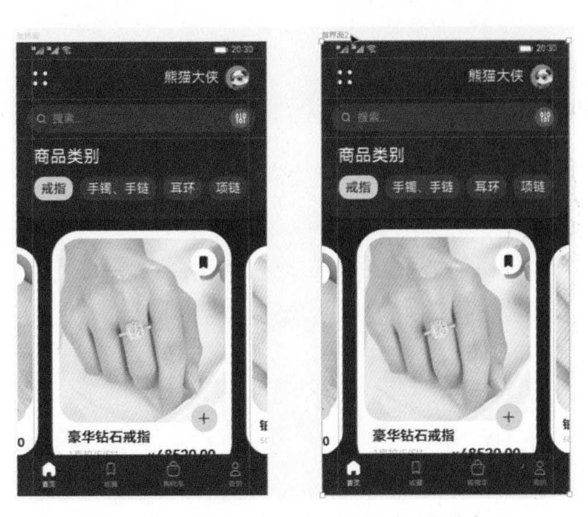

图 5-152　复制“首界面”画框并重命名

22 选择“文件 > 导入图片”命令，导入所需的图片素材并调整至合适的大小和位置，设置图片的“圆角半径”为 16，效果如图 5-153 所示。同时选中界面中相应的内容，将其整体向下移动位置，留出促销广告图片的位置，如图 5-154 所示。

23 选择“首界面 2”画框，调整该画框的高度，使界面中的内容都能够完整显示出来，如图 5-155 所示。在广告图片上输入文字并绘制按钮，完成广告内容的制作。至此，就完成了包含促销广告的首界面制作，如图 5-156 所示。

图 5-153　导入图片素材并进行调整

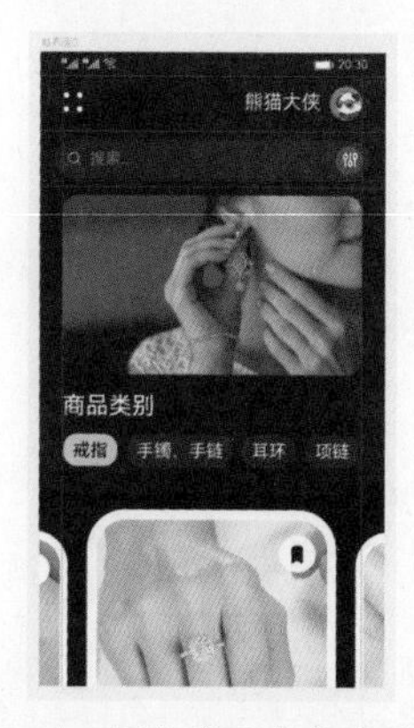

图 5-154　调整界面中内容的位置

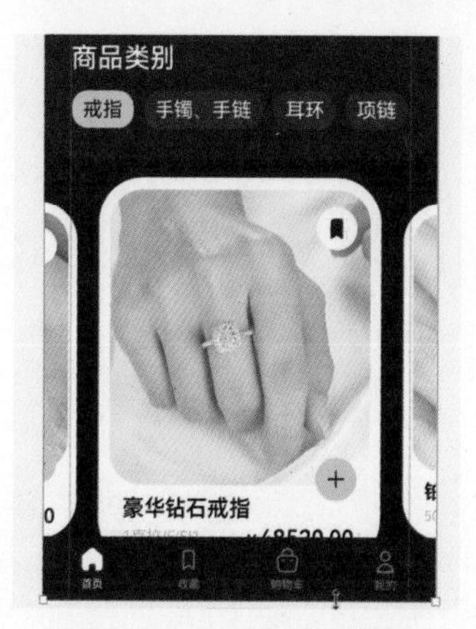

图 5-155　调整画框高度

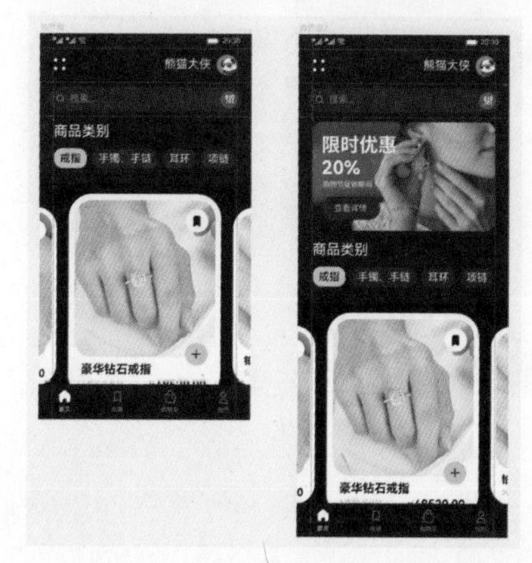

图 5-156　包含促销广告的首界面效果

5.8.3　制作珠宝电商 App 购买界面

本节将设计制作珠宝电商 App 购买界面，该界面布局清晰，商品主图位于界面上方，并且以满屏大图进行展示，吸引了用户的注意力。界面中的信息按照重要性进行了分层，商品主图和价格信息最为突出，其次是推荐商品和优惠券使用提示，最后是购物车按钮。这种布局使得用户能够快速了解商品信息并做出购买决策。

制作珠宝电商 App 购买界面

源文件：源文件 \ 第 5 章 \5-8.fig　视频：视频 \ 第 5 章 \ 制作珠宝电商 App 购买界面 .mp4

01 继续珠宝电商 App 项目的制作。选择“首界面 2”画框，按住【Alt】键拖动复制该画框，并重命名为“商品购买”，将该画框中不需要的内容删除，如图 5-157 所示。使用“矩形”工具在设计区域中绘制一个矩形，设置该矩形的左下角和右下角“圆角半径”为 40，效果如图 5-158 所示。

02 选择“文件 > 导入图片”命令，导入所需的图片素材并调整至合适的大小和位置，如图 5-159 所示。同时选中图片素材和其下方的圆角矩形，单击工具栏中间的“设为蒙版”图标，创建蒙版，在“图层”面板中将蒙版调整至“状态栏”图层下方，如图 5-160 所示。

03 使用“椭圆”工具，按住【Shift】键在设计区域中绘制正圆形，设置其“填充”为 F5F5F5，填充 Alpha 值为 16%，如图 5-161 所示。打开“资源”面板，将“返回”图标组件从

“资源”面板拖入设计区域中，创建组件实例，如图 5-162 所示。

图 5-157　复制画框并删除不需要的内容

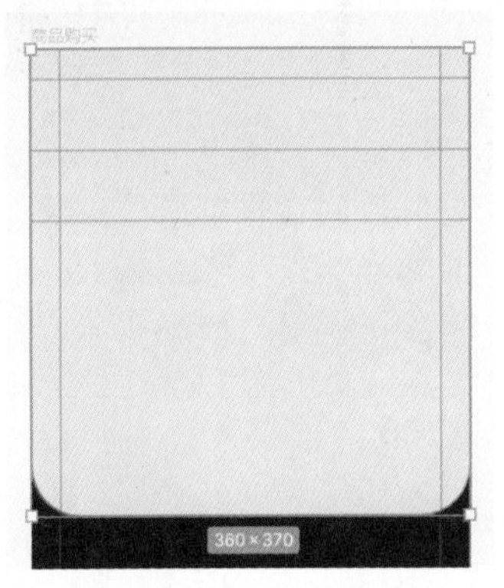

图 5-158　绘制矩形并设置圆角半径

图 5-159　导入图片素材并进行调整

图 5-160　创建蒙版并调整图层顺序

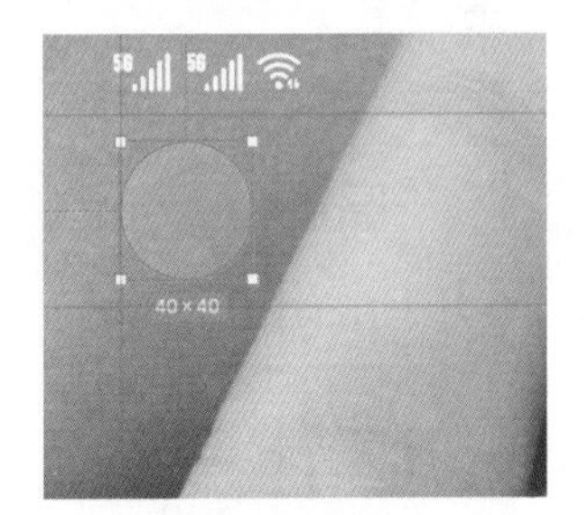

图 5-161　绘制正圆形

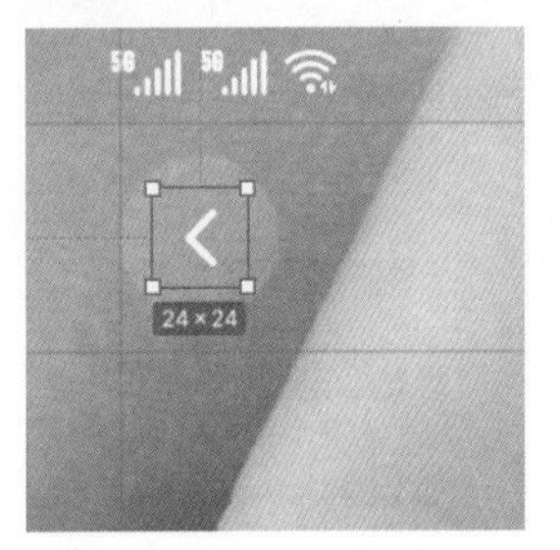

图 5-162　创建组件实例

04 将“购物车”图标组件从“资源”面板拖入设计区域中，创建组件实例，如图 5-163 所示。使用“矩形”工具在设计区域中绘制一个矩形，设置该矩形的“填充”为白色，“圆角半径”为 30，如图 5-164 所示。

图 5-163　创建组件实例

图 5-164　绘制矩形并进行设置

05 使用“文本”工具在设计区域中单击并输入文字，对文字的相关属性进行设置，效果如图 5-165 所示。使用相同的制作方法，完成购买数量部分的制作，效果如图 5-166 所示。

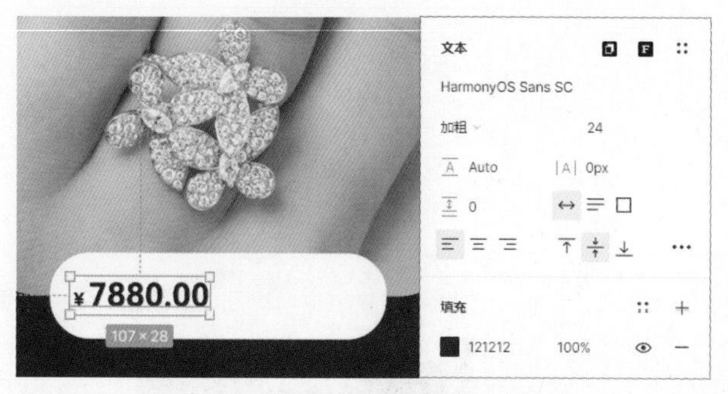

图 5-165 输入文字并设置文字属性

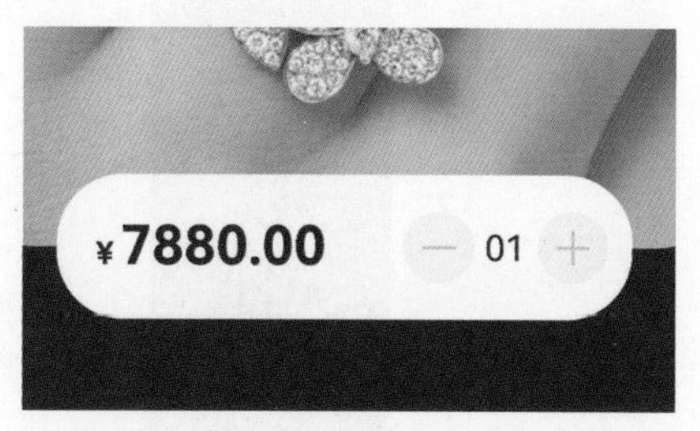

图 5-166 制作购买数量图形效果

06 使用“文本”工具在设计区域中单击并输入文字，对文字的相关属性进行设置，效果如图 5-167 所示。同时选中刚输入的两个文字，按【Shift+A】组合键，添加自动布局，为自动布局对象添加描边，并对描边选项进行设置，效果如图 5-168 所示。

图 5-167 输入文字并设置文字属性

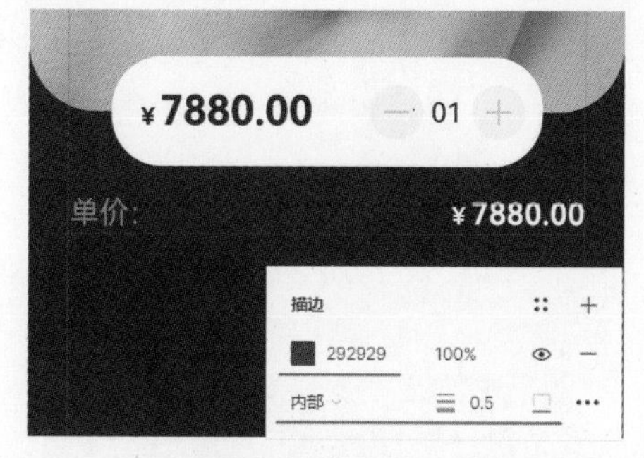

图 5-168 创建自动布局并设置描边属性

07 将该自动布局对象复制两次，分别对复制得到的内容进行修改并调整至合适位置，如图 5-169 所示。使用相同的制作方法，可以完成界面中相似内容的制作，效果如图 5-170 所示。

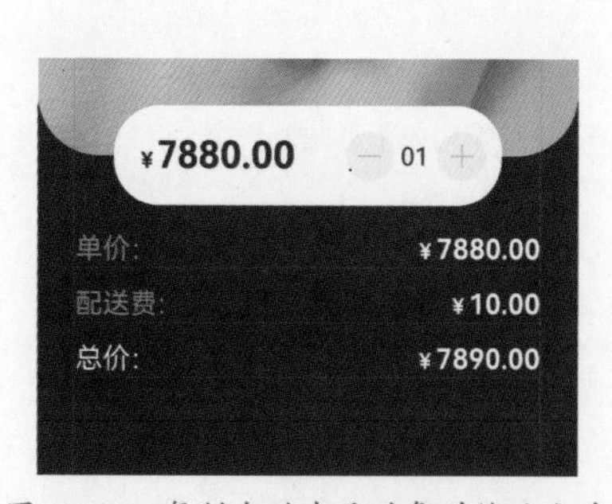

图 5-169 复制自动布局对象并修改文字

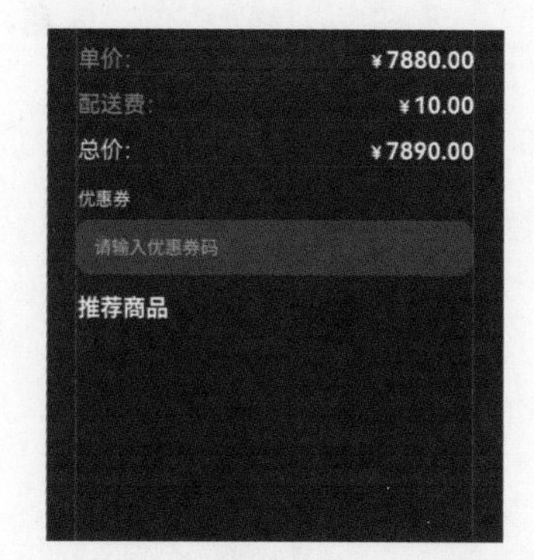

图 5-170 完成相似内容的制作

08 使用“矩形”工具在设计区域中绘制一个矩形，设置该矩形的“圆角半径”为 20，如图 5-171 所示。选择“文件 > 导入图片”命令，导入所需的图片素材并调整至合适的大小和位置，如图 5-172 所示。

09 同时选中图片素材和其下方的圆角矩形，单击工具栏中间的“设为蒙版”图标，创建蒙版，效果如图 5-173 所示。使用“矩形”工具在设计区域中绘制一个矩形，设置该矩形的左下角和右下角“圆角半径”为 20，“填充”为 121212，填充 Alpha 值为 30%，效果如图 5-174 所示。

图 5-171　绘制矩形并设置圆角半径

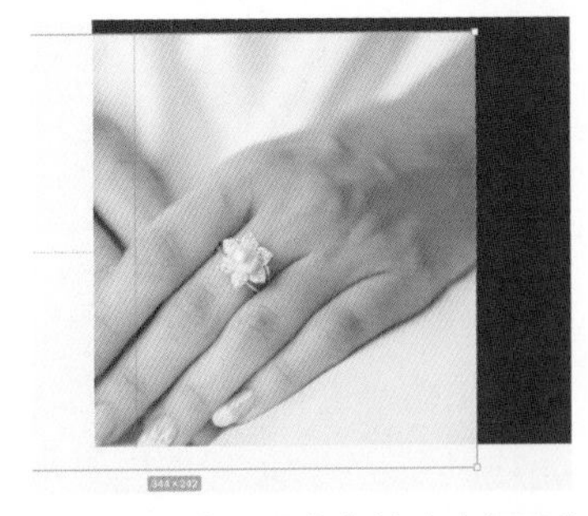

图 5-172　导入图片素材并进行调整

图 5-173　创建蒙版后的效果

10 使用“文本”工具在设计区域中单击并输入文字，如图 5-175 所示。使用相同的制作方法，完成“推荐商品”栏目中其他商品效果的制作，如图 5-176 所示。

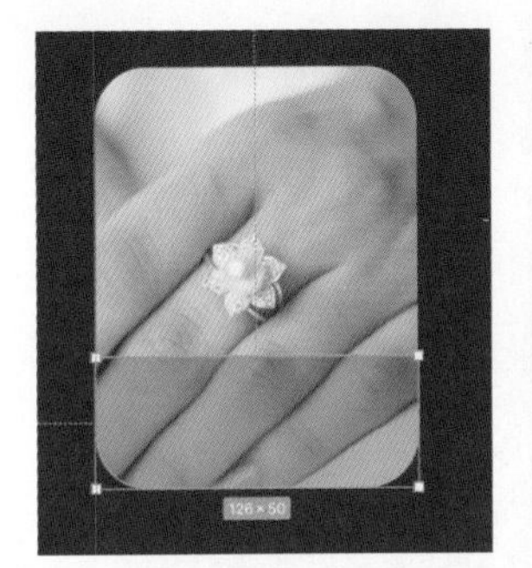

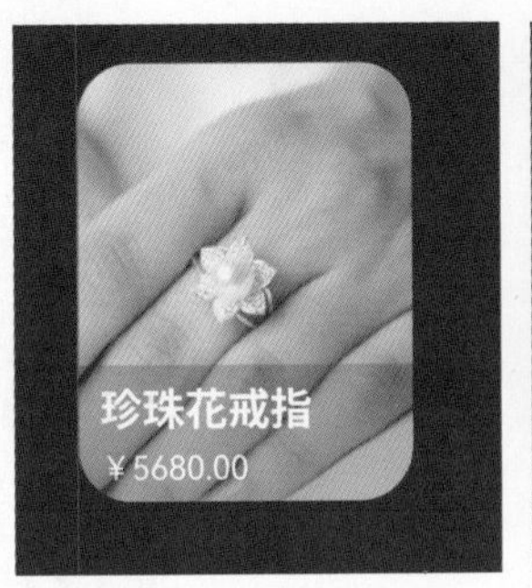

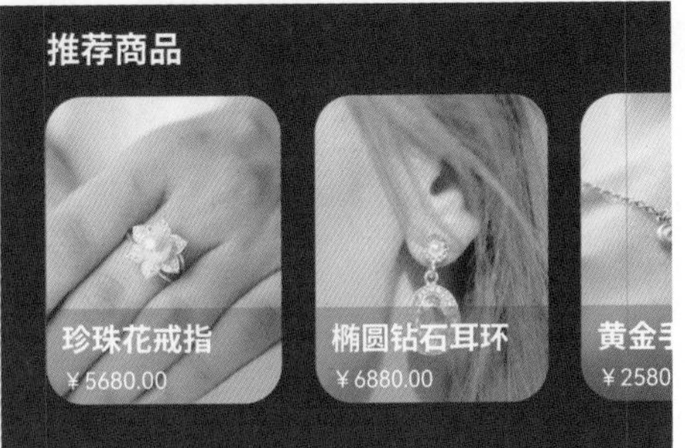

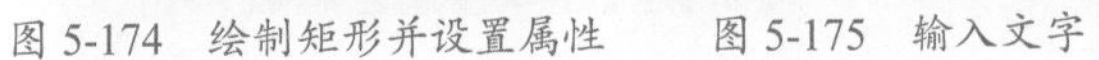

图 5-174　绘制矩形并设置属性

图 5-175　输入文字

图 5-176　制作其他相似图像

11 选择“商品购买”画框，对该画框的高度进行适当调整，如图 5-177 所示。打开“资源”面板，将制作好的按钮组件拖入设计区域中，创建组件实例，并修改按钮组件上的文字。至此，完成珠宝 App 商品购买界面的制作，效果如图 5-178 所示。

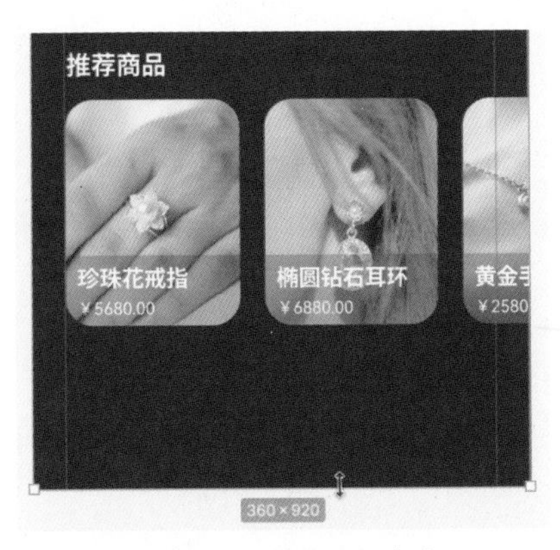

图 5-177　调整画框高度

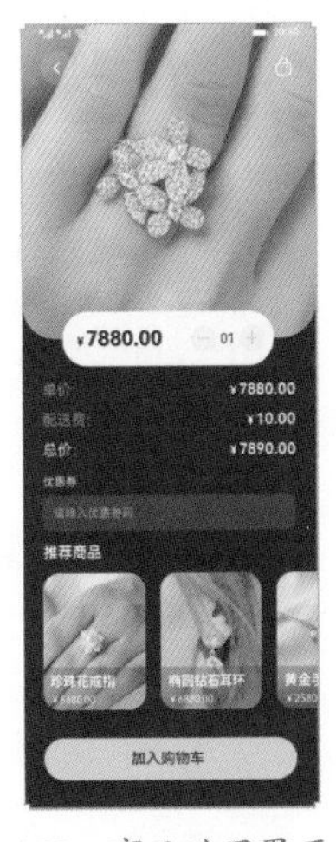

图 5-178　商品购买界面效果

5.8.4 制作珠宝电商 App 其他界面

本节将设计制作珠宝电商 App 中的其他界面。“商品详情”界面的布局与“商品购买”界面相似，上半部分为满版的商品图片，下半部分为商品的介绍信息，界面内容简洁直观。“商品收藏”界面和“购物车”界面都采用了卡片布局的方式，每件商品都以商品图片与相关信息内容构成一个卡片，卡片式布局使得界面信息的表现更加清晰，方便用户的浏览和操作。

制作珠宝电商 App 其他界面

源文件：源文件\第 5 章\5-8.fig　视频：视频\第 5 章\制作珠宝电商 App 其他界面 .mp4

01 继续在珠宝电商 App 项目文档中进行制作。下面来制作“商品详情”界面，复制“商品购买”画框并重命名为“商品详情”，将不需要的内容删除，如图 5-179 所示。选择“文件 > 导入图片”命令，导入所需的图片素材并调整至合适的大小和位置，如图 5-180 所示。

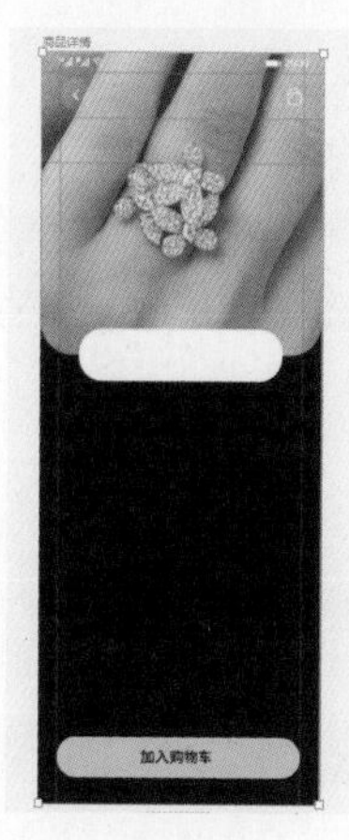

图 5-179　复制画框并删除不需要的内容

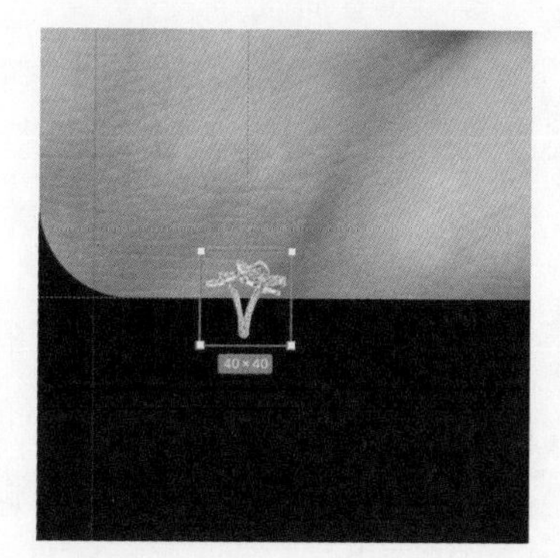

图 5-180　导入图片素材并进行调整

02 选择刚导入的图片素材，按【Shift+A】组合键，创建自动布局，在“自动布局”选项区中设置“水平边距”和“垂直边距”均为 0，在“图层”面板中将该自动布局重命名为“商品 1”，如图 5-181 所示。按【Shift+A】组合键，再次创建自动布局，在“图层”面板中将该自动布局重命名为“商品缩略图”，如图 5-182 所示。

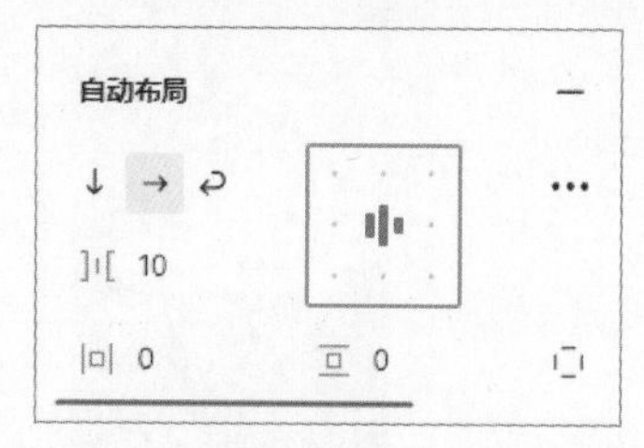

图 5-181　设置“自动布局”选项区

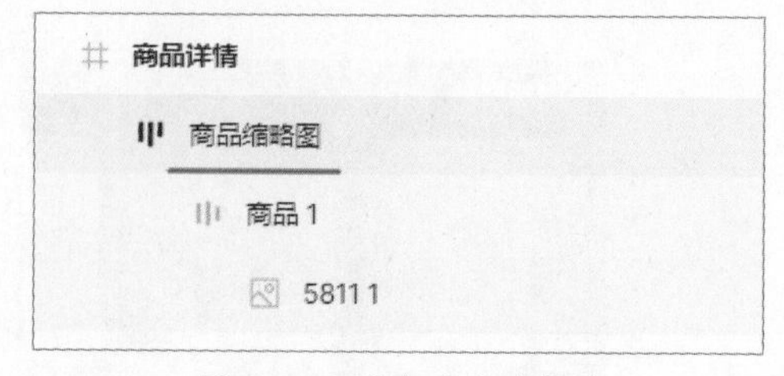

图 5-182　重命名自动布局

03 选择“商品缩略图”自动布局，设置“填充”为 121212，“圆角半径”为 30，并在“自动布局”选项区中进行设置，效果如图 5-183 所示。选择“商品 1”自动布局，按【Ctrl+D】组合键 3 次，将该自动布局对象复制 3 次，效果如图 5-184 所示。

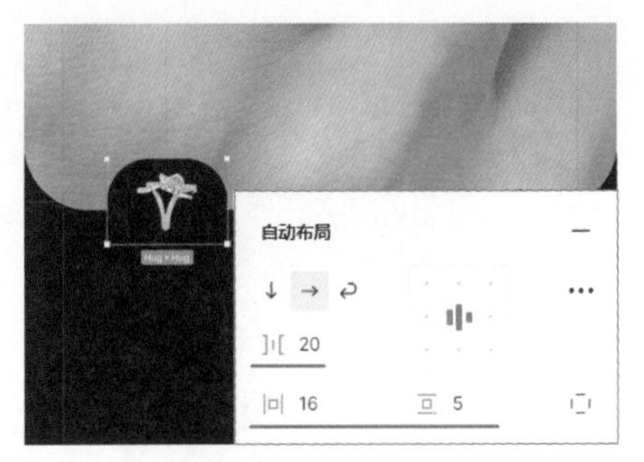

图 5-183　设置“自动布局”选项区

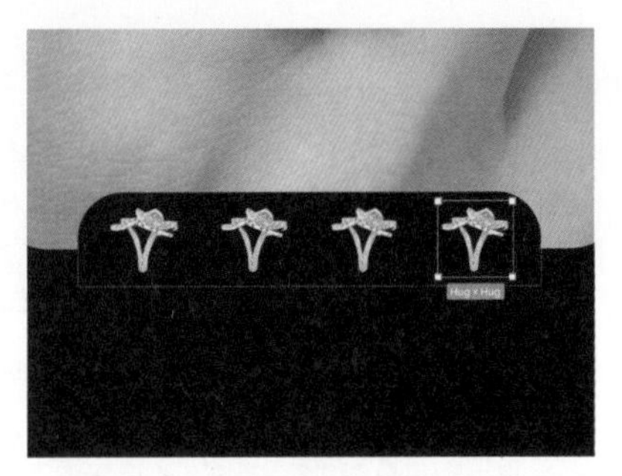

图 5-184　多次复制自动布局对象

04 选择复制得到的第 2 个自动布局对象中的图片，在“填充”选项区中打开“填充”对话框，单击图片缩览图中的“Choose image”按钮，如图 5-185 所示。可以在弹出的对话框中重新选择图片素材，效果如图 5-186 所示。

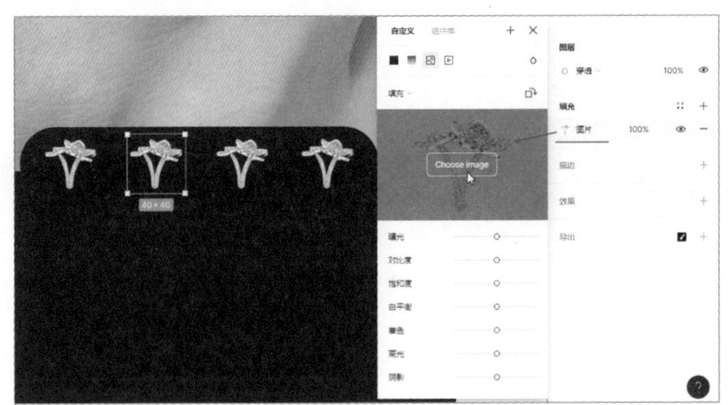

图 5-185　单击“Choose image”按钮

图 5-186　替换图片素材

05 使用相同的制作方法，完成其他两个自动布局对象中图片素材的替换，如图 5-187 所示。使用“直线”工具在设计区域中绘制一条直线，在“描边”选项区中对相关选项进行设置，效果如图 5-188 所示。

图 5-187　替换其他图片素材

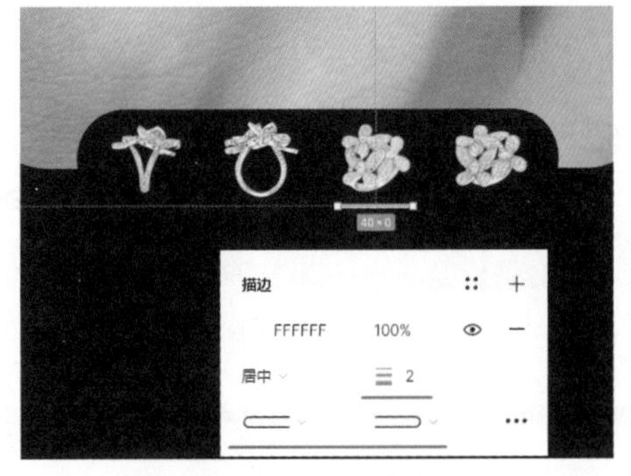

图 5-188　绘制直线并进行设置

06 使用相同的制作方法，完成该界面中其他内容的制作，效果如图 5-189 所示。接着制作“商品收藏”界面，复制“首界面”画框并重命名为“商品收藏”，将不需要的内容删除，如图 5-190 所示。

图 5-189 “商品详情”界面其他内容效果

图 5-190 复制画框并删除不需要的内容

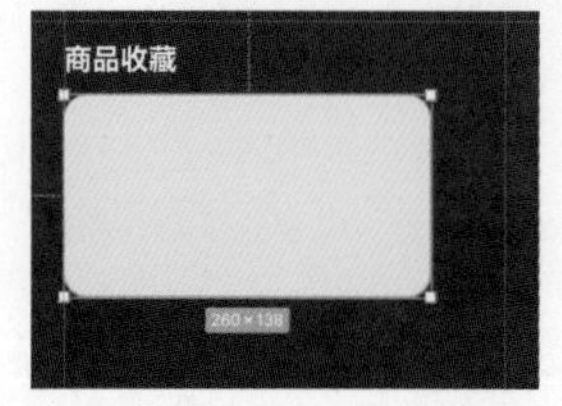

图 5-191 绘制矩形并设置圆角半径

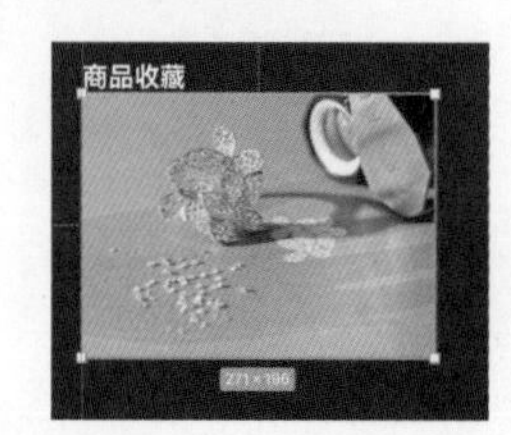

图 5-192 导入图片素材并调整大小

07 将“商品类别”文字修改为“商品宣传”，使用“矩形”工具，在设计区域中绘制一个矩形，设置“圆角半径”为 16，如图 5-191 所示。选择“文件 > 导入图片”命令，导入所需的图片素材并调整至合适的大小和位置，如图 5-192 所示。

08 同时选中图片素材和其下方的圆角矩形，单击工具栏中间的“设为蒙版”图标，创建蒙版，效果如图 5-193 所示。使用“矩形”，在设计区域中绘制一个矩形，设置该矩形的左下角和右下角“圆角半径”为 16，“填充”为 121212，填充 Alpha 值为 30%，效果如图 5-194 所示。

图 5-193 创建蒙版后的效果

图 5-194 绘制矩形并进行设置

09 使用“文本”工具在设计区域中单击并输入文字，如图 5-195 所示。使用“椭圆”工具，按住【Shift】键在设计区域中绘制一个正圆形，设置“填充”为 292929，如图 5-196 所示。

图 5-195 输入文字

图 5-196 绘制正圆形

10 将“购物车”图标组件从“资源”面板拖入设计区域中，创建组件实例，如图 5-197 所示。同时选中组成商品卡片的所有元素，按【Ctrl+G】组合键，进行编组，如图 5-198 所示。

图 5-197 添加“购物车”图标组件实例

图 5-198 将组成商品卡片的所有元素编组

11 对商品卡片进行复制，并替换商品图片和修改文字，完成相似内容的制作，如图 5-199 所示。选择界面底部的“标签栏”变体组件，在“设计”面板的“变体组件”选项区中设置“标签栏”为“收藏”，效果如图 5-200 所示。

12 至此，完成“商品收藏”界面的制作，效果如图 5-201 所示。接着制作“购物车”界面，复制“商品收藏”画框并重命名为“购物车”，根据前面界面相似的制作方法，完成“购物车”界面的制作，效果如图 5-202 所示。

图 5-199　完成相似内容的制作

图 5-200　设置标签栏效果

图 5-201　“商品收藏”界面效果

图 5-202　“购物车”界面效果

13 至此，完成珠宝电商 App 的设计制作，最终效果如图 5-203 所示。

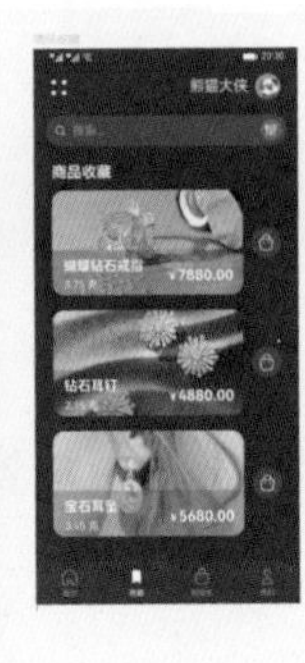
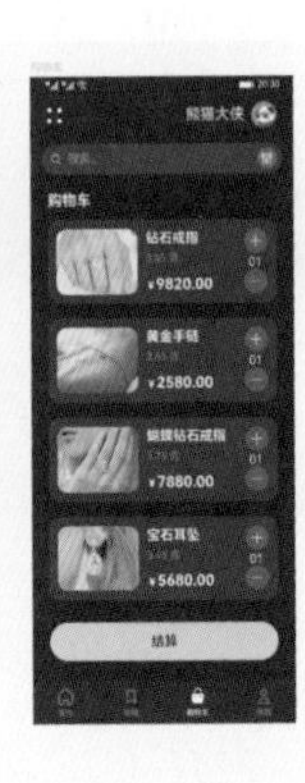

图 5-203　旅游 App 的最终效果

5.9　本章小结

HarmonyOS 的 UI 设计旨在提供直观、易用且具有吸引力的用户体验。通过学习本章内容，读者需要能够理解在 HarmonyOS 系统中设计 UI 时需要遵守的界面尺寸、字体规范、图标规范、系统间距等内容，掌握 Figma 中自动布局功能在 App 界面设计中的应用，并且能够在 Figma 中独立完成珠宝电商 App 项目的设计制作。

5.10 课后练习

完成本章内容的学习后，接下来通过练习题，检测一下读者对 HarmonyOS 系统 UI 设计相关内容的学习效果，同时加深读者对所学知识的理解。

5.10.1 选择题

1. HarmonyOS 系统的设计单位称为虚拟像素，简称（　　）。

A. px　　B. sp　　C. vp　　D. dp

2. vp 与 Android 中的 dp 及 iOS 中的 pt 本质上是一样的，在 @2x 的屏幕分辨率下（　　）。

A. 1vp=1px　　B. 1vp=2px　　C. 1vp=3px　　D. 1vp=4vp

3. HarmonyOS 系统页面底部的标签栏上最多允许放（　　）个图标。

A. 5　　B. 4　　C. 3　　D. 2

4. HarmonyOS 系统的导航栏上不要放置太多的图标，竖屏的情况下，右侧最多支持（　　）个图标。

A. 5　　B. 4　　C. 3　　D. 2

5. 在 Figma 中选中需要创建自动布局的元素，按组合键（　　），即可将选中的元素创建为自动布局对象。

A. Ctrl+A　　B. Ctrl+D　　C. Shift+A　　D. Shift+D

5.10.2 判断题

1. HarmonyOS 系统中采用的字体为 HarmonyOS Sans，共有 Thin、Light、Regular、Medium 和 Bold 5 种字体。（　　）

2. HarmonyOS 系统中的字体单位与 Android 中的字体单位相同，都是 sp。（　　）

3. HarmonyOS 系统界面中的间距包含屏幕边缘间距、文本间距和元素间距 3 种类型。（　　）

4. 相对于居中对齐，左对齐更容易获得用户的注意力。（　　）

5. Figma 的自动布局是一种可以添加到画板和组件的属性，它允许用户创建可以填充或缩小以适应内容的设计，并随着内容的变化而重新排列。（　　）

5.10.3 操作题

根据从本章所学习和了解到的知识，掌握如何在 Figma 中进行基于 HarmonyOS 系统规范进行 UI 设计，具体要求和规范如下。

- 内容

设计一款餐饮美食类 App。

- 要求

基于 HarmonyOS 系统的设计规范进行该 App 的设计制作，按流程先制作该 App 项目的组件，再对 App 界面进行设计制作，在界面设计过程中可以灵活运用网格布局、自动布局、约束等功能，使界面内容布局更加合理，制作更加便捷。